生产燃料和石油化工原料的绿色费-托合成工艺

Greener Fischer–Tropsch Processes for Fuels and Feedstocks

[英] 彼得·M·迈特利斯(Peter M. Maitlis)
[南非] 阿诺德·德·科勒克(Arno de Klerk) 编
焦阳 译

中国石化出版社

著作权合同登记　图字 01-2018-2131

图书在版编目（CIP）数据

生产燃料和石油化工原料的绿色费-托合成工艺/(英)彼得·M·迈特利斯，(南非)阿诺德·德·科勒克编；焦阳译.——北京：中国石化出版社，2018.6

ISBN 978-7-5114-4905-4

Ⅰ.①生…　Ⅱ.①彼…　②阿…　③焦…　Ⅲ.①石油化工—化工材料—生产工艺—研究　Ⅳ.①TE65

中国版本图书馆CIP数据核字(2018)第123587号

中国石化出版社出版发行

地址：北京市朝阳区吉市口路9号

邮编：100020　电话：(010)59964500

发行部电话：(010)59964526

http://www.sinopec-press.com

E-mail:press@sinopec.com

北京科信印刷有限公司印刷

全国各地新华书店经销

*

710×1000毫米16开本16.25印张330千字

2018年10月第1版　2018年10月第1次印刷

定价：60.00元

译者序

由英国谢菲尔德大学Peter M. Maitlis和加拿大阿尔伯塔大学Arno de Klerk主编的《Greener Fischer-Tropsch Processes for Fuels and Feedstocks》专著自2012年问世以来，引起了从事生产燃料和石油化工原料的费-托合成工艺研究的爱好者的关注。

1902年，Sabatier和Senderens发现通过镍催化一氧化碳与氢气发生反应生成了甲烷。在1910年，Mittasch、Bosch和Haber开发出用于氢气与氮气合成氨反应的活性更高的铁催化剂。1913年，巴斯夫公司发布了可使一氧化碳在氧化物催化剂上高压氢化，从而生成碳氢化合物和含氧化合物的专利。20世纪20年代，在柏林Kaiser Wilhem研究所工作的Fischer和Tropsch首先使用碱化铁将CO加氢制成合成醇。1925年，他们在常压下利用钴、镍催化剂合成了高级烃。20世纪70年代，由于石油价格大幅上涨以及对南非出口石油实行制裁，促使Sasol公司(Suid Afrikaanse Steenkool en Olie，即“南非煤炭和石油公司”)CTL工厂扩能。此后，Sasol公司继续开发以铁或钴催化剂的费-托技术为基础的CTL和GTL工艺，并在卡塔尔、尼日利亚、埃及等国家兴建新工厂。壳牌(Shell)公司也利用钴催化剂在马来西亚和卡塔尔建成了大型费-托装置。

本书介绍了费-托合成工艺的基本原理、费-托合成气的合成路径以及脱除影响费-托催化剂使用性能的微粒、焦油、氮化物、HCl、H_2S和COS等杂质的费-托合成气净化技术。费-托合成技术根据反应温度可分为高温费-托技术(HTFT)、中温费-托技术(MTFT)和低温费-托技术(LTFT)，典型的反应温度分别为高于320℃、270℃和低于250℃。本书介绍了截至2012年仍在商业化应用的Sasol合成油工艺(高温循环流化床)、壳牌中间馏分油合成工艺(SMDS)[低温固定床(列管式)]、Sasol先进合成油工艺(SAS)(高温固定流化床)、Sasol低温铁系催化剂浆态床工艺(Fe-SSBP)(浆态鼓泡床)、Statoil低温钴系催化剂浆态鼓泡床工艺、Sasol低温钴系催化剂浆态床工艺(Co-SSBP)和中温浆态鼓泡床HTSFTP等费-托合成技术。

本书提出根据合成气的组成、纯度、费-托催化剂的性能以及合成油品质等选择适宜的费-托技术，对费-托操作参数、费-托催化剂类型提出了具体要求，详细介绍了费-托催化剂的制备方法。此外，本书还分析了费-托技术的经济性，从环保可持续性角度分析了费-托装置对环境的影响，以及对废水和固体废物的管理。

众所周知，全球的化石燃料储量有限，正被缓慢耗尽，出于保护化石燃料资源和遏制CO_2含量升高的考虑，费-托工艺已得到快速发展，开发出CTL(煤制油)、GTL(天然气制油)、BTL(生物质制油)和WTL(有机废物制油)等多种复合技术。由费-托合成气生产的产品有天然气、航空汽油、车用汽油、车用柴油、润滑油、芳烃以及甲醇、乙醇、乙二醇、异丁醇、乙酸、二甲醚等。尽管费-托合成和合成液体(XTL)技术不可能很快取代原油，成为许多运输燃料和石化产品的主要途径，但其广阔的发展前景在未来仍将扮演至关重要的角色。

纵观全书，最大的特点是简明扼要、通俗易懂、逻辑性强。时光荏苒，费-托合成工艺已在很多领域得到应用，并取得了长足的进步，但本书作为费-托合成工艺的“敲门砖”，对从事费-托合成工艺的科技管理人员和操作人员具有很好的启迪和指导作用，中文译本《生产燃料和石油化工原料的绿色费-托合成工艺》必将受到广大读者的喜爱和欢迎。

焦阳

教授级高级工程师

2018年8月20日

序

人没有了能量会是什么样?什么也不是。——马克·吐温

能量加毅力可以征服一切。——本杰明·富兰克林

这本关于费-托合成的书是对能量方面的研究:能量是怎样产生和转换的,例如今天用于驱动汽车、巴士、飞机和其他交通方式的液体燃料的能量。

如今,我们仍然生活在一个拥有储量相对丰富并且价格相对低廉的燃料的时代,这些燃料大部分来源于化石有机原料:煤炭、石油和天然气。

新的燃料供应不断被发现,并以出人意料的方式投入使用。一个很好的例子就是天然气,由于压裂技术等新技术的出现,使天然气可被开采使用。据估计,目前天然气的全球储量至少可供人类使用200年。这与煤炭的储量相接近,远高于石油的储量。但不管怎样,我们的化石燃料资源总归是有限的,为了下一代,我们必须不能浪费这些资源。

我们必须学会利用它们,以争取时间,直到发现一种更好的、真正可持续的能源。

与煤炭和石油相比,天然气的优势是很可观的:它更清洁,并且更便于从开采的地方运输到工作、供暖和娱乐场所等。与煤炭和石油相比,产生同等能量所需要的燃料体积天然气最大,因此天然气就必须拥有良好的管道基础设施,这是天然气的主要缺点。

对于储量小和距消费者很远的偏远天然气产区,管道传输在经济上很不合算。在这种情况下,费-托合成技术是特别实用的,因为它可使气体转化为液体产品。

对于煤炭来说,情况就不同了。尽管与天然气相比,煤炭的运输很简单,但清洁仍是一项重要任务,在它转化成可运输的燃料或化学品之前,最终也必须被转

化成可提炼的液体产品。费-托合成技术又是实现这一目标的有效方法。

所有碳基燃料的一个相当大的问题，就是燃烧时会产生二氧化碳。大气中的二氧化碳是一种温室气体，人们普遍认为二氧化碳大量存在时会对地球的气候造成严重影响。

人类不应该在未来使用碳基燃料和化学品。但不幸的是，目前我们几乎没有可行的化石燃料替代方案，以满足70亿左右并还在持续增长的人口对于能源的需求。虽然我们大部分的能源来源于太阳，但直接利用太阳能在工业规模上制造生物燃料或氢气，仍有很长的路要走。与此同时，我们不得不继续通过化石燃料间接地使用太阳能。那么，问题就变成了我们如何以最合理的方式使用碳基燃料资源，即使作为过渡措施。

当前我们面临的挑战，是如何有效地将一种形式的化石燃料转换成另一种形式。换句话说，我们如何才能最有效地将天然气、煤炭或石油转化成能够用来驱动机器的柴油或汽油。即使这是一项浩大的工程，但它可以通过费-托合成有效地解决。这就是本书的主要内容——费-托合成在基础化学、工业、经济和环境方面的最新讨论。

致谢：我们在出版本书时得到了许多帮助。在此，对审阅本书，并提出有效建议和注解的Paul Arwas、Norman Basco、Gian Paolo Chiusoli、Allen Hill、Brian James、Tom Lawrence、Kenichi Maruya、Peter Portious、Marco Ricci、Sally Maitlis、Julia Weinstein和Valerio Zanotti等朋友和同事表示感谢。同时，对在出版本书时给予我们帮助、耐心、理解和爱的Peter Maitlis的妻子Marion及Arno de Klerk的妻子Chèrie表示最衷心的感谢。

英国谢菲尔德大学 Peter M. Maitlis
加拿大阿尔伯塔大学 Arno de Klerk
2012年10月

目　录

第一部分 引言

第二部分 工业及经济方面

第三部分 基本方面

第一部分 引言

1 费-托概述

Peter M. Maitlis

本章对一些最常用到的基本术语进行了解释。费-托(Fischer-Tropsch, FT)技术是指将CO和H_2混合的合成气转化为液态烃。工业转化合成中的关键因素是合成液态油所采用的不同原料X(X-To-Liquids, XTL)。其中, X为C时, 表示煤; X为G时, 表示天然气; X为B时, 表示生物质; 而X为W时, 则为有机废物。例如, 在天然气制油(GTL)工艺中, 是将天然气转化为主要以长链烃为主的合成油。此类合成转化反应通常由金属[通常为铁(Fe)、钴(Co), 有时为钌(Ru)]催化, 而载体为二氧化硅或氧化铝等氧化物。液态烃是生产汽车燃料和特种化学品的重要原料。合成气现在主要从煤炭、石油或天然气转化而成, 但今后将越来越多地从生物质或有机废物等可再生资源中获得。由于化石燃料的可用储量正逐渐减少, 因而从长远来看, 可再生能源可以提供更加可持续的原料。

1.1 燃料和化工生产原料

合成气是CO和H_2的混合物, 被称为化工工业的命脉, 可提供大量能量。合成气来源广泛, 可由煤、天然气、有机废物以及生物质等原料制取。通过费-托(FT)工艺催化合成气转化得到的产物, 主要为直链烯烃和直链烷烃, 既可作为液态燃料, 也可作为进一步加工生产化工品的原料。此外, 该过程还可生成部分含氧化合物(主要为甲醇和乙醇, 详见第4章和第6章)。

在费-托合成烃类过程中, 烯烃和烷烃的生成方式分别如式(1.1)和式(1.2)所示:

$$2nH_2+nCO \rightarrow C_nH_{2n}+nH_2O \tag{1.1}$$

$$(2n+1)H_2+nCO \rightarrow C_nH_{(2n+2)}+nH_2O \tag{1.2}$$

为避免歧义, 使用如下术语来定义金属催化合成气转化为有机化合物的过程。

费-托工艺(Fischer-Tropsch process, 简称FTP)指的是在反应器中合成气催化转化，并生成主要产物链状脂肪烃以及副产物的整个工业生产过程。水也是重要的基本产物。副产物被认为是反应器中的主要产物转化而成，主要包括内烯烃、含支链的环状烃、芳烃以及乙醇等含氧化合物。

费–托合成烃(Fischer–Tropsch hydrocarbon synthesis，简称FT–HS)指的是在金属催化合成气转化反应过程中生成的烃类(1–正烯烃和正构烷烃)产物，该反应条件温和、副反应最少。费–托合成烃中甲烷的生成也可被称作甲基化(methanation)。

本文主要采用费–托反应(Fischer–Tropsch reaction，简称FT反应)来详述主要产物的生成方式，例如FT–HS的动力学及反应机理。

本文还引入了另外两个术语。可持续发展(sustainable development)是指对于自然资源的利用，“既满足当代人的需求，又不对后代人满足其需求的能力构成危害”，其由布伦特兰委员会(Brundtland Commission)提出。而可再生能源(renewable energy)是指可自然再生的能源，包括传统的生物质能(生物燃料)、水能、风能、潮汐能、太阳能以及地热能，但不包括在使用化石燃料和核能过程中消耗的原材料。

众所周知，能源问题被认为是21世纪人类面临的最大科学技术挑战[1]。随着人口数量增加和社会不断进步，全球对于能源的需求也越来越大，特别是对于运输燃料的需求。此外，化工生产对于新原料的需求也更为具体。显然，这二者之间存在共同之处。现代社会的当务之急是以环保且可持续的方式生产燃料和原料。我们也想要纠正一些在能源化工领域中所存在的错误理念，以便于我们的学生能够拥有可信赖的理论基础，而这些学生也将是未来学术和工业的领导者。

人类确实离不开能量。而大部分能量都来自于太阳，并间接通过以二氧化碳和水为生的植物获得。最后，植物死掉并腐烂，再经过极其漫长的地质年代，慢慢转化成各种化石燃料(煤、石油、天然气)。而我们人类开采并利用这些化石燃料产生热量、光以及其他形式的能量[2]。

全球化石燃料资源概况：在2000年，全球石油探明储量约为1.105×10^{12}bbl(1bbl≈159L，下同)；而到2010年末，如果计入加拿大油砂和页岩油气的话，新的发现使已探明储量增加到$1.383\times10^{12}\sim1.476\times10^{12}$bbl(约$2000\times10^{8}$t)。同样，天然气探明储量在1990年为$109\times10^{12}m^3$，2000年为$154.3\times10^{12}m^3$，而到2010年则为$187.5\times10^{12}m^3$[3]。基于当前和前几年的数据，美国能源部(DOE)对能源的消耗和开发作出了预测。当前预测表明，全球市售能源消费量将由2007年的495×10^{15}Btu(1.055×10^{20}J)(1Btu≈1055J，下同)增长到2020年的590×10^{15}Btu，并在2035年增长到739×10^{15}Btu(约780×10^{20}J)，总体增长49%。液态油(主要为烃类)在世界能源消耗中占有很大比例，虽然其份额预期会有所下降，但预计在2030年仍占32%[4]。

非常规能源(包括油砂、页岩油气、超重原油、生物燃料、煤制油以及天然气制油)的竞争力将会越来越大。到2035年，全球非常规能源日生产量将会由2007年的340×10^{4}bbl/d增加到1290×10^{4}bbl/d，并占全球液态油供应总量的12%。然而，美国和巴西的生物燃料(主要为乙醇和生物柴油)预期增长缓慢。

1.2 问题

化石燃料具有两大主要问题：储量有限，并且将缓慢耗尽；而且由于所有的化石燃料都含有碳，其燃烧(氧化)后会产生二氧化碳，而二氧化碳可在大气中累积并可能会对地球气候造成严重后果。化石燃料的燃烧也会产生其他对人类和环境有害的物质，例如由于杂质和不完全氧化所产生的CO、硫氧化物、氮氧化物以及金属氧化物。

对于一些用途广泛的化石燃料而言，其具有很多“替代品”，例如水力发电、核能，以及其他诸如太阳能、风能、潮汐能和地热能等正处于商业化发展的可再生能源。而这些“替代品”技术主要通过大型固定装置产生电力来发挥其重要作用。然而，这些“替代品”技术不能直接提供液态的交通燃油或者化工工业新原料。

那么，为什么费-托技术可以成为替代原油炼制来提供汽、柴油等交通燃油呢？现如今，交通燃油必须经过多次净化，以脱除原料油中的硫、氮以及金属等杂质。如果这些物质未被脱除，杂质会迅速破坏催化剂并使其失去活性。但由于近几年来原油重质化加剧，杂质含量增加，从而导致原油炼制所需的氢气和能量不断增加。如今，石油中15%~20%的能量用来生产环境友好型交通燃油，而随着原油重质化加剧，这一比例只会越来越高。因此，随着时间的推移，原油相对于其他化石燃料的能源优势也越来越小。即便当下(2012年)，通过费-托工艺转化煤(一种非常“脏”的原料)来生产交通燃油的成本也可与原油相竞争。

费-托合成制备的交通燃油的环保性能已达到或超越由原油炼制所得的燃油的环保性能。当然，还有其他可以将煤转化为交通燃油的方式。例如，埃克森-美孚(ExxonMobil)甲醇制汽油工艺可以先将煤转化为合成气，然后转化为甲醇，最后生成汽油。然而，此工艺制备的汽油芳烃含量较高，并且基本未产生柴油馏分油。另一种方式是将煤转化为低相对分子质量的烯烃，然后进一步生成汽油和柴油馏分油。但此工艺制备的柴油为多支链柴油，与费-托柴油相比，其十六烷值更低。

如今的环境问题促使各国政府为可再生燃料的使用提供补贴，例如乙醇在美国的使用。即使费-托燃料没有这种补贴，与具有补贴的可再生能源相比，其在某些领域依然具有竞争力。此外，煤气化工艺的升级使燃料可以从可再生能源和煤的混合物中获得，从而使费-托燃油具有比原油更大的环保优势。

1.3 交通燃油

1.3.1 内燃机

可用能源的形式是非常重要的。利用煤、木材或天然气来驱动汽车、卡车或飞机是不现实的，尽管曾经实现过(例如战争时期)。据维基百科(Wikipedia)估计，在2010年将会有超过10亿辆汽车和轻型卡车在路上行驶。由于众多发达和发展中国家汽车制造业的蓬勃发展，汽车总量将很快超过11亿辆。并且，几乎所有的汽车都以液态烃为燃料，每年消耗的燃料量预计超过$10\times10^8m^3$。因为如今的内燃机工程设计得很好，所以对于合适的燃料，内燃机效率极高。最佳的汽油支链烷烃含量较高(辛烷值高)，而最好的柴油链烷烃含量较高(十六烷值高)。值得注意的是，目前仍然有必要继续为现有以及那些正在修建和规划的道路上行驶的所有(旧的)车辆提供燃料。

1.3.2 电动汽车

由于人们认为电动汽车可以减少环境污染，因而引起汽车制造商极大的兴趣。同时，大多数的汽车制造商也在生产电动汽车。然而，电动汽车仍存在一些严重缺陷。BBC电视台非常受欢迎的汽车节目——《疯狂汽车秀(Top Gear)》节目主持人Jeremy Clarkson在回顾了宝马计划推出的Mini E之后，对电动车存在的问题及优点进行了有趣的描述[5]。这款车运行良好，却需要5088块锂离子电池(重260kg)。即使如此，这款车也只能行驶104mile(1mile≈1.609km，下同)，之后需要充电4.5h。最终，电池需要更换，其成本是消费者无法承担的。电动汽车的广泛应用不仅取决于廉价的高功率电池，还取决于国家是否拥有快速充电站网络，目前这些还处于设计阶段。为了解决这些问题，许多制造商增加了液态烃燃料马达，以扩大电动汽车的行驶范围和提高其便利性。目前市场上有许多已经上市或即将上市的车型，比如丰田普锐斯混合动力汽车(电动-汽油)以及雪佛兰Volt或Ampera。

电动汽车的商业可行性路线具有几个较为严重的问题：电动汽车电池不仅昂贵，而且沉重，其所需的原料锂也较难得到；此外，还需考虑重新充电的电力来源。据美国能源信息署(EIA)估计，世界上三分之二的电力来源于化石燃料(煤42%、天然气21%、石油4%)，14%来源于核能，而只有19%来源于可再生能源。此外，当包含燃煤和燃油发电所排放的二氧化碳时，电动汽车的二氧化碳平均排放量预计为128g/km，而混合动力汽车(如丰田普锐斯)的平均排放量为105g/km[6]。如果通过减少化石燃料的使用来降低二氧化碳排放量的话，从目前可用技术角度考虑(2012)，核能似乎是当前可持续发电的首选。但其也具有严重的问题，如切尔诺贝利(Chernobyl)、福岛(Fukushima)以及三哩岛(Three Mile Island)核电站核事故的发生。

1.3.3 氢动力汽车

由于氢气燃烧后的唯一产物为水，因而是一种极具吸引力的能源。即使理论十分成熟，通过电解或太阳能加热也可很容易将水分解生成氢气，但不幸的是，距离氢气大规模商业应用还有待于进一步发展。就所需能源而言，这样做的成本非常昂贵。

目前，氢气主要通过煤气化或重整产生。因而，氢气可认为是石化工业中合成一氧化碳的副产品，例如由烃类产生。

$$CH_4+{}^1/_2O_2 \longrightarrow CO+2H_2 \tag{1.3}$$

$$CH_4+H_2O \rightleftharpoons CO+3H_2 \tag{1.4}$$

然后，通过水-气变换反应(water-gas shift reaction，WGSR)来提高氢气比例，但同时产生二氧化碳。

$$CO+H_2O \rightleftharpoons CO_2+H_2 \tag{1.5}$$

因此，传统的氢气生成方式总是伴随着二氧化碳的生成。或许，氢动力燃料电池是未来汽车电池发展方向[7]。

电力或氢动力交通系统的可行性要求国家充电网络的广泛建立，而这将是一项浩大而耗费巨资的任务。如果充电网络的电力依然来自于化石燃料的燃烧，那我们仅仅是将其转移到另一个方向，而并未真正地解决可持续发展问题。

1.4 化工原料

有机化学工业原材料主要是基于碳元素的相关物质；在18世纪，木材的高温分解提供了有用的化学物质。到了19世纪，煤焦油被用来作为很多材料的原料，特别是芳烃。而到了20世纪和21世纪，许多有机化学品的原料都是从石油中提炼而来。因此，在某种程度上，目前化学品原料和交通燃油的供应都依赖于不可再生资源。

1.5 可持续性及可再生能源：化石燃料的替代品

据估计，太阳照射地球1h所产生的能量(4.3×10^{20}J)高于目前全人类一年所消耗的能量(4.1×10^{20}J)，而且即使大量使用，也是足够的。因此，目前人类仍需继续寻找可供使用的能源。其或为无法耗尽储藏的可再生生物燃料，抑或为更直接利用阳光而不涉及有机中间体的方式，例如水分解产生氢气的某些方式。主要的可再生生物资源为迅速生长的植物、树木或者藻类。其可以直接或间接地收获和燃烧，产生的二氧化碳又可作为其他植物的生长原料。

1.5.1 生物燃料

最著名的生物燃料生产商业化的实例是巴西。巴西从大规模种植的甘蔗提取得到糖，再将其发酵成酒精，酒精蒸馏后便可为汽车提供动力并作为生物乙醇在加油站销售。巴西人口接近2亿，日照充足，劳动力廉价，还有一些政府补贴。在发现大型海上石油和天然气矿藏之前，由于巴西缺乏国产燃料油，因此使用乙醇来驱动内燃机，并且大多数巴西汽车现在既可使用汽油，也可使用乙醇。目前，巴西国产乙醇占其全国汽车燃料需求总量的13%左右，而与之相比，美国约为4%[8]。

美国已经生产了大量由玉米制得的生物乙醇，而且乙醇汽油已占加油站燃料的10%。但是，目前这种农业生产燃料也存在几个问题：首先是种植燃料植物所需的耕地面积会严重阻碍粮食的增长，这反而会影响粮食的成本；能量平衡也比乍看起来要复杂得多，因为除了阳光外，生产乙醇还需要大量化石燃料提供的能量；另外，此过程还需要大量的水，但由于水资源也比较宝贵，因而保存和回收水资源也需要消耗能量。

据计算，1acre(1acre≈4046m^2，下同)的耕地、池塘或生物反应器，每年都可以产生足够生物质来为一辆汽车提供燃料，或满足几个人的热量需求。因此，这些生物质对满足目前公路运输需求贡献甚微，却可能对解决全球粮食短缺和粮食价格上涨问题具有显著影响[9, 10]。目前，人们正在积极推行以木质纤维素为原料制造乙醇的新技术，而该技术将不会依赖于粮食作物。因此，虽然生物质可作为可再生燃料使用，但还不是解决能源问题的最佳方案。

另外，还存在其他形式的生物燃料，例如由脂肪废料(长链酯)制成的生物柴油。但其还未像生物乙醇一样广泛推广，并且很可能仅仅作为运输能源的一个次要来源。

1.5.2 其他非生物燃料可再生能源

以不涉及生物中间体的方式生产能源是目前科学研究的热点领域。利用太阳能的方式有很多种：使用光伏电池或太阳能电池可直接将太阳能转化为电力，风能和潮汐能也可以以类似的方式发电。然而，所有这些来源都具有这样的缺点：能源不能连续生产，必须将电力储存并输送到所需要的地点。尽管大规模生产太阳能电池的技术已经非常成熟，并且在一些国家(德国、日本、西班牙和以色列)，太阳能发电所产生的电力开始对国家电力网络作出重大贡献，但是目前太阳能发电成本仍很高，约为燃煤发电成本的10~20倍。即使仅确保夜晚用电高峰期，全国所需电力储备亦有所不足。由于化石燃料仍然储量丰富且价格低廉，因而，除非实现技术或成本突破，或者引入环保碳排放税，否则非生物再生能源在一次发电中不可能发挥重要作用。

1.6 未来方向

那么，未来的研究方向是什么呢？如果电动汽车和氢动力汽车的大规模使用还只是初露端倪，而可再生生物燃料也只能满足交通运输需求的一小部分，那么我们必须通过改进当前技术来充分利用现有资源。由于石油、天然气和煤炭的重大发现不断增加，虽然并不确定确切数字，但目前最佳估计表明，按目前消耗水平，地球上拥有可供人类使用大约50年的石油储量和150~200年的天然气储量。而煤炭更为丰富，可供应100~200年。然而，重要的一点是燃料提取的难度有多高(即成本如何)：成本很可能决定化石燃料未来的用途。另一争论焦点自然是二氧化碳含量的增长。据EIA估计，到2035年，二氧化碳年排放量将从2007年的约297×10^8t增加到约424×10^8t。而这一43%的增长率可能会对我们生活的方方面面产生重大影响，特别是气候变化。

出于保护化石燃料资源和遏制二氧化碳含量升高的考量，目前的首要任务应该是更好、更有效地利用现有资源。其中一个方法就是提高原材料转化为可使用燃料和化学品的转化率，但这样做不一定简单明了。以天然气(主要是甲烷)为例，虽然甲烷部分氧化成甲醇或高级烷烃等直接转化方法在未来可能经济可行，但目前最好办法是将天然气转化成合成气($CO+H_2$)后，再在此基础上合成转化。再转化所需的理论工程已经很成熟，并且目前已具有很多以合成气为原料制造有用产品的可行性反应。其中之一便是是费–托烃合成反应。其中，合成气可以转化成用作燃料(柴油)或化学原料的直链烃。因此，本文认为改良费–托反应是可取的和可能的，也是必要的，并且应尽快进行。本文1.7节便介绍了一些其他途径。

1.7 XTL和费–托工艺(FTP)

费–托工艺(FTP)是将一种碳基燃料转化为另一种燃料所需技术的关键。这反之又允许工业为既定产物选择最适合的原料和生产技术。目前已开发了许多被称为XTL的复合技术：CTL(煤制油)、GTL(天然气制油)、BTL(生物质制油)和WTL(有机废物制油)。因此，GTL通过将天然气(主要为甲烷)部分氧化生成合成气的过程如下所示：

$$CH_4+H_2O \rightleftharpoons CO+3H_2 \quad \Delta H^{\circ}_{298K}=+206kJ/mol \tag{1.6}$$

$$CH_4+CO_2 \rightleftharpoons 2CO+2H_2 \quad \Delta H^{\circ}_{298K}=+247kJ/mol \tag{1.7}$$

或者例如CTL，以煤炭为原料制备合成气：

$$2C+H_2O+O_2 \longrightarrow CO+CO_2+H_2 \tag{1.8}$$

CO与H_2之比可以根据催化水–气变换反应(WGSR)调节：

$$H_2O+CO \rightleftharpoons H_2+CO_2(\text{WGSR}) \quad \Delta H^{\circ}_{298K}=-41\text{kJ/mol} \tag{1.5}$$

然后，将气体导入另一个反应器中，在那里与费–托反应中的不同金属催化剂(通常是铁或钴)接触。对于钴和其他金属而言，具有催化活性的金属通常以纳米颗粒形式负载到二氧化硅或氧化铝等惰性载体氧化物上。铁催化反应则通常在无载体(块状)金属上进行。第2章和第5章对XTL工艺进行了详细介绍。

费–托工艺中生成的碳氢化合物的产物分布遵循Anderson–Schulz–Flory(以下简称为ASF)分布，其可表示为$W/N=(1-\alpha)^2\alpha^{n-1}$。其中，$W$是含有$N$个碳原子的烃分子的质量分数，而$\alpha$是链增长概率[11]。这可以通过绘制log($W/N$)对$N$的曲线来表示其变化规律。结果显示，产物分子质量分数由低到高变化时，曲线呈现单调递减，从而表明C_1产品逐步增长聚合。

甲烷一直是含量最大的单一产品；然而当α接近1时，可以使生成的甲烷总量最小化，而长链烃的生成增加。长链烃通常被称为蜡(waxes)，其必须通过裂解后才可生产液体交通燃料。

虽然费–托工艺已经大规模应用，但由于高投资成本、高运营成本、高维护成本以及环境问题等原因，使其普遍接受较为困难。事实上，虽然天然气可以通过常规燃气管道和液化天然气(LNG)技术运输，但费–托燃料油依然可以与天然气相竞争。因此，费–托合成气作为一种原料在经济上是可行的，就如同一种闲置气体的供应源，即远离主要城市而不适宜开采的天然气气源。

1.7.1 历史

费–托工艺的历史是一种典型的逐步发展的经典科学实例：并没有灵光乍现的一刻。这也说明了科学技术的进步与经济和政治环境的紧密结合。

1902年，Sabatier和Senderens发现镍催化一氧化碳和氢气发生反应生成了甲烷；然后在1910年，Mittasch、Bosch和Haber开发出用于氢气和氮气合成氨反应的活性更高的铁催化剂。随后(1913年)，巴斯夫(BASF)公司发布专利，可以使一氧化碳在氧化物催化剂上高压氢化，生成碳氢化合物和含氧化合物。在20世纪20年代，在柏林Kaiser Wilhem研究所工作的Fischer和Tropsch首先通过碱化铁将一氧化碳加氢制成合成醇(含氧化合物)，然后于1925年在常压下通过钴和镍合成了高级烃。这一工艺迅速得到了关注，英国、日本和美国的工人，特别是美国矿业局的工作人员投入了大量的时间和精力改进生产方法。纳粹德国也进行大量的工程和催化剂开发工作，特别是在1939~1945年的“第二次世界大战”期间，此工艺被用于以煤炭为原料来制造汽车燃料。德国缺乏石油资源，却拥有储量丰富的劣质褐煤，可以使其转化为战争燃料。由于人们担心石油供应短缺，在“第二次世界大战”后依然针对费–托工艺的新反应器设计继续进行开发工作。随着大型新油田的发现，对费–托工艺的关注有所降低，这种情形直到20世纪70年代石油价格大幅上涨以及对南非出口石油制裁后才有所改变。这促使Sasol公司(南非煤炭和石油公司Suid Afrikaanse Steenkool en Olie的简称)扩大了其CTL工厂，以便更加自给自足[12]。尽管经济和政治压力早已发生变化，但Sasol公司仍积极继续开发CTL和GTL工艺。这些工艺以使用铁或钴催化剂的费–托技术为基础。同时，Sasol公司还在其他国家(包括卡塔尔、尼日利亚、埃及等)继续兴建新工厂。壳牌(Shell)公司也利用钴催化剂(参见第3章、第5章和第9章)在马来西亚和卡塔尔建成了大型费–托装置。据估计，全球费–托合成油年产量约为1000×10^4t。

与费–托合成油同时进行的还有另外一种基于合成气的反应，那便是始于德国的甲醇合成技术。1966年该技术趋于成熟，英国ICI公司引入低压工艺并采用铜锌氧化物催化剂，并且目前依然占主导地位(参见第6章)，每年可以生产约3000×10^4t甲醇。

1.7.2 费–托技术概述

目前，费–托工艺在商业上主要用于将合成气通过负载型金属催化剂来合成烃。虽然金属铁(Fe)、钴(Co)、钌(Ru)、铑(Rh)以及镍(Ni)均具有催化费–托反应的活性，但其催化作用方式不同。其中，金属钌催化活性最高，但生产成本较高使其未被商业化应用。尽管壳牌公司使用钴催化剂合成了可裂解成低碳烷烃的长链烷烃(蜡)，但最初和最常用的催化剂是铁。钴催化剂通常由负载在二氧化硅或氧化铝等氧化物表面上的微小金属颗粒组成。这些纳米粒子由于比表面积较大而具有较高活性。然而，这也使其易吸附杂质，从而影响催化剂性能。在某些情况下，催化活性可以得到改善，但许多物质也会降低催化的活性和选择性。

目前，费–托工艺主要分为两种：一种为低温费–托技术(LTFT)，通常在200~250℃温度条件下生成长链分子；另一种为高温费–托技术(HTFT)，反应温度为320~375℃，可生成短链分子。人们普遍认为反应的主要产物是1–正烯烃(1–*n*–alkenes)，但是在较苛刻的条件下[高氢分压、高温或加入加氢催化剂(如钴)]则主要生成正构烷烃(*n*–alkanes)。在此反应条件下，主要的烯烃产物会进一步加氢、异构化、脱氢、环化、羰基化，甚至被氧化，因而可以得到复杂的产物构成。

反应器的最佳形式取决于催化剂、反应条件以及目标产品分布。HTFT采用两相流化床反应器并使用铁催化剂；LTFT采用三相悬浮床反应器或管式固定床反应器，而催化剂使用铁或钴。大部分成功运行的费–托装置的经验都来自于应用合理设计的反应器[13]。

虽然长期以来人们普遍认为二氧化硅或氧化铝载体在费–托基本反应中作用甚微，但载体在二次反应中作用显著。然而，界面科学家的研究表明，费–托催化反应通常发生在金属和氧化物之间界面处，这可以是催化剂的载体或催化剂的活性组分。

1.7.3 原理

从只有一个碳原子的CO到生成烯烃或烷烃，这其中必定发生了一系列复杂反应。然而在实质上，其是一个C_1单体的聚合反应。问题是该反应是如何在金属表面上发生的。直到最近，界面科学家才掌握了如何回答此问题。因此，目前已经有很多对于该反应的理解和理论，其中更为重要的理论将在第12章中有所概述。CO加氢反应热力学如以下反应式所示：

$$3H_2+1CO = H_2O+CH_4 \quad \Delta G^{o}_{500K}=-94kJ/mol \tag{1.9}$$

$$2H_2+1CO = H_2O+{}^{1}/_{3}(C_2H_6) \quad \Delta G^{o}_{500K}=-31kJ/mol \tag{1.10}$$

$$3H_2+1CO = CH_3OH \quad \Delta G^{o}_{500K}=+21kJ/mol \tag{1.11}$$

$$3H_2+2CO = HOCH_2CH_2OH \quad \Delta G^{o}_{500K}=+66kJ/mol \tag{1.12}$$

$$4H_2+2CO = CH_3CH_2OH+H_2O \quad \Delta G^{o}_{500K}=-27kJ/mol \tag{1.13}$$

$$3H_2+1CO_2 = CH_3OH+H_2O \quad \Delta G^{o}_{500K}=+3kJ/mol \tag{1.14}$$

$$H_2O+1CO \rightleftharpoons H_2+CO_2(WGSR) \quad \Delta G^{o}_{500K}=-28kJ/mol \tag{1.5}$$

1.7.4 CO加氢反应的基本热力学和动力学

与所有的化学变化一样，虽然速率是由各个步骤的动力学决定，但重要的是要确保每个步骤的热力学是有利的，或者如果某一步骤是不利的，那么其需要与一个有利步骤相结合。

如上所述，CO加氢生成烃反应总体上是有利的，但对比各步骤自由能(ΔG^{o})后发现，该反应可以被认为是由水生成驱动的。因此，甲烷和水的生成更为有利，却不利于长链烃的生成。如果没有生成自由水，由甲醇和乙二醇的正值ΔG^{o}看出，热力学更加困难；只有当水也生成，并且伴随乙醇的生成，此时有利于反应的进行。

1.8 费–托工艺替代方案

鉴于目前使用化石燃料的最佳方式是将其制成合成气，在本文的第6章将会介绍费–托技术的一些替代方案。事实上，合成甲醇的反应的合成气使用量最大，而甲醇既可用作一种燃料添加剂，也可作为非常有用的化学品和C_1原料。具体的应用实例包括通过酸性沸石催化剂(HZSM–5)将甲醇转化为汽油的Mobil工艺，以及使用二甲醚进行相同转化的Haldor–Topsoe A/S TIGAS工艺。还有几种将甲醇转化成烯烃的工艺，其中包括UOP/Norske Hydro工艺(在挪威设有试验装置，在比利时设有示范装置)，而Lurgi也有类似的甲醇制丙烯(MTP)工艺。大连化学物理研究所在2010年发布了第一个商用甲醇制烯烃工艺包(DMTO)，年产低碳烯烃量为60×10^4t(http://english.dicp.cas.cn/ns/es/201008/t20100811_57266.html)。

其他广泛实施的替代方案是使用合成气与有机基体来增长碳链长度，例如丙烯加氢甲酰化生成丁醛和异丁醛。

$$RCH = CH_2+CO+H_2 \longrightarrow RCH_2CH_2CHO+RCH(CHO)CH_3 \tag{1.15}$$

目前，有许多已知的烯烃与一氧化碳相关反应，例如生成酸和酯。其中一些反应具有重要的工业意义[14]：

$$CH_2 = CH_2+CO+H_2O \longrightarrow CH_3CH_2CO_2H \tag{1.16}$$

$$RCH = CH_2+CO+MeOH \longrightarrow RCH(CO_2Me)CH_3+RCH_2CH_2CO_2Me \tag{1.17}$$

值得注意的是，WGSR被用来大幅增加合成气中氢气的比例，然后可以将其分离并作为无污染燃料或在加氢装置中使用。由于WGSR是一个平衡反应，问题在于在增加合成气中的氢气含量的同时，也增加了非目的产物CO_2的含量。

参考文献

[1] Chem.Eng.News(August22,2005), quoting Nobel Laureate Rick Smalley, in testimony to the US Senate (April 2004).

[2] Lewis, N.S. (2007) MRS Bull., 32, 808-820.

[3] BP Statistical Review of World Energy (June, 2011)

[4] International Energy Outlook (May, 2010) Energy Information Administration, US Department of Energy, Washington, DC, www.eia.doe.gov/oiaf/ieo/index.html.

[5] Sunday Times (August 1, 2010), London.

[6] Daily Telegraph (September 4, 2010), London, Car Clinic, September 4.

[7] Eberle, U. andvon Helmolt, R. (2010) Energy Environ. Sci., 3, 689-699.

[8] Ritter, S.K. (June 25, 2007) Chem. Eng. News, p. 15.

[9] Walker, D.A. (2010) Ann. Appl. Biol., 156, 319-327.

[10] Walker, D.A. (2010) J. Appl. Phycol. doi: 10.1007/s10811-009-9446-5.

[11] Dry, M.E. (1981) Chapter4, in Catalysis Science and Technology, vol. 1 (eds J.R. Anderson and M. Boudart), Springer, Berlin.

[12] Anderson, R.B. (1984) The Fischer-Tropsch Synthesis, Academic Press Inc., Orlando.

[13] Steynberg, A.P., Dry, M.E., Davis, B.H., and Breman, B.B. (2004) Fischer-Tropsch reactors, in Studies in Surface Science and Catalysis, vol. 152 (eds A.P. Steynberg and M. Dry), Elsevier BV, Amsterdam.

[14] For further details of these and related reactions, see Maitlis, P.M. and Haynes, A. (2006) Syntheses based on carbon monoxide, in Metal-Catalysis in Industrial Organic Processes (eds G.P. Chiusoli and P. M. Maitlis), RSC Publishing, Cambridge.

第二部分 工业及经济方面

2 合成气：费-托合成的原理

Roberto Zennaro, Marco Ricci, Leizia Bua, Cecilia Querci, Lino Carnelli, Alessandra d'Arminio Monforte

合成气(一种一氧化碳和氢的混合物)通常在工业生产中从天然气或煤炭中获得。H_2与CO的比值可由水-气变换反应(WGSR)控制：

$$CO+H_2O = CO_2+H_2 \quad \Delta H^{\circ}=41kJ/mol$$

由于水-气变换反应是可逆的，二氧化碳和水也可能生成。该反应解释了工厂内气体循环的意义，以及二氧化碳形成的重要性。目前人们正在探索其可能的用途。

2.1 作为原料的合成气

一氧化碳(CO)与氢气(H_2)的混合物通常被称为合成气；各种分子比的合成气被大量用于工业生产中。合成气可以由煤(C)、天然气(CH_4)、生物质($C_xH_yO_z$)和其他有机材料(如塑料废物)经过部分氧化后，加入水蒸气(H_2O)以增加氢含量而制成。合成气大约拥有天然气(甲烷)一半的能量密度，可以用于蒸汽循环系统、内燃机、燃料电池、汽轮机发电或产热。合成气可用于制造包括氢、合成天然气(SNG)、石脑油、煤油、柴油、甲醇、二甲醚(DME)、氨等在内的液态燃料，同时也可作为大量化学制品的中间原料。

合成气作为氢的重要来源在炼厂中尤其重要，可用于加氢处理、去除杂质、烯烃加氢，以及诸如催化裂化等在内的加氢工艺过程中。

合成气与天然气(大部分为甲烷)很相似，但是合成气是由碳基资源气化产生的。气化的过程包含了一氧化碳或二氧化碳与氢气的反应，以产生高甲烷含量的气体，这个过程通常被认为是甲烷化的过程。

$$CO+3H_2 \longrightarrow CH_4+H_2O \quad \Delta H^{\circ}=-206.3kJ/mol \tag{2.1}$$

$$CO_2+4H_2 \longrightarrow CH_4+2H_2O \quad \Delta H^{\circ}=-248.1kJ/mol \tag{2.2}$$

由于在甲烷化反应过程中一氧化碳和二氧化碳都是高度放热的，因而需要避免反应器温度升高。这可以通过循环利用反应气体、蒸汽稀释或使用间接冷却的等温反应器来实现。在合成气生产中，使用与重整催化剂相类似的高镍含量催化剂是首选。

在催化费-托合成过程中，1mol的一氧化碳与2mol的氢气主要生成直链烯烃(C_nH_{2n})、正构烷烃、内烯烃、少量的支链烷烃和一级醇。副反应是甲烷化、布杜阿尔(Boudouard)反应和焦炭沉积。

$$CO+2H_2 \longrightarrow -CH_2- + H_2O \quad \Delta H^{\circ}=-154.1kJ/mol \tag{2.3}$$

产品为合成原油，可用来生产优质柴油、润滑油和石脑油。最重要的催化剂是铁基(Fe)或钴基(Co)催化剂。钴基催化剂通常具有较高的转化率，可有效实现氢化作用，与铁元素类催化剂相比，会生成更少的烯烃和醇类。

甲醇也是由一氧化碳或二氧化碳与氢气的反应产生的，但使用的催化系统与生成烃类的催化系统(第6章)不同。这两种反应都是放热的，有些令人惊讶的是，结果表明大部分一氧化碳加氢的甲醇反应是通过二氧化碳进行的。

$$CO+2H_2 \longrightarrow CH_3OH \quad \Delta H_{298K}=-91kJ/mol \tag{2.4}$$

$$CO_2+3H_2 \longrightarrow CH_3OH+H_2O \quad \Delta H_{298K}=-49kJ/mol \tag{2.5}$$

副反应可能会生成如甲烷、高级醇或二甲醚等的副产品。

虽然天然气是甲醇生产中使用最广泛的碳基资源，许多其他的原料也可以通过蒸汽重整来生产合成气。煤炭越来越多地被用作生产甲醇的原料，尤其是在中国。

二甲醚如今由甲醇作为起始原料，采用甲醇脱水法进行生产。然而，在直接生产中，单个反应器中包含三个反应[见式(2.6)~式(2.8)]：

$$CO+H_2O=CO_2+H_2 \quad \text{转换水} \tag{2.6}$$

$$CO+2H_2=CH_3OH \quad \text{甲醇合成} \tag{2.7}$$

$$2CH_3OH=CH_3OCH_3+H_2O \quad \text{甲醇脱水} \tag{2.8}$$

二甲醚在工业上被用于甲基化剂生产硫酸二甲酯，也能用作气溶胶喷射剂。由于二甲醚的十六烷值很高，有作为燃料的潜质，可直接用于发电或与液化石油气或柴油混合(或作为替代)使用。25℃的沸点允许燃料与空气快速混合，减少点火延迟，具有出色的冷启动特性。对于中型的发电厂，尤其是对于天然气运输不便并且液化天然气再汽化终端建设难以实现的偏远地区，二甲醚是其他能源的有效替代品。

合成气也是生产氨的原料，而氨是生产化肥、化学品、塑料、纤维和炸药的必需品。合成气经过提纯，并调整氢氮比为氨合成法要求的化学计量为3∶1的摩尔比。催化反应在高压[0~250atm(1atm=101325Pa，下同)]和350~500℃之间进行，通常使用铁基催化剂。

$$N_2+3H_2 \longrightarrow 2NH_3 \tag{2.9}$$

该反应一次转化率较低(20%~30%)，一部分未被转化的气体进行循环以增加整体转化率。

混合醇除了作为费-托合成的副产物外，混合醇相关过程还包括了由Snamprogetti Eni Chem和Haldor Topsoe在20世纪80年代提出并已在工业等级上证明了的MAS(甲醇

+高级醇)技术[1, 2]。另一个更进一步的应用是生产一氧化碳，用于乙酰生产(乙酸、酸酐等)或作为碳替代资源。

表2.1总结了主要应用的不同合成气的产品规格。

表2.1 不同应用的合成气规格

规 格	氢	氨生产	甲醇合成	费–托合成
氢含量，%	>99	75		60
一氧化碳含量/(μL/L)	<10~50	(一氧化碳+二氧化碳)<10		30
二氧化碳含量/(μL/L)	<10~50			
氮含量，%	<2	25		
其他气体	N2、Ar、CH_4	Ar、CH_4	N_2、Ar、CH_4	N_2、Ar、CH_4、CO_2
平 衡		尽可能低	尽可能低	低
H_2/N_2比		约3		
H_2/CO比				0.6~2.0
$[H_2-CO_2]/[CO+CO_2]$模数			2	
反应温度/℃		350~550	220~300	200~350
反应压力/MPa	>2	10~25	5~10	1.5~6

2.2 合成气的合成路径：XTL

当合成气应用于费–托合成时，所有的过程统称为XTL。其中，X取决于碳源，例如图2.1所示CTL为煤合成液体，GTL为天然气合成液体，BTL为生物质合成液体，或WTL为废气合成液体。

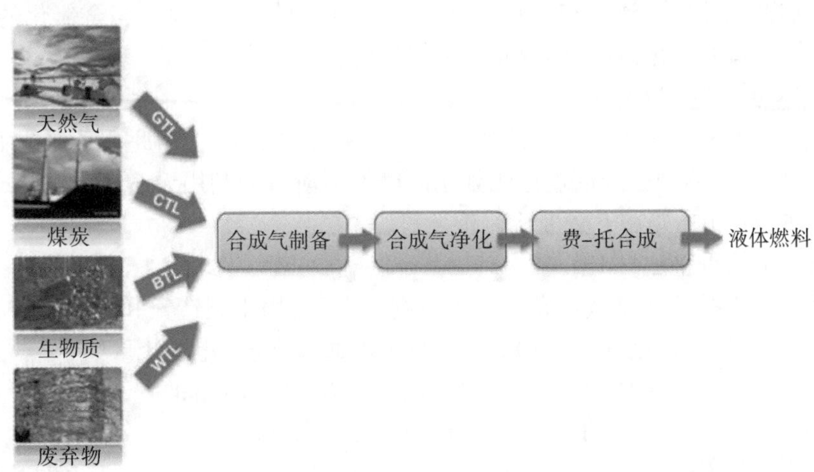

图2.1 XTL基本方案

发生在XTL复合过程的主要步骤包括合成气生成、合成气炼制和合成燃料产品的费–托合成[3]。在所谓的CBTL过程中，由于生物质和煤的混合在现代气化炉中是可行的，所以结合煤与生物质也是一种可能的路径。

利用煤、天然气、生物质和一些废料(尤其是建筑的废木料或塑料)生产合成气的主要技术可以分为两大类生产过程，即气化和重整(见图2.2)：

① 气化固体原料，如煤、生物质和废料；

② 重整气体原料。

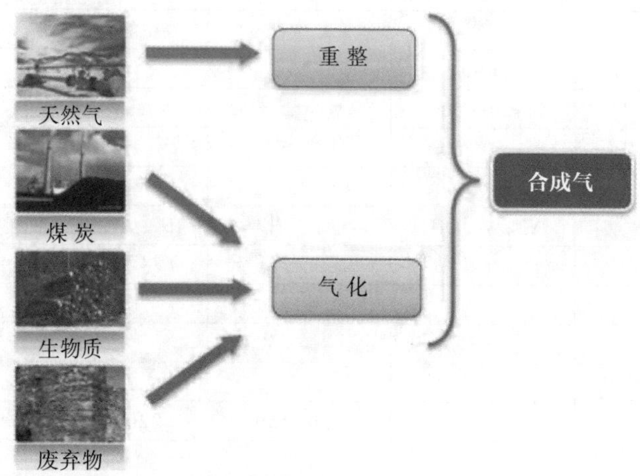

图2.2 合成气生产路径

气化一词是指将任何碳质燃料转化为一个具有可用热值的气体产品。这个定义不包括氧化，因为这样的烟气产物没有有用的热含量。主导技术是利用部分氧化生产合成气，其中氧化剂可能是纯氧、空气或水蒸气。部分氧化可以应用于固体、液体和气体原料，包括煤、生物质、渣油和天然气。气化是指在缺氧环境(少于完全氧化的需求)下固体或液体原料的转化，而重整是指将天然气转化为合成气。

2.2.1 以气体为原料(GTL)

合成气生产是GTL工厂中最低效并且成本最高的步骤[4]，因此一系列技术供应商有了很大的发展。六项已经商业化或处于高度发展阶段的利用天然气制备合成气的生产技术列在表2.2中，并在下文进行讨论。

2.2.1.1 蒸汽甲烷重整法(SMR)

蒸汽甲烷重整法在富氢合成气生产中应用广泛，用于制造氨和氢气本身。反应物是甲烷和蒸汽，化学转化见式(2.10)，采用基于镍的催化剂，化学计量如下：

$$CH_4+H_2O \longrightarrow CO+3H_2 \quad \Delta H^\circ=206kJ/mol \tag{2.10}$$

$$CO+H_2O \longrightarrow CO_2+H_2 \quad \Delta H^\circ=41kJ/mol \tag{2.6}$$

常规SMR的操作温度和压力通常是800～900℃和20～30atm。在干气的基础上，甲烷滑脱的体积分数一般在1%左右。该反应[式(2.10)]是吸热的，并且需要维持所要求的反应温度，这在设计一个有效的SMR反应器系统热传导中通常是一个限制因素。SMR反应器通常设计为外燃式管状反应器，这样的反应器蒸汽和燃料消耗高，需要较高的资金投入。过量蒸汽(蒸汽与碳的摩尔比为2.5∶1～3.5∶1)是防止焦炭在反应器管道中形成的必要条件，典型的SMR的H_2/CO比为3∶1。虽然这适用于氨和氢的制造，但仍要比费–托合成应用要求的2∶1的比率高很多，需要通过WGSR[式(2.6)]进行调整。

表2.2 六种合成气生产技术的比较[7]

技术	优点	缺点
SMR	① 最广泛的工业应用经验； ② 不需要氧气； ③ 过程温度要求最低； ④ 氢生产应用中最佳的H_2/CO比	① H_2/CO比往往高于要求； ② CO_2排放量最高
ATR	① 自然的H_2/CO比往往是最好的； ② 比POX的过程温度要求低； ③ 低甲烷事故； ④ 可以通过调整重整装置出口温度定制合成气甲烷含量	通常要求氧气
POX	① 不要求原料脱硫； ② 催化剂的缺乏使得炭形成，因此在没有蒸汽的情况下运行，显著地降低了合成气的二氧化碳含量； ③ 低甲烷事故； ④ 低自然H_2/CO比对该比值小于2的应用要求是优势	① 低自然H_2/CO比对该比值大于2的应用要求是劣势； ② 非常高的过程温度； ③ 通常要求氧； ④ 高温热回收和烟尘形成/处理增加了过程的复杂性； ⑤ 合成气甲烷含量本来就很低，不容易调整以满足下游加工要求
CPO	① 比ATR温度低； ② 低耗氧量	催化剂的成本高(通常为贵金属，尤其是Rh)
HER	① 总体规模紧凑； ② 应用的灵活性给提供增量的能力带来了附加选项	① 商业化经验有限； ② 在某些配置中，必须与其他合成气技术串联使用
CPR	① 设计更紧凑； ② 非常高的热效率； ③ 催化剂要求少； ④ 适合海上应用	对于GTL规模平行单元数量过多

2.2.1.2 自热重整法(ATR)

ATR已成熟应用于目前的商业化合成气生产中，通过固定床镍基催化剂混合蒸汽、甲烷和氧气。由于反应器内存在氧气，该系统是绝热的，因此，吸热的SMR反应[式(2.6)和式(2.10)]所需的热量由放热的氧化反应[式(2.11)和式(2.12)]提供。除了SMR反应，其他发生的反应还有：

$$CH_4+2O_2 \longrightarrow CO_2+2H_2O \quad \Delta H^\circ=-802\text{kJ/mol} \tag{2.11}$$

$$CH_4+{}^1/_2O_2 \longrightarrow CO+2H_2 \quad \Delta H^\circ=-36\text{kJ/mol} \tag{2.12}$$

$$CO+H_2O \longrightarrow CO_2+H_2 \quad \Delta H^\circ=41\text{kJ/mol} \tag{2.6}$$

氧化反应通过“燃烧器”喷嘴直接发生在固定催化剂床上方的蒸汽空间，火焰核心的温度可能超过1900℃。SMR和CO转化反应在催化剂床上明显连续的发生，导致了ATR单元合成气出口温度大约为950~1050℃。ATR生产的合成气具有适合费–托合成的接近2∶1的H_2/CO比的优势。此外，还需要多余的蒸汽来防止煤烟的形成，但是比

SMR需要的少得多(例如0.6∶1的蒸汽与碳的摩尔比)[5]。

尽管低温制氧机或气送ATR单元用的空气压缩机会增加额外的成本，ATR似乎仍然在总体上比传统的SMR更经济，尤其是对于大规模的费-托合成应用而言。此外，一部分费-托合成的尾气循环回至ATR过程的GTL混合物中，以提高整个过程的热效率。

2.2.1.3 非催化部分氧化法(POX)

在非催化部分氧化法中，氧化反应占主导地位，需要的蒸汽量比ATR少，以达到接近2∶1的H_2/CO比。氧化剂和烃类原料混合并发生均相氧化反应。反应温度通常较高(大约1300℃)，并且在某些情况下可能需要更多的氧气。合成气反应所需的全部热量由燃料的不完全燃烧提供，不需要外部加热。反应器通常是由耐火材料内衬的开口压力容器。由于积灰可以在废气中形成，因此严格规定了要通过洗涤器清除积灰。

壳牌(Shell)公司和德士古(Texaco)公司都已提供了数十年的POX气化天然气转化技术，最近鲁奇(Lurgi)公司也在推广一种适用于天然气的多用途气化方法(MPG)。

2.2.1.4 催化部分氧化法(CPO)

基于非均相催化反应的合成气生产技术通常被称为催化部分氧化法(CPO)。CPO是合成气生产中的一种替代方案。其原理与ATR相似，不同之处在于所有的反应都发生在非均相，并且CPO的反应温度通常低于ATR。

康菲(Conoco-Phillips)石油公司和一些其他公司已经开始重点考察CPO在大规模合成气生产中的潜在优势。埃尼(Eni)公司开发了SCT-CPO技术(短接触时间催化部分氧化)，利用甲烷或轻烃生产氢气。该技术可用于炼厂的氢气生产，并直接在钻井平台进行GTL合成气生产[6]。有关该技术的文献中指出，与ATR或POX相比，该技术的优势在于耗氧量更低，基本上不使用蒸汽，工作温度低于1000℃。催化剂通常都是基于贵金属(铂、钯、铑和铱)的。催化剂的选择由其成本、活性和天然气转化类型换决定。例如，在苛刻的催化剂工作条件和需要抑制烟尘形成，并且需要最小的蒸汽消耗时，使用铑(Rh)基催化剂更有利。

2.2.1.5 热交换重整法(HER)

热交换重整法(HER)是一个分为两步的甲烷重组过程，目前处于研究阶段，似乎是一个很有前途的方法，但尚未被商业化应用。在第一步，SMR在充满催化剂的热交换器管道内发生反应。第二步通常由传统的ATR组成。吸热的SMR反应所需的热量由第二步排出的热合成气提供。低投资成本和更高的热效率是该项技术的优势。开发这项技术的公司(JM-Katalco、Haldor Topsøe、Uhde)最初是以氨气和甲醇工业应用为目标，但同样适用于GTL工厂。

HER的一种特殊类型是GHR(气体加热重整装置法)，其重整装置由过程气体进行加热。HER的分类根据过程概念的不同而不同(即串联或并联)。Synetix公司也已将高级气体加热重整装置(AGHR)的第二代HER商业化，利用了不同的管道设计，并用于澳大利亚的一个甲醇工厂。

2.2.1.6 紧凑式重整法(CPR)

紧凑式重整法由戴维工艺技术公司(Davy Process Technology)和BP公司提出并已证明了作为在SMR基础上的创新方法。反应器设计与传统的壳管式换热器相似：SMR反应发生在含有传统的镍基催化剂的管程中，吸热的SMR反应所需的热量在壳程提供，壳程由燃料和空气混合物加热。与传统SMR相比，催化剂需求更少，设计更紧凑，使得投资成本更少。

空间需求的减少使得这项技术适用于海上小型气田的转化。现在这种技术的一个缺点是需要大量的平行单元，才能达到世界级规模的GTL工厂水平。丹麦公司Haldor Topsøe A/S已经提供了几个紧凑式对流重整装置概念的氢单元(HTCR)。这种反应器由一个耐火内衬的垂直容器组成，其中包括一个管束和几个被烟道气体引导管包围的卡口管。在垂直部分下方有一个装有燃烧器的卧式燃烧室。Uhde公司“联合自热重整(combined autothermal reforming)”的专利设计，将重整和非催化部分氧化结合在一个步骤里。

2.2.2 以固体为原料(CTL、BTL和WTL)

气化炉可用于气化几乎任何种类的有机原料，包括多种木材、农业残留物、泥炭、煤、无烟煤、石油残留物和城市固体废物。20世纪70年代的“石油危机”为使用煤炭提供了强大动力：煤炭储量丰富并且在世界范围内的分布比原油更广泛。煤气化炉在这一时期被开发并商业化。近年来，人们对可再生能源的兴趣日益浓厚，这再次激发了以生物质气化为重点的类似技术。

煤与生物质的一个有趣的区别在于它们的组成：木质生物质通常含有约50%的碳和45%的氧，而煤中含有60%~85%的碳(取决于煤的等级)和5%~20%的氧。由于氧含量高，生物质气化需要较少的氧气。煤或生物质燃料在许多性质上存在差异，如加热值、工业分析(固定碳、挥发性物质、灰分和含水率)、元素分析(碳、氢、氧、硫、氮、氯和其他杂质的含量)和硫分析。由Van Krevelen研究绘制的图表说明了生物质与煤成分的不同(见图2.3)[8]。

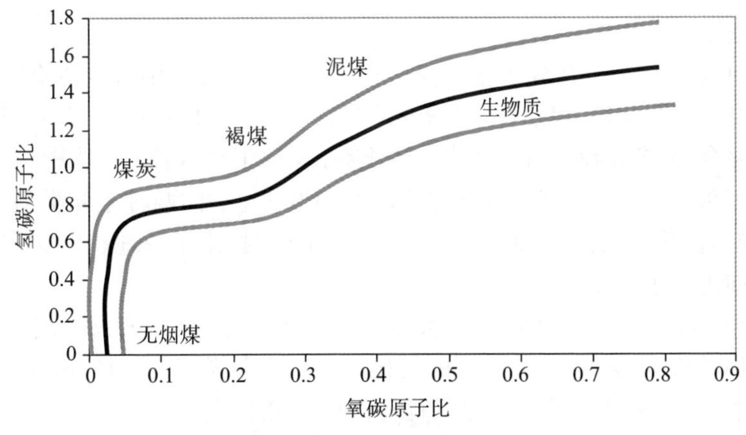

图2.3 各种固体燃料的原子比

近年来，在将废物转化成能源的热点背景下，开始展开了塑料气化方面的研究，已经完成了许多以塑料(如聚乙烯)为原料的合成气生产方面的研究。

根据原料规格(尺寸和化学成分)，目前已有几种气化技术。然而，反应器类型(固定或移动)和加热方法是表征气化器类型的主要元素。这些被分成四个主要的技术：固定床、流化床(FB)(鼓泡或循环)、气流床气化炉和间接气化炉。

2.2.2.1 固定床

不论是煤，还是生物质转化成合成气，固定床气化是最早的固体转化工艺，通常在1000℃左右的温度下运行。

固定床气化炉的主要优点是设计简单，而缺点则是生产的气体热值(HV)低，焦油含量高。根据气流的方向，气化炉分为上升气流型、向下气流型或交叉气流型(见图2.4)[9]。

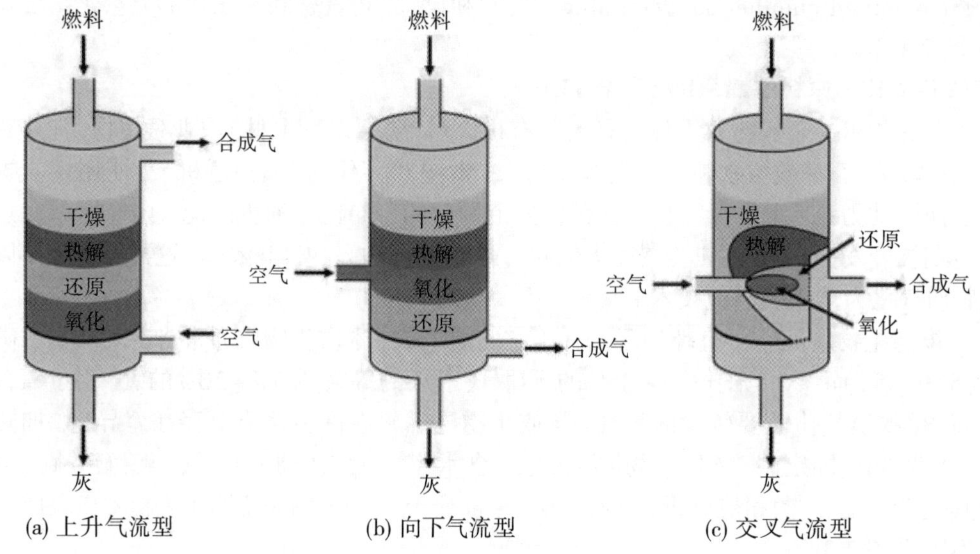

(a) 上升气流型　(b) 向下气流型　(c) 交叉气流型

图2.4 固定床气化炉类型

2.2.2.2 流化床

流化床(FB)气化炉已在煤气化广泛应用多年，并在现在用于生物质气化。与固定床气化炉相比，其优点是气化区温度分布均匀。通过细质物料引入一些气体(空气、氧气、蒸汽或混合物)形成反应床。气体是流化剂，保证了热床物料、热燃烧气体和生物质原料的良好混合，从而达到了温度的均匀性。FB气化炉的两种主要类型是循环流化床(CFB)和鼓泡流化床(BFB)(见图2.5)。一种新型的FB技术是快速、内部循环的气化炉(FICFB)，目前仍处于研发阶段。

在CFB中，固体分散在反应容器和旋风分离器之间，在此处去除灰尘，而床层物料和炭循环回反应容器中。这种类型的气化炉适用于大规模的生产并且可在高压下进行工作，这对于高压应用而言是明显的优势，如费–托合成循环。

BFB气化炉由一个底部有格栅的容器构成，格栅将细质物料与从底部进入的气流的流体化过程限制在反应器的上半部分。通过调整空气/生物质的比例将反应温度维持在700~900℃。产出的气体中焦油含量很低，通常小于1~3g/m^3(标)。

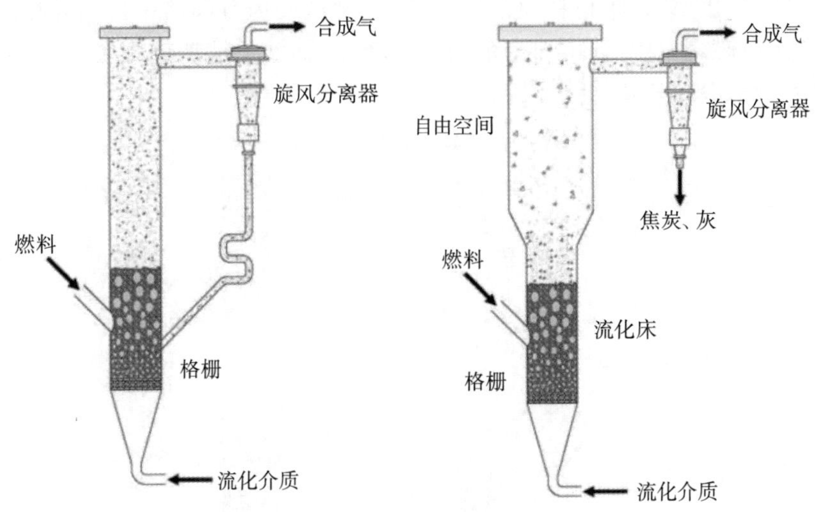

图2.5 循环型流化床和鼓泡型流化床[10]

FB气化炉的主要缺点是由于生物质的灰分含量可能导致的反应床物料渣化。碱金属含量可作为评估该风险的指标。例如，从草本植物中提取的生物质具有较高的反应床凝块风险。

2.2.2.3 气流床气化炉

气流床(EF)气化炉通常使用气体、粉末或泥浆作为燃料，在高温下(>1200℃)混合蒸汽/氧气流，这使得该技术不适于生物质原料的气化。实际上，生物质原料首先必须被研磨成粉末或在某些情况下热解为气体、热解油和焦炭，然后转化成泥浆。

煤气化和燃气轮机都是发展成熟的技术，但它们在IGCC(整体煤气化联合循环发电系统)中的组合是相对较新的[11]。在工业电厂中[12]，已经存在以煤粉或石油焦为原料(例如在荷兰布根伦壳牌石油公司的IGCC气化炉)的气化炉，几乎所有的气化炉都可以在高灰分含量的泥浆供料情况下工作。在意大利，4个IGCC电厂液体原料气流气化炉在运行中：Sannazzaro de Burgundi(Pavia) Eni炼厂的壳牌焦油气化炉、Sarroch(Cagliari)和API Falconara(Ancona)SARLUX的两个德士古焦油气化炉和一个ISAB ENERGY Priolo(Siracusa)德士古沥青气化炉。在西班牙的Puertollano，Elcogas的一个IGCC综合设施使用的是Prenflo(Uhde)煤气化炉。

气化过程通常在高温(>1200℃)和高压(>2MPa)下进行。这些条件使得该技术可以避免熔渣现象，最重要的是产出的合成气无焦油，这样就简化了下游的气体净化步骤，并且在合成前不需要进行中间压缩。这种气化炉的一个缺点是：它产生了相当大的热量。这并不是令人满意的，这些热量必须被用于发电和蒸汽生产，以达到合理的工艺效率。

2.2.2.4 间接气化炉

炭间接系统由两个不同的反应器组成：气化炉和燃烧室(见图2.6)。两者都是CFB气化炉，并且使用的反应床材料通常是沙子，都是从旋风分离器中排出并在两个反应器之间切换。在燃烧室中，气化炉剩余的炭被烧掉，而沙子被加热。当热沙子进入气化炉时，它为气化提供了必要的热量。

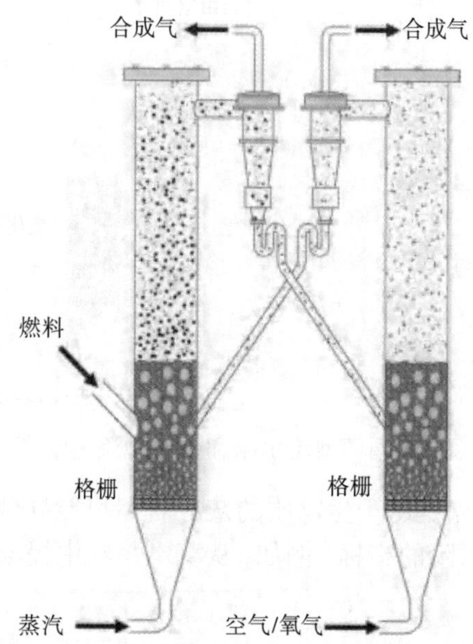

图2.6 由两个不同的反应器组成的炭间接系统[10]

表2.3总结了不同气化技术的一些特点。

表2.3 几种固体气化技术的比较

技 术	优 点	缺 点
固定床	设计简单	产生高焦油含量的低热值气体；规模扩大受限
流化床	温度分布均匀；颗粒大小(<50mm)适用于生物质	熔渣风险；低温限制了反应动力学；更适合生物质和低等级煤
气流床	反应温度高，停滞时间短；设计紧凑	颗粒大小(<100μm)不完全适用于生物质

2.3 水–气变换反应(WGSR)

水–气变换反应由意大利物理学家费利斯·丰塔纳(Felice Fontana)于1780年发现，工业上在哈伯法(Haber–Bosch)氨合成制造氢中起到非常重要的作用。

在可逆的WGSR中，一氧化碳与水在催化剂的作用下反应生成氢气和二氧化碳[13]。

$$CO+H_2O \longrightarrow CO_2+H_2 \quad \Delta G_{298K}=-28.64\text{kJ/mol} \quad \Delta H^{\circ}=-41.1\text{kJ/mol} \tag{2.6}$$

该反应在工业上用于与甲烷或高级烃的蒸汽重整一起使用，以生产氢气。反应是微放热的[式(2.6)]，在大多数情况下可以认为是平衡的。

式(2.13)[14, 15]描述了温度取决于平衡常数K_p。

$$\log K_p = \log \frac{pCO_2 \cdot pH_2}{pCO \cdot pH_2O} = (\frac{2073}{T} - 2.029) \tag{2.13}$$

当温度从200℃增加到600℃时，平衡常数随温度的升高而降低到80左右(见图2.7)，因此在较低的温度下有利于更高的CO转化。工业上利用动力学和热力学原理设计了一个两阶段的工艺——高温变换(HTS)和低温变换(LTS)。在第一阶段，HTS反应器使用寿命较长的铁基催化剂在320~500℃运行。由于在高温下快速的动力学，因而反应迅速。但在生产合成气中，转换受到热力学平衡的限制，其CO浓度为4%~5%。在第二阶段，在LTS反应器中通常在大约200℃下使用一种铜基催化剂，反应器出口的CO浓度小于0.2%。

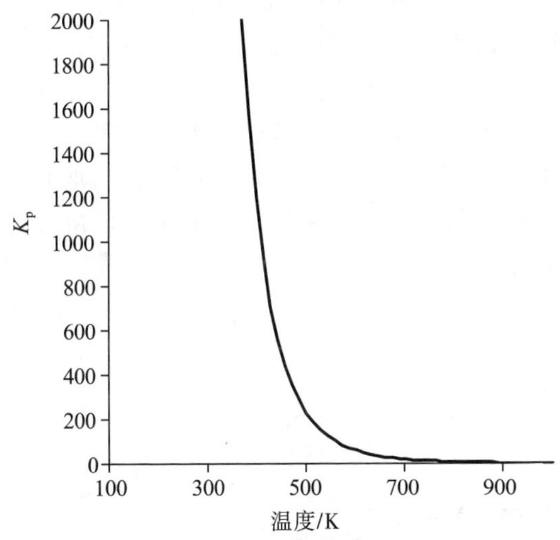

图2.7 WGSR平衡常数K_p随温度的变化

已经使用了60多年的WGSR Fe_2O_3-Cr_2O_3催化剂在高温下性能很好，但在低温下性能很差。这些催化剂因抗毒性和良好的选择性而被选择使用，通常含有80%~90%的Fe_2O_3、8%~10%的Cr_2O_3，以及少量的其他催化剂，如Al_2O_3、铜或MgO。Cr_2O_3对于防止铁氧化物烧结(特别是在活化阶段)和具有良好的催化活性起到非常重要的作用，并能使催化剂的寿命从几个月延长到几年。铬离子占据了磁铁矿尖晶石晶格的四面体间隙，这使得尖晶石结构拉紧，导致氧化铁颗粒尺寸减小，比表面积增加，从而提高了催化活性。

由于Fe-Cr催化剂在350℃以下的活性低，LT WGSR使用的是铜-锌氧化物催化剂。然而，它们极易受到硫中毒的影响，因此进料中的硫类物质必须低于0.1μg/g。目前，已有基于钴-钼配方的耐硫转化催化剂，并且可以在高温和低温下操作。由于它们是以硫化形式使用，在合成气进料中必须有最低水平的硫。

当FT反应作为GTL系统的一部分运行时，合成气的H_2/CO比非常接近2，而甲烷重整足以调整它。在CTL和BTL过程中，比例取决于气化炉的类型、操作温度和添加到原料的蒸汽量，但范围只在0.6～1.7之间。在这种情况下，利用WGSR[式(2.6)]减少一氧化碳并增加氢含量，以调整H_2/CO比。

决定用于GTL转换的钴基或铁基催化剂一个重要因素是合成气生产过程的技术，因为它决定了H_2/CO比。商业中利用甲烷产生合成气技术，H_2/CO比为1.7～3.8。然而，Fe基催化剂由于其WGSR活性，在H_2/CO为0.6～1.5时性能最佳。相比之下，由于Co基催化剂没有WGSR活性，它们在H_2/CO比较高时(1.9～2.2)具有最佳性能。

当XTL工厂含有WGSR单元工作时，离开气化炉的合成气被冷却并净化，以除去焦油。当使用不耐硫的WGSR催化剂时，将合成气送入保护柱，以去除残留的硫。然后，合成气被分成两股，在送进转换反应器之前，加入蒸汽以产生正确的蒸汽/一氧化碳比。添加的蒸汽量大于理论计量，因为在放热反应过程中蒸汽量还控制着任何危险的温度上升。在加入转换过程的合成气中加入大量的蒸汽，会导致机组的效率降低，增加机组的尺寸。基于这个原因，合成气的一小部分，有时是一半，在进入LT shift反应器前，通过HT shift并与它的流出物重新结合，使其冷却[16]。

图2.8显示了WGSR反应温度对CO、H_2O、CO_2和H_2在典型的生物质合成气平衡转换中的影响。箭头表示当使用HTS和LTS的组合时CO浓度的变化。温度的升高是由于绝热反应器床的放热反应。

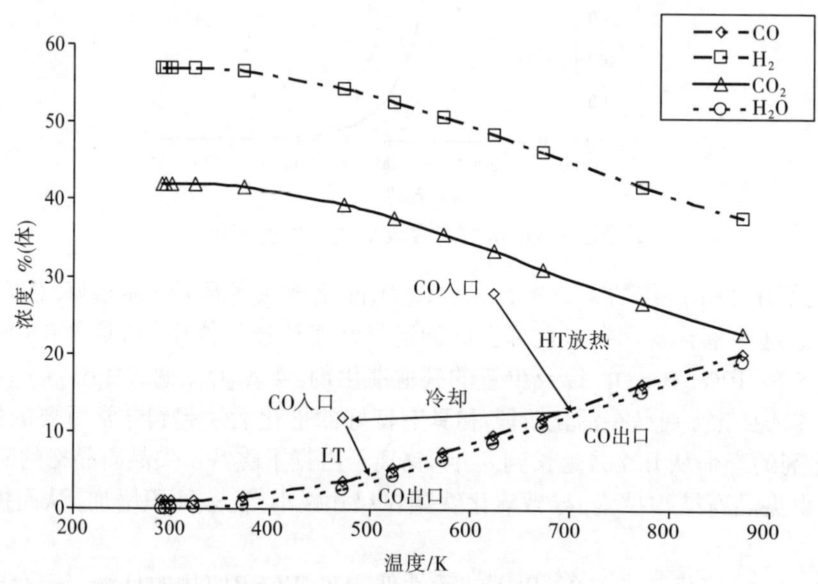

图2.8 温度对WGSR反应中H_2、CO、CO_2和H_2O转换的影响

2.4 合成气清洁

合成气中的杂质由碳源在生产过程中的重整或气化过程中产生，包括微粒、焦油、氮化物、HCl、H_2S和COS。

表2.4列出了XTL过程中产生的典型杂质及其浓度。

表2.4 典型杂质及其浓度

项 目	H_2S/(μL/L)	COS/(μL/L)	NH_3+HCN/(μL/L)	HCl/(μL/L)	焦油/[(g/m^3(标)]
GTL	$5\times10^{-3}\sim15\times10^{-3}$				
BTL	180~350	20~40	2100~3000	130~250	2~5
CTL	2000~5000	500~1000	1000	800~1000	0~2

H_2S和COS是重整、WGSR和费-托合成催化剂的强毒物，它们通过形成金属硫化物，使Fe、Co和Ni催化剂失活。因此，在合成气生产前，必须消除天然气原料中的所有硫。典型的工艺步骤依次是：脱硫、饱和、预转化、自热重整和合成气冷却。

在脱硫单元中，有机硫化物首先加氢生成H_2S，然后通过吸收从天然气中去除。在重整之前，脱硫天然气被来自FT反应器的工艺用水所饱和。在预重整过程中，对脱硫和饱和天然气中的高级烃进行重整。在自热重整部分，预重整天然气与FT单元的外循环气混合，部分与纯氧[99.5%(体)]燃烧，然后与蒸汽重整为合成气。

在CTL或BTL过程中，当合成气原料为煤或生物质时，就需要一个更复杂的气体净化步骤，即冷却、过滤、洗涤、重整、WGSR、去除酸性气体和CO_2。气体处理的第一步是冷却和过滤，以去除颗粒和焦油。在工作压力下，有机化合物的浓度必须低于露点，以避免管道内焦油的凝结，并且必须完全清除所有固体，以避免管道和催化剂床的阻塞。

在生物质和煤中存在的有机氯化合物，在气化过程中会产生氯化氢。由于氯化氢会导致催化剂中毒和反应器腐蚀，所以必须将氯化氢降低到非常低的水平上。在填充床上使用水洗涤器或固体吸附剂，会略微增加投资成本。像NH_3和HCN这样的氮化合物，也在水洗涤器中被清除。

合成气通常还含有大量的甲烷和轻烃，这是气体热值的重要组成部分。重整过程将这些化合物转化成CO和H_2。

典型的脱硫过程包括化学吸附和物理吸附。在化学吸附过程中，溶剂与酸性气体发生反应，形成化学复合物，并在压力和温度变化的情况下，分解释放出酸性气体。最常用的溶剂是烷醇胺。虽然MEA(单乙醇胺，$NH_2CH_2CH_2OH$)在过去被广泛使用，但目前MDEA[甲基二乙醇胺，$NMe(CH_2CH_2OH)_2$]是最常用的溶剂，因为它具有很高的H_2S/CO_2选择性，而且比一级胺或次级胺更稳定，并具有较弱的腐蚀性。

物理吸附过程使用一种溶剂来溶解酸性气体：它们可以通过减压或改变温度从溶剂中重新释放出来。物理过程比化学过程需要更多的能量来制冷，但解决方案更稳定，可以利用它们对H_2S和COS比CO_2更高的选择性，并提供高水平的CO_2回收率。Rectisol™(低温甲醇洗)和Selexol™(天然气脱硫)是两种使用最广泛的物理溶剂工艺。它们分别由Lurgi/Linde公司和UOP公司授权。Selexol使用聚乙二醇二甲醚(DMPEG)[$Me(OCH_2CH_2)_nOMe$]，而Rectisol使用甲醇。与UOP公司的工艺相比，这显然具有一定的运营成本优势。世界上大约75%的合成气是由石油残渣、煤炭生产，并且废气通过低温甲醇洗工艺净化[17]。在工艺条件下，H_2S和COS在甲醇中的可溶性可使脱硫水平达到0.1μL/L

以下。在相同的工艺条件下，由于其溶解度相对较低，大部分CO_2可以被去除。图2.9显示了在1atm分压下的合成气中，几种典型气体以温度为函数在甲烷中的吸附系数。

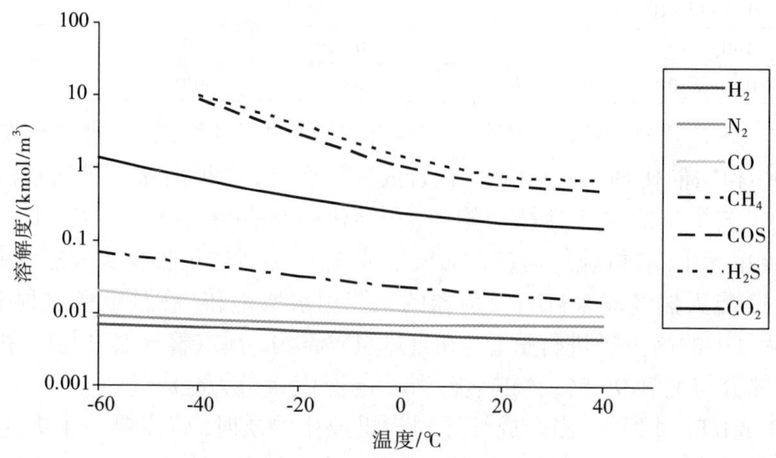

图2.9 不同气体在甲烷中的吸附系数

以甲醇为基础的物理吸附过程可以选择性地对硫化氢和二氧化碳进行分离，可以将硫化氢送到一个脱硫的Claus单元，转化成单质硫，而二氧化碳可以被隔离或使用。从酸性气体吸收杂质的溶剂，可通过闪蒸清洁的燃料气体及甲醇沸腾进行再生。表2.5总结了化学和物理吸附过程的主要特征[19]。

表2.5 化学吸附和物理吸附过程

工 艺	MDEA	低温甲醇洗	天然气脱硫
溶 剂	MDEA	甲 醇	DMPEG
温度/℃	43	-60～-40	-20～50
H_2S-CO_2选择性	好	高	高
H_2S去除限制/(μL/L)	4	<0.1	4
烃吸附	低	高	高
主要优点	在需要的情况下可以去除CO_2	非常低的H_2S去除限制；对COS和CS_2很有效	对去除COS和CS_2很有效
主要缺点	有限的去除选择性	投资成本高；能量需求高	投资成本高；能量需求高

在GTL工厂中，不常用溶剂法来处理天然气，更多的是在天然气进入合成气生产单元之前，使用氧化锌防护床去除天然气中的硫化氢。气体通过一个或多个床的ZnO，产生ZnS。ZnS再生不是一个简单的任务：如果在高温下产生，能够观察到表面面积的损失；此外，硫酸锌可在较低的温度下形成[20]。

在XTL设备中使用的各种催化剂，对混合在一起的杂质的耐受性是非常不同的。硫化物是需要在净化装置中控制的最关键杂质。H_2S和COS是重整、WGSR和费-托合成催化剂的毒物，因为它们通过形成金属硫化物使Fe、Co和Ni催化剂失活。表2.6中显示了FT催化剂对杂质的耐受性[21]。

表2.6 FT催化剂对杂质的耐受性

杂 质	耐受度
硫/(μg/kg)	钴基催化剂<4，铁基催化剂<1000
卤化物/(μg/kg)	<10
氮(NH_3、NO_x、HCN)/(μL/L)	<1
焦 油	在FT压力下低于露点
微 粒	不存在

金属的耐受性非常不同：钴基催化剂如果吸附了2000mg/L的硫，则几乎失去了所有的活性；而铁基催化剂则能“抵抗”20000mg/L的硫[22~24]。在表2.7中，计算了合成气中的硫水平为0.1mg/L时典型的Co/Al_2O_3和沉淀铁催化剂的寿命；此外，还显示了催化剂一年寿命耐受的H_2S浓度。

表2.7 费–托合成催化剂寿命

项 目	H_2S为0.1mg/L时的寿命/d	催化剂一年寿命耐受的H_2S浓度/(mg/L)
Co/Al_2O_3	83	0.02
沉淀铁	830	0.2

在理想情况下，合成气中的硫含量必须为零。但由于气体清洗非常昂贵，因此需要权衡催化剂成本与气体净化设备的投资和运营成本。对于FT合成的钴催化剂而言，一种非常高效的脱硫方案是平衡成本和对硫中毒的敏感性。然而，这并不是要考虑的唯一因素，例如，硫和催化剂之间的相互作用也依赖于FT合成反应器中的流体动力学。在浆状鼓泡塔反应器中，硫沉积在所有催化剂颗粒上；而在固定床反应器中，在催化剂床第一部分的反应器入口，硫优先吸附在催化剂上[25]。因此，FT反应器必须在清洁设备上发挥作用。

2.5 热量和碳效率

在合成液体燃料的FT合成中，热效率和保留的碳原子比例都很重要。碳原子被保留时的FT反应[式(2.3)]都是高度放热的[26]。如果将初始组分[式(2.14)]中所含的能量与最终产品[式(2.15)]中的能量进行比较，我们可以发现，如果反应是定量的，那么将会达到100%的碳产率和79.9%的热输出。虽然计算是基于标准状态下理想气体的条件，但在200~250℃和20~25atm实际情况下的值并没有明显的不同。在FT反应器中产生的热量，可用于提高中压蒸汽产量，并给蒸汽网络提供能量。这些中压蒸汽用于GTL综合设施发电。80%是FT反应的理论热效率极限。在从其他碳源生产液体燃料的总体平衡中，必须考虑到另外两个因素：在FT反应器中将主要燃料(即天然气、生物质或煤)转化为合成气的效率和对有用的碳氢化合物选择性；在反应器中不可避免地会形成其他产品。然而，需要记住的是，尽管FT的反应要求H_2/CO比为2，即使在使用钴催化剂的反应器中[水–气变换反应(WGSR)最小]，这一比率也需要在2.1左右，以允许其他反应，如甲烷的形成。

$$CO+2H_2 = —CH_2—+H_2O \quad \Delta H^\circ=-154.1kJ/mol \tag{2.3}$$

$$CO+2H_2+{}^3/_2O_2 = CO_2+2H_2O \quad \Delta H^\circ=-766.5kJ/mol \tag{2.14}$$

$$—CH_2— +{}^3/_2O_2 = CO_2+H_2O \quad \Delta H^\circ=-612.4kJ/mol \tag{2.15}$$

理论上，从天然气中获得合成气更简单、更有效的方法是通过部分氧化[式(2.16)]来实现[6, 27]：

由于反应是微放热的，为了保持碳的理论热效率达到95%，反应需要过量(超过化学计量)的氧气，这使得它不那么有吸引力[28]。因此，为了满足FT反应，最好采用自热重整或蒸汽重整。

在自热重整[29]中，需要达到反应所需温度(1000～1100℃)的能量是由部分天然气的燃烧提供的，在此温度下维持反应消耗的氧气略多于所需的氧气。所涉及的反应如下：

$$CH_4+0.5O_2 = CO+2H_2 \quad \Delta H^\circ=-36.0kJ/mol \tag{2.16}$$

这些反应经过适当调整，以获得期望的H_2/CO比。例如，在蒸汽和氧气与碳的比例分别为$H_2O/C=0.36$和$O_2/C=0.57$时，获得的H_2/CO比为2.14，甲烷转换率高于90%[式(2.6)、式(2.10)、式(2.17)]。

$$CH_4+1.5O_2 = CO+2H_2O \quad \Delta H^\circ=-519.7kJ/mol \tag{2.17}$$

$$CH_4+H_2O = CO+2H_2 \quad \Delta H^\circ=+205.8kJ/mol \tag{2.10}$$

$$CO+H_2O = CO_2+H_2 \quad \Delta H^\circ=-41.0kJ/mol \tag{2.6}$$

总反应写为式(2.18)：

$$8CH_4+5O_2 = 7CO+CO_2+15H_2+H_2O \quad \Delta H^\circ=-812kJ/mol \tag{2.18}$$

因此，每摩尔甲烷产生的热量是102kJ/mol，足够支持反应过程。未反应的甲烷和FT反应生成的甲烷可以被下游分离，再循环到ATR反应器。

$$C+H_2O = CO+H_2 \quad \Delta H^\circ=+131.4kJ/mol \tag{2.19}$$

以煤为原料的合成气生产碳和热，效率都较低[30]。吸热的煤气化主要反应[式(2.19)][31]必须得到热量支持，并产生一种贫氢合成气。这并不适用于所有的FT反应，并且必须提供额外的氢。主要的反应是煤的燃烧[式(2.20)]和WGSR[式(2.6)]：

$$C+O_2 = CO_2 \quad \Delta H^\circ=-393.3kJ/mol \tag{2.20}$$

$$CO+3H_2 \longrightarrow CH_4+H_2O \quad \Delta H^\circ=-206.3kJ/mol \tag{2.6}$$

这些反应可以根据气化炉的类型(固定床、流化床或气流床)组合成不同的方式。燃烧反应总是发生在气化炉部分，以提供必要的热量。WGSR也可能发生在随后的反应器中，以提高H_2/CO比；或在有铁催化剂存在的情况下，WGSR也可能发生在FT反应器中。在这种情况下，我们可以把FT反应看作是式(2.8)和式(2.14)的总和：

$$2CO+H_2 = —CH_2—+CO_2 \quad \Delta H^\circ=-195.1kJ/mol \tag{2.21}$$

反应要求H_2/CO比为0.5。无论如何，如果想要达到2.1的H_2/CO比，那么以煤为原料的合成气的总体生产可以写成式(2.22)：

$$5C+2.05O_2+4H_2O=1.9CO+3.1CO_2+4H_2 \quad \Delta H^{\circ}=-461.9kJ/mol \tag{2.22}$$

因此，每一个碳原子产生92.4kJ的能量，根据产出的气体与输入的煤的热值比较，计算出总热效率约为77%。如果包括冷却出口气体的热回收(反应发生在800~1200℃之间)，则可以达到90%以上的总热效率[32]。煤气化也产生大量的甲烷和轻烃[5%~10%(体)][33]，可以转化成蒸汽重整反应器中的氢气和一氧化碳，用于转化来自于FT合成的轻烃。

生物质可以产生类似于煤炭的结果：必须再次注意甲烷的转化、轻烃的生产和气体的热回收。例如，热量可以用来将生物质中的水从50%减少到10%~15%。所涉及的反应是相似的，但起始原料成分不同[34]，其整体反应可以写成式(2.23)：

$$5CH_{1.5}O_{0.7}+1.75O_2+0.75H_2O=2.15CO+2.85CO_2+4.5H_2 \quad \Delta H^{\circ}=-492.9kJ/mol \tag{2.23}$$

这使得每摩尔生物质产生98.6kJ/mol的能量，根据气体和干基生物质的热值计算出热效率大约为77%，而碳效率为43%。

反应器内可能发生的不同反应，反过来会影响通过FT合成XTL过程的总收率。由于其目的通常是产生较重的烃类，二氧化碳、甲烷化、C_2~C_5烃类的形成和轻醇的形成[式(2.21)~式(2.25)]经常被忽视：

$$CO+3H_2=CH_4+H_2O \quad \Delta H^{\circ}=-205.8kJ/mol \tag{2.24}$$

$$nCO+2nH_2=C_nH_{2(n+1)}O+(n-1)H_2O \quad \Delta H^{\circ}=-147.0kJ/mol \tag{2.25}$$

在WGSR中，二氧化碳(CO_2)伴随着氢气(H_2)产生。如果控制得当，不会影响整个过程的整体性能，但会使H_2在进气道的浓度降低。在低温反应器中，其浓度可达1%~2%(体)[35]。

在低温条件下，钴催化剂反应器中的甲烷和轻烃的产率要大得多[10%~15%(体)]，但使用铁催化剂在高温条件下可以达到35%~45%(体)[35]。烃类产品并没有完全消失，因为它们循环回转化反应器中。正如上面所讨论的，其回收的热效率约为80%。

醇类的产生只会影响燃料的效率，因为低碳醇的水溶性使得过程需要进行废水处理。它们在以钴基催化剂FT技术中约占1%~2%(体)，而在铁基催化剂技术中则占4%~5%(体)。

因而，在钴催化剂的情况下，FT合成的热效率从80%下降到75%，碳产率降为70%；在铁催化剂的情况下，热效率和碳产率则分别为95%和87%。在表2.8中总结了该过程的总体产率，不包括对蜡和冷凝物的升级操作(后面几章讨论)。

表2.8 部分XTL工艺的热效率及碳效率

项 目	热效率，%	碳效率，%
甲烷ATR	95	90
煤气化	80	40
生物质气化	80	43
LTFT-钴基催化剂	76	95
HTFT-铁基催化剂	70	87

当反应仅限于合成气生成和FT反应时，表2.8给出了典型GTL过程的总体热和碳效率，分别为70%和80%~85%。与天然气和碳氢化合物[式(2.22)~式(2.23)]相比，煤和生物质中的碳原子的热含量较低，因此CTL和BTL的碳效率低得多(35%~40%)。由于这个原因，有必要燃烧一部分煤或生物质来提供储存在最终产品中的能量。因此，以煤和生物质为原料生产合成气[式(2.22)和式(2.15)]所产生的二氧化碳要比以天然气为原料[式(2.18)]生成的二氧化碳多。

在联合装置中，空气分离、水处理和脱盐、蒸汽和发电、产品升级(加氢裂化和加氢处理)、泵和压缩机等其他辅助装置是必要的。在某种程度上，它们利用了FT反应所产生的过剩能源，以及由轻烃产品或天然气燃烧获得补充能量。这样，GTL综合设备的整体效率降低了约10%，碳效率达到了70%~75%。

2.6 GTL气体循环

所有的FT应用都要包含FT反应器出口气体和蒸汽的冷却，以浓缩并分离尾气中的碳氢化合物和水。一部分尾气通常循环到FT反应器，称为内部气体循环。剩余的气体可以循环到合成气生产中，也可以作为生产氢气的燃料或用于燃气轮机发电。整个气体处理方案被称为气体循环。

闭环的气体循环设计用于出口尾气保持在惰性气体控制的最低限度；相比之下，开环的气体循环设计用于大量的尾气被用作氢气或电力生产的燃料。为了防止惰性气体的积聚，气体循环的清洗是必不可少的。

开环设计比闭环设计要简单，因为由于缺少外部循环回路，使得设计和操作更加复杂，所以基本单元较少。闭环的气体回路设计增加了总体的转换，但是如果考虑到废热发电设备作为设计的一部分，并且特别是FT尾气用于发电，则可以选择开环配置。在这种情况下，尾气可以在被送到燃气轮机前去除一些CO_2(可选择在之前通过CO转换来增加氢含量)。此外，还可以添加一个大型末端回收装置，将更高的烃类化合物在其用作燃料之前从FT尾气中分离出来。

当FT尾气被回收时，通常使用一个低温装置分离有价值的产品；当然，在低温分离之前，必须去除H_2O和CO_2，以避免形成固体。

在接下来的章节中，我们将介绍用煤床层气化炉，进料为天然气并使用铁催化剂的HTFT合成气气体循环，以及使用钴催化剂与天然气进行的LTFT合成气气体循环。

2.6.1 煤气化炉HTFT合成气气体循环

我们以用于南非Sasol公司的一个开环、闭环都有的循环作为气体循环的例子[36]，闭环气体循环如图2.10所示。在Secunda工厂中，合成气由Sasol-Lurgi固定床煤气化炉生成，在清洁之后送入一个运输流化反应器——Synthol反应器，H_2/CO比低至1.7，甲烷含量约为12%(体)[37]。由于HTFT合成具有高度的甲烷选择性，更合适的方法是使用自热甲烷重整(ATR)，这样可以共享同一个用于生产煤气化炉所需氧气的空气分离单元(ASU)。

气体在进入低温装置(冷却箱)之前，需要在本菲尔德(Benfield)装置中完全去除CO_2。惰性气体通过变压吸附装置(PSA)净化，同时一些富甲烷气体被用作燃料。如果在气体回路中的任何一个单元出现“瓶颈”，那么就有可能改变气体的燃料比或氢的排出。

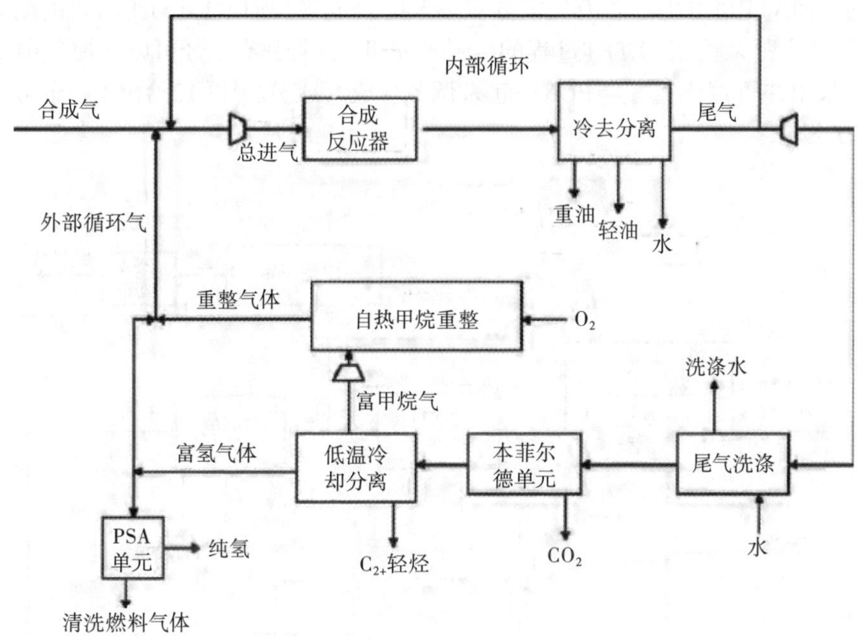

图2.10 Sasol-Lurgi气化炉气体循环

进入到FT反应器的气体来自几部分(合成气、重整气、富氢气体和内部循环气)，为了确保最佳的性能，新鲜的进料必须保持化学计量的平衡。如果碳过量，可以通过减少FT反应器中的转换来调整，从而增强在本菲尔德装置去除二氧化碳的作用。如果反应器中的$P_{CO}/P_{H_2}^2$比率升高，由于碳沉积导致的Fe催化剂快速恶化[37, 38]，则可以减少内部循环；相反，如果氢过量，则可以降低合成气比率，或从循环中净化出一些富氢气体。

2.6.2 进料为天然气的HTFT合成气体循环

在南非莫塞尔湾(Mossel Bay)的PetroSA公司的GTL工厂，使用一种铁基催化剂技术和循环流化床反应器(见图2.10和图2.11)将天然气转化为液态烃燃料。

只有在低蒸汽/碳比(低于0.6)的情况下，才有可能进行自动热重整并在去除CO_2后使用尾气，与进料混合，以调节化学计量的平衡。

HTFT过程对C_2烃类的选择性较高，因而对乙烯的回收是值得的。在去除CO_2后低温冷却是去除C_2馏分的常规方法。这有利于开环的气体循环工厂设计，因为压缩回收尾气可能会很昂贵。如果不回收未转换的反应物，则可能在水分离后串联使用第二个反应器。

2.6.3 进料为天然气的LTFT钴基催化剂气体循环

由于钴FT催化剂对水-气变换反应(WGSR)的活性可以忽略不计，反应物的化学计量的消耗主要依赖于FT反应本身。在GTL工厂中生产合成气的主要甲烷重整过程是POX和ATR(详见第2.2.1节)。在以天然气为原料的情况下，POX生产的合成气H_2/CO比低于要求，而ATR可以生产含有比需要更多氢的合成气，所以H_2/CO比需要由循环气体或气体分离装置来校正。LTFT过程的C_2烃产量低，并且只有C_3烃可以从尾气中重新获取。可以采用并行蒸汽重整与POX一起来调节合成气成分。图2.12给出了一个可行的气体循环方案。

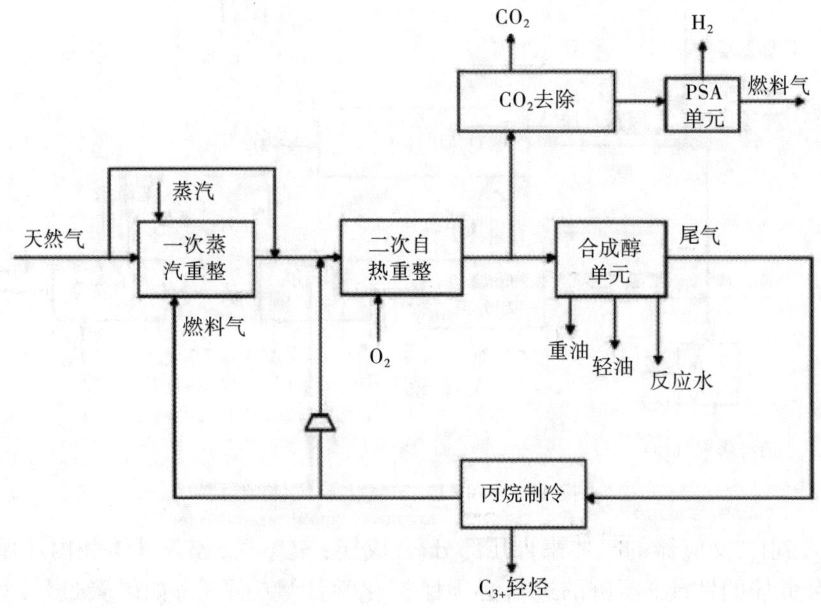

图2.11 莫塞尔湾GTL工厂气体循环框图

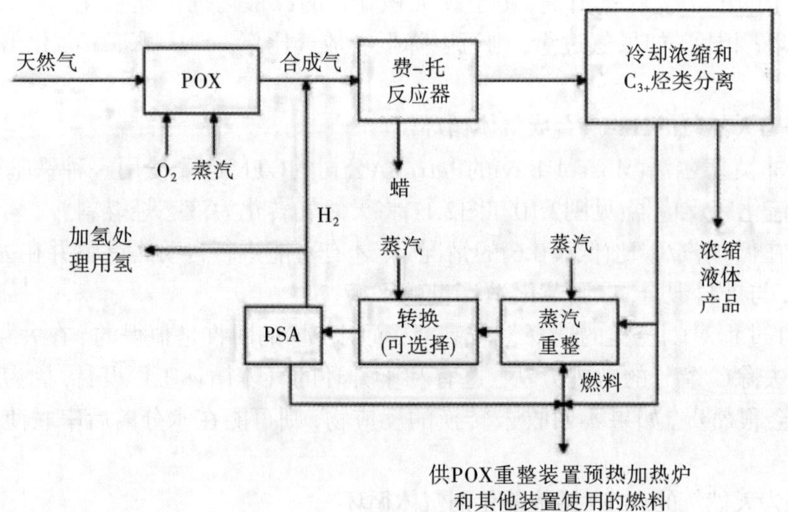

图2.12 使用POX的LTFT气体循环

在ATR FT过程中，外部循环主要基于二氧化碳和甲烷，而二氧化碳在ATR单元反应，降低了合成气的H_2/CO比。在这种技术中，燃料气体通常是过量的，可以用来加热传统蒸汽重整炉，同时进行外部循环：在没有多余的燃料气体时，可达到整体设计的最佳效果。

埃尼(Eni)公司与IFPEN(法国石油与新能源研究院)和AXENS公司于1996年开始密切合作，共同开发了专有的FT和升级技术以及流程和授权许可[39]。在几种合成气生产的选择中，埃尼公司首选的是ATR结合气体循环的方案，如图2.13所示。

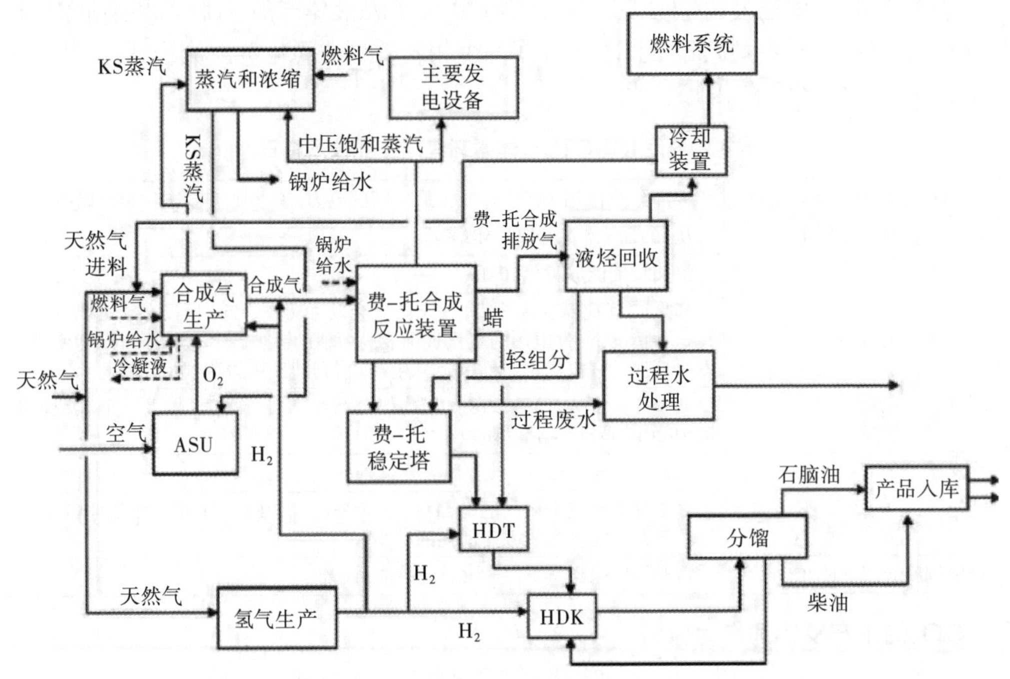

图2.13 埃尼公司气体循环集成

气体离开FT反应器后被冷却成凝结水和重烃，然后经过进一步冷却分离为C_{4+}烃(用于升级的轻馏分)和额外的水。未凝结的气体主要包含C_1烃、C_2烃、C_3烃、H_2、CO和CO_2。在外部循环中，这样的气流部分循环到ATR，而其余的则被净化以供燃料使用。

整个过程的效率优化需要特别关注。整体能源产生有三个主要来源：合成气生产中产生的非常高压力的蒸汽；过程中产生的以尾气形式存在的燃料；费–托合成产生的中压力蒸汽。

GTL工厂也在以下用途中消耗能量：燃料，主要用于合成气生产；动力蒸汽(涡轮机)，主要用于空气分离；工厂的发电需求。

为了优化GTL的整体效率，三个主要单元要紧密集成，即所谓的气体回路集成：合成气生产单元(例如ATR)、FT部分和公用系统(例如燃料和蒸汽系统)。

通过分析工艺废气的不同用途可知，集成的重点是选择效率、燃料消耗、运行可靠性和投资成本的最佳配置。工艺废气可用于工艺加热、产生蒸汽[产生中压蒸汽(10~12atm)和高压蒸汽(107~113atm)]，并循环到ATR。主要的配置取决于这些能量如何在上述三个单元使用。

Haldor–Topsøe的对流重整装置(HTCR)是制氢装置的最佳解决方案。这一技术被推荐用于中等规模的制氢工艺中[5000~300000m^3/h(标)]，因为它的主要特点是吸收了燃烧过程中燃烧的几乎所有的热量，从而使天然气作为燃料的用量降至最低[40]。

表2.9列出了埃尼公司GTL工厂 [产能为17000bbl/d液体产品(石脑油和柴油)]生产蒸汽和发电的主要技术特征。图2.14显示了一个相同工厂的简化蒸汽流程图，它代表了过程和应用系统之间的集成。

表2.9 埃尼公司GTL气体循环集成主要技术特征

FT单元产生的中压蒸汽(MS)	大部分蒸汽用于产生GTL工厂所需的电力，有些则被输送到蒸汽网络
供内部使用的电力生产	从FT反应器获得饱和MS蒸汽
电力输出	追加投资能够输出20MW
电力供应的可靠性	如果FT反应器发生故障，由于随之会发生功率降低，所以必须关闭设备；在这种情况下，发电用的蒸汽逐渐变为由辅助锅炉产生；与此同时，即使没有发生反应，FT机组也会确保蒸汽生产，直到辅助锅炉达到最大产量
辅助锅炉配置	两个“小型”辅助锅炉(80t/h)确保蒸汽生产接近平衡，以及一个大型辅助锅炉(80t/h)来管理启动阶段
燃料系统的天然气补充	不需要补充天然气，就像不需要额外的蒸汽来产生电力
ATR回收FT尾气	由于燃料系统中尾气的低消耗，很大一部分的FT尾气可以回收到ATR，这导致了天然气在工艺方面消耗的减少
用氢调整合成气H_2/CO比	需要加氢来调整出口ATR单元的H_2/CO比

2.7 CO_2的生产及CO_2作为原料

一般认为，FT反应以在催化剂上吸附CO为起始，随后通过反应用化学方法吸附氢来脱氧/加氢，并提供水和烃，具体细节将在第12章进行讨论[41]。然而，在理论上，一氧化碳的脱氧可能是由二氧化碳的第二分子反应产生的。因此，在形式上，水和二氧化碳都可以被看作是FT反应的主要产物[42]。

然而，在实际FT反应的条件下，CO_2的产量是相当有限的，除非催化剂对WGSR也很有效。由于在这种情况下钴基催化剂并不适用，因此CO_2的产量很低，通常在钴催化的FT过程中是1%~2%(体)。与之相比，铁是WGSR的良好催化剂，CO_2的产量在铁基FT催化剂作用下明显要高很多(可达到50%)。事实上，当FT过程以贫氢合成气为原料时，WGSR的铁催化被利用来增加H_2/CO比。

CO_2也可以是向FT工厂输送的天然气的重要组成部分，特别是当合成气由生物质气化或二氧化碳与甲烷(干基重整)的反应获得时[式(2.26)]：

$$CO_2+CH_4 \longrightarrow 2CO+2H_2 \tag{2.26}$$

由于人们越来越关注CO_2在环境污染和全球变暖中所起的作用，因而大量的研究致力于研究类似于FT的CO_2反应。这类用CO_2替代CO为原料的反应[式(2.27)]可能提供了一种循环，以利用某些人为过程中产生的二氧化碳的途径：

$$CO_2+3H_2 \longrightarrow —CH_2—+2H_2O \tag{2.27}$$

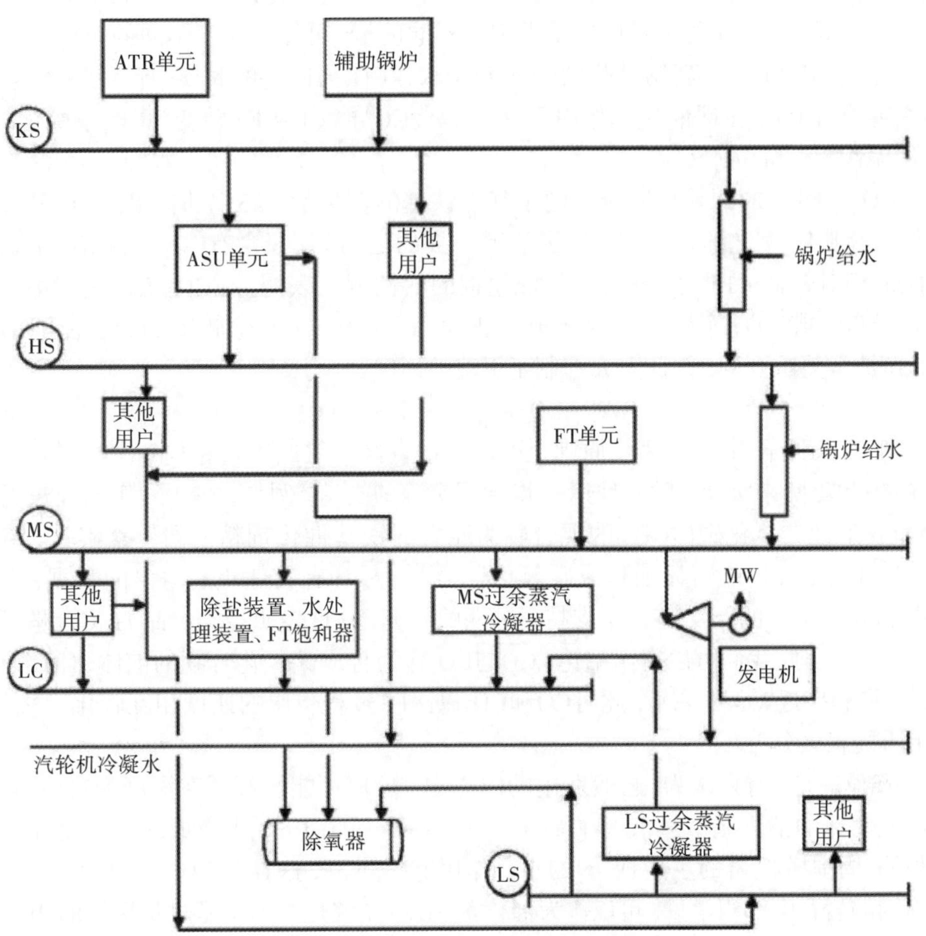

图2.14 一个产能为85×10^4t/a(1.7×10^4bbl/d)的典型埃尼公司GTL工厂简化蒸汽流程图(KS表示119.5atm、510℃蒸汽；HS表示47atm、368℃蒸汽；MS表示12.3atm、180℃蒸汽；LS表示4.5atm、200℃蒸汽；LC表示冷凝)

从热力学的观点来看，虽然基于CO_2的FT过程[式(2.27)]不如基于CO的FT过程有利，但它仍然是有利的，因为额外水的形成提供了化学能量来转换非常稳定的CO_2分子。初步计算表明，在500K时，CO_2分子转化为CH_2单元的过程中，ΔG约为-17kJ/mol；而在传统的以CO为原料的FT合成中，ΔG约为-38kJ/mol。

钴基和铁基催化剂CO_2型FT反应已经被大量研究。在一篇较好的对比研究[43]中，进料合成气中的CO逐渐被CO_2取代，同时保持总反应压力恒定在10atm。在钴催化剂作用下(463K)，有机化合物的总产量(指CO和CO_2的总和)逐渐减少，直到CO的50%被CO_2取代。CO_2分压的进一步增加导致了产量的大幅下降；此外，在没有任何CO时，甲烷占据了有机产品的95%。CO_2在CO的存在下几乎没有氢化，并且表现为惰性稀释剂。只有在高CO_2/CO比率的情况下，才会发生二氧化碳的快速转化，而甲烷是目前为止的主要产物。不同的研究者在相对反应中发现了不同的值，可能是由于不同的条件或不同的催化剂的原因。但是，当钴催化的FT型反应仅以CO_2为进料的时候，保证了对甲烷的高选择性[44]。因此，在钴催化剂作用下，CO_2取代CO导致了从FT转变为CO_2甲烷化，这就是萨巴蒂埃(Sabatier)反应。

CO_2型FT反应的输出完全不同于基于铁基的催化剂(523K)的输出，其产品分布基本不受经典FT工艺的影响[43]。特别值得一提的是，即使只含有CO_2没有CO，甲烷的选择性也相对较低(<15%)。不同铁基催化剂的活性测试表明，在CO_2转化过程中，Al_2O_3要优于TiO_2或SiO_2，而碱(钾)对于加速正向和逆向的WGSR(如果反应器中有CO_2)[式(2.28)]是至关重要的，并且大大抑制了甲烷的形成。

$$CO_2+H_2 \longrightarrow CO+H_2O \tag{2.28}$$

在FT条件下的CO_2转换，原则上可以通过直接加氢或通过逆向WGSR[式(2.28)]加传统的FT转换来实现。后一种途径得到了实验的支持。例如，在1957年已经进行了以CO和放射性二氧化碳($^{14}CO_2$)的混合物为原料的铁基催化剂精密同位素实验。结果表明，二氧化碳并不能明显地形成碳氢化合物[45]。尽管有其他更有争议的数据，在合成气中加入了$^{13}CO_2$的新实验结果支持了早期的研究，并且表明烃类产品的^{13}C含量可以忽略不计[42]。因此我们可以得出结论，CO与CO_2作为合成碳氢化合物的前体，CO_2比CO更被动，除非接近WGSR平衡，此时CO和CO_2以比FT过程更快的速度相互转化，并在动力学上不能被区分开。

有趣的是，有人认为，自然发生的CO_2型FT反应可能解释了在深度为780m的大西洋海底海床的消失城市热液场(Lost City hydrothermal field)中形成的碳氢化合物[46]。橄榄石(周围橄榄岩的主要成分)的水合作用能提供氢，这在热液中确实存在。铁和镍在周围的岩石中都很常见，可以作为催化剂。$C_2 \sim C_4$烷烃与通常是过量甲烷的相对含量似乎遵循Anderson-Schulz-Flory规律分布。并且还检测到乙烯、乙炔、丙烯和丙炔。

从一个过程的角度看，式(2.27)比经典的FT过程需要更多的氢，因此缺乏吸引力，除非有现成的廉价氢源时，同时最好不涉及CO_2的联合生产(如太阳能或水电、风能、核能分解水)，或逆向WGSR[式(2.28)]紧接着进行标准的FT过程是代替高温热离解CO_2为CO(例如，通过太阳能热化学方法)的方法。

另外，与经典的FT过程相比，反应[式(2.27)]放热更少，从而使反应器的温度更容易控制，即使CO_2的转换可能需要较高的温度，也有利于逆向WGSR[式(2.28)]。

提高基于CO_2的FT反应性能的一个具有挑战性的可能性，是能够有选择性地从反应介质中去除水，从而迫使逆转WGSR[式(2.28)]进行，完成整个过程[47]。

综上所述，以CO_2为原料的工业FT型工艺在技术上是可行的。铁基催化剂可能是这一过程选择的催化剂。然而，在反应条件(尤其是温度)、催化剂组成和反应器配置方面仍需进行大量优化。

参考文献

[1] Paggini, A., Sanfilippo, D., Pecci, G., and Dybkjaer, I. (1986) Implementation of the methanol plus higher alcohols process by Snamprogetti, Enichem, H.Topsoe A/S "MAS Technology". Proceedings of the VII Symposium on Alcohols Fuels, October 20-23, Paris, Editions Technip, pp. 62-67.

[2] Fattore, V., Notari, B., Paggini, A., and Lagana, V. (1985) Catalytic system for producing mixture ofmethanol and higheralcohols. US Patent4,513,100, filed October 28, 1982 and issued April 23, 1985.

[3] Tijmensen, M.J.A., Faaij, A.P.C., Hamelinck, C.N., and van Hardeveld, M. R.M. (2002) Biomass Bioenergy, 23, 129-152.

[4] Iandoli, C.L. and Kielstrup, S. (2007) Energy Fuels, 21, 2317-2324.

[5] Bakkerund, P.K., Gol, J.N., Aasberg- Petersen, K., and Dybkjaer, I. (2004) Stud. Surf. Sci. Catal., 147, 13-18.

[6] Basini, L., Aasberg-Petersen, K., Guarinoni, A., and 0stberg, M. (2001) Catal. Today, 64 (1-2), 9-20.

[7] Wilhelm, D.J., Simbeck, D.R., Karp, A.D., and Dickenson, R.L. (2001) Fuel Process. Technol., 71, 139-148.

[8] Prins, M.J., Ptasinski, K.J., and Janssen, F. J.J.G. (2007) Energy, 32, 1248-1259.

[9] McKendry, P. (2002) Bioresour. Technol., 83, 55-63.

[10] Olofsson, I., Nordin, A., and Soderlind, U. (2005) Initial Review and Evaluation of Process Technologies and Systems Suitable for Cost-Efficient Medium-Scale Gasification for Biomass to Liquid Fuels. Report 05-02, ISSN 1653-0551 ETPC Report.

[11] Higman, C. and van der Burgt, M. (eds) (2008) Gasification, Elsevier.

[12] International Energy Agency (2007) Fossil fuel-fired power generation: case studies of recently constructed coal- and gas-fired power plants.

[13] Ratnasamy, C. and Wagner, J.P. (2009) Catal Rev., 51, 325-440.

[14] Graaf, G.H., Sijtsema, P.J.J.M., Stamhuis, E.J., and Joosten, G.E.H. (1996) Chem. Eng. Sci., 41, 2883.

[15] van der Laan, G.P. and Beenackers, A.A.C. M. (1999) Catal. Rev. Sci. Eng., 41, 255.

[16] Zhang, R.Q., Cummer, K., Suby, A., and Brown, R.C. (2005) Fuel Process. Technol., 86, 861.

[17] National Energy Technology Laboratory (2007) Industrial size gasification for syngas, substitute natural gas and power production. DOE/NETL 401/040607.

[18] Echt, W.I. (1997) Chemical solvent-based processes for acid gas removal in gasification application. Presented at the IchemE Conference on Gasification Technology in Practice, February 1997, Milan, Italy.

[19] Ranke, G. (1972) Chem. Econ. Eng. Rev., 4, 25-31.

[20] Hassan, K.H. (2010) Eur.J. Sci. Res., 39, 289.

[21] Boerrigter, H., Den Uil, H., and Clis, H. (2002) Green diesel from biomass via Fischer-Tropsch synthesis: new insights in gas cleaning and process data. Presented at the Expert Meeting on Pyrolysis and Gasification of Biomass and Waste, September 30-October 1, 2002, Strasbourg, France.

3 费-托技术

Arno de Klerk, Yong-Wang Li, and Roberto Zennaro

费-托(FT)技术这一专业术语包括在工业实践中进行费-托合成的费-托催化剂、操作条件和反应器类型。本文对工业应用费-托技术的概述介绍了催化剂、操作条件和反应器组合，并指出了具体发展动机。对费-托工业催化剂和费-托反应器主要类型的要求进行了详细的讨论，并提出了针对特定项目选择合适费-托技术的指导原则。

3.1 引言

本文第2章概述了基于费-托技术的相关转化，并解释了如何将不同的原料转化为合成气(H_2+CO)，以及合成气如何清洁、调整并转化为合成原油。

FT技术具有很多要素。正如反应工程原理适用于其他转化过程一样，其同样适用于费-托转化技术。要开发成功的工业应用费-托技术，催化剂、操作条件和反应器必须相匹配。

必须尽早确定要开发的技术，费-托技术设备的最终产品必须提前确定。最终产品是合成原油、运输燃料、润滑油、石化产品，还是其中一些产品的组合呢？合成石油的首要性能取决于最终产品的组成要求[1]。与原油相比，费-托技术的一个重要优点是合成原油的组成在一定范围内是可调的。这种可调性是可能的，因为费-托合成是一个转化过程，并且可以选择各种参数来达到预期的结果。

3.1.1 费-托催化剂

费-托催化剂与具有费-托反应催化活性的物质是有区别的。费-托催化剂含有对费-托反应具有催化活性的物质，但是开发费-托催化剂必须考虑颗粒尺寸分布、颗粒形态、颗粒内传热和传质阻力、机械强度、化学稳定性和催化剂的大规模生产等因素。

3.1.2 操作条件

费-托催化对操作条件非常敏感，因此，操作温度会影响解吸和加氢速率，进而影响链增长概率和产物加氢程度(第4章)。温度也影响反应相和可能产生的蒸汽品质(压力)。根据反应温度可将费-托合成技术分为高温费-托技术(HTFT)、中温费-托技术(MTFT)和低温费-托技术(LTFT)，典型的反应温度分别为高于320℃、270℃和低于250℃。压力主要影响产率，而合成过程中合成气组成变化会影响产品质量，也会影响催化剂活性。

3.1.3 费-托反应器类型

由于费-托反应包含放热的CO加氢反应(每转化1mol CO释放热量为140~160kJ)，并且由于产物选择性受温度影响，所以可供选择的反应器类型受到热量管理要求的严格限制。由于在反应条件下存在不同数量的反应相，所以需要不同的反应器类型。在确定反应器类型时，催化剂失活速率和催化剂装卸方式也是非常重要的，而这又对催化剂提出了进一步的要求。

3.2 工业应用费-托技术

表3.1中所列出的技术存在相当大的差异，而且本文作者并不认为这些技术中的任何一种技术能优于其他技术，因为大多数技术都有成功和稳定的工业操作记录。

表3.1 工业应用费-托技术(截至2012年)①

费-托技术	费-托金属	费-托类型	反应器类型	启用时间	是否仍在使用
德国常压合成工艺	Co	低温	固定床(管冷式)	1936年	否
德国中压合成工艺	Co	低温	固定床(套管式)	1937年	否
Hydrocol工艺	Fe	高温	固定流化床	1951年	否
Arbeitsgemeinschaft, Ruhrchemie-Lurgiz(Arge)	Fe	低温	固定床(列管式)	1955年	是
Kellogg合成油工艺	Fe	高温	循环流化床	1955年	否
Sasol合成油工艺	Fe	高温	循环流化床	1980年	是
壳牌中间馏分油合成工艺(SMDS)	Co	低温	固定床(列管式)	1993年	是
Sasol先进合成油工艺(SAS)	Fe	高温	固定流化床	1993年	是
Sasol铁浆态床工艺(Fe-SSBP)	Fe	低温	浆态鼓泡床	1995年①	是
Statoil钴浆态鼓泡床工艺	Co	低温	浆态鼓泡床	2005年①	是
Sasol钴浆态床工艺(Co-SSBP)	Co	低温	浆态鼓泡床	2007年	是
高温浆态费-托工艺(HTSFTP)	Fe	中温	浆态鼓泡床	2008年①	是

① 这些技术可称为现代化设施的示范规模，但是1000~4000bbl/d的数量级与1970年以前德国、日本、法国、中国、美国和南非的工业化费-托设施的数量级一致。

为了理解不同技术背后的思想，我们可以考察不同技术的起源以及其在发展过程中的一些思考。第5章将对工业费-托工艺发展进行详细介绍，而本章则重点介绍了形成费-托技术的决策。

3.2.1 德国常压合成工艺

常压工艺的操作压力为100kPa(1atm)，所采用的催化剂为硅藻土作载体的钴低温费-托催化剂。硅藻土是天然的高比表面积二氧化硅，但机械强度不高。固定床反应器设计克服了此缺点，而冷却管提供了必要的除热能力；采用这种方式还实现了1℃以内的优良温度控制能力。然而，此工艺CO转化率低，并且每1kg催化剂的产物收率仅为0.1kg/h。采用两个或三个串联反应器不断去除中间产物，以提高体积产率和减少氧化失活[2]。

3.2.2 德国中压合成工艺

中压1MPa(约10atm)工艺具有更高的反应器体积产率和更多的液体产品[2, 3]。此外，较高的氢分压使催化剂寿命延长了2~3倍，而且液体产量的增加有助于除去催化剂表面沉积物。由于使用与常压合成工艺相同的催化剂，所以也具有相同的机械限制因素，因而也采用了固定床反应器设计。然而，随着反应器产率的提高，单位体积的放热量增加，采用的套管式固定床反应器设计也具有更大的单位体积催化剂热交换面积。

3.2.3 Hydrocol工艺

目前存在很多原因使得钴-低温费-托技术(Co-LTFT)向铁-高温费-托技术(Fe-HTFT)转变，其中最重要的原因是Fe-HTFT合成油的品质更高，提炼出的车用汽油质量也优于Co-LTFT合成油提炼的[1~4]。流化催化裂化(FCC)技术的进步增加了对设计合适反应器的信心[2]。固定流化床(FFB)反应器设计简单，而且比FCC的循环流化床(CFB)反应器构造简单。高温和高压操作可以弥补潜在体积产率较低且催化剂床层较少的缺点，并可实现高于90%的CO转化率。由于这样的系统原则上能够在线更换催化剂，允许与类似于FCC操作的"平衡"催化剂操作，因而铁基催化剂的预期寿命要短于钴基催化剂的问题则无足轻重。此外，铁比钴的成本更为低廉，因此即使在德国，由于受限于钴的高成本和有限的供应量，对铁基费-托合成的关注有所增加。流化床反应器对催化剂设计有所限制。流化床操作需要具有良好耐磨性且分散度高的强力催化剂。熔融的铁基费-托催化剂具有所需的耐磨性，并且可以在高温下运行而不产生大量甲烷。

3.2.4 Arbeitsgemeinschaft Ruhrchemie-Lurgi(Arge)

固定床LTFT技术的鲁棒性(robustness)在德国常压和中压合成工艺工业应用上得到了证明。然而，德国中压合成工艺的套管式反应器设计机械复杂。Arge列管式固定床反应器，类似于一个垂直的管壳式换热器，其设计更为实用，且达到了相同的目的。时至今日(2012年)，于1955年投入使用的最早的Arge反应器仍在商业运行，这证明了该技术的成功，但其主要缺点是更换催化剂比较繁重。

3.2.5 Kellogg合成油工艺和Sasol合成油工艺

最初的Kellogg合成油工艺的循环流化床设计是基于Hydrocol固定流化床技术获得的工业经验而开发的。从固定流化床到循环流化床的变化与费-托合成要求无关，因为事实上，循环流化床的设计构造更为复杂，对催化剂的要求也更高。采用了CFB设计的Kellogg流体催化裂化技术经验促进了这种变化发生。Sasol 合成油工艺改造解决了原始反应器设计中的一些工业操作问题[5]。

3.2.6 壳牌中间馏分油合成工艺(SMDS)

导致列管式固定床反应器设计(类似于Arge)与负载Co-LTFT催化剂相结合的因

素主要有以下几个[6]：钴优于铁，因为其更容易开发具有使用寿命长和活性高的高α值费-托催化剂，而且虽然钴的成本较高，但其催化剂寿命长，并且还可从废催化剂中回收钴；选择列管式固定床反应器的主要有利因素是该技术更为成熟且更易开发和扩大规模；而且，如果催化剂寿命长达几年的话，那么，即使催化剂装卸比较繁重，那也不成问题。

3.2.7 Sasol先进合成油工艺(SAS)

由于没有与费-托合成相关的特殊理由来使用循环流化床代替固定流化床，因而SAS工艺采用了与最初Hydrocol技术相同的设计原理以及类似的反应器选择理由。固定流化床反应器的构造更简单，而且其具有更高的体积产率。事实上，由于与循环流化床技术相比，固定床所具有的优势使得所有Sasol合成燃料厂中的Synthol反应器均被Sasol先进合成油工艺(SAS)反应器所取代[7]。直径为10.7m的SAS反应器是目前工业上使用的容量最大的费-托反应器，每个反应器的生产能力约为100×10^4t/a(2000bbl/d，或130m^3/h)。

3.2.8 Sasol铁浆态床工艺(Fe-SSBP)

尽管列管式固定床操作已经非常成熟且优点众多，但文献中指出的一些缺点成为开发浆态鼓泡床反应器(SBCR)的理由[8]。铁浆态床工艺(SSBP)的优点是可以更容易地更换失活催化剂，从而具有更好的产品一致性、更低的压降(因而无需再压缩)、更小的温度梯度以及通过增加装置尺寸而具有的更大潜在容量。这些优点可以超过淤浆相操作的主要缺点，即较高的毒物敏感性、需要耐磨耗的催化剂以及如何将小颗粒催化剂与液体产物分离。但应该指出的是，这项技术目前只处于工业生产示范规模。

3.2.9 Sasol钴浆态床工艺(Co-SSBP)

开发Co-SSBP的理由与开发Fe-SSBP相似[7]。然而，足够的催化剂耐磨性是这种技术能否成功的关键[9]。强调这一点是由于这项技术在第一次工业化应用试运行过程中因催化剂磨损而产生了细小颗粒，从而导致催化剂与产品分离困难[10]。

3.2.10 Statoil钴基浆态鼓泡床工艺

PetroSA工厂中具有一套产量为1000bbl/d的装置正在工业生产中。这套装置的工业试运行实际上早于Co-SSBP的调试。就像Fe-SSBP工艺的情形一样，这项工艺也仅处于工业生产示范规模。

3.2.11 高温浆态费-托工艺(HTSFTP)

与前文提到的Fe-SSBP相同的优点也促进了这项技术的发展。主要区别在于它在更高的温度(约270℃)下运行，以提高生产蒸汽质量。产品范围是典型的Fe-LTFT合成油。

3.3 费-托催化剂

目前工业上使用的费-托催化剂基本有三种不同类型，但每种类型催化剂均有所差异。本文第8章和第9章将对此进行详细介绍。

表3.1中所有的Fe-HTFT技术都使用熔融铁催化剂，而此催化剂是2011年Pearl GTL投产前全球大部分费-托合成油所采用的“主力”催化剂。该催化剂过去被广泛研

究[11, 12]，但最近却研究甚少。

沉淀铁催化剂被用于固定床和浆态鼓泡床Fe-LTFT技术(见表3.1)。与Fe-HTFT不同的是，Fe-LTFT与Co-LTFT直接竞争，因为两种工艺具有相似的目的。然而，对沉淀铁催化剂的研究却较少[11~13]。沉淀的Fe-LTFT催化剂在固定床操作中能够达到非常高的α值(约0.95)，而在浆料鼓泡塔操作中则稍低一些[1]。这些差异是由于反应器设计不同(活塞流与连续搅拌罐)，而不是催化剂本身所造成的。

Co-LTFT技术(见表3.1)所采用的负载钴催化剂是由德国最初使用的Co-ThO_2-硅藻土催化剂[6, 12, 14]发展而来，并且正如SMDS工艺一样，其在工业固定床操作中已取得巨大成功。

3.4 工业催化剂要求

由于公开发表的文献出版物中有时会缺乏对工业经验的介绍，从而阻碍了对理想工业费-托催化剂需求的全面认识，因而本文总结了一些费-托实际工业生产经验。

3.4.1 活性

工业费-托工艺通常使用高活性的催化剂，因为更高的活性可以降低催化剂使用量。由于在反应器中使用较小体积的催化剂，因此这反过来也降低了催化剂更换和处理废催化剂所产生的直接和间接成本。其还可实现更高的合成气转化率，并且使催化剂循环使用(特别是对于流化床和浆态床反应器)以及催化剂与产物分离变得更加容易。由于催化剂小球内部传输限制，因而固定床反应器操作并未从更高活性的催化剂中受益很多。

3.4.2 选择性

费-托合成的产品范围包括从低碳烃甲烷到重质烃。对于没有使用深冷分离气体回路的实用性费-托催化剂，其希望尽可能地抑制较低价值产物[如甲烷(C_1)和C_2烃]的生成。对于HTFT工艺来说，保持甲烷选择性低于10%似乎可以长期运行；不过，这个数值还是相当的高。一般来说，对于LTFT合成，甲烷选择性可以保持在3%~8%的水平。中科合成油技术有限公司的高温浆态床费-托工艺技术(HTSFTP)采用Fe基催化剂，其甲烷选择性为2.5%。对于Co基催化剂，典型的甲烷选择性为5%~6%。研究表明，如果甲烷选择性可以抑制在1.0%~1.5%，那么可以通过简单地从尾气中回收氢来代替昂贵的尾气回收工艺。然而，目前的工业费-托催化剂尚未达到如此低的甲烷选择性水平。

3.4.3 稳定性

催化剂的稳定性一直是一个工业问题。铁催化剂的稳定运行时间预计不到3000h，而钴催化剂的稳定使用时间为几年。然而，有迹象表明铁催化剂可能具有更长的稳定性[15, 16]。更稳定的工业应用费-托催化剂是所需要的。此外，失活性质及其对选择性的影响也会对下游炼油产生影响[1]。

3.4.4 其他因素

由于现代费-托工业的催化剂消耗量依然很高，因而催化剂的成本很大。然而，在催化剂开发过程中已经寻求更高的生产率，目前最好的费-托催化剂在其使用周期中每吨催化剂可以得到2000t C_3以及更重产物。即使是每吨催化剂生产几百吨产品的催化剂，如果成本很低的话，仍然是可行的，铁基催化剂便是这种情况。然而应该注意的是，只有当催化剂的生产率为每吨催化剂可产约5000t C_3和更重的产品时，典型CTL装置的催化剂成本才会变得微不足道。

除了工业费-托催化剂的活性、稳定性和选择性以外，费-托工艺的总体性能还由费-托合成期间的能量转化决定。根据过去的工业经验可以预期，一个好的费-托工艺发展方向是最高效的能量转化。此外，还需要将煤炭、天然气和生物质纳入对于C_5和较重产品具有高选择性的合成气转化供应链，而这些产品可以高效升级或炼制成液体燃料和化学品。或者，气体回路和费-托炼油厂的设计应该能够确保常规气体产品的转化。

然而，对重质产物具有高选择性的费-托技术通常在较低LTFT合成温度下运行。而这意味着费-托反应热只能产生低品质蒸汽，其携带了转化合成气能量的15%~20%左右。因此，希望可以提高工业操作温度，以便能够生产更有价值的蒸汽来为该工艺提供动力，同时保持具有高物质转化效率的重质烃选择性。这一点已经在中科合成油技术有限公司的HTSFTP工艺的最新发展中得到考虑，该工艺主要针对在传统LTFT与HTFT工艺之间温度下的浆态鼓泡床反应器操作。这种中温费-托(MTFT)合成的潜力尚未完全发掘。钴基催化剂并不适合用于MTFT工艺，但是铁催化剂在MTFT条件下却可得到高液收率，从而达到目标。

我们还需要考虑的是催化剂的水-气变换反应(WGSR)。由于钴催化剂对于WGSR转化活性较低，从而导致与使用铁催化剂的工艺相比，钴基费-托工艺中的气体再循环和尾气处理更少。因此，如果可能的话，抑制铁催化剂上的WGSR可能是有利的。目前，在文献中常常出现为了获得较高的WGSR活性而使费-托催化剂上进行低H_2/CO比的合成气转化，但是必须记住的是，这不一定是工业生产工艺的好方法，因为这会在费-托气体回路中产生大量的二氧化碳，这也将会增加处理成本。

在工业实践中已经发现，钴和铁催化剂均随着时间的变化而失活，这主要是由于在费-托合成过程中高单程转化所引起的高水分压。与铁催化剂相比，钴催化剂通常能够抵抗较高的水蒸气压力，这意味着为保持低的失活速率，铁催化剂需要比钴催化剂更高的合成气循环比，因而需要开发具有较高水蒸气压力承受能力的费-托催化剂。

3.5 费-托反应器

主要的工业应用费-托技术的概述(3.2节)表明，费-托催化剂和反应器类型的选择是每种技术的核心。本文已经给出了反应器类型的详细和关键对比[11, 17~19]，而工业实际应用的反应器类型则将在3.5.1节~3.5.4节中介绍，而随后介绍的是其重要的选择标准(3.6节~3.9节)。

3.5.1 管冷式固定床反应器

Stranges[20]描述了20世纪30年代和40年代在德国使用的费-托反应器结构。固定床反应器的早期版本(见图3.1)使用的是钴基费-托催化剂，该反应器是一个大约由

600条水平水冷管和555块垂直钢板相交错的矩形钢板箱(长5m、高2.5m、宽1.5m)。合成气(约650~750m^3/h)可以通过网格状排列的反应器顶部进入，从而消除了催化剂床层中的局部热效应。每块钢板厚1.6mm，相邻板之间的间隔为7.4mm。冷却管的直径为40mm，间距为40mm，并利用锅炉来回收费-托合成中释放的热量。由于文献在20世纪60年代丢失，这张图是根据位于中国锦州的费-托工厂前工作人员描述所绘制而成的。该工厂是由日本军方于1938年从德国引进的，且只在1952~1962年间运行。

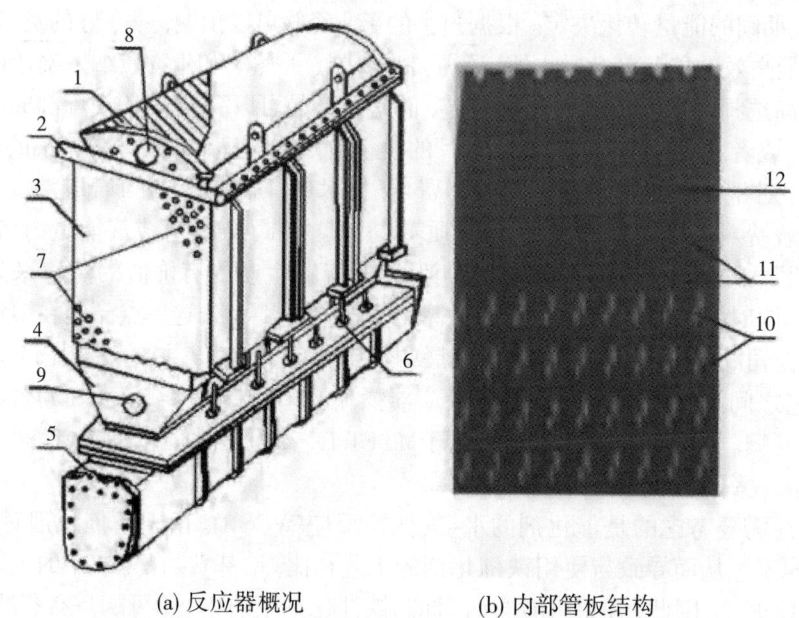

(a) 反应器概况　　(b) 内部管板结构

图3.1 使用钴催化剂的早期常压固定床费-托反应器简图

1—反应器主体上壳；2—冷却水分配头；3—反应器主体；4—蜡-气分离的下层空间；5—蜡收集器；6—冷凝管；7和10—内部冷却管；8—合成气入口；9—合成气出口；11—内部钢板；12—板间催化剂空间

从上面的资料可以看出，水平排列的冷却管传热面积约为370m^2，而垂直排列的固定在冷却管上的钢板又提供了2000m^2的换热面积。虽然钢板可能不如管壁有效，却提供了大量附加传热面积。从而可以推断出，良好的排热在运行期间可具有良好的温度控制。

常压费-托装置的典型设计规模为3×10^4~20×10^4t/a(600~4000bbl/d)的液体[20, 21]。早期的费-托装置是由日本军方从德国进口到中国锦州，其中74个这样的催化剂装载量为13t的反应器被用于每年生产3×10^4t的液体油。催化剂性能为每千克催化剂每小时可得到0.004~0.007kg液体油。因而可以推断，目前的费-托技术比原来的德国常压技术效率高出20~200倍。

3.5.2 列管式固定床反应器

德国中压费-托技术是在一个压力容器内采用套管式设计。这是一个建造列管式反应器的复杂方法，因为其将催化剂转载到内外管壁之间的环形空间，而得到的催化剂床层环形厚度只有9mm[3]。虽然这种结构可从两侧提供传热，并且该设计具有优异的近等温温度控制，但现在看来也有所设计过度。

"第二次世界大战"后设计的下一代列管式固定床反应器采用由Arbeitsgemeinschaft Ruhrchemie-Lurgi(Arge)为南非Sasol 1厂提供的更为实用的方法。其采用列管式单管设计，使催化剂装卸更简单，结构也更加简单。每个列管式反应器的直径为3m，并且包含2050条内径为50mm且长度为12m的管。铁费-托催化剂装载在管内。这些反应器的操作条件为230℃和27atm，每个反应器的生产能力为500bbl/d(2.5×10^4t/a)。1987年，Sasolburg市新建了一套装置，其运行压力为45atm，并且具有较高的空速和700bbl/d(3.5×10^4t/a)的生产能力[19]。典型的Arge列管式固定床反应器如图3.2所示。

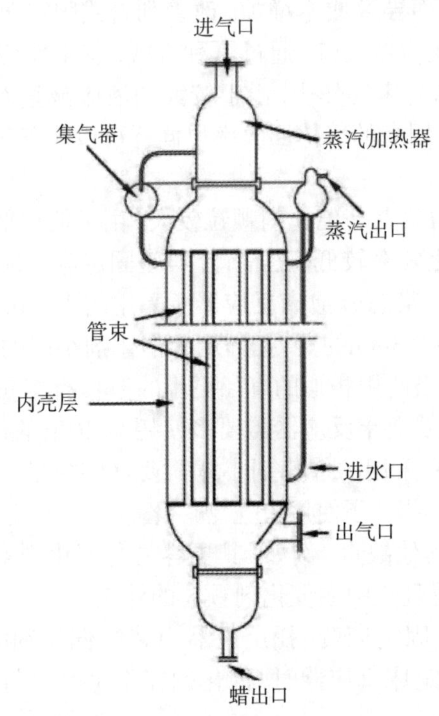

图3.2 列管式固定床费-托反应器(最初的Arge反应器)

这种技术的主要进展是壳牌公司在开发SMDS工艺过程中将其扩大了规模。其设计了直径约7m的大型列管式固定床反应器，目前被应用于壳牌Pearl GTL项目，其总容量为14×10^4bbl/d(600×10^4t/a)的液态油。该GTL项目实际上与产量为12×10^4bbl/d(500×10^4t/a)的来自卡塔尔北部油田的液化石油气凝析油和乙烷生产相结合。包括上游离岸开发(平台和海上航线)在内的联合项目的总成本估计为18亿~19亿美元[22]。该成本并不包括相关的75×10^4t/a的液化天然气(LNG)装置。

从图3.2中可以看出，列管式固定床反应器实际上是一种管壳式换热器，催化剂颗粒填充在管束中。这些填充满催化剂的管外壁浸入在沸水中，这使得热量可从反应器的壳层散去。反应器中温度可通过调节壳层内蒸汽压力来控制。从反应器顶部进入的合成气会通过管束中的催化剂床层。费-托合成反应在管束中进行，而未反应的合成气和费-托合成油产物的混合物从下端离开管束并进入反应器底部，在这里进行重质蜡和气流分离。气态产物混合物从位于反应器底座顶部的气体出口离开反应器，而蜡则从反应器底部离开反应器。费-托催化剂固定于反应器中。

列管式固定床反应器主要设计要求同样是有效地去除反应热，以保持催化剂床层良好的温度控制，这对于费-托合成的应用来说也是必不可少的。出于这个原因，管束的最大直径是50mm。实际上，当使用活性更高的催化剂时，应考虑采用更小的管束。内径为20mm的管束可以满足最苛刻的传热条件，但与使用更大直径的管束相比，这也会造成生产能力下降，从而导致成本增加。改善列管式固定床反应器中传热的另一种方法是将液体蜡循环至反应器入口。通过这种方式，整个反应器将以高液体含量进行滴流床操作。在增强的滴流床操作中，由于较大的液体流量而导致传热系数增加，从而可以实现高效传热。使用高的气体回收率也同样可以改善传热，但这不太有效并且会消耗更多能量。

使用固定床反应器的缺点是催化剂颗粒较大。由于催化剂小球上反应传质限制，因而大的催化剂颗粒催化效率较低。据估计，典型固定床反应器的2~4mm费-托催化剂小球的有效因子远低于浆态鼓泡床反应器所采用的小于0.2mm细小催化剂小球的有效因子[17, 18, 23~25]。直径为3mm的费-托固定床催化剂小球的有效因子大小据估算在0.1~0.3之间，这意味着：当使用相似的直径更小的但具有相同内在活性的催化剂小球时，固定床反应器比浆态鼓泡床反应器需要多使用3~10倍的催化剂量。为了克服这个缺点，固定床费-托合成所采用的催化剂小球需要仔细成形，以达到减小催化剂球间扩散距离的目的。此外，还提出了使用蛋壳型催化剂小球来接近单位有效性。然而，蛋壳型催化剂小球却具有其他缺点，例如，其更容易受催化剂毒物影响而失活，这是因为其具有较少的活性金属且集中在催化剂颗粒的外表面。

此外，由于在列管式固定床费-托反应器中装卸催化剂时间耗费时间长且成本高，因而当选择列管式固定床反应器时，催化剂在工业操作期间能具有较长的使用寿命是相当重要的。

总而言之，列管式固定床反应器存在固有的缺点，只有其中的一部分可以通过适当的设计来克服：

① 在轴向和径向上控制反应器内的温度是比较困难的；

② 大型列管式反应器的复杂性导致了高昂的建造成本；

③ 固定床层出现大的压降；

④ 由于在颗粒直径为2~5mm的催化剂中存在内部扩散限制，因而导致催化剂效率较低；

⑤ 需要劳动密集型催化剂更换。

尽管存在这些缺点，但列管式固定床技术是LTFT合成基于工业生产能力的主要反应器技术。列管式固定床反应器也是一种很有前途的生产能力相对较小的生物质合成气处理技术。与传统较大的列管式固定床反应器相比，微孔道反应器技术[26]是一种更简洁的改善传热和减少传质阻力的方法。

另外，列管式固定床反应器同样具有适用于大型和小型反应器的优点：从数十年的工业实际应用可以看出，装置运行稳健；该装置具有耐H_2S等合成气污染物的能力，这主要是由于H_2S被顶层催化剂吸附，从而使其可作为剩余催化剂床层的保护层；不存在蜡和催化剂的分离问题；基于单管式反应器获得的中试装置数据进行放大是简单明了的；在设计催化剂时，无需过多考虑催化剂的耐磨损性能。

3.5.3 循环和固定流化床反应器

循环流化床和固定流化床反应器仅用于HTFT合成。在操作条件为高于320℃和25atm时，反应体系仅包含气-固(催化剂)两相，因而为了避免生成液体产物，设计的费-托催化剂的α值必须为0.7或更低。

循环流化床(CFB)费-托反应器技术最初是由美国Kellogg公司在20世纪50年代开发。当时Kellogg正在积极开发采用CFB反应器的流化催化裂化技术。费-托工艺也采用相同的设计原理，并且也被认为是Hydrocol HTFT装置(位于布朗斯维尔)上第一台FFB费-托反应器所遇到问题的一种解决方法。由于Hydrocol FFB与Kellogg CFB反应器相比存在操作问题[19, 27]，所以位于南非的Sasol 1厂便采用了CFB反应器。然而，FFB现在是HTFT合成的主要反应器类型。

Sasol 1厂的CFB反应器内径由原来的100mm扩大至2.3m。最初的两Kellogg反应器的初始生产能力约为7.5×10^4t/a(1500bbl/d)，后来由于Kellogg公司CFB技术的相关问题被解决，其生产能力增加到12.5×10^4t/a(2500bbl/d)。Synthol循环流化床反应器是Kellogg循环流化床反应器的改进版本，位于南非Secunda的Sasol 2厂和Sasol 3厂采用的便是Synthol循环流化床反应器，其生产能力为$36.5\times10^4\sim40\times10^4$t/a(7300~8000bbl/d)，比Sasol 1厂反应器的生产能力高出3倍。位于南非Mossel Bay的PetroSA“Mossgas” GTL厂也采用了3台生产能力为4×10^4t/a(8000bbl/d)的Synthol CFB反应器。CFB费-托反应器的主要特点如图3.3所示。

循环流化床(CFB)反应器是以流化态输送(夹带流)模式运行。热合成气与在立管中向下移动的催化剂混合，并且可通过滑阀来控制流量。在这个混合点处开始费-托合成反应。催化剂和气体的混合物通过管道进入输送反应器主体，产生的反应热通过换热器管束散去。其可生产高质量的蒸汽(可达到高于50atm)，并通过调节蒸汽压力来控制反应温度。含有催化剂的反应气体混合物通过反应器主体并留在顶部，然后进入催化剂旋风分离器进行催化剂与气流分离。在分离催化剂之后，气体混合物离开费-托反应器系统。CFB反应器操作需要一个非常大的催化剂回收装置，并且高气体流量导致催化剂的磨耗和侵蚀。除了催化剂和设备的苛刻操作条件之外，为实现安全操作，CFB反应器和立管之间的压降必须保持平衡。最后，在反应器的催化剂分离器和立管中含有大量未反应的催化剂，这降低了整体的反应器体积产率以及催化剂效率。

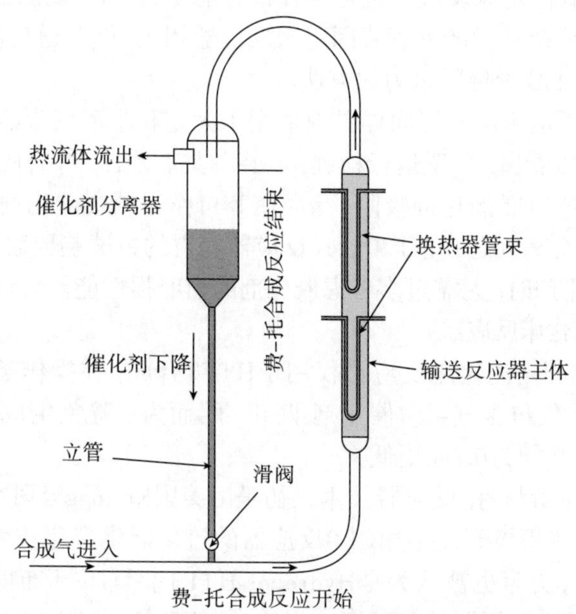

图3.3 气固循环流化床(CFB)费–托反应器(操作温度为320～350℃，压力为2.5MPa，催化剂颗粒尺寸为50～200μm)

尽管在Hydrocol工厂中有不同的操作记录，但固定流化床(FFB)反应器在原则上具有比循环流化床(CFB)反应器更高的反应器体积产率和催化剂使用效率。由于气流速度较低，FFB反应器操作也比CFB反应器的腐蚀性小。1984年，Sasol 1厂与Badger合作建造了一个直径为1m的FFB反应器，而1989年Sasol 1厂又将其直径扩大至5m，其产能达到17.5×10^4t/a(3500bbl/d)。Sasol在1995～1999年间又将FFB反应器规模进一步扩大，而且还将Sasol 2厂和Sasol 3厂的16个Synthol CFB反应器用被称为Sasol先进合成油工艺反应器(见图3.4)的FFB单元所取代。其建造了4个直径为8m且每个产量为55×10^4t/a(1.1×10^4bbl/d)的FFB反应器以及4个直径为10.7m的FFB反应器，而其每个反应器产量为100×10^4t/a(2×10^4bbl/d)。

固定流化床(FFB)费–托反应器的运行模式为密集流化型，从而使得所有催化剂都在反应器内部，而不需要像循环流化床(CFB)反应器那样进行外部催化剂回收。从反应器底部进入的合成气通过位于催化剂床层底部的气体分配器，然后进入流化床进行费–托合成。气体产物从顶部离开催化剂床层。在反应器上部无催化剂的地方，使用旋风分离器将夹带的催化剂与排出的气体分离。而浸入流化催化剂床层中的热交换器管束去除反应热。

以下为与CFB反应器相比，FFB反应器更适用于费–托合成的主要优点[19, 27]：

① 单个反应器的产量更高；

② 在线催化剂更换率较低，整体催化剂消耗率较低；

③ 由于FFB反应器结构简单，因而使工程造价降低了40%；

④ 运营和维护成本较低。

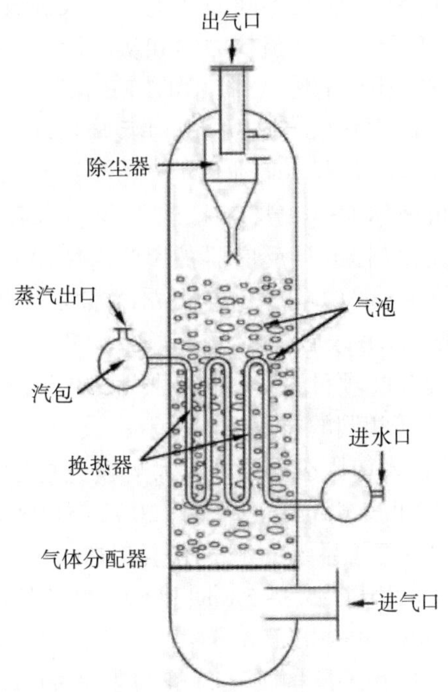

图3.4 气固固定流化床(FFB)费-托反应器(操作温度为320~350℃，压力为2.5MPa，催化剂颗粒尺寸为50~200μm)

FFB反应器类似于连续搅拌釜式反应器(CSTR)，而不是类似于活塞式反应器(PFR)的CFB反应器，其是更高效的反应器类型。

3.5.4 浆态床反应器

Sasol公司和中科合成油技术有限公司分别从1993年和2008年开始成功实现铁基费-托合成浆态鼓泡床反应器的大规模应用(挪威国家石油公司也实现了Co-LTFT浆态床反应器的工业规模运行)。尽管Sasol公司在工业上已应用浆态鼓泡床反应器进行Co-LTFT，但催化剂粉末还存在一些重大问题[10]。

Fischer于1932年最早开始进行浆态床研究。在20世纪50年代初，Rheinpreussen AG和Koppers GmbH开发了一种半商业化的浆态床反应器，其H_2/CO比较低且以0.1m/s的表观气速运行。据报道，其单程一氧化碳转化率较高(约90%)。Rheinpreussen公司也于1937年在Kobel的指导下进行浆态床反应器研究工作。与当时固定床反应器所采用钴基催化剂相反的是，其采用的主要为铁基催化剂。研发出的浆态床反应器直径为1.5m，床层高度为7.7m，而其有效容积约为10m^3[19]。浆态鼓泡床费-托合成反应器的早期设计版本对浆态相中的流体力学以及费-托催化理解不足。从小的催化剂颗粒中分离蜡状产物是非常困难的，这也使得浆态床技术在工业应用中不具吸引力。

在20世纪80年代末和90年代初期，Sasol公司将用于开发SAS技术的直径为1m的FFB反应器改造成中试浆态床反应器。其所使用的催化剂与列管式固定床Arge反应器中所使用的催化剂相类似，但是不同的是催化剂被制成细小颗粒而不是挤出成型。开发该技术的核心是对于浆态相流体力学和从液体产物中分离催化剂微粒方法具有更好的理解。该工艺在用于开发SAS技术的FFB示范反应器中进行放大，此反应器的内径为5m，高度为22m。在1993年成功将FFB反应器转变为浆态鼓泡床反应器并再度投入运行后，其便被Sasol 1厂投入商业化生产。该反应器的生产能力为1.25×10^4t/a(2500bbl/d)，而且该工艺也被称为Sasol浆态床工艺。该技术后来被改造采用负载钴费-托催化剂而不是沉淀铁催化剂，并且反应器扩大为内径10m、高45m。该机组的设计能力为$75\times10^4\sim85\times10^4$t/t($1.5\times10^4\sim1.7\times10^4$bbl/d)。Co-SSBP技术的第一次工业应用是在位于卡塔尔Ras Laffan的Oryx GTL工厂。尽管最初遇到了一些困难，但是基于Co-SSBP的新LTFT结构似乎是XTL项目的Sasol标准技术。此外，位于尼日利亚正在建设中的Escravos GTL工厂也采用了相同的技术。

2000年，中科合成油技术有限公司开始扩大规模进行浆态床费-托合成，其在太原建立了产量为1000t/a(200bbl/d)的中试装置。2002~2008年期间，该公司使用铁催化剂在此浆态床反应器中进行了系统的中试(内径0.35m、高45m)。在2005年，该公司启动了3个示范项目，其均采用内径5.3~5.8m、高57m的浆态床反应器，而其设计产能为$20\times10^4\sim22.5\times10^4$t/a(4000~4500bbl/d)。这些示范工厂在2008~2009年间成功投产使用，且至今一直在运作。这些工厂构成了HTSFTP技术的基础，并且将成为国内外产能在$20\times10^4\sim750\times10^4$t/a($4\times10^4\sim15\times10^4$bbl/d)之间的规划项目的标准。

典型的浆态鼓泡床反应器如图3.5所示。合成气通过浆态床底部的气体分配器进入至进行费-托合成反应的浆态相。反应气体通过床层并从其顶部离开浆态床界面。在反应器上部无浆态相的空间中，设置有分离气流中夹杂任何雾的雾滴分离器，而除雾后气流将从反应器顶部离开反应器。在反应器下游回收气流中的轻质费-托合成油馏分，并通过原位过滤提取残留在料浆中的重质蜡状产物。通过浸渍在浆态床中的热交换器可高效地除去反应热。

对于铁基费-托工艺而言，浆态床反应器与列管式固定床反应器相比具有许多优点，但其中一些优点对于Co-LTFT而言则是不显现的：

① Fe基费-托浆态床反应器中每吨产物的催化剂消耗量约为固定床列管式反应器的25%~10%，这是由于催化剂颗粒尺寸较小并且悬浮的浆态相中质量和热传递得到了改善。

② 工作温度更恒温。

③ 反应器中的压降约为固定床反应器的四分之一。

④ 可实现催化剂的在线装卸，如果催化剂寿命短的话，则允许更长的反应器运行时间。

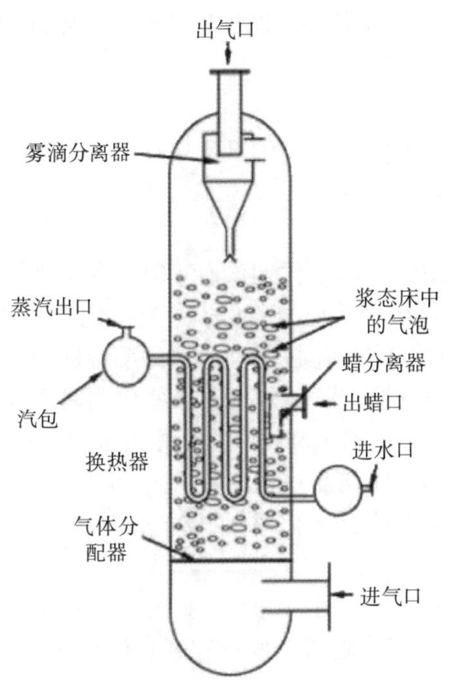

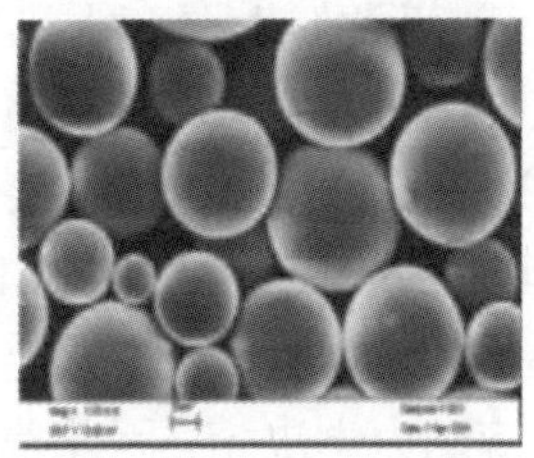

(a) 费-托浆态鼓泡床反应器　　(b) 大小范围在50~200μm的球形催化剂颗粒扫描电子显微镜图像

图3.5 典型的浆态鼓泡床反应器

⑤ 使用Fe基费-托催化剂可以容易地实现对较重产物的高选择性和较低的甲烷选择性。

⑥ 浆态床反应器的成本远低于具有相同容量的列管式固定床反应器的成本。

然而，浆态床反应器也存在一些缺点，例如：合成气污染物(如H_2S)，可以立即扩散到反应器中的整个催化剂床层，从而导致催化剂快速失活；浆态床类似于连续搅拌釜反应器(CSTR)，其比活塞流反应器效率低；在浆态鼓泡床反应器中催化剂颗粒的剧烈运动和碰撞最终导致了催化剂侵蚀和磨损。这种磨损会产生微米尺寸的催化剂颗粒，其显著增加了浆态相的黏度，并使催化剂与蜡产物的分离非常困难，而这又会显著增加下游的加工成本。

如果考虑流体动力学状态以及费-托环境，液/固分离设计是浆态鼓泡床反应器的主要问题之一。在新鲜催化剂的初始瞬态条件下形成的细粒，以及由于机械和化学应力而可能产生的亚微米细粒均会导致副反应的发生，例如固液分离装置的失效或在反应器内部形成泡沫，并且会对下游叠积作用部分产生严重影响[9]。

Eni IFPEN(法国石油研究院 Energies Nouvelles)已经进行了相关研究来确定减少操作风险的最佳解决方案，特别是对于大型柱式反应器(直径10m且高度大于45m)。在蜡出口下游使用外部过滤单元是Gasel™技术(将合成气转化为柴油的XTL技术包)优选的反应器结构。从液态烃产物中分离出的催化剂循环回反应器底部气体分配器下方，以便控制催化剂浓度。

3.6 适宜费–托技术的选择

为工业应用选择特定的费–托技术会对整个设备的许多设计决定产生连锁反应。直接受费–托技术选择影响的部分具有以下要求。

3.6.1 合成气成分

费–托催化剂或具有WGSR活性或没有。当催化剂没有WGSR活性时，CO_2和H_2O是最终产物，或者如果存在于进料中则可认为其是“惰性的”。当催化剂不具有WGSR活性时，进料中的H_2与CO之比将通过取决于费–托技术利用率的反应器来发生变化。最好提供H_2与CO之比处于或接近利用率的合成气。然而，当催化剂具有WGSR活性时，由于催化剂能够改变比例，因此H_2、CO、CO_2和H_2O的总体组成是比较重要的。WGSR平衡速率由操作条件决定，而局部的H_2与CO之比将由反应器类型(PFR或CSTR结构)和反应动力学决定。因此费–托技术直接影响了气体回路的设计(参见第2章)。

3.6.2 合成气纯度

当费–托技术采用固定床反应器(PFR结构)时，作为费–托催化剂毒物的合成气污染物将使催化剂床层顶部失活，并且失活面将随着时间推移通过催化剂床层。由中毒而导致的失活催化剂下层却未受影响并且依然具有催化费–托合成反应活性。当费–托技术采用浆态床或流化床反应器(CSTR结构)时，合成气污染物将影响所有的催化剂。固定床费–托技术的运行鲁棒性远远优于浆态床或流化床技术。固定床反应器对合成气纯化要求(第2章)不太严格，并且固定床技术可以承受合成气生产过程中的操作紊乱，此外，其清洁和调节能力也好于浆态床或流化床技术。

3.6.3 催化剂失活的影响

所有催化剂均随着时间的推移而失活。费–托技术的性质决定了失活的类型和速率，以及失活对产率和选择性的影响。然而，在所有费–托催化剂种类中，Fe–LTFT是唯一一项因失活导致选择性改变却对费–托工厂有利的技术[1]。费–托催化剂失活通常会增加甲烷的选择性，而这对设备的生产能力极其有害。催化剂更换成本既受催化剂更换率影响，也受每单位质量催化剂的单位成本影响。钴基费–托催化剂比铁基费–托催化剂更为昂贵，因此必须具有更长的使用寿命(和/或更高收率)来显示其价值。催化剂失活的原因及其对单程转化的限制与费–托催化剂和操作条件直接相关。费–托催化剂的使用周期将在第13章详细介绍。

3.6.4 催化剂更换方法

反应器类型将决定是否可在线卸除和更换催化剂。浆态床和流化床反应器便可能实现此要求，而且费–托技术原则上可以用具有稳定活性和选择性的“平衡”组成催化剂进行操作。尽管从操作性角度来看这是有利的，但是从“平衡”组成物中卸载催化剂意味着会将新鲜的以及旧催化剂一起卸载，而还有一些旧催化剂会留在反应器中。固定床反应器不可能进行在线催化剂更换，因为到目前为止，还没有费–托移动床反应器被商业化投产。列管式固定床反应器中催化剂更换是劳动密集型的，而且必须仔细安排。当单个或少量的反应器并行运行时，转化率和选择性曲线会随着时间而有所变化。

3.6.5 调节比和鲁棒性

调节比是实际进料速率与理论进料速率之比。以较低的合成气进料速率操作设备的能力可能重要也可能不重要，并且其取决于设备的鲁棒性。如果为调节预先采取措施比较重要的话，那么固定床反应器要比必须保持最小浆化或流化速度的浆态床或流化床反应器更好。整体的鲁棒性也是如此，小容量固定床反应器比大容量浆态床或流化床反应器更稳定。如果一个反应器必须停工，那么其对于小型装置的影响要小于对大型装置的影响。然而，降低操作风险却会提高生产成本，因为在相同的总生产能力下，列管式固定床反应器比浆态床或流化床反应器更为昂贵。

3.6.6 蒸汽品质

费–托合成是放热反应，其反应热既可被装置内部有效利用，还可用于发电。蒸汽品质(如压力)决定了能量的有效性。费–托技术的操作条件可以影响蒸汽产生的温度(并因此影响最大压力)，因而费–托技术在更高温度下运行更具有优势。

3.6.7 合成油成分

合成油成分会影响产品炼制至装置设计目标产物的能力。低温费–托(LTFT)和高温费–托(HTFT)合成油的组成之间存在显著差异，两者技术也具有重要差异，而这些差异会影响炼制高效生产得到的产品类型[1, 28]。碳数分布和各种化合物的相对浓度都非常重要(参见第4章)。合成油组成也会影响合成油回收段设计以及气体回路中可能包含的低温分离(参见第2章和第4章)。如果气态产物收率较高，或者由于催化剂失活而显著增加，则会导致其效率较低以至于不能回收和炼制轻质产品。在水相产物中发现的水溶性含氧化合物也是如此：当其收率较高时，也会导致效率较低以至于无法回收和炼制该组分。

3.6.8 合成油品质

费–托合成中溶解或悬浮物质会影响合成油的下游回收和炼制。浆态床和流化床反应器也都将催化剂–合成油分离步骤作为反应器设计所必需部分。根据从合成油中分离催化剂的效率，费–托反应器中由于磨损产生的催化剂颗粒也可能进入到产品中[9]，其中也可能含有溶解的金属。在设计下游设备时，必须为可能存在这种物质的情况做好相关准备，否则会导致效率降低，也会由于堵塞和结垢而导致运行周期缩短[1, 29]。

3.7 费–托操作条件的选择

为了帮助指导技术选择合适的工艺(第3.6节)，本文研究了选择费–托操作条件的影响。需要特别说明的一点是，并不存在最佳的费–托技术和操作条件组合。虽然有些技术与其他技术相比更为成功，但技术的选择必须在个例基础上进行。俗话说“各有所长”，非常适用于费–托技术的选择。

操作条件，特别是工艺操作温度范围的选择是要采取的第一个重要决定。这一决定必须基于设备目标产物，因为费–托设备通常被设计成生产特定产品，这在商业案例中是隐含的。操作温度会直接影响合成油的组成，较高的操作温度(例如HTFT)通常得到较轻质的合成油(较低的费–托α值)。第4章以及文献[1, 28]给出了产品与合成油类型高效匹配的指导原则。

一旦费–托操作条件被确定后，那么对于费–托技术其他方面的选择便更少：

① 气体回路中所需的轻质气体回收程度；

② 可供内部使用或发电的蒸汽压力。

③ 可供使用的费–托金属催化剂(由于可提高甲烷选择性，因而较高反应温度下不可使用钴催化剂)。

④ 可行的反应器结构(注意：目前费–托技术领域还未有报道证明，费–托催化剂、反应器以及气体回路结构可从不同来源选择并组合成一个综合工厂)。

3.8 费–托催化剂类型的选择

所选择的费–托操作条件对产物碳数分布和化合物选择性具有一些限制。然而，虽然其具有显著影响，但是合成油的组成并不仅仅取决于操作条件。金属的加氢性质、可调变选择性的促进剂选择以及随时间变化的失活作用等催化剂性质都可影响合成油组成。因此，可以为装置选择或设计最符合产品要求的费–托催化剂。

不幸的是，催化剂类型的选择还取决于反应器类型的选择。不过，催化剂选择通常在反应器选择之前进行，或者如Krishna和Sie[30]所建议的那样，其在多相反应器选择中为第一步。在选择或设计新催化剂时，应考虑以下几个方面。

3.8.1 活性金属

工业费–托催化剂只使用Fe(第8章)或Co(第9章)作为活性金属。其他金属也具有催化费–托反应活性(第10章)，但是选择其他金属需要一个很好的理由，特别是如果其与Co相比更昂贵的话。即使是金属Co也是相当昂贵的，并且由于环境和经济原因(第13章)还需要从使用过的费–托催化剂中回收金属Co。然而，有时为了从基本上改善催化剂特定性能，会将更昂贵的金属加入到工业催化剂主要的费–托活性金属中。例如，Sasol公司在其新型工业费–托催化剂[31]中加入了0.05% Pt和20% Co。主要活性金属的选择可能受到操作条件的限制。例如，由于Co在较高温度下可提高甲烷选择性，因而当操作温度较高时，便不可使用Co基催化剂；而且由于Co比Fe的加氢活性更高，因而其也影响了产物的选择性。当费–托技术被认为是战略性技术时，活性金属的可用性可能在决策过程中起作用。

3.8.2 催化剂复杂性

开发非常复杂的费–托催化剂是可能实现的，其具有良好的比表面积、金属分散性以及促进作用。但是，随着催化剂的复杂性增加，扩大规模生产变得更加困难，而且生产成本可能更高。此外，通常在机械强度(如耐磨损性)和催化剂设计复杂程度之间进行权衡。固定床技术对所使用催化剂的机械要求较少，因而可为其设计更好的复杂催化剂。

3.8.3 催化剂颗粒大小

对于相同的催化活性物质，实际催化剂颗粒大小会影响活性、传热和传质。在催化剂设计上有一些通用的折中方式[30]。

单独来看，单位体积催化剂具有尽可能高的催化活性是所希望的，因为其可使费–托反应器的体积产率(即单位反应器体积产率)最大化。实际上，在体积催化剂活性和克服运输阻力之间必须达到平衡。有效地去除反应热是非常重要的，而且将产物与催化剂分离的同时还要确保合成气供应充足。不良的传热或传质将导致目标产物选择性降低和/或催化剂失活速率增加。较小的催化剂颗粒具有较低的传热和传质阻力，并且这种催化剂可以设计成具有较高的体积活性。相反，如果使用较大的催化剂颗粒，那么其体积活性必须较低，而且催化剂应设计成具有较好的选择性或较长的使用寿命，以弥补在体积活性上的损失。

3.9 影响费–托技术选择的其他因素

一旦确定了费–托操作条件和催化剂后，反应器选择的剩余选项明显减少[30]。其他要考虑的因素主要有以下几点。

3.9.1 颗粒大小

费–托催化剂的颗粒大小决定了反应器类型。当颗粒尺寸在毫米范围内时，固定床反应器是合适的，但由于会使压降增加而使较小颗粒尺寸的催化剂变得不实用。不过，较小直径的催化剂颗粒可在微孔道固定床技术中使用，其传输系数数量级的增加可允许使用长度更短的床层。然而，一般来说，当粒径较小、大约为100μm时，流化床反应器更为合适。随着颗粒尺寸变小，其他流体力学考虑因素也可能会影响所采用反应器的特定类型，例如在气固反应体系中的流化速度与传输速度。

3.9.2 反应相态

费–托操作条件和催化剂的α值决定了反应体系是气–固两相还是气–液–固三相反应。在流化床反应器中，反应相态的数目决定了反应器类型是流化床(气–固)还是浆态鼓泡床(气–液–固)。

3.9.3 催化剂寿命

当费–托催化剂的寿命仅为数月而不是几年时，能够实现在线装卸催化剂的反应器类型可能是有利的。因此，浆态床和流化床技术适合于寿命较短的费–托催化剂，而固定床技术则更适合于寿命更长的催化剂。例如，据报道，SMDS工艺中使用的Co-LTFT催化剂的整体催化剂寿命为5年[32]，这比转化过程中通常使用的大多数固定床催化剂都要好。因而Co–LTFT技术使用列管式固定床反应器是基于催化剂寿命的合理决定。然而，在工业实践中，催化剂寿命似乎不是反应器选择的主要考虑因素。例如，尽管与Co–LTFT催化剂相比，Fe–LTFT催化剂寿命被明显较短，但是列管式固定床反应器技术和Fe–LTFT催化剂从20世纪50年代起就被应用于工业生产。相反，尽管据说Co–LTFT催化剂寿命要比Fe–LTFT催化剂寿命长，但使用浆态鼓泡床反应器和Co-LTFT催化剂的新型费–托技术才被开发出来。

3.9.4 反应器体积产率

反应器体积产率是选择费-托反应器的主要经济驱动力之一。Dry[11]所进行的典型中试装置研究对工业上主要应用反应器类型的效率给出了一个良好的对比指标。此研究在相同操作条件下评价了具有不同粒径但尺寸合适的相同铁基费-托催化剂(见表3.2)。

表3.2 相同条件下不同反应器类型中铁基费-托催化剂的反应器体积产率和催化剂的比较①

类型	沉淀Fe-LTFT(230~240℃)		熔融Fe-HTFT(320~330℃)	
	固定床	浆态床	浆态床	固定流化床
催化剂负载量/kg Fe	2.7	0.8	1.0	4.2
合成过程中床层体积/L	7.5	7.5	7.5	3.9
合成气转化率，%	46	49	79	93
催化剂生产率/[l/(kg·s)]②	0.1	0.4	0.7	0.2
反应器生产率/(s^{-1})③	0.044	0.046	0.094	0.21

① 所有测试均是以中试规模进行且所用反应器直径为50mm。
② 催化剂生产率=单位时间内(l/s)单位质量催化剂(kg Fe)转化的合成气体积。
③ 反应器生产率=单位时间内(l/s)单位反应器床层体积(L)转化的合成气体积。

反应器体积产率按以下顺序递增：固定床<浆态床<固定流化床。催化剂生产率是不尽相同的，但浆态床反应器技术可使催化剂得到充分利用，尽管其并不具有最高的反应器体积产率。另外，在HTFT合成过程中可以获得比LTFT更好的生产率。由于表3.2中的结果并不能直接被外推用于工业反应器，因而应弥补冷却所需的额外体积。例如，在Arge型列管式固定床反应器中，实际反应区域体积的43%被冷却介质占据。在浆态床和流化床反应器中，冷却盘管所占的体积较小，但是量仍然很大。工业规模上的每种反应器类型的优化还可通过流体力学等其他方式。然而，尽管直接的数值比较是不可能的，但趋势依然保持不变。位于Sasol 1厂的直径5m、高22m的反应器提供了工业规模的比较性数据，而该反应器最初是用于将SAS技术和后来的SSBP技术扩大生产规模的。当作为固定流化床反应器使用时，其产能为14.5×10^4t/a(3500bbl/d)，而当用作浆态床反应器时，其产能为10×10^4t/a(2500bbl/d)[19]；不过，要获得不同的产能值，还需参阅其他文献[33]。因此，在工业操作条件下，固定流化床(FFB)Fe-HTFT合成技术的反应器体积产率要高于浆态床Fe-LTFT合成技术的反应器体积产率。

3.9.5 其他考虑因素

鲁棒性、调节比、装置规模、建设成本和蒸汽压力等问题都可能有助于决定反应器类型的选择。另外，还有一些其他需要考虑的实际问题，例如，将装置移至内陆地区的公路运输限制可能会限制可指定反应器的最大尺寸(直径)。在这种情况下，选择比固定床反应器技术更为廉价的流化床反应器技术的动机就会削弱，而这也可能会影响根据其他标准而进行的反应器选择。

参考文献

[1] De Klerk, A. (2011) Fischer-Tropsch Refining, Wiley-VCH Verlag GmbH, Weinheim.

[2] Asinger, F. (1968) Paraffins Chemistry and Technology, Pergamon Press, Oxford.
[3] Weil, B.H. and Lane, J.C. (1948) Synthetic Petroleum from the SYNTHINE Process, Remsen Press, Brooklyn.
[4] De Klerk, A. (2009) Advances in Fischer- Tropsch Synthesis, Catalysts, and Catalysis (eds B.H. Davis and M.L. Occelli), Taylor &Francis, Boca Raton, pp. 331-364.
[5] Holtkamp, W.C.A, Kelly, F.T., and Shingles, T. (1977) ChemSA, 3 (3), 44-45.
[6] Sie, S.T. (1998) Rev. Chem. Eng., 14 (2), 109-157.
[7] Collings, J. (2002) Mind Over Matter. The Sasol Story: A Half-Century of Technological Innovation, Sasol, Johannesburg.
[8] Jager, B. and Espinoza, R. (1995) Catal. Today, 23, 17-28.
[9] Perego, C., Bortolo, R., and Zennaro, R. (2009) Catal. Today, 142, 9-16.
[10] Anonymous, Petrol. Econ. (2008) 75 (6), 36-38.
[11] Dry, M.E. (1981) Catalysis Science and Technology, vol. 1 (eds J.R. Anderson and M. Boudart), Springer, Berlin, pp. 159- 255.
[12] Dry, M.E. (2004) Stud. Surf. Sci. Catal., 152, 533-600.
[13] De Smit, E. and Weckhuysen, B.M. (2008) Chem. Soc. Rev., 37, 2758-2781.
[14] Bezemer, G.L., Bitter, J.H., Kuipers, H.P. C.E., Oosterbeek, H., Holewijn, J.E., Xu, X., Kapteijn, F., Van Dillen, A.J., and De Jong, K.P. (2006) J. Am. Chem. Soc., 128, 3956-3964.
[15] Storch, H.H., Golumbic, N., and Anderson, R.B. (1951) The Fischer-Tropsch and Related Syntheses, John Wiley & Sons, Inc., New York.
[16] Janse van Vuuren, M.J., Huyser, J., Grobler, T., and Kupi, G. (2009) Advances in FT Synthesis, Catalysts and Catalysis (eds B. H. Davis and M.L. Occelli), Taylor & Francis, Boca Raton, pp. 229-241.
[17] De Swartz, J.W.A., Krishna, R., and Sie, S.T. (1997) Stud. Surf. Sci. Catal., 107, 213-218.
[18] Sie, S.T. and Krishna, R. (1999) Appl. Catal. A, 186, 55-70.
[19] Steynberg, A.P., Dry, M.E., Davis, B.H., and Breman, B.B. (2004) Stud. Surf. Sci. Catal., 152, 64-195.
[20] Stranges, A.N. (2003) Germany's synthetic fuel industry 1927-45. Proceedings of the AIChE 3rd Topical Conference on Natural Gas Utilization, New Orleans, March 30- April 3, 2003, pp. 635-646.
[21] Stranges, A.N. (2007) Stud. Surf. Sci. Catal., 163, 1-27.
[22] Overtoom, R., Fabricius, N., and Leemhouts, W. (2009) Shell GTL, from bench scale to world scale, advances in gas processing. Proceedings of the 1st Annual Gas Processing Symposium, Doha, Qatar, January 10-12, 2009, Elsevier, Amsterdam, pp. 378-380.
[23] Wang, Y.N., Xu, Y.Y., Xiang, H.W., Li, Y. W., and Zhang, B.J. (2001) Ind. Eng. Chem. Res., 40, 4324-4335.
[24] Wang, Y.N., Xu, Y.Y., Li, Y.W., Zhao, Y.L., and Zhang, B.J. (2003) Chem. Eng. Sci., 58, 867-875.
[25] Krishna, R. and Sie, S.T. (1994) Chem. Eng. Sci., 49, 4029-4065.
[26] Lerou, J.J., Tonkovich, A.L., Silva, L., Perry, S., and McDaniel, J. (2010) Chem. Eng. Sci., 65, 380-385.
[27] Steynberg, A.P. (2004) Stud. Surf. Sci. Catal., 152, 1-63.
[28] De Klerk, A. (2011) Energy Environ. Sci., 4, 1177-1205.
[29] De Klerk, A. (2008) Catal. Today, 130, 439-445.
[30] Krishna, R. and Sie, S.T. (1994) Chem. Eng. Sci., 49, 4029-4065.
[31] Botes, F.G., Van Dyk, B., and McGregor, C. (2009) Ind. Eng. Chem. Res., 48, 10439-10447.
[32] Schrauwen, F.J.M. (2004) Handbook of Petroleum Refining Processes, 3rd edn (ed. R.A. Meyers), McGraw-Hill, New York, pp. 1525-1540.
[33] Duvenhage, D.J and Shingles, T. (2002) Catal. Today, 71, 301-305.

4 费-托合成产品的应用(处理)

Arno de Klerk, Peter M. Maitlis

在工业生产中，费-托合成有两种主要的产品：低温费-托合成油和高温费-托合成油。对主要的合成油的典型组成测试可以发现，费-托合成的主要产物是线型烯烃、线型烷烃、甲烷和水，同时也存在支链烷烃和含氧化合物副产物。合成原油与原油有相似之处也有明显的差异，其本质区别在于：合成油的组成可以通过对费-托反应期间以及反应完成后冷却和分离阶段的调节控制合成油的组成，在费-托合成油生产的同时可以有效地获得燃料、润滑油和石化产品。

4.1 引言

如何处理由费-托合成产物获得合成油。比较费-托合成原油和更加熟悉的原油对此有明显的帮助。原油让人联想到黏稠的黑色液体，它的原始形态没有应用价值，需要炼制成有用的产品，例如我们每天遇到的交通燃料、石化产品和润滑油。在这方面，费-托合成原油是相同的，原始形态没什么价值需要炼制。我们可以选择想要的合成油，并且设计相应的炼制工艺[1]。但是，不是所有的合成油产品都可以通过高效的炼制途径获得，还需要兼顾环境和经济效益的限制。

与原油不同，合成油不是黏稠的黑色液体。事实上，合成原油不是黑色的、黏稠的或者单一相的液体，也没有单一的合成原油组成标准。根据费-托合成技术，在标准条件下合成油存在3~4个不同的阶段：气态、有机液体(油)、含水液体和固体。这造成了很多值得思考的结果：

首先，合成原油的组成取决于所使用的费-托合成技术，包括费-托催化剂、合成反应器、操作条件和催化剂的钝化水平(第3章)。

第二，合成原油与原油不同，其组成不是由地质条件决定的。合成原油的组成可以被操控和设计，进一步炼制得到具体的产品。

第三，由于不同合成相的组成取决于费-托合成工艺后初级合成油冷却和分离步骤的设计，分离条件、相平衡和平衡方法决定了化合物如何在不同产品阶段的分配。这有可能影响生产某种产品的能力。

第四，来自气相的轻烃组成的获得可能性由费-托合成后合成原油的复合决定，而不仅仅是由费-托合成决定。

由费-托合成获得有价值产品的路径开始于对费-托合成过程的设计。合成油的组成和合成后的回收与炼制同样重要。应该优先考虑合成原油的组成、合成原油化合物的操作和合成原料的回收。其次，需要考虑哪些产品可以通过高效的炼制方式生产："高效"不是文学点缀，而是目的说明。设计危害性较小的化学合成以及绿色化学原理要求的炼油路线和技术避免浪费，最大化原子经济，提高能源效率，并且兼顾合成原油的分子组成。

合成原油原则上可以转化为与原油相同的产品，但是实际上，炼油效果差异性很大[2]。本文的目的不是要提供所有可能的产品，而是要突出那些在费-托合成过程中可以有效获得的产品。

4.2 费-托合成油的组成

合成原油的组成和碳数分布由解析动力学和费-托合成机理获得(第12章)。碳数分布可以在数学上得到合理的描述[3]，但是单一分子的选择性很难描述。

合成原油的工业生产可以大致分为铁基高温费-托合成、铁基低温费-托合成和钴基低温费-托合成。表4.1[4]给出不同类型获得的合成原油基本组成。表中的混合物并能代表任何特定合成的类型，但仍可以发现具有相当大的变化。例如，在壳牌中间馏分油合成(SMDS)工艺中采用的固定床Co-LTFT合成产生的重质链烷烃合成原油[5]，其组成接近表4.1中列出的通用Co-LTFT合成原料组成。相反，原德国常压工艺采用的固定床Co-LTFT合成生产，获得了略多的烯烃组成合成油，其含有少于10%的蜡类和约20%的烯烃[6]。此外，即便在一些费-托合成技术近似稳态的操作中，合成组分随着合成过程中时间推移和费-托催化剂的失活而变化。在这一方面，费-托合成过程与其他催化转化过程是相同的。

除了通常的费-托合成产物(即直链烷烃、*n*-烷烃、*n*-烯烃)，合成油还包含支链烃类(主要是单甲基取代的烯烃和烷烃)、芳烃和含氧化合物。含氧化合物主要是1-链烷醇以及少量的醛、酮和羧酸。关于上述组成的确切来源和是否应该被视为费-托反应的主要产物，或者是否由后续二次反应产生，已经有很多的猜测。

为了说明产物的相关性，我们构建了流程图4.1和图4.2，将原料($CO+H_2$)和多种产物建立联系。但是，没有解释详细的机理并指出中间体。在第12章中，根据最新的研究成果总结了主要的机理。

在流程图中，第一步涉及$CO+H_2$的催化剂表面吸附以及它们通过吸附转化为单烷基物质$\{CH_x\}$(x=1～4)和甲烷。这些$\{CH_x\}$物质也可以结合在一起制造出长链烷基$\{C_nH_y\}$，进一步进入各种反应模式：

表4.1 主要的费–托合成油工业生产类型的一般组成

产品部分	碳数分布	化合物分类	合成油组成，%①		
			Fe–HTFT	Fe–LTFT	Co–LTFT
尾气	C_1	烷烃	12.7	4.3	5.6
	C_2	烯烃	5.6	1.0	0.1
		烷烃	4.5	1.0	1.0
液化石油气	$C_3 \sim C_4$	烯烃	21.2	6.0	3.4
		烷烃	3.0	1.8	1.8
石脑油	$C_5 \sim C_{10}$	烯烃	25.8	7.7	7.8
		烷烃	4.3	3.3	12.0
		芳烃	1.7	0	0
		含氧化合物	1.6	1.3	0.2
馏分	$C_{11} \sim C_{22}$	烯烃	4.8	5.7	1.1
		烷烃	0.9	13.5	20.8
		芳烃	0.8	0	0
		含氧化合物	0.5	0.3	0
残留/蜡类	C_{22+}	烯烃	1.6	0.7	0
		烷烃	0.4	49.2	44.6
		芳烃	0.7	0	0
		含氧化合物	0.2	0	0
水相产物	$C_1 \sim C_5$	乙醇	4.5	3.9	1.4
		羰基化合物	3.9	0	0
		羧酸	1.3	0.3	0.2

① 合成油组成基于费–托合成产物的总质量，不包括惰性气体(N_2和Ar)和水–气变换产物(H_2O、CO、CO_2和H_2)。"0" 表示低浓度，不表示完全不存在该化合物。

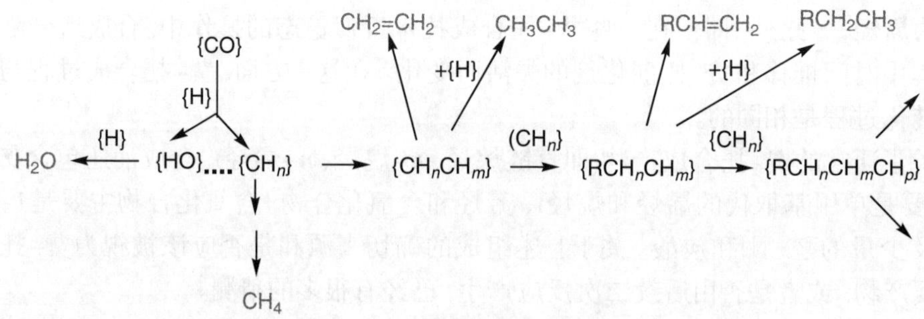

图4.1 费–托反应过程原料(CO+H_2)与可能的烃类产物(甲烷、n–烷烃和n–烯烃)和水的图解流程图[没有解释详细的机理，没有指出中间体，但是一些表面的烃类表示为{CH_n}和{RCH_nCH_m}，因为它们绑定在表面没有明确的结构定义(详见第12章)]

① {C_nH_y}物质可以形成烯烃C_nH_{2n}，并解吸离开催化剂表面。该解吸过程的可能性取决于温度和催化剂表面的吸附强度。这一原理通常应用于程序升温脱附实验测定

实验常数。在分子水平，这一过程可能对应烷基-金属配合物的β-消除反应，生成烯烃和金属氢化物[式(4.1)]。在可逆反应步骤中，M表示金属表面。

$$RCH_2CH_2—M \longrightarrow RCH{=}CH_2+M—H \tag{4.1}$$

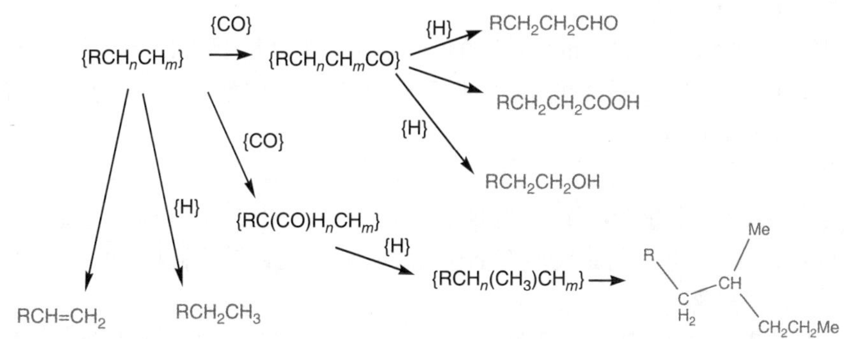

图4.2 费-托合成重要产品(直链n-烯烃和n-烷烃)、次要产品(醇类，醛类和羧酸)和支链烷烃与可能中间体的图解流程图[一些表面的烃类表示为{CH_n}、{RCH_nCH_m}，因为它们绑定在表面没有明确的结构定义(详见第12章)]

② 或者，烷基与氢相互作用生成产物。该产物通过物理吸附吸附在催化剂表面而不是化学吸附，没有足够长的时间参与连锁反应。与化学吸附相比，物理吸附是弱的相互作用，并且会完全解吸。烷烃C_nH_{2n+2}解吸成为最终产品，这一步骤对应烷基-金属反应过程中的烷基还原消除反应[式(4.2)]。

$$RCH_2CH_2—M \longrightarrow RCH_2CH_3+M \tag{4.2}$$

③ 另一种可能途径是烷基与CO反应，生成一种烯烃和另一个不饱和分子，或衍生出新物质，形成新的功能化实体。如图4.2所示，该步骤可以导致链增长(聚合)。因为费-托合成终产物主要是线型或单甲基支链分子，以及乙基和较长链支化的低发生率，所以任何两个烷基的耦合最有可能的发生方式为“头对头”或者“尾对尾”。

链增长的发生在很大程度上依赖于CO或者源于CO的C_1化合物之间相互作用。这种链增长的概率可以由常数α衡量。其中，α表示被吸附的C_n化合物增长到C_{n+1}的概率，而不是C_n链烃的碳氢化合物解吸概率。碳—碳键的形成后，如前文所述解吸会再次发生，但是也有额外的可能途径。

在目前的现象学讨论中，所有表面吸附物质都是烃类，导致烷烃、烯烃和水的生成。然而，如果{C_n}与CO发生链增长反应，生成一种含氧物质，例如醛。氢转移的发生也会生成乙醇和羧酸。

对于n=1的特殊情况，部分氢化反应的活性解吸可能导致甲醇的生成。虽然甲醇也是由一氧化碳加氢获得，但是完全不同(可能有很多的低能量)的途径可以选择(参见第6.2.3节)。

目前了解到的发生在催化剂表面的反应细节和费-托碳氢化合物的合成机理在第11章和第12章介绍。事实上，仅有一个机理不能解释所有的费-托合成产品，并且我们也支持这样的观点，甚至对于费-托烃合成，也存在两种类型的机理：一种涉及高极性表面上的亲电子化合物，另一种是大量电中性物质聚集和出现在非极性表面(参见第12.6节)。

4.2.1 碳数分布(ASF分布)

费-托合成产物的碳数分布是规则的，并且在数学分析上类似于烯烃聚合，其中链增长概率(α值)是描述ASF分布的常数。任意两个产品中的碳原子数的摩尔比与链增长概率(α值)关系见式(4.3)：

$$x_n/x_m=a^{(n-m)} \tag{4.3}$$

在实践中，对比理想ASF分布，发现了三个偏差(见图12.3)：甲烷产量通常较高；C_2产量低于预期；产量与碳数曲线略有曲率，表明高的碳数对应高的α值。后者在LTFT合成方法中表现显著。

Botes[3]提出可以使用LTFT模型描述C_1和C_2的ASF分布偏差。该模型考虑到了上面例举出的主要的碳氢化合物解析途径，以及在表面碳二碳氢化合物C_2H_m任意碳均可发生链增长的特殊情况。

在LTFT模型ASF分布中，与链长相关的α值表现出两个不同的增长区域，并且在$C_8\sim C_{20}$之间出现转变。目前有多种方法被提出来描述这些偏差。这个变化则可以解释为两个不同的α值，一个是轻产品(α_1)，一个是重产品(α_2)，或者是解释为链增长的概率。然而，在LTFT合成油中，检测到的链增长概率的明显转变可能由于是气-液相平衡效应，而不是由于费-托合成烃机理的内在变化。

4.2.2 烃组成

脂肪烃是费-托合成的主要产物，并且烷烃和烯烃是两种最丰富的化合物(见表4.1)。芳烃是在较高的操作温度下产生的二级产物，因此，LTFT合成几乎不含有芳香族化合物，而HTFT合成物则含有大量的芳香族化合物。

随着相对分子质量的增加，鉴定合成原油中存在的单个同分异构体变得越来越困难。即使使用二维气相色谱和质谱联用(GC-GC和GC-MS)等技术对相对简单的石脑油馏分的异构体鉴定，也是一项艰巨的任务[8]。但是，伴随着分析技术的发展，更高分辨率分析使异构体检测成为可能。简化组成的一种方法是氢化合成原油，从而将不饱和化合物和含氧化合物转化为相应的烷烃，就能够进一步确定异构体的骨架结构。对未饱和烷烃的分析还可以确定诸如n-1-烯烃的不饱和基团。

① 烷烃与烯烃的比例从C_{3+}起开始显示出单调增加，这是费-托合成中的普遍趋势，因此LTFT蜡类的烯烃含量低于油性液体的烯烃含量。可以认为，加氢为烷烃与解吸为烯烃的活性概率比值随着相对分子质量的增加而增加。

② 烷烃和烯烃的比例也受费-托合成金属、操作条件和反应器类型的影响，费-托合成金属决定了催化剂催化加氢的方式。当在相似的条件下，进行基于金属Fe和Co的合成时，因为Co更易氢化，所以Co基费-托合成原油具有较高的烷烃与烯烃比。上述条件决定了解吸的程度，例如在较高温度的操作条件下处理费-托合成催化剂，因为与

反应解吸相竞争的热解吸增加，所以会导致烷烃与烯烃比率的降低，同时α值降低。反应器类型通过改变烯烃在次级反应中氢化的可能性影响烷烃与烯烃的比例。在表现出理想活塞流反应器行为的反应器类型中进一步加氢转换的程度要高于表现出连续搅拌釜反应器行为的反应器中。这也造成了LTFT固定床操作的合成原料比LTFT浆料床操作的合成原料多[9]。

③ 虽然支链烃通常是次要产物，但是一些产物以百分比水平产生。烃的支化度取决于金属催化剂并且是碳数的函数。Anderson和同事花费了大量的精力来量化和描述分支支链化[10]。在石脑油组成范围内的材料中，氢化合成油的异构体可以测定，并且发现在链增长期间存在固定的支化概率(f)。每次碳链增长一个碳原子时，既可以插入链中进行线性增长，也可以作为支链添加到生长链中(见图4.1)。对于Fe基的费-托合成，f=0.115；对于Co基的费-托合成，f=0.035。线型产物与支链化产物的比例随着碳数的增加而减少，基于此，实验值和预测值之间保持合理的一致(见表4.2)。然而，这种模型仅对较轻的碳氢化合物合适，对预测较重的碳氢化合物的碳原子数目增加时线型与支化产物比例的降低并不合适[11]。支化概率(f)不是固定的而是随着链长的增加而在某个点处开始下降。

表4.2 利用Anderson[10]公式预测FT合成产物的支化概率

碳数	异构体	相对丰度	Fe基FT合成，%		Co基FT合成，%	
			预测值(f=0.115)	实测值	预测值(f=0.035)	实测值
C_4	n-丁烷	1	89.7	89.4	96.6	
	2-甲基丙烷	f	10.3	10.6	3.4	
C_5	n-戊烷	1	81.3	81.2	93.5	95.0
	2-甲基丁烷	$2f$	18.7	18.8	6.5	5.0
C_6	n-己烷	1	73.6	78.8	90.4	89.6
	2-甲基戊烷	$2f$	16.9	11.2	6.3	5.7
	3-甲基戊烷	f	8.5	9.5	3.2	4.7
	2，3-二甲基丁烷	f^2	1.0	0.4	0.1	0
C_7	n-庚烷	1	66.7	66.0	87.5	87.7
	2-甲基己烷	$2f$	15.3	13.1	6.1	4.6
	3-甲基己烷	$2f$	15.3	19.1	6.1	7.7
	2，3-二甲基戊烷	$2f^2$	1.8	1.6	0.2	0
	2，4-二甲基戊烷	f^2	0.9	0.3	0.1	0

④ 虽然1-烯烃是主要的烯烃产物，但一些内烯烃也可以通过异构化产生。双键异构化的程度取决于催化剂，因为该反应是需要烯烃在催化剂表面上竞争性再吸附的二级反应。内烯烃的形成存在两种可能性途径。在低压条件下，氢化-脱氢平衡可能导致脱氢形成内烯烃。这可以解释为何在德国常压Co-LTFT过程中得到的合成油1-烯烃与内烯烃的比例偏低：例如，C_6、C_7和C_8的正构烯烃的馏分分别为36%、28%和18%。在高压条件下，双键异构化的主要途径是通过{H}反应[12]。虽然机理尚未建立，但是可

以通过C—C键的碳吸附在金属表面，然后吸附在表面的中间体与{H}发生二次反应，得到烃基C_nH_m。最后，烃基可以被氢化产生烷烃，也可以通过将氢原子返回到金属表面得到烯烃并解吸(见图4.3)。这一氢转移过程不是酸催化的迁移，不涉及骨架异构化。在这一双键异构化过程中，钴催化比铁更具活性，并且同一支化程度下的不同的双键异构化程度已经被报道[13, 14]。

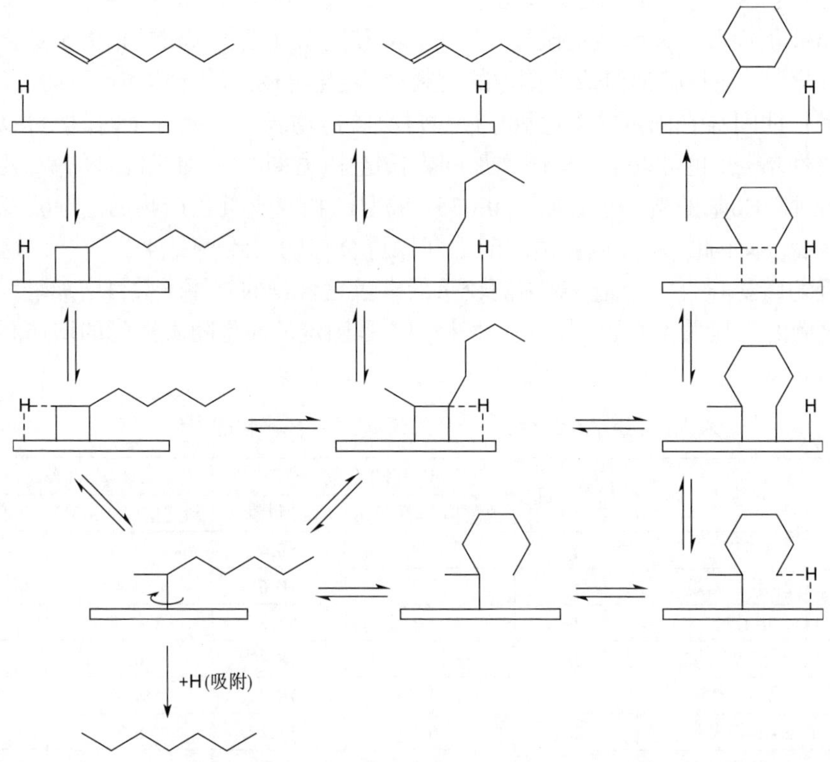

图4.3 金属表面可能的烯烃转化图示(吸附在费-托合成金属表面上的烯烃通过吸附原子氢进行部分氢化；进一步氢化会导致形成烷烃解吸；氢也可能从邻近返回导致双键异构化或者形成五元或者六元环)

⑤ 环烷烃可以通过其他的二级反应脱氢环化，并且与双键异构化相关。在这种情况下，被吸附的烃基中间体经历的途径是使{H}从碳上解吸下来，从而使环闭合(见图4.3)。在费-托合成条件下，由于竞争吸附和高H_2分压，烷烃吸附和脱氢的可能性较低。因此，预期环化的解吸步骤比双键异构化要求更苛刻。在较高的温度下，烷基链的吸附不太强，有足够的流动性，烷基可以更轻易的“翻转”以实现闭环，所以HTFT合成环烷烃组成高于LTFT合成环烷烃组成。

⑥ 芳烃在更高的温度下形成，并且可能通过环己基中间体的脱氢而产生。芳构化倾向于发生在低H_2分压和高温，并且与金属催化剂上的脱氢有关，因为其可能导致费-托催化剂上的芳烃结焦。环状烃的形成和随后的芳构化都是吸热反应。HTFT合成过程

为芳构化提供了有利的反应条件，合成原油中的总芳烃含量达到了表4.1所示的水平。在HTFT合成原油残渣中发现最高的芳烃浓度。工业上Fe-HTFT合成操作的合成产物馏出物和残渣馏分含有26.3%的单环芳烃以及0.7%的二环和多环芳烃[15]。可以通过图4.3所示的机理解释在重HTFT合成中具有单烷基的单环闭合方式具有明显的优势。

4.2.3 含氧化合物组成

事实上，费-托合成产物中最丰富的含氧化合物是水。费-托合成工艺也可以产生有机含氧化合物，主要是醇(最丰富)、醛、羧酸和酮几类。短碳链含氧化合物具有很强的极性，主要存在与费-托合成工艺中的水相。油相和水相含有含氧化合物的分配方式(第4.3.2节)对炼油厂的设计有重要的影响[1]。

从分析的角度来看，量化合成原油中的氧化物存在一些困难，因为油相和水相必须分开检测。醇和羰基化合物的湿化学分析技术具备明显的不确定性。因为含氧化合物根据其功能具有不同的响应因子[16]，使用离子火焰离子化检测器的色谱分析同样具备挑战性。含氧化合物具备反应性并且容易热分解，这可能使鉴定和定量检测进一步复杂。因此，许多发表的报道忽视了含氧化合物的研究，只专注于碳氢化合物。在合成原油中鉴定主要的含氧化合物质类以及不同的费-托合成方法对每种物质的选择性产生的影响将在下文中讨论[1, 17]。

① 根据图4.2所示的流程图，在与{CO}反应后，含氧化合物与烃之间的反应比随链增长而增长，随着脱氧作用而终止(第12章)。一般而言，含氧化合物选择性随着费-托金属的氢化能力的降低而增加，也就是说，Co比Fe更加容易氢化。含氧化合物的选择性进一步受到反应器中H_2分压、操作条件和反应器技术的影响。含氧化合物的选择性受操作温度的影响的原因是：高温条件下，在金属表面的含氧中间体在脱氧反应前解吸的可能性增加。在HTFT合成原油中发现相对较高浓度的轻度含氧化合物的可能原因，是热解吸降低了α值并且增加了解吸物质保留含氧物官能团的可能性。

② 研究表明，在费-托工艺条件下低相对分子质量的醇、酮或羧酸被共沸时，含氧化合物被再吸附和氢化，并且相当大的部分被转化[18]。转化的程度在很大程度上取决于含氧化合物有效地与存在于反应器中的其他化合物竞争吸附的方式。因为醇、醛和羧酸[式(4.4)~式(4.6)]可能处于热力学平衡状态，并且在典型的HTFT反应温度(>320℃)下容易相互转化[19]，所以温度也是影响转化率的重要因素。

$$RCH_2OH+H_2O \rightleftharpoons RCOOH+2H_2 \tag{4.4}$$

$$RCH_2OH \rightleftharpoons RCO+H_2 \tag{4.5}$$

$$RCHO+H_2O \rightleftharpoons RCOOH+H_2 \tag{4.6}$$

③ 在LTFT合成原油中，含氧化合物的90%是醇；在HTFT中，醇含量为40%~60%，而羧酸和其他羰基化合物仅是微量成分。醇可以是初级产物(见图4.3)，也可能由醛、酮以及少部分羧酸氢化产生。醇也会被消耗：对于铁基催化剂，再吸附和进一步的链增长也可能发生的，然而这似乎不会发生在钴基催化剂表面[20]。

④ 醛类既可以是费-托工艺中的初级产物，也可以由羧酸分解产生的次级产物

[式(4.7)][19, 20]。由于酮化反应需要更高的温度，所以在LTFT合成原油中酮含量低于在HTFT合成原油中。如乙酸分解所期望的那样，由于乙酸(醋酸)是主要的羧酸，所以大部分酮是β-酮[19]。醛和酮都可以容易地被氢化，在二级反应中，醛加氢产生1-醇，酮加氢产生内醇。

$$RCOOH+R'COOH \longrightarrow R(CO)R'+H_2O+CO_2 \tag{4.7}$$

⑤ 羧酸是费-托合成过程中的初级产物。羧酸的选择性与CO_2选择性呈正相关，而与1-烯烃选择性呈负相关[21]。羧酸可以在费-托催化剂上再吸附，发生分解反应产生酮和金属羧酸盐。金属羧酸盐在LTFT合成条件下非常稳定[22]，而在合成原油中金属羧酸盐的处理特别麻烦，导致获得合成油更加困难[1]。

4.3 费-托合成油的回收率

HTFT反应条件下产物是气-固两相混合物，LTFT反应条件下产物是气-液-固三相混合物。FT合成期间的单程转化率通常保持在中等水平，以此保持反应器的生产率最大化并使催化剂失活最小化，这也导致了合成气的转化率不能达到100%。单程转化率越低，生产率(每立方米反应器体积、每秒产生的单位千克合成原油量)越高。然而合成气的生产成本是分离成本效率和合成气再循环成本的总和，所以在单程转换率提高的情况下，追求更好的效率只是折中的办法。在高转化率下，氢分压较低会促进结焦，水分压较高促进氧化，导致了催化剂的失活，并成为影响合成的问题。FT催化剂的失活不仅影响合成，还影响产物收率和炼制(见第8章~第10章)[1]。

合成气从反应器产物中分离的效率，决定了未转化合成气中所含的惰性物质的量。如果惰性材料不能从系统中清除，会随着时间推移积累，因此从合成气循环中排除惰性材料的能力对于减少合成气的损失至关重要。虽然合成尾气仍然可以用作燃料气体，但是在它变成合成气之前，对环境的影响远远大于碳基进料。

同样的原则适用于合成原油的炼制和回收。随着总“碳”(“C”)在设备中移动，其环境成本增加。当“C”到达费-托合成步骤时，合成气每千克碳因环境因素消耗达到1~2kg碳[23]。因此合成油回收中的环境负担和未转化的合成气回收至关重要。当未转化的合成气或合成气被用作工艺燃料时，其碳排放量为原料的二氧化碳排放量的两到三倍。尽管更好的分离和回收可能会增加基于FT的设施的复杂性和成本，但目前环境责任水平的提高表明，现行工业实践中的一些设计决定应该重新审视。在经济方面，追求“C”和环境的综合价值。

4.3.1 合成油逐步冷却和回收

对于不同的费-托合成技术，合成原油的逐步冷却和回收原理是相同的。但是技术的不同影响了设计的细节和必要完成的步骤。第一个分离步骤发生在费-托反应器内，包括从反应产物中分离催化剂。随后的冷却和分离发生在反应器外部，并导致多种进料物流进行炼制。经过合理的设计，费-托合成工艺允许下游炼油厂接收预分馏的馏分作为进料，而非单一的混合物进料，这也是费-托合成工艺固有的优势之一[1]。

在采用流化床反应器的HTFT技术(见图4.4)中，气态产物通过反应器中的旋风分离器与固体催化剂分离。在循环流化床设计中，气流须在通过旋风分离器之前反向，并以此减少进入旋风分离器的固体催化剂负载的气体，提高气固分离的效率。而在固定流化床设计中，气体直接进入旋风分离器。不管如何设计，一些催化剂颗粒被气态产物携带离开反应器。当气态产物冷却下来时，最重的物料冷凝，大量剩余的固体被重质液体捕获。这一部分催化剂可以与部分重有机液体混合回收，成为废物流。澄清油主要包含常压渣油流程物质。进一步冷却将得到剩余的产物流出物，石脑油范围物质作为轻质油与水同时冷凝形成大量水相产物。同时，含氧化合物在有机相和水相中按一定比例分配(第4.3.2节)。轻质油溶解有轻质烃，通常需要从轻质油中分离才能获得稳定的轻质油(SLO)。剩余的气态物质含有未转化的合成气、一些轻质石脑油和大部分较轻的烃。HTFT合成油产品中含有大部分气体产物(见表4.1)。C_3产品和更重的物质可以通过加压蒸馏的方式回收。但是，从未转化的合成气和CO_2的混合物中分离和回收乙烷、乙烯的甲烷则需要低温蒸馏。低温蒸馏的优点是可以显著提高碳的利用效率，并且能够提供基于C_2烃的电化学处理方法。

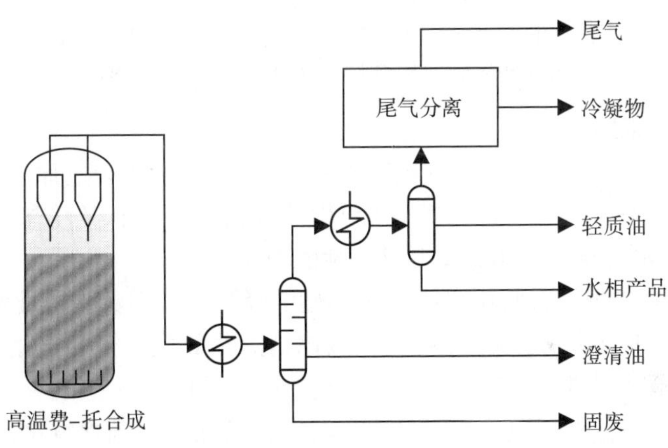

图4.4 典型工业HTFT操作的一般合成冷却和回收工艺

在LTFT合成工艺中，反应器的类型决定的第一个分离步骤(见图4.5)。对于固定床反应器而言，从固体费-托合成催化剂中直接分离合成油(液相和气相)没有困难，因为催化剂保留为床层填充物。而在流化床操作中，催化剂的颗粒更小并且悬浮在液相中，需要在反应器中或者下游增加催化剂分离装置(例如过滤)。对于不同的技术手段，分离装置也不同。蜡类在费-托合成反应条件下是液体，不需要冷却，实际情况正是如此，冷却可能会导致蜡凝结，造成严重的操作后果。含有未转化的合成气的气态产物以类似于HTFT合成原油的措施逐步冷却并回收。不幸的是，工业上术语使用的混淆，LTFT轻油被称为“冷凝物”，其实LTFT热冷凝聚物的组成相当于HTFT轻油。相同的含氧化合物在有机相和水相中按一定比例分配(第4.3.2节)。虽然在图4.5中没有显示尾气分离部分，但可以通过加压蒸馏和低温蒸馏分离合成原油，以从未转化的合成气中回收C_3和比C_3更重的物质以及C_2和比C_2更轻的物质。通常，LTFT合成产生的气态产物量低于HTFT合成产物量，但是在LTFT合成中单位质量的合成气转化率较低，导致了未转化合成气循环量很大。

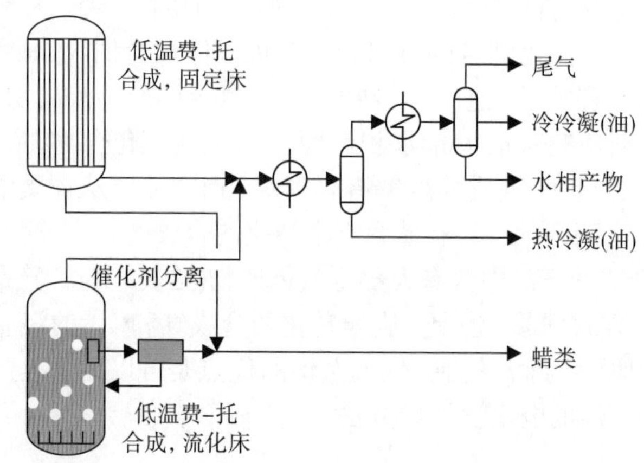

图4.5 典型的工业LTFT操作的一般合成原油冷却和回收部分
(现示出了固定床和流化床费–托合成的区别)

4.3.2 含氧化合物部分

在反应条件下，费–托合成过程中产生的水是气相，但当合成原油冷却时(见图4.4和图4.5)，水将与有机产物一起冷凝。水仅微溶在富含烃的非极性有机液体中(通常小于0.1%)，冷凝的水会与有机相分离形成极性的液相。

醇、醛、羧酸和酮等含氧化合物在非极性的烃骨架上都具有极性的含氧官能团。含氧化合物能够使相邻原子极化，但这种极化是短程效应不会超出相邻基团。尽管存在含氧官能团，但是随着烃链的增长，分子本质上变得非极性。这种分子极性的变化影响分子在水相和有机相中的最终分配。表现为极性的短链含氧化合物优先溶解在水相中，而非极性的较长链含氧化合物优先溶解在富含烃的有机相中。溶解相的热力学由最小吉布斯自由能控制，描述为“相似相容”。根据合成原油冷却和回收部分的设计，可能有足够的时间使含氧化合物分配平衡。不管如何，相分配对温度敏感，油和水产品的组成也会受到不同设计的影响。因此，费–托合成水相产物的组成取决于费–托合成技术以及合成油冷却和回收过程相分离步骤的设计。一般来说，C_4和较轻的含氧化合物优先分配到水相，但也没有明确的分界线。所以水相产品中也可能含有一些C_5和更重的含氧化合物，有机液体也可能含有一些C_4和较轻的含氧化合物[1]。

4.3.3 从水相产品中回收含氧化合物

在费–托合成过程中，大约一半的合成气转化为水。溶解在该水相中的轻含氧化合物形成稀溶液。目前，没有能够从水相中提取所有含氧化合物的措施，并且羧酸一般不被回收。如表4.1所示，水相产品中含有10%的合成油，其与Fe基HTFT合成油配合使用可获得最佳的回收率。在工业上，Co基LTFT尽可能减少在含氧化合物回收上的消耗，而且将含氧化合物作为废物处理，虽然多数情况不需要这样做。

从水相产品中回收含氧化合物的工业设计都遵循相同的基本策略(见图4.6)，主要的区别在于分离的程度[1]，并且许多含氧化合物与水共沸使分离变得复杂。最低“C”效率的设计将总含水产品作为废水流处理，从而完全避免了分离。无论在何时回收含氧化合物，第一步都是将大部分非酸性含氧化合物从水和羧酸中通过初级蒸馏分离出来。富含含氧化合物的产品仍然含有约25%的水，并且可以进一步分离成富含羰基和富含醇的产品，大部分水保留在含有乙醇的产品中。初步分离的富含氧化合物的产物也可通过其他途径部分加氢转化为相应的醇(图4.6未显示)，以简化后续的炼制。进一步的分离程度取决于倾向于获得何种产品。

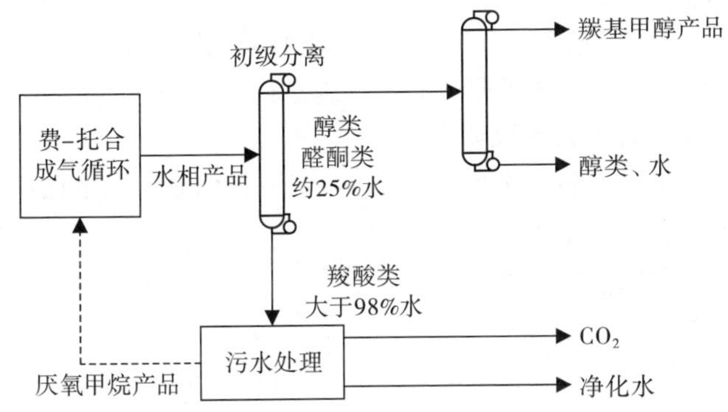

图4.6 从费-托合成水溶液中回收含氧化合物的一般流程图

4.4 通过费-托合成油制燃料产品

费-托合成原油经过费-托合成炼制厂处理获得燃料产品，并且主要的燃料类型均可通过费-托合成炼制获得[1, 24]，并按照第4.4节中沸点逐步升高的顺序列出。炼制厂的设计决定了燃料的类型和质量，而不是费-托合成过程。在这一方面，费-托合成原油与原油没有区别。合成气生产技术和费-托合成工艺是影响了炼制的效率和难度的重要因素。对于每种技术的组合，均可以得到改进和优势，并且预测主要的燃料产品类型。

4.4.1 合成天然气

天然气是一种便捷的能源载体。在适当的管道和消费者等基础上发展了良好的天然气市场，为有机合成天然气提供了可能。SNG是富含甲烷的气体，可以像天然气一样生产和销售。这是一种利用了市场缺少天然气机遇的产品，而不是GTL装置的主要产品。在使用煤炭、生物质或者固体废弃物为原料的情况下，SNG可能会占有一定的市场。北达科他州的大平原合成燃料工厂(The Great Plains synfuels plant)就是这种方法的一个典型例子，但是无法提供相关的费-托合成工艺[25]。如第2章所述，通过煤气化得到合成气再纯化，然后将合成气转化为甲烷作为SNG销售(参见第2.1节)。

合成天然气(SNG)规范：管道燃气规定因地区和供应商而异。合成天然气(SNG)的典型标准最低含有75%的甲烷。其他化合物的限制通常为：10%的乙烷、4%的氢气、

3%的氮气和2%的二氧化碳。同时也有一个关于最低燃烧热的标准，纯甲烷的规定值约为40MJ/m^3。

在费-托合成中，会不断产生甲烷。在使用固体进料作为原料的FT装置中，合成气生产、清洁和调节装置不一定包括天然气重整装置。如果没有气体重整器，可以在气化器中进行处理，否则不能够将甲烷转换为合成气。甲烷可以用作燃料气体，但正如第4.3节所解释的那样，费-托合成衍生的甲烷被用作设备内的燃料气体时，在相同二氧化碳产量时，比直接用原料加热的热量高出3倍。因此，SNG是一种有吸引力的燃料产品，它将不便的固体碳载体转化为更方便和清洁的能量载体。

4.4.2 液化石油气

液化石油气(LPG)是指处于液态的C_2～C_4烷烃混合物。处于环境温度和一定的压力(>2MPa)条件下，LPG是液态，是一种适宜移动和远程运输的有用的燃料。LPG以液体的形式储存和运输，而以气体的形式使用，这是LPG作为原料的主要优点。也正因如此，LPG的组成取决于季节和销售地点。

LPG组成：可以生产不同等级的LPG。在冬季气温低于0℃的地区，LPG的主要成分是丙烷，因为丁烷在这种条件下是液态的。在炎热气候下，LPG可以是丁烷-丙烷混合物。但一般来说，丁烷作为汽油混合成分更有价值。乙烷通常在炼油厂气中以高浓度存在，而在LPG混合物中浓度较低。

正常情况下，气态烃是费-托合成工艺中的初级产品，同时也可以在一些炼油厂转化过程(如加氢裂化)中产生(见第14章)。C_2～C_4烯烃(烯烃)是非常有价值的石化产品，也可以方便的转化为运输染料，但是C_2～C_4烷烃(石蜡)的转化要求较高。当炼油厂不包括轻质烷烃转化装置时，LPG是一种方便的燃料产品。

4.4.3 车用汽油

车用汽油是炼油生产中最炼制的运输燃料。炼制的原因与费-托合成油无关，而是与燃料分子的要求有关，烷烃必须高度支化以具有高辛烷值。HTFT生产车用汽油比LTFT更容易，而Fe-LTF T生产车用汽油比Co-LTFT更容易[1, 24]。费-托合成油生产的汽油与利用原油生产的汽油没有本质区别。费-托合成车用汽油可以与原油衍生汽油在同一基础设施中按比例分配使用。德国(20世纪30～40年代)、美国(20世纪50年代)和南非(20世纪50年代直到现在)已经将费-托合成生产的车用汽油用于燃料混合物中。汽油的成分随着时间的推移而变化，反映出燃料规定对成分和性能标准的限制。表4.3中揭示了当代规范[27]。目前，仅在南非有两家生产车用汽油的费-托合成工厂，分别是在Mossel Bay的PetroSA(Mossgas)工厂和在Secunda的Sasol Synfuels工厂。此外，性能优于表4.3所示产品的发动机汽油也可以通过适当的炼油厂工艺设计从合成油生产[1, 24]。

4.4.4 航空煤油

航空涡轮机燃料或喷气式燃料是从费-托合成中炼制而来最简单的运输燃料类型，并且LTFT生产喷气燃料比HTFT容易，Fe-LTFT比Co-LTFT容易。喷气燃料A-1规范是费-托合成油商用喷气燃料生产的最大障碍。经适当的炼制，费-托合成喷气燃料具备了与由原油炼制获得喷气燃料相同的性能。费-托合成煤油(全合成喷气燃料)与原油生产的煤油(半合成喷气燃料)以及HTFT衍生煤油(全合成喷气燃料)的混合物已经成功通过商用航空煤油的测试和认证[28]。喷气燃料要求至少含有8%(体)的芳香族化合物和满足技术要求的合理的蒸馏斜率。喷气A-1规定要求:要考虑喷气燃料的性能,还要考虑用于生产喷气燃料的炼油厂的确切配置。这一严苛要求在2011年第7期DEF-STAN 91-91中被删除[29]。

表4.3 费-托合成汽油属性与当代汽车燃料规范

车用汽油属性	PetroSA 无铅型	Sasol合成油 无铅型	Sasol含铅合成油替代品①	南非SANS 1598	欧洲EN228: 2004
研究法辛烷值	95	93	93	93/95	95
马达发辛烷值	85	83	83	83/85	85
密度(20℃)/(kg/m^3)	748	729	723	710~785	720~775
雷德蒸气压/kPa	72	67	66	75②(最大值)	60②(最大值)
烯烃含量,%	8	30	30	无规定	18(最大值)
芳香烃含量,%(体)	37	29	25	50(最大值)	35(最大值)

① 在某些情况下加入甲基环戊二烯基三羰基锰(MMT)替代铅作为抗爆性能添加剂。
② 地区和季节相关的特殊规格。

从战略角度看,费-托合成衍生航空燃料也是一种理想的军事燃料[30]。军用航空燃料的规格与Jet A-1的规格非常相似,但商用航空合成燃料没有上述限制。

4.4.5 柴油

市场销售确定了柴油成为费-托合成过程的重要产品。因为各馏分和残渣的直馏性质不同,HTFT和LTFT的合成炼制获得的馏分有很大的区别(见表4.4)[27]。HTFT合成油的馏出物和残余馏分是芳香族的,而LTFT合成原油的相同馏分是蜡类。HTFT合成原油可以选择性加氢处理(加氢处理和加氢裂化)产生典型的柴油燃料,但是LTFT馏出物加氢裂化产物具备非常高的十六烷值,低芳香组分密度低,而直链和单甲基支链烷烃的含量高。

根据运输燃料的规定,典型的LTFT衍生馏分油可能不符合柴油燃料的销售条件。LTFT衍生物馏出物的密度通常在770~780kg/m^{3}左右,并且在需要调节柴油最小密度的地区,费-托馏出物只能用作混合组分。事实上,在分子水平上,在最小密度柴油调节的过程中,费-托合成原油并不适合柴油生产[4]。在不牺牲油品质量(十六烷值)和产量的情况下,增加油品密度是困难的。早混合燃料环境(即消费者可以在原油柴油燃料和FT衍生的柴油燃料之间进行选择)下,多数问题可以被容易地克服。

LTFT馏分油最初的目的是作为调和组分而不是柴油燃料。然而,与从原油获得柴油相比,运输燃料规格的变化影响了后续石油炼制,在实践中失去了LTFT馏分油的许多优点。但是,这并没有损失LTFT馏分油的质量,也说明了在过去20年中运输燃料行业发生了很多变化。

表4.4 工业费-托合成柴油燃料性质与当代燃料相关规定

柴油燃料属性	PetroSA GTL柴油(HTFT)	Sasol公司CTL柴油(HTFT)	Oryx GTL馏分油(LTFT)	南非SANS 342	欧洲EN228:2004
十六烷值	52	55	87	45	51
密度(20℃)/(kg/m^3)	815	829	771	800	820~845
黏度(40℃)/cSt	2.5	2.2	2.4	2.2~5.3	2.0~4.5
闪点/℃	83	77	65	62	55
过滤器堵塞点/℃	-4	-6	-7	-4①(最大值)	规定①
芳香烃含量, %	~15	~25	<1	无规定	无规定
多环芳烃含量, %	<1	<1	<1	无规定	最大值11

① 地区和季节相关的特殊规格。

LTFT馏分油特点：壳牌在欧洲销售壳牌中间馏分油工艺的LTFT GTL馏分油时，将其与费-托合成物质与由原油生产的柴油混合。在这个阶段，Euro-2规范开始生效，最大硫限制为500μg/g。不含硫并且具备高十六烷值的LTFT馏分有显著的优势。随着时间的推移，在许多地区，柴油的硫含量已经降低到10~15μg/g。原油必须炼制成低硫产品，LTFT馏分油的低硫混合优势丧失。十六烷值和密度混合的优点仍存在，但是，因为从原油中获得更炼制的柴油的需求使这些优点逐步丧失。除了一些特殊的应用需求低芳烃馏分，LTFT馏分油不在存在质量上的特殊性。

4.5 通过费-托合成油制润滑油

根据美国石油学会(API)规定，润滑油分为5个基础油组分。前三组(API Ⅰ、Ⅱ和Ⅲ)是指直接由原油提炼的质量较高的润滑剂。费-托合成原油可以炼制生产含硫量低于300μg/g、脂肪含量大于90%、黏度指数(VI)大于120的润滑油API Ⅲ基础油。API Ⅲ中的高黏度指数润滑油基础油可以通过原油中的粗蜡油加氢异构(加氢脱蜡)制备。同样的技术可以应用于处理LTFT蜡生产异链烷烃基础油，黏度指数在130~140范围内。自20世纪90年代中期以来，壳牌通过壳牌中间馏分合成工艺从LTFT蜡商业化生产这种高质量的润滑油基础油[31]。这些类型的润滑油基础油的生产是壳牌在卡塔尔Pearl GTL设备的组成部分[32]。为了了解LTFT蜡类生产的润滑油基础油的质量，表4.5中对比了API Ⅲ中LTFT蜡类生产的润滑油基础油与由原油获得基础油。

API Ⅲ润滑油基础油也可以由HTFT残渣制备[33]。由于其芳烃含量高，其所需的加氢条件更严苛，并且该产品类似于均一的原油衍生产品。支链烷烃是API Ⅲ类油中最佳化合物类别，并且LTFT蜡类作为润滑油基础油炼制的原料，其性能优于HTFT残余物。

聚-α-烯烃(PAO)油可以通过直链α-烯烃选择性低聚制备。润滑油基础油也可以由线型内烯烃低聚为聚内烯烃(PIO)作为润滑油基础油。总体来说，润滑油基础油分类为API Ⅳ，一般具有高黏度指数(通常VI>140)。PAO基础油的质量取决于其制备的直链-1-烯烃的碳链长度。最佳的平行性能通过制备1-癸烯油实现，也可以获得具有较短和较长的1-烯烃的良好质量的油。上述类型的基础油均是由FT衍生的1-烯烃制备而得[34]。线型1-烯烃从费-托合成原料中适当纯化，与从费-托合成和乙烯生产衍生的直链1-烯烃制备的PAO润滑油基础油没有差别。因为HTFT合成原料中的线型1-烯烃含量比LTFT合成原料中更高，所以从HTFT合成生产中回收和纯化的1-烯烃更多用于PAO润滑油基础油的生产。

表4.5 由LTFT蜡(GTL-5)商业化制备的润滑油基础油与由17种不同原油生产的API Ⅲ润滑油基础油的样品比较

润滑油基础油性质	GTL-5	由原油获得的润滑油基础油		对比
		最小值	最大值	
运动黏度(100℃)/cSt	4.5	4.0	5.0	
黏度指数	144	120	141	增高
动力黏度(-25℃)/cP	816	729	2239	降低
Noack波动指数，%	7.8	10.4	14.8	降低
倾点/℃	-21	-24	-12	降低
烷烃含量，%	100	47.3	80.9	增高①
单环烷烃，%	0	18.7	28.8	增高①
多环烷烃，%	0	5.3	22.2	降低
芳烃，%	0	0	12	降低

① 支链烷烃优于单环环烷烃，但都能制备高质量的润滑油基础油。

润滑油基础油API Ⅴ类包含所有其他合成的非烃特种润滑油。这些组分中含有多种含氧化合物，例如多元醇、二酯、聚亚烷基二醇和聚苯醚。含氧化合物由FT合成工艺生产，原则上可以用于生产API Ⅴ类基础油组分的原料。与其他类型润滑油相比，费-托合成润滑油较少应用在API Ⅴ类润滑油基础油的生产。

4.6 通过费-托合成油制石化产品

由于大多数石化产品是从原油生产得到，所以同样也可以从费-托合成油中生产相同的石化产品。此外，还有一些化学产品可以与合成气的生产和净化相结合，例如空气分离的惰性气体，利用氮气生产基于氨的化学品，以及在气化过程中得到的热解液体中的化学物质[17]。

以下讨论涉及从费-托合成原料中方便回收和制备的石化产品。一旦获得“平台”化学品，就可以生产衍生化学品。这导致了可能性的生产网络的迅速扩大。

4.6.1 烷烃类石化产品

烷烃类石化产品有两大类：链烷烃类溶剂和链烷烃类蜡。通过加氢处理和分馏可以很容易地从LTFT合成原油生产这两种产品。由于HTFT合成原油中的石脑油和馏出物含有芳烃，因此利用HTFT合成生产链烷烃溶剂更困难。HTFT合成油残留物含有大量芳烃，也不是制造链烷烃蜡的原料。在链烷烃类溶剂和石蜡的范围内，根据沸程或凝固点有多种等级。

Sasol 1工厂通过LTFT合成获得了多种石化产品。Sasol 1工厂(1995年)最初的设计主要是生产运输燃料，在20世纪90年代，该设施被转化为化学品生产设施。费-托合成部分仅转换为LTFT合成。该合成的主要产品是链烷烃溶剂和石蜡。这证明了LTFT

合成油非常适合生产以烷烃为基础的石化产品。

4.6.2 烯烃类石化产品

在全球市场上，乙烯、丙烯和丁二烯是三种主要的商品烯烃。其中，乙烯和丙烯是来自费-托烃合成的主要产物，可以从合成原油直接回收。这两种烯烃在HTFT合成产品中特别丰富，占直馏产品的20%左右。一般来说，生产烯烃类石油化工产品的费-托合成工艺优势大小顺序为：Fe基HTFT>Fe基LTFT>Co基LTFT。

在HTFT合成产品中，碳链较长的烯烃也很丰富。HTFT合成油的线型1-戊烯、1-己烯、1-庚烯、1-辛烯和C_{12}/C_{13} 1-烯烃的提取和纯化在工业上得到了应用[1]。对于许多应用来说，乙烯低聚的1-烯烃和从FT合成油中提取的1-烯烃几乎没有区别。但是，两种来源的1-烯烃的痕量杂质不同。在敏感应用中，痕量杂质可能会导致性能差异。

烯烃的加氢甲酰化是与FT方法具有良好协同作用的一种应用，因为两者都需要合成气作为进料。所以，加氢甲酰基化和醛加氢醇化广泛地在工业上与费-托合成1-烯烃一起应用于生产1-丁醇、1-辛醇(用于脱水成1-辛烯)和洗涤剂醇。

乙烯水合物与FT工艺也有很好的协同作用，因为所需的提纯步骤与FT水相产物提纯相似[1]。所以，费-托设备中乙烯水合设施比其他常规石油化学设施经济效益高。

4.6.3 芳烃类石化产品

苯、甲苯和二甲苯(BTX)是主要的芳烃类商品化学品。在一般情况下，费-托合成油不与芳类石油化学品的生产相关，但与原油相比，作为生产原料仍具备一些优势。

石脑油原料可以使用非酸性Pt/L型沸石基重整技术进行转化，与传统的催化石脑油重整技术相比，该技术能更有效地用于$C_6 \sim C_8$石脑油中的芳烃生产[17]。非酸性Pt/L型沸石催化剂对硫是极其敏感的，当与原油衍生的石脑油一起使用时，该技术需要对进料进行深度脱硫。非酸性Pt/L型沸石催化剂可以使用正己烷高收率制备苯，减少了对甲苯烷基转移反应生成苯的生产工艺的依赖性。

费-托合成油含有大量的直馏轻质烷烃，一些炼油厂转化过程(如加氢裂化)也可能产生额外的轻质烷烃。一般不使用这类不含硫烷烃生产燃料，而是通过金属活化的H-ZSM-5芳构化催化剂转化生产芳烃[1, 17]。费-托合成尾气处理有自然的协同作用：乙烯和(或)丙烯的分离策略可以通过结合芳烃烷基化和芳构化来简化[1]。另一个显着的好处是它避免了苯的运输，苯的致癌性受到很多限制。

4.6.4 含氧化合物类石化产品

费-托合成油中的主要含氧化合物可以用作石化产品生产。最丰富和最有用的物质是溶解在费-托水相产物中的短链含氧化合物。基于含氧化合物石油化学品的回收和纯化产量，几种费-托合成的优选顺序为：Fe基HTFT>Fe基LTFT>Co基LTFT。

在工业上，一些醇和酮从费-托合成水相产物中以纯化化合物形式回收。其中，大宗化学品包括甲醇、乙醇、2-丙醇(异丙醇)和丙酮，以及特种化学品(如1-丙醇)等。尽管费-托合成水相产物中羧酸含量丰富，但目前还没有有效的商业化技术来从稀水溶液中回收这些化合物。

参考文献

[1] De Klerk, A. (2011) Fischer-Tropsch Refining, Wiley-VCH Verlag GmbH, Weinheim.

[2] De Klerk, A. (2008) Green Chem., 10, 1249-1279.

[3] Botes, F.G. (2007) Energy Fuels, 21, 1379-1389.

[4] De Klerk, A. (2009) Energy Fuels, 23, 4593-4604.

[5] Sie, S.T., Senden, M.M.G., and Van Wechem, H.M.W. (1991) Catal. Today, 8, 371-394.

[6] Asinger, F. (1968) Paraffins Chemistry and Technology, Pergamon, Oxford.

[7] Huyser, J., van Vuuren, M.J., and Kupi, G. (2009) Advances in Fischer-Tropsch Synthesis, Catalysts, and Catalysis (eds B.H. Davis and M.L. Occelli), Taylor & Francis, Boca Raton, pp. 185-197.

[8] Van der Westhuizen, R., Crouch, A., and Sandra, P. (2008) J. Sep. Sci., 31, 3423-3428.

[9] Satterfield, C.N., Huff, G.A., Jr., Stenger, H.G., Carter, J.L., and Madon, R.J. (1985) Ind. Eng. Chem. Fundam., 24, 450-454.

[10] Anderson, R.B. (1956) Catalysis, in Hydrocarbon Synthesis, Hydrogenation and Cyclization, vol. IV (ed. P.H. Emmett), Reinhold, NewYork, pp. 257-371.

[11] Le Roux, J.H. and Dry, L.J. (1972) J. Appl Chem. Biotechnol., 22, 719-726.

[12] Twigg, G.H. (1939) Trans. Faraday Soc., 35, 934-940.

[13] Weitkamp, A.W., Seelig, H.S., Bowman, N.J., and Cady, W.E. (1953) Ind. Eng. Chem., 45, 343-349.

[14] Asinger, F. (1968) Mono-Olefins Chemistry and Technology, Pergamon, Oxford.

[15] Leckel, D.O. (2009) Energy Fuels, 23, 38-45.

[16] Sternberg, J.C., Gallaway, W.S., and Jones, D.T.L. (1962) Gas Chromatography (eds N. Brenner, J.E. Callen, and M.D. Weiss), Academic Press, New York, pp. 231-267.

[17] De Klerk, A. and Furimsky, E. (2010) Catalysis in the Refining of Fischer-Tropsch Syncrude, Royal Society of Chemistry, Cambridge, UK.

[18] Dry, M.E. (1981) Catalysis Science and Technology, vol. 1 (eds J.R. Anderson and M. Boudart), Springer, Berlin, pp. 159-255.

[19] Dry, M.E. (2004) Stud. Surf. Sci. Catal., 152, 196-257.

[20] Weitkamp, A.W. and Frye, C.G. (1953) Ind. Eng. Chem., 45, 363-367.

[21] van Vuuren, M.J., Govender, G.N.S., Kotze, R., Masters, G.J., and Pete, T.P. (2005) Prepr. Pap.-Am. Chem. Soc., Div. Petrol. Chem., 50 (2), 200-202.

[22] Blyholder, G., Shihabi, D., Wyatt, W.V., and Bartlett, R. (1976) J. Catal., 43, 122-130.

[23] Sheldon, R.A. (2007) Green Chem., 9, 1273-1283.

[24] De Klerk, A. (2011) Energy Environ. Sci. doi: 10.1039/c0ee00692k

[25] Stelter, S. (2001) The New Synfuels Energy Pioneers. A History of Dakota Gasification Company and the Great Plain Synfuels Plant, Dakota Gasification Company, Bismarck, ND.

[26] De Klerk, A. (2009) Advances in Fischer- Tropsch Synthesis, Catalysts, and Catalysis (eds B.H. Davis and M.L. Occelli), Taylor & Francis, Boca Raton, pp. 331-364.

[27] Kamara, B.I. and Coetzee, J. (2009) Energy Fuels, 23, 2242-2247.

[28] UK Ministry of Defence (2008) Turbine Fuel, Aviation Kerosine Type, Jet A-1. NATO Code: F-35. Joint Service Designation: AVTUR. Defence Standard 91-91, Issue 6; UK Ministry ofDefence, April 8.

[29] UK Ministry of Defence (2011) Turbine Fuel, Kerosine Type, Jet A-1. NATO Code: F-35. Joint Service Designation: AVTUR. Defence Standard 91-91, Issue 7; UK Ministry of Defence, February18.

[30] Forest, C.A. and Muzzell, P.A. (2005) SAE Technical Paper Series, 2005-01-1807.

[31] Henderson, H.E. (2006) Chapter 19, in Synthetics, Mineral Oils, and Bio-Based Lubricants. Chemistry and Technology (ed. L. R. Rudnick), Taylor & Francis, Boca Raton.

[32] Fabricius, N. (2005) Fundamentals of Gas to Liquids, 2nd edn, Petroleum Economist, London, pp. 12-14.

[33] Morgan, P.M., Van der Merwe, D.G., Goosen, R., Leckel, D.O., Saayman, H.M., Loubser, H., and Botha, J.J. (1999) S. Afr. Mech. Eng., 49, 11-13.

[34] Horne, W.A. (1950) Ind. Eng. Chem., 42, 2428-2436.

[35] De Klerk, A. (2011) ACS Symp. Ser., 1084, 215-235.

5 工业案例研究

Yong-Wang Li, Arno de Klerk

本章总结了费-托合成工厂在全世界发展的主要技术阶段。这项技术最早在“第二次世界大战”前和“第二次世界大战”中开展于德国，并持续发展并扩展到美国、一些欧洲国家和南非。FT技术现在已广泛传播，很多国家都已建立或计划建立FT工厂。FT工业化技术、工程以及总的工艺组成已被广泛讨论，发展前景备受瞩目。

5.1 引言

费-托合成(FT)工业设施的起源和发展可以追溯到局部的原油缺口。所有经济体和生活本身都依赖于能源，迄今为止只有少数国家可以自给自足，其他国家必须要通过贸易手段来满足能源需求。本章首先简述一下工业为德国提供能源起到的作用，以及引起第一套FT工业设施建设的环境因素[1, 2]。现今我们可以看到全球工业发展的速度已经对石油产品产生依赖，从中期来看，快速增长的消费水平将会导致原油供应短缺，引发各地价格上涨。尽管正在努力发展大规模的“绿色、低碳”工业，如太阳能、风能、潮汐能此类可持续能源，但很难满足可以预见的能源需求。在未来五十年过渡时期，我们仍不得不继续依赖原油、天然气等多种传统能源。这种情况将会引起煤化工、页岩气、生物能、可燃含碳废料的工业使用的增加，用来补充传统石油产品[3]。

许多年来，以费-托合成为基础的工艺一经投入工业实践，就吸引关注，因为这些特殊的工业与当地的能源趋势和政策联系的非常紧密。费-托合成工业设施所具有的资本密集属性也使该行业对本地和全球政治经济环境很敏感。

本章详述了多个公司的工业化进程，着重于已取得的主要成果和更为重要的可被学习借鉴的经验，其形成了化学工程和能源科学原理的现有理论基础。这里呈现的是目前能从公开文献中获取的最好的信息，然而由于一些细节信息通常受专利保护，不太可能证实那些实践过的技术确是那些公开发表的。为了呈现对FT工业化设施的概述，我们尽力不使未来的想法受过去的错误影响，但要记住这些错误。本章目的是提供一个有前瞻性的概述，而不是无视过去工业应用上的缺陷。

5.2 费–托合成工业的发展简史

5.2.1 早期发展

1913~1944年，早期的费–托合成和煤液化工厂发展于德国，同时德国是仅有的可用煤合成燃料和能源独立的国家[2~6]。英国的合成燃料项目几乎与德国同时开展，在1920年其关于费–托合成相关的研究工作在伯明翰大学进行了中试。在1935年ICI计划在伯明翰建设年产能力为128×10^4bbl石油产品的煤液化工厂，然而最终由于缺少支持和煤液化工艺的高成本，仅建成4个小型实验工厂[2~5]。在美国，矿务局(Bureau of Mines)大概于1927年开始FT研究，但由于缺乏政府的支持和经济原因，在第二次世界大战结束前FT的商业发展并没有获得重要的投资[2, 5, 7]。德国FT工业的早期发展成果列于表5.1。

表5.1 德国FT合成工业化应用时间表

年份	技术与工艺成果	催化剂
1913	BASF获得CO加氢的专利	铈、钴、钼氧化物或者碱金属氧化物
1923	Fischer和Tropsch在400~450℃、10~15MPa下观察管状反应器内的氧化	碱铁
1932	在Mülheim的一个小型试验装置	Ni∶Mn∶Al∶硅藻土
1934	Ruhrchemie获得专利，在Oberhausen–Holten建设一个大型试验装置	Ni∶Mn∶Al∶硅藻土钴催化剂(后期)
1935	4个商业化规模的FT工厂正在建设，总产能为每年72.4×10^4~86.8×10^4bbl汽油、柴油、润滑油和化学品；180~200℃，0.1MPa(后为0.5~1.5MPa)	100Co∶5ThO_2∶8MgO∶200硅藻土
1938~1939	9个FT工厂，设计总产能为每年540×10^4bbl(74×10^4t)	100Co∶5ThO_2∶8MgO∶200硅藻土
1944	9个FT工厂实际产量达到每年410×10^4bbl(57.6×10^4t)	100Co∶5ThO_2∶8MgO∶200硅藻土

各地的FT工业化装置在设计上均有不同。尽管如此，还是有相同的部分，例如在中国锦州由德国设计的FT工厂(见下文)。合成气的制备是通过焦炭(来自煤)和过热蒸汽在由焦炭颗粒堆积成诸如固定床的容器内间接加热制得。过热蒸汽通入加热后的焦炭床层后产生H_2/CO比稍微高于2∶1的混合物(合成气，也称为水煤气)。有污染的原料气通过水冷却和冲洗除去粉末，再进行纯化，经过一系列同氧化铁吸附剂一样的含活性炭的吸附柱，除去合成气中的硫。之后，此合成气作为原料用于费–托合成。1930~1940年，在德国用于费–托合成的管式冷却床反应器的详细说明可参见3.4.1节。下游通过对FT合成原油炼制来生产交通燃料和石油化工产品。当时，德国FT炼化厂的设计运用了FT合成原油的特性，这与当时的原油炼化厂设计有很大不同[8]。

总体来看，早期的主要成就是成功地通过煤基合成气以工业规模生产合成原油，可以炼制成有用的产品。然而与有限的产出相比，早期采用FT合成技术的煤液化工厂的建设成本很高。这些工业设施出于战略考虑而存在。当时认可的FT工厂设计，在合成气生产的历史发展下，在今日已经过时。当时使用的设备和催化剂性能的效率指数低于现在FT技术使用的一两个数量级，而且能源效率也低于相似的现代工业设施几倍。

5.2.2 第二次世界大战后的FT技术转移

第二次世界大战后，大量FT资料和进一步的发展工作逐渐从德国转移至美国，然后又转移至南非。在第二次世界大战结束时，联合调查团队收集了德国FT项目信息，并发送至位于伦敦的英美联合情报资料调查小组委员会(CIOS)。此调查工作使得大量有价值的资料被公开发布[2, 5~7]。

除了FT工厂正在使用的钴催化剂，Fischer和他的同事们还研究了铁系催化剂工艺。这使得由鲁尔化学(Ruhrchemie)和鲁奇(LurgiArge)公司商业化的Arge加压管式固定床反应器技术得以发展(见3.4.2节)。此技术在南非的Sasol 1工厂第一次工业化使用。

美国的Hydrocarbon Research公司开发了Hydrocol工艺，该工业装置包含一个两相固定流化床反应器，其直径5m，使用熔铁催化剂在高温下运转。1951~1957年，位于得克萨斯Brownsville的一个大型Hydrocol工厂商业运行，使用天然气为原料，主要设计用于生产汽油，但从开工阶段就存在一些问题，最终由于经济和技术原因停止了运行。但是Brownsville工厂为FT流化床反应器技术的后期发展创造了条件[2, 4](参见3.4.3节)。

另一个有代表性的FT反应器是浆料反应器(slurry reactor)，发展于早期德国。在该反应器设计中催化剂颗粒悬浮于FT合成生产的石蜡中。基于这个模型，在德国进行了放大实验[2~5, 9~12]。但最终由于蜡产品与催化剂难以分离，阻碍了德国进一步发展，很晚才实现该技术的工业化应用(参见3.4.4节)。

5.2.3 南非工业化发展

30年代早期，南非的安格洛瓦尔(Anglovaal)矿业公司对使用煤气化和FT合成进行煤制油的技术表现出兴趣。1938年，艾蒂安·卢梭(Etienne Rousseau)被任命为研究工程师，其被后人称为Sasol公司之父。汉斯·费歇尔(Franz Fischer)在同一时期访问了南非。1955年，南非建设的第一个FT工厂已开始运行，其采用了德国和美国的FT合成技术。Sasol公司随后进行了私有化，继续独立研发FT合成技术。随着时间推移，又有3个应用了Sasol公司FT技术的工厂建成。表5.2列出了南非FT技术的主要工业化和商业化发展。

2004年，PetroSA、Lurgi和Statoil Hydro公司成立了一个合资企业，用于钴基低温费-托合成催化剂(LTFT)和浆料反应器技术的示范化和商业化，随后成立了天然气制油(GTL)技术许可公司GTL.F1。2002年，在PetroSA的GTL工厂，一个4×10^4t/a(1000bbl/d)的示范化装置被批准建设，于2004年开始运行[13]。其采用的FT催化剂是Co/Re/Al_2O_3，制备方法是对氧化铝载体饱和浸渍。催化剂的钴负载量是12%，α-氧化铝载体提供抗磨损性，这对于催化剂在浆料泡罩塔内运行至关重要。庄信万丰催化剂公司(Johnson Matthey Catalysts)在PetroSA工厂实现Statoil的FT催化剂商业化放大生产[14]。最近报道了用镍可以替代铼[15]。

表5.2 南非FT技术工业化和商业化发展时间表

年 份	工业化和商业化成果
1949	批准建设一个合成汽油工厂项目
1950	南非煤炭、石油、天然气公司(Sasol)成立
1955	Sasol 1煤制油(CTL)工厂运行
1974	政府宣布建设第二个合成汽油工厂
1979	政府宣布建设第三个合成汽油工厂
1979	Sasol公司私有化
1980	Sasol 2 CTL工厂运行
1982	Sasol 3 CTL工厂运行
1986	政府宣布建设第四个合成汽油工厂
1992	Mossgas的天然气制油(GTL)工厂运行
1993	Fe-LTFT Sasol 浆态床工艺(SBP)商业化
1995	Sasol 的流化床合成燃料工艺(SAS)商业化
2002	南非国家石油天然气公司PetroSA成立
2004	Sasol 1工厂从煤制油改为天然气制油
2005	Mossgas GTL工厂运行Co-LTFT浆态床工艺(1000bbl/d)

南非FT技术的最新发展成果是Sasol公司的钴基低温费-托合成催化剂(Co-LTFT)浆态床工艺(SBP)，并在卡塔尔的Oryx GTL工厂商业化。2006年开始投产，为了达到设计运行能力，后期又增加了一些设备[16]。最初FT催化剂的磨损会导致在合成原油中形成微粒[17]。在尼日利亚Escravos，一个使用与Oryx GTL工厂相同技术的同类型工厂正在建设。

同样，一些FT合成原油的下游炼制技术也在南非发展。南非中央能源基金(CEF)和南方化学公司(Sud-Chemie)联合研发了基于H-ZSM-5的烯烃齐聚COD (烯烃转化成馏分油)工艺，专门用于Mossgas GTL炼化厂的FT石脑油转化[18]。Sasol研发和商业化了很多由FT石脑油和馏分油提纯直链1-烯烃的工艺[8]。

5.2.4 壳牌工业化发展

1973年，壳牌(Shell)在位于阿姆斯特丹的研究所开始研发中间馏分油工艺(SMDS)。他们选择将工作重点放在列管式固定床反应器内使用钴催化剂的FT合成上。选择此技术平台的工程性决定被Sie论述过[19]。这个列管式固定床反应器的详细设计由Lurgi公司完成。负载型钴催化剂装填在狭窄的反应器管内(参见3.4.2节)。最初，每个直径为7m的反应器产能是13×10^4t/a(3000bbl/d)，后来通过增大直径和提高催化剂活性，产能提高到约40×10^4t/a(9000bbl/d)[20]。

1989年，Shell公司宣布建设一个50×10^4t/a(1.25×10^4bbl/a)的工厂，用于将天然气转化为FT产品，耗资约8.5亿美元。该厂位于马来西亚的Bintutu，生产燃料和石油化工产品[8]。1993年开始运行，使用天然气为原料，生产馏分油、石脑油和石蜡。SMDS技术可产出尽可能洁净的馏出物。使用的钴催化剂对石蜡有很高的选择性，而部分石蜡之后可以通过加氢裂解或者加氢异构生产用于柴油的混合材料。

SMDS工艺第一个工业化成功应用的成就了Pearl GTL项目，壳牌与卡塔尔石油(卡塔尔，多哈)联合投资170亿~190亿美元于使用SMDS工艺的工厂，其SMSD工艺的产能为600×10^4t/a(14×10^4bbl/d)，该厂分两个阶段建设。工厂的总产能约为1100×10^4t/a(26×10^4bbl/d)，增加的产能来自于天然气凝液(NGL)工艺。2012年，Pearl GTL工厂的第一阶段可以使用，SMDS开始投产。当全部投产后，Pearl GTL将成为全世界产能最大的FT工业化设施。

5.2.5 中国的发展

1938年，日本军方从德国引进一个早期德国的FT技术和设备，并计划建在中国东北锦州建设一个产能为3×10^4t/a的FT工厂。该工厂在“第二次世界大战”期间并没有建设完成，直到20世纪50年代早期，由新成立的中国国有机构最终完成其建设。1952~1962年期间，该厂共生产40×10^4t液态油。

之后从80年代早期开始，FT技术的进一步发展主要由中国科学院山西煤炭化学研究所(ICC)主持，其研究发展的重点在使用熔铁催化剂的固定床进行FT合成方面(参见表5.3)。2000年之前，浆态FT合成仅在实验室规模进行研究。固定床FT技术在第一个阶段时使用沉淀铁催化剂，在第二个阶段使用分子筛催化剂，称为改性FT技术(MFT)。1993年，MFT工艺扩大产能至2000t/a(40bbl/d)。

表5.3 中国FT发展时间表

年 份	技 术	详 情	位 置
1937	德国Co-LTFT	日本军方引进3×10^4t/a的工厂，但在“第二次世界大战”期间从未运行	锦 州
1952~1962	德国Co-LTFT	锦州工厂，生产40×10^4t石油	锦州，石油六厂
1953	流化床试验工厂	4500t/a，铁催化剂	大连石油研究所
20世纪80年代	ICC两阶段固定床MFT	试验测试，100t/a	山西国家化肥厂
1993~1994	工业化试验	2000t/a	山西晋城化肥厂
1996	单管测试	试验运行3000h	山西煤炭所
1997~1999	ICC-Ⅱ A，B	浆态动力学	山西煤炭所
2000~2004	浆态床反应器测试	1000t/a，运行3000h	山西煤炭所
2003~2004	兖矿试验工厂	1×10^4t/a，试验运行4706h	鲁南化肥厂
2005~2009	中科合成油技术有限公司示范装置	16×10^4t/a	内蒙古伊泰矿业集团，山西潞安矿业集团

1997年，明确的战略是促进浆态床反应器上的FT合成达到工业化水平，中科院煤炭化学所为此开展了大量研究。基础研究的重要性开始突显，包括反应动力学和模型分析、催化剂设计和制备在内的很多项目开始展开探索。关于FT反应中催化剂的先进基础研究(如FT工艺的整合和优化)，提供了帮助[21~35]。

2006年，为了推动FT技术的研究发展以及商业化，中科院煤炭化学所发展建立了中科合成油技术有限公司。该公司执行进一步工作，包括成体系的催化剂专利发展、反应器放大、工艺一体化以及在中国煤炭综合利用项目框架下的示范工作。2001~2004年期间，一套采用浆态FT合成，产能为750~1000t/a(15~20bbl/d)的试验装置保持运行。此后，2个商业级的产能为16×10^4t/a(4000bbl/d)的煤制油示范装置开始运行，现在仍正常运行并有较高的产品收率[34, 35]。

中国科学院和中科合成油技术有限公司研发了高温浆态费–托合成工艺(HTSFTP)，最近已经在中国内地3个地方进行了工业化运行，产能为20×10^4t/a(5000bbl/d)。HTSFTP的工艺流程图参见图5.1。最终，FT气体回路的布置将有略微不同，这是为了进一步提升规模至少是示范装置的10倍的大型煤制油(CTL)工厂的总效率。

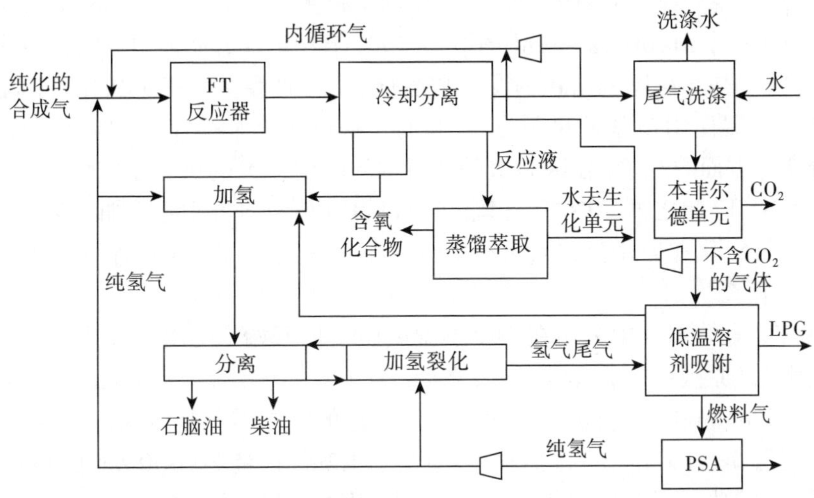

图5.1 位于中国内蒙古和山西的HTSFTP示范装置的模块流程图

此工艺在浆态反应器内使用沉淀铁催化剂，运行温度为270℃，属于中温FT技术(MTFT)。越高的操作温度越容易引起FT反应器的热转移，越有利于回收用于产生蒸汽的FT反应热。此产品与LTFT合成的产物类似。

纯化的合成气和再循环的合成气混合，并通入浆态反应器进行FT反应，生产大范围的碳氢化合物，以及一些副产物(例如水)。未转化的合成气与反应条件下的气态FT产物一起从反应器顶部排出。此热气流通过循环气冷却，并进一步通过锅炉水和冷空气冷却。然后，从气流中分离出大部分冷凝物、重油、轻油和水，之后部分气流循环(主循环)回FT气体回路，还有一部分作为尾气排放。出于示范装置设计，尾气首先排至本菲尔德装置，在105℃下除去CO_2。无CO_2的尾气又分为两部分，一部分(20%示范装置主循环气流)被压缩回FT气体循环，另一部分被传送至低温(–20℃)溶剂吸收单元回收FT轻组分(液化石油气、一些未冷凝的C_5和更重一些的组分)。此举避免了深冷分离。干燥的尾气通过变压吸附分离(PSA)回收可用于生产单元以及平衡整个系统的H_2/CO比的氢气。得益于HTSFTP使用的催化剂具有的非常低的甲烷选择性(约2.5%)，与其他FT技术相比，尾气体积较低。

此示范装置的FT气体循环有较高的合成气转化率，高达93%，仅略低于原始设计的目标转化率1%。由于提高了C_{3+}的选择性和非常低的甲烷选择性(在HTSFTP内由原始设计的4%降为2.5%)，产品的预期产量已达到，燃料气也保持平衡。在反应器满负载运行的情况下，反应器蒸汽可达到32atm(蒸汽鼓)，与典型的LTFT工艺相比，显示出反应器的热回收效率明显提升。

中科合成油技术有限公司示范装置的生产单元由加氢及加氢裂化组成，该工艺条件下产出的油品是液化石油气、石脑油、中间柴油馏分油。

5.2.6 其他工业化发展

Eni和IFP(现为IFP-EN)从1996年开始联合研究发展，在意大利Sannazzaro的Eni炼化厂建立了一个1000t/a(20bbl/d)的试验单元，于2001年开始运行。Axens公司负责基础的工程设计，并在法国Salindres设计和运行了一个产量为100kg/d的FT催化剂工厂。此浆态床反应器使用钴基催化剂运转，目的是获得在泥浆操作、反应器设计、产物和催化剂分离等方面的经验，在试验级的装置内检验催化剂的机械稳定性和浆态反应器内的流体力学。除此之外，在位于法国Solaize的IFP研究开发中心的加氢裂化试验装置对温和的加氢裂化和异构化技术进行了研发和测试。关于GTL的工程研究已经达到了前沿设计水平[36, 37]。

1980年，美孚(Mobil)公司在一个小型试验工厂开始了使用铁催化剂的FT研究。1983年，因经济原因停止了这项工作。之后，美孚公司与埃克森(Exxon)公司合并，埃克森-美孚(ExxonMobil)斥资3亿美元进行开发先进的气体转化技术(AGC-21)。1989年，在路易斯安那州的Baton Rouge启动了一个直径1.2m、产能为9000t/a(200bbl/d)的浆态床反应器，其成功运行至1992年。此反应器使用钴基催化剂，埃克森拥有大量与FT相关的专利[38]。

英国石油公司(BP)研发了一个升级下游的FT技术，在一个位于阿拉斯加的Nikiski、产能为1.3×10^4t/a(300bbl/d)的工厂试验。该厂于2003年启动，包括一个加氢裂化单元[39]。这套FT技术在列管式固定床反应器内使用钴基催化剂，类似于SMDS技术。催化剂通过共沉淀、浸渍、挤压、制粒来制备。在工厂试验期间，α值分布为0.92~0.95。

康菲石油(ConocoPhillips)公司研发了一个FT技术，在一个产能1.7×10^4t/a(400bbl/d)的工厂试验，于2003年开始运行，通过对天然气的部分氧化制备合成气[41]。此项目目前已停止。

总部位于科罗拉州的Rentech公司，由Charles Benham创立，其拥有在美国太阳能研究所生物质燃料(BTL)项目和中国湖导弹研究实验室(China Lake missile research Laboratory)的研究经验。Benham在1982年建立了一个使用铁基催化剂的FT试验工厂。其第一个商业化工厂，产能为1×10^4t/a(235bbl/a)，在1992开始运行，使用填埋气为原料。然而在1994年由于经济因素被关停，并卖给了印度公司Donyi Polo Petrochemicals。现在，Rentech公司拥有一些FT专利(http://www.rentechinc.com/tech2.htm)。Rentech技术基于在浆态鼓泡塔反应器使用的Fe-LTFT催化剂。

1984年，Ken Agee创立Syntroleum，将天然气转化为燃料产品。Syntroleum工艺以钴基催化剂为基础研发适应性的、可转移的FT工艺[42]。与其他相似技术相比，Syntroleum GTL技术最重要的特性是使用空气自热转化，而不用氧气，所以不需要空气分离单元，从而使装置规模更小。此FT反应器使用Co/Al_2O_3催化剂，具有很高的单程转化率，避免了合成气循环。这项FT技术研发用于两种类型的反应器：第一种是列管式固定床反应器，在Tulsa的Syntroleum工厂试验，规模是100t/a(2bbl/d)；第二种是移动床反应器，在Cherry Point的WA炼化厂试验，规模是3000t/a(70bbl/d)[43]。

Oxford Catalysts和Velocys正在研发一种不同类型的FT技术，在小型装置上使用微通道反应器。此原理也用于甲烷水蒸汽重整[44]，使用Co-LTFT催化剂。

其他很多公司也在研发FT技术，因为其被视作代替原油生产燃料和化学品的可行途径。本章余下部分重点介绍FT工业设施。

5.3 FT工业装置

每个FT工厂都有很多生产单元，十分复杂。所有这些单元需要协同工作，生产过程并不是完全连续的。一般来说，FT工厂有4个重要的流程转换，分别是原料准备、合成气生产/调节、FT合成、原油炼制/升级。最核心的是FT气体循环，其决定了合成气是如何被操控的(见第2章)以及产物是如何从未转化的合成气中分离和恢复的(见第4章)。

除了工艺本身，公用工程也非常重要。一个FT工厂需要处理极大的热量流动和温度调节。例如，生产合成气是一个非常吸热的过程，而FT合成是一个非常放热的过程。生产合成气需要温度达到1400~1500℃，而空气分离需要温度接近-200℃。公用工程网络负责这些极端情况间的能源效率管理。

关于过去和现在FT工厂的详细说明已经公布[8]，在这里仅概述当前工厂里的一些主要设计方案。

5.3.1 Sasol 1工厂

位于南非Sasolburg的Sasol 1工厂，是最早运行的FT工厂。目前，Sasol 1工厂基于LTFT合成进行气制油(参见图5.2)[8]。自从1955年开始运行，其发生了很多变化，最重要的变化列于下面：

① 从使用Lurgi移动床干燥煤粉气化炉进行煤制油的工厂，转变为使用天然气自热转化的气制油工厂。

② 从混合使用HTFT和LTFT合成技术，转变为在列管式固定床和浆态鼓泡塔反应器上混合使用LTFT和Fe-LTFT合成技术。

③ 炼化厂的产物由交通燃油和化学品转变为特定的化学品和中间体。

随着工厂由煤制油转变成气制油，备料阶段变得简化。天然气可以在转化成合成气之前进行脱硫，避免了昂贵的用于煤基合成气的净化过程(低温甲醇洗)。天然气比煤炭含有更少的硫。尽管研究人员一直努力减少硫排放[8, 45]，直到2004年Sasol 1工厂把原料从煤改为天然气，才解决H_2S的排放问题。因为煤基合成气在低温甲醇洗处理之后，同天然气合成气一样清洁，甚至会更清洁，所以此转化并不需要提高合成气纯度。自热转化技术被用于天然气转化合成气。由于一些其他原因(损失一些由CTL转换为GTL所带来的简化的利益)，Sasol 1工厂的煤炭液化炼化厂仍然保留，用于处理来自Sasol CTL厂的原料。

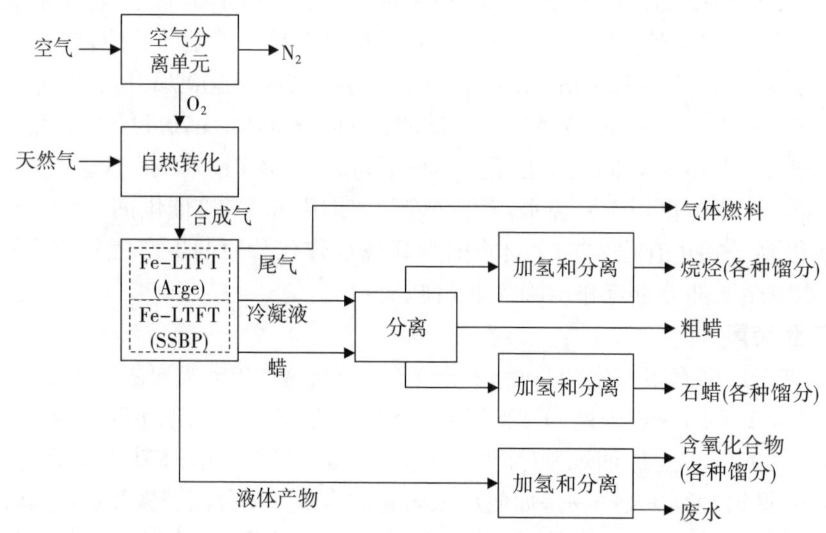

图5.2 2004年后的Sasol 1气制油工厂

FT气体循环在20世纪90年代停止使用HTFT合成后，变得更简化，但也损失了一些混合HTFT-LTFT气体循环的优点。原始的固定床Fe-LTFT(Arge)反应器仍保持运行，产品生产增加了浆态Fe-LTFT反应器。铁沉淀催化剂在现场制备。从2009年开始[46]，使用浆态LTFT技术扩大产能。

下游的FT炼化厂发生了很大变化，在交通燃料产品停产的同时，许多合成单元都停止运行。化学产品主要依靠加氢和分离，像煤液化炼化厂这种液态产品炼化厂仍保持运行。产品分布被简化了，现在主要的化学品(如蜡、蜡衍生品、煤油和含氧化合物)来都自于FT合成。气体燃料和松散石蜡被销售至能源市场。

5.3.2 Sasol Synfuels工厂

位于南非Secunda的Sasol Synfuels工厂，是第二早运行的FT工厂，早期称为Sasol 2工厂和Sasol 3工厂。虽然未来的产能可能扩大并要使用天然气代替煤炭，但其仍是以Fe-HTFT为基础的煤制油工厂。气体环路包括深冷分离和循环甲烷(参见图5.3)。由于选择煤炭气化，液化煤与FT合成原油共同生产。自运行以来，Sasol Synfuels工厂发生了很多变化，尤其在其炼厂(参见图5.4)[8]。最重要的变化列于下面：

① 从循环流化床转变为固定流化床HTFT技术。

② 研发多种不同的从合成原油中萃取直链α烯烃的工艺。现在主要提取的烯烃是乙烯、丙烯、1-戊烯、1-己烯、1-庚烯、1-辛烯、1-十二烯/1-十三烯。一些作为直链烯烃

出售，一些作为合成下游化学品的中间体使用。

③ 从以生产标准燃料为主产物的炼厂重组为综合炼厂，生产燃料和化学品。在Turbo项目实施后[47]，化学品的产物接近产能的一半，转移了大量轻石脑油至一个新的高温流体催化裂化单元。

CTL转化比GTL复杂。煤炭前处理和煤炭气化两部分在很大程度上决定了总成本和工厂的复杂性。由于当地煤灰分含量较高，使用Lurgi移动床干灰气化器生成合成气。煤液化是联合生成的，需要更复杂的气体净化设计。然而，这会给工厂提供多种合成化学品和燃料的材料。合成气净化是通过一个Rectisol工艺(低温甲醇洗涤)运行，此设计还包括下游对H_2S的去除。

现在，只有固定流化床Fe-HTFT合成反应器还在运行，使用的催化剂是现场生产的熔铁催化剂。FT气体循环包括了CO_2的二次去除装置(本菲尔德溶液和碳酸盐清洗)和深冷分离。之所以有两个CO_2去除装置并不是因为HTFT比LTFT产生更多CO_2，而是因为气体如果要深冷分离，必须要除去CO_2。虽然深冷分离成本很高，但这是从HTFT合成原油中回收和分离乙烯的必要步骤。还有个附加好处是生产的甲烷作为独立产物可以被再次利用，通过重整生成合成气。深冷分离可以减少FT气体循环中的CO_2，同时还提供了一种从气化器和HTFT合成中回收甲烷的途径。甲烷是煤制油工厂中最富氢的产物和CO_2含量最少的氢源。

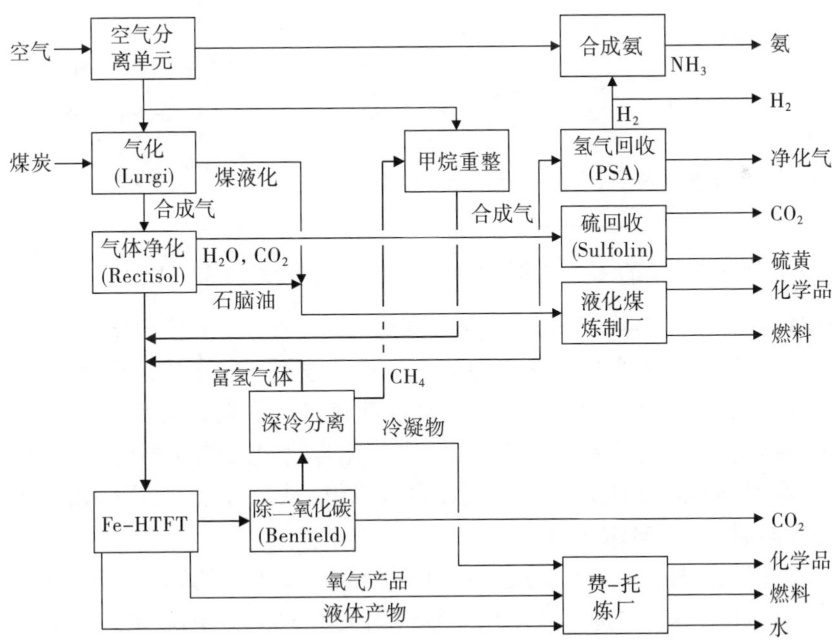

图5.3 Sasol Synfuels煤制油工厂流程图(气体环路由粗线显示)

Sasol Synfuels的炼化非常复杂，类似于一个生产完整石油化工产品的原油炼厂(参见图5.4)。然而这个炼厂仅是全部煤制油中的一小部分。原始的设计是以原油炼厂为蓝本设计，脱离了早期的FT炼厂。然而，这也使其效率低于设计更为简单的海德罗HTFT炼厂[49]。

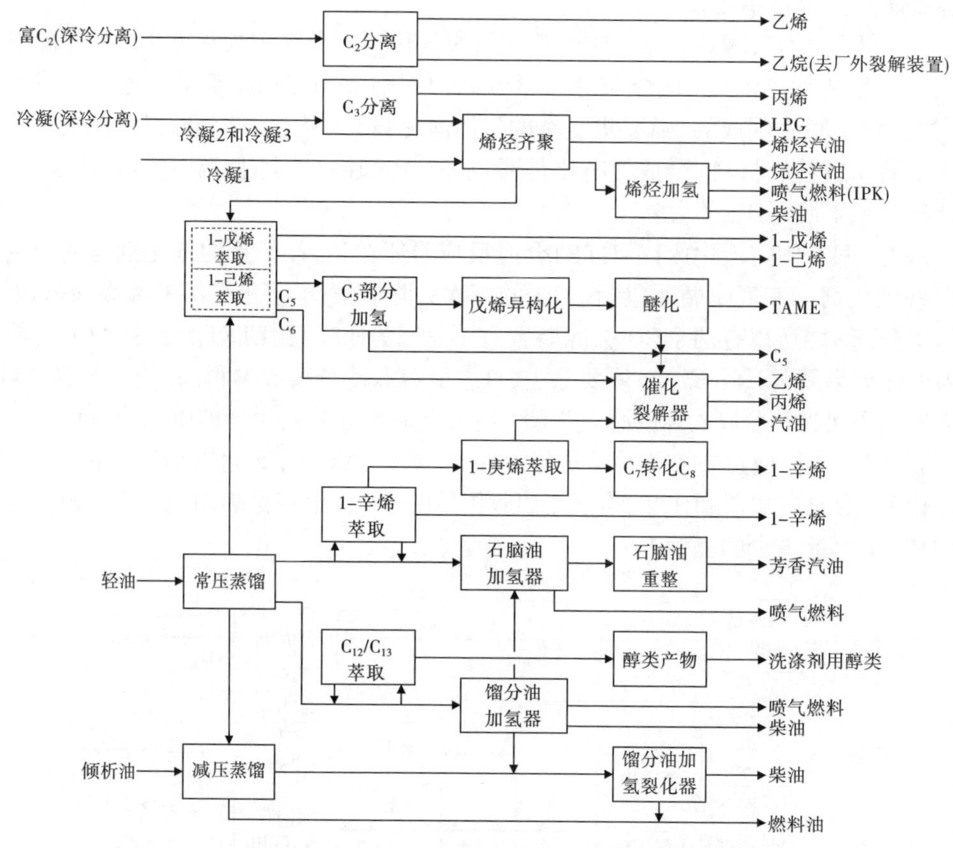

图5.4 目前的Sasol Synfuels FT炼油厂流程图(焦油炼厂未显示)

随着时间的推移，Sasol Synfuels变得更复杂，增加了许多综合化学品生产单元。原始设计仅仅从FT液体产品和深冷分离中生产化学品。现在该厂仍然生产汽油、合成喷气燃料、柴油，但产量同从化学产品萃取的材料一样变得更少。轻烯烃(乙烯、丙烯)、直链α烯烃和含氧化合物是主要产品，含氧化合物包括洗涤剂用醇、轻醇(乙醇、丙醇、丁醇)和酮(丙酮、丁酮)。煤液体同样也被炼制，从煤气水中萃取苯酚和甲酚[8]。

5.3.3 壳牌中间馏分油(SMDS)工厂

在马来西亚的Bintulu工厂是壳牌中间馏分油合成工艺的第一个工业化应用实例(参见图5.5)[8]。此天然气制油工厂使用壳牌气化工艺(SGP)以甲烷为原料制备合成气，并利用蒸汽甲烷重整来调节合成气的H_2/CO比，用于Co基LTFT合成。

SMDS工艺使用列管式反应器，在30atm、200~230℃条件下运行。使用的Co-LTFT催化剂稳定耐用。据报道，其可使用超过8年，并不需要再生[20]。合成旨在生产高蜡产品。合成气通过固定床反应器转化成重的碳氢化合物和水。为了提高整体合成气转化率，设计采用串联反应器。在分离了产品蜡后，通过简单的反应器冷气流冷凝，未转化的合成气一部分循环回LTFT反应器，一部分从循环回路作为尾气排出。在SDMS过程中，尾气直接排至蒸汽转化炉，并不回收轻的合成原油产物。甲烷、C_2～C_4碳氢化合物、一些C_5及更重的产物都转化为富氢的合成气，与来自SGP的产物混合在一起。SGP是一个非催化的部分氧化工艺，按H_2/CO比为1.7来生产合成气。通过这种方法，混合的产品可以达到Co–LTFT合成的要求。

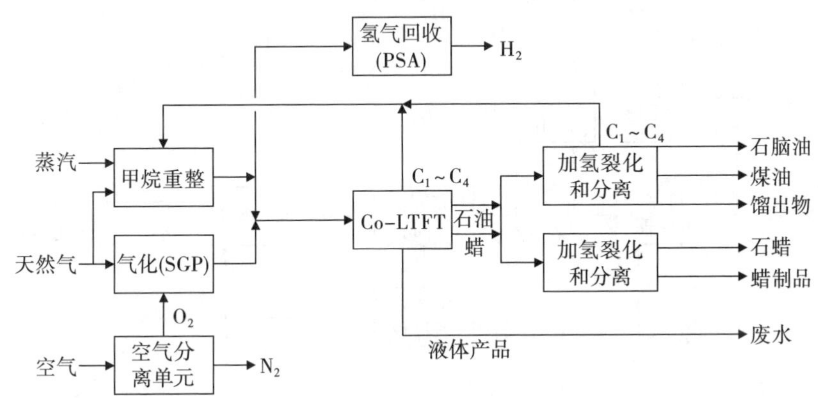

图5.5 Bintutu工厂的壳牌中间馏分油工艺(SMDS)流程图

合成物有两条炼制途径：第一个途径是通过加氢裂化生产燃料混合材料和中间体，即石脑油、煤油和馏出物，这些产物并没有在现场继续炼制成为交通燃料，但作为原料或者混合材料用于原油炼制；第二个途径是通过加氢处理生产化学品，主要是链烷烃溶剂和蜡。通过任一途径炼制LTFT合成原油都可以生产适用于进一步制备润滑油基础油的蜡制品。

Pearl GTL工厂与Bintutu工厂规模不同，在炼油厂设计上包括了天然气液体协同处理。该厂由两个Co–LTFT为基础的合成序列组成，每个生产能力为300×10^4t/a (7×10^4bbl/d)[20]。与Co–LTFT合成的轻油相似的天然气液体和炼制这些产物都带来了额外的经济效益。Pearl GTL工厂的设计也包含了润滑油基础油的生产。

5.3.4 PetroSA GTL工厂

PetroSA GTL工厂原名为Mossgas，通过甲烷重整的天然气生产合成气(参见图5.6)[8]。与SMDS工艺一样，使用两种不同类型的重整来平衡H_2/CO比，但二者布局是不同的。部分天然气经气体重整，产物与剩余的天然气和尾气混合。在最初设计中，由3个循环流化床Fe–HTFT反应器生产合成原油，但在2005年后，投产新的产能为4.2×10^4t/a (1000bbl/d) Co–LTFT反应器，与Fe–HTFT反应器同时运行。自从Sasol 1厂从HTFT–LTFT联合生产的工厂变为仅使用LTFT的工厂后，PetroSA GTL是目前唯一运行的HTFT–LTFT工厂。

来自HTFT合成的尾气不进行深冷分离，仅从合成原油中回收C_3和更重的烃。C_1和

C_2循环回自热重整器。液体产物分开处理，通过羰基化合物部分加氢后回收醇。废水通过厌氧化生产甲烷，可循环于此过程。合成原油与天然气液体共同炼制，同SMDS和Pearl GTL工厂一样。天然气液体和Co-LTFT合成原油非常相似，所以没有必要改变炼油厂的设计来适应Co-LTFT合成原油。PetroSA工厂的FT炼油厂的设计是为了HTFT合成原油与天然气液体的独特混合(参见图5.7)[8, 49]，同时比Sasol Synfuels炼油厂的设计简单很多。主要的产品是南美市场的标准运输燃料，如一些低芳烃馏分和醇。

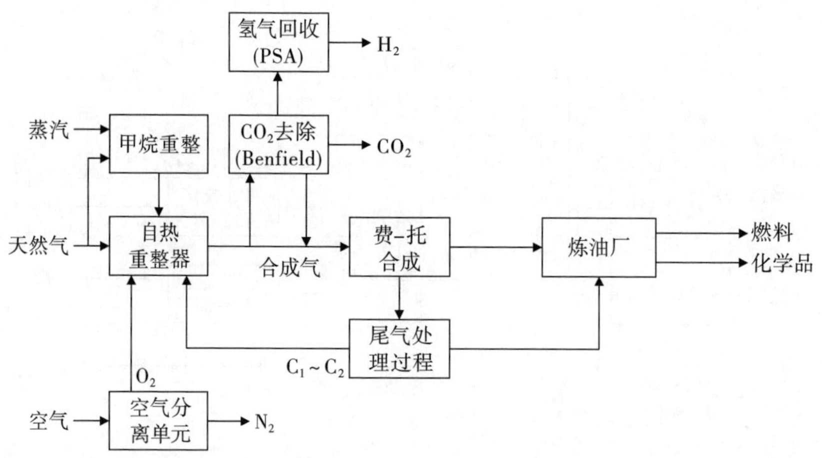

图5.6 PetroSA气制油工厂流程图

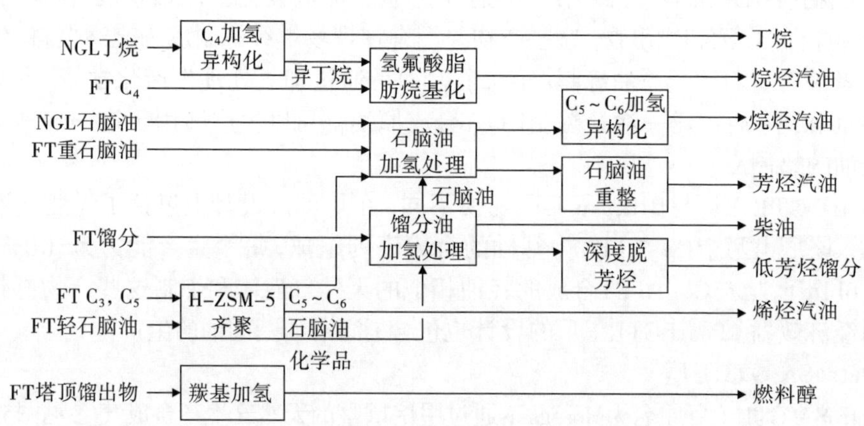

图5.7 PetroSA天然气合成油炼制厂常压蒸馏后的FT合成原油、天然气液体(NGL)和FT水溶液产品

5.3.5 Oryx和Escravos GTL 工厂

Oryx GTL工厂代表了Sasol的Co-LTFT浆态馏分工艺的第一个工业化应用。与Sasol 1工厂的Fe-LTFT浆态床不同，在最初的Co-LTFT设计中出现了许多技术问题(参

见5.2.3节)。

Escravos GTL工厂是Oryx GTL工厂的一个副本,包括处理由FT催化剂磨损引起的技术问题所带来的变化。一般工艺流程的概述参见图5.8[8]。

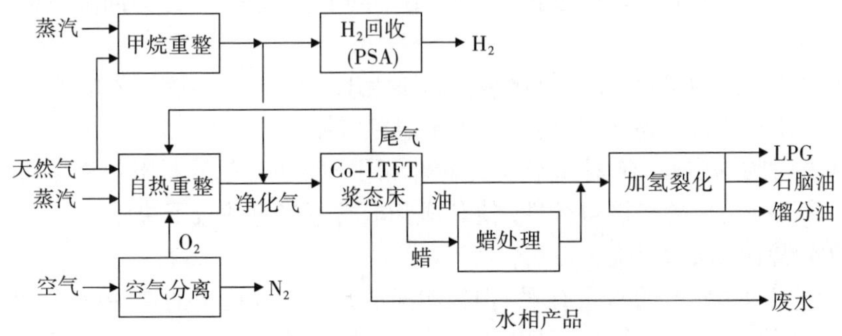

图5.8 Oryx GTL和Escravos GTL工厂流程图

大部分用于FT合成的合成气是通过自热重整生产的。蒸汽重整器用于生产炼油厂使用的氢气,以及调整合成气的H_2/CO比例。来自Co-LTFT浆态鼓泡塔的合成原油回收作为液体蜡和较轻的气体产物。在蜡和油混合作为加氢裂化装置的进料之前,必须对其进行处理以去除来自FT催化剂浸出和磨损的金属。与SMDS过程不同,此加氢裂化技术并不是专门为FT蜡而开发的,需要加入硫以保持催化剂活性,并在更苛刻的条件下运行。产品是液化石油气、石脑油和馏分油。石脑油和馏分油是可用作裂化装置原料或混合材料的中间产物。来自Co-LTFT合成的尾气被用于再循环和燃料。轻质醇从液态产物中回收并焚烧。其余的液体产物废水用生物降解。

Oryx GTL工厂和Escravos GTL工厂是目前所有工业化FT工厂中最复杂的,生产较低价值的产品。

5.4 工业化发展前景

5.4.1 FT工厂的进一步投资

FT的发展仍在争论中,诸如能源安全、经济不确定性、环境影响和政治权宜之计等问题都使得很难预测未来形势。显然,随着全球能源需求的不断增加,传统原油供应安全的重要性将会突显出来。基于FT合成的工厂具有通过将煤炭、天然气、废物和生物质等多种原材料转换成液体燃料和石化产品来增加供应安全的优势。而且,现在正在运行的工厂在经济上是合理的。尽管如此,基于FT合成工厂的投资已经很缓慢,这可以追溯到以下一些问题和误解:

① 清洁合成气的生产和FT气体回路(合成气调节、FT合成、合成原油分离和回收)相当复杂。该产品是一种多相合成物,必须依然通过炼制生产有用的产品。因为许多单元串联,存在问题的风险比常规原油生产所遇到的要高。

② FT技术的信心受到一些早期工业化实施问题的影响而减弱。许多工业设施面临着起始阶段的问题,这使生产量受限或者未能在一些方面达到预期。

③ 与基于FT工厂相关的资本成本相当可观(第7章)，虽然经济上可能有利，但投资风险是显着的。值得注意的是，即使在更为传统的原油炼制业务中，很少有新的炼油厂正在建设。例如，在美国自20世纪70年代以来，就没有再建设新的炼油厂。然而大型FT工厂的巨额资本成本可以通过投资规模更小的项目来克服，但会面临比单一项目更大的风险分布。

④ FT工厂里产生的水和二氧化碳很高(参见15章)。甚至与燃煤发电等其他一些能源转化技术相比，用于原油生产会产生更多温室气体。

⑤ 随着时间的推移，绝对成本以及原油和用于FT工厂的原材料价格浮动非常大，很难准确预期FT工厂的经济可行性，使其成为非常不确定的投资决策。

5.4.2 工业实践中的技术经验

尽管工业化FT装置的数量有限，但很明显的是，在FT技术的选择以及如何处理产品方面存在不同的观点，并没有可以遵循的路线图或决策树。每个FT工厂的设计必须符合当地条件、可用原料和产品要求。一些一般的观察仍然是可行的。

① 所有的FT工厂都使用合成气生产技术，需要使用空气分离单元去限制并移除合成气中的惰性物质(例如氮气和氩气)。为了拓展经济规模，FT工厂的规模应该足够大，至少可以容纳一个世界级的空气分离单元。

② FT合成最小的技术风险是使用列管式固定床反应器。

③ 应根据所需的产品选择FT技术，不同的FT技术可以提高不同产品的效率。

④ 生产合成气和FT合成的过程本质上是复杂的和资本密集型。简化合成原油炼制只会损害与工厂相关的产品价值。

⑤ 只要化学品市场需求是积极的，对于FT工厂有一个自然的趋势是随着时间的推移，增加化学品的生产。考虑到合成气制备成本和化学品相对于运输燃料、混合材料和中间体所提供的附加值，这是合乎逻辑的。

⑥ FT合成原油与原油非常不同，需要采取不同的方法炼制。强行将原油炼制方法用于合成原油会导致效率低下，一些技术根本无法工作。

⑦ 典型的FT工厂的产品多样性也许要比原油炼油厂更高。

⑧ 从规模和复杂性来看，FT工厂要与石油化工厂相比较，而不是原油炼制厂。100×10^4t/a(2.2×10^4bbl/d)通常被认为是世界级规模。

5.4.3 未来的小型工业化装置

为了将FT技术应用于生物质制油(BTL)，每个BTL工厂的产能一定要适中。这是出于考虑生物质运输相关的物流和成本。使用较小尺寸的设备用于废弃物制油(WTL)也是可取的，以实现分散式固体废物处理。同样来说，来自当地滞留的天然气可以用于天然气制油，但前提是该装置的处理能力与天然气来源的大小相当。因此对于开发通常产能低于10×10^4t/a(2500bbl/d)的小型工业装置有明显的需求。

基于FT工厂的投资风险可以通过减少产能来降低，确保更小的公司在市场上投资。这是一个明显的好处，市场对小型工业化装置作出负面反应的风险较小，因为它只代表全球产能中一个小的增量。但是工程师们会很快指出，减少产能违背了“规模经济”的原则。为了盈利能力最大化，工厂的产能随着时间而增加。不幸的是，这种趋势也扼杀了除渐进式创新之外的技术，因为与新技术相关的风险也取决于实施的规模大小。

规模经济：设备成本根据产能大小而改变。这种关系不是线性的，而是遵循一个称作“0.6因子原则”的幂律。成本比例($C_{A/B}$)为A的成本除以B的成本，与产能比例($X_{A/B}$)相关。产能比例($X_{A/B}$)为A的产能除以B的产能，二者关系为$C_{A/B} \sim X_{A/B}0.6$。实际上，这个指数随着设备、单元、工厂的性质而变化。然而在目前情况下，可以得知越大的设施，其单位产能的成本更少。例如，当产能翻一倍时，成本仅增加一半。这也称作“规模经济”。但是即使一些是大型设施的单元，也无法从规模经济中获益。因为设备并不是无限扩大的，一个单元的最大可行产能是有限的。有时这个极限很快就达到了。例如，Lurgi Mark V移动床干燥煤粉气化炉的最大合成气产量仅够生产约7.5×10^4t/a(1500bbl/d)的费-托合成产品。

虽然乍一看对小型FT工业设施的展望并不太好，但更仔细的考虑后发现这是一个有局限的观点，因为小型工业装置的设计要求不同，并且也具有明显的优点。小型工业装置代表着对大型工业装置设计模板的彻底背离，可以发掘规模经济以外的机会。在大型工业装置中学到的经验教训不容忽视，但是可以运行经济上可行的和技术上高效的小型FT工厂。一些建议如下：

① 所有使用自热重整或气化技术生产合成气的大型FT工业装置都含有空气分离装置，但是这对于较小的设备来说是不可取的。尽管重整器和气化器运转时可以使用空气替代O_2，但惰性气体(N_2和Ar)会增加所有下游设备的尺寸并降低效率。蒸汽重整和蒸汽气化器由外部提供燃烧热，可以避免引入空气。预计这些类型的合成气生产将在小型装置中变得更普遍。这种技术还具有生产高H_2/CO比合成气的优点。

② GTL的合成气净化同大型设备一样高效，但可能在小型BTL和WTL装置上效率较低。由于合成气污染物导致一定程度的FT催化剂失活是不可避免的。

③ 轻质气体由高温FT技术生产，使这种技术更难有效地小规模实施。小型工业设施可能受益于具有较高的链增长率(α值)的LTFT和MTFT技术。

④ 小型装置的最佳α值的设置不是将蜡作为最终产品，其含量可能要小于大规模LTFT工业运转。

⑤ 尽管在固定床FT反应器不方便使用铁催化剂，但对于小规模装置，铁基低温FT催化剂相对于钴基催化剂具有很多优点。它们对合成气中的污染物比较不敏感，而对于水-气变换反应很活跃，并且可以在较宽的H_2/CO比下处理合成气。此外，Fe-LTFT催化剂具有较低的甲烷选择性，可以生产更多烯烃和富氧产物，使轻质产品的炼制更容易，其失活方式使得炼制更容易，价格更便宜，同样重要的是Fe-LTFT催化剂在现场生产更简单容易。

⑥ 固定床反应器是小型装置的首选，因为它们更耐用，操作简单方便。质量较好的合成气对固定床反应器有利，因为FT催化剂床的顶部起到保护床的作用来保护催

化剂。

⑦ 尽管符合规格的运输燃料或石化产品具有更高的价值，但小型装置不太可能设计成生产这些产品。小型炼油厂设计旨在生产分布有限的产品，例如液体中间体或混合材料。

⑧ 设备的可运输性很重要，偏远地区可能会阻碍大型设备的使用。

⑨ 并联运行的多个较小的单元是小规模装置的优势，因为这会提高装置的整体耐用性。原因很简单，当多个并联工作单元中的某一单元无法工作时，虽然产能有所下降，但装置可以保持生产。然而，如果一个单一大型单元无法工作时，整个装置都无法工作，生产能力下降为零。

参考文献

[1] Gillingham, J. (1985) Industry and Politics in the Third Reich, Columbia University Press, New York.

[2] Stranges, A.N. (2007) Stud. Surf. Sci. Catal., 163, 1-27.

[3] King, D.L. and De Klerk, A. (2011) ACS Symp. Ser., 1084, 1-24.

[4] Steynberg, A.P. (2004) Stud. Surf. Sci. Catal., 152, 1-63.

[5] Stranges, A.N. (2003) Germany's synthetic fuel industry 1927-45, in Proceedings ofthe AIChE 3rd Topical Conference on Natural Gas Utilization (eds C.H. Chiu, R.D. Srivastava, and R. Mallison), New Orleans, pp. 635-646.

[6] Schulz, H. (1999) Appl Catal. A, 186, 3-12.

[7] Davis, B.H. (2003) An overview of Fischer-Tropsch synthesis at the U.S. Bureau ofmines. Presented at the AIChE 2003 Spring National Meeting, New Orleans, LA, March 30-April 3.

[8] De Klerk, A. (2011) Fischer-Tropsch Refining, Wiley-VCH Verlag GmbH, Weinheim.

[9] Kolbel, H. (1959) Die Fischer-Tropsch synthese, in Winnacker-Kiochler Chemische Technologie 3, Organische Technologie I, Karl Hauser Verlag, Munich, pp. 439-520.

[10] Kolbel, H., Ackermann, P., and Engelhardt, F. (1956) Erdol Kohle, 9 (153), 225-303.

[11] Koolbel, H. and Ackermann, P. (1951) Hydrogenation of carbon monoxide in the liquid phase. Proceedings of the 3rd World Petroleum Congress, The Hague, 1951, Section IV pp. 2-12.

[12] Koolbel, H. and Ackermann, P. (1956) Chem. Ing. Tech., 28, 381-388.

[13] Schanke, D., Wagner, M., and Taylor, P. (2009) Scale-up and demonstration of Fischer-Tropsch technology, in Proceedings of 1st Annual Gas Processing Symposium (eds H. Alfadala, G.V. Rex Reklaitis, and M.M. El-Halwagi), Elsevier, Doha, Qatar, pp. 370-377.

[14] Rytter, E., Schanke, D., Eri, S., Wigum, H., Skagseth, T.H., and Bergene, E. (2007) Stud. Surf. Sci. Catal., 163, 327-336.

[15] Rytter, E., Skagseth, T.H., Eri, S., and Sjastad, A.O. (2010) Ind. Eng. Chem. Res., 49, 4140-4148.

[16] Forbes, A. (2007) Petrol. Econ., 74 (7), 30.

[17] Petrol Econ. (2008) 75 (6), 36-38.

[18] Koohler, E., Schmidt, F., Wernicke, H.J., De Pontes, M., and Roberts, H.L. (1995) Hydrocarb. Technol. Int., 37-40.

[19] Sie, S.T., Senden, M.M.G., and van Wechem, H.M.H. (1991) Catal. Today, 8, 371-394.

[20] Overtoom, R., Fabricius, N., and Leemhouts, W. (2009) Shell GTL, from bench scale to world scale, advances in gas processing, in Proceedings of the 1st Annual Gas Processing Symposium (eds H. Alfadala, G.V. Rex reklaitis, and M.M. El-Halwagi), Elsevier, Doha, pp. 378-386.

[21] Cao, D.B, Zhang, F.Q., Li, Y.W., and Jiao, H.J. (2004) J. Phys. Chem. B, 108, 9094-9104.

[22] Chen, Y.H., Cao, D.B., Yang, J., Li, Y.W., Wang, J.G., and Jiao, H.J. (2004) Chem. Phys. Lett., 400, 35-41.

[23] Cao, D.B., Zhang, F.Q., Li, Y.W., Wang, J.G., and Jiao, H. (2005) J. Phys. Chem. B, 109, 833-844.

[24] Huang, D.M., Cao, D.B., Li, Y.W., and Jiao, H. (2006) J. Phys. Chem. B, 110, 13920-13925.

[25] Liao, X.Y., Cao, D.B., Wang, S.G., Ma, Z.Y., Li, Y.W., Wang, J.G., and Jiao, H. (2007) J. Mol. Catal. A, 269, 169-178.
[26] Ma, Z.Y., Huo, C.F., Liao, X.Y., Li, Y.W., Wang, J.G., and Jiao, H. (2007) J. Phys. Chem. C, 111, 4305-4314.
[27] Zhang, C.H., Yang, Y., Teng, B.T., and Li, TZ. (2006) J. Catal., 237, 405-415.
[28] Teng, B.T., Chang, J., Zhang, C.H., Cao, D.B., Yang, J., Liu, Y., Guo, X.H., Xiang, H.W., and Li, Y.W. (2006) Appl. Catal. A, 301, 39-50.
[29] Teng, B.T., Zhang, C.H., Yang, J., Cao, D. B., Chang, J., Xiang, H.W., and Li, Y.W. (2005) Fuel, 84, 791-800.
[30] Teng, B.T., Chang, J., Yang, J., Wang, G., Zhang, C.H., Xu, Y.Y., Xiang, H.W., and Li, Y.W. (2005) Fuel, 84, 917-926.
[31] Yang, Y., Xiang, H.W., Tian, L., Wang, H., Zhang, C.H., Tao, Z.C., Xu, Y.Y., Zhong, B., and Li, Y.W. (2005) Appl. Catal. A, 284, 105-122.
[32] Yang, Y., Xiang, H.W., Xu, Y.Y., Bai, L., and Li, Y.W. (2004) Appl. Catal. A, 266, 181-194.
[33] Yang, Y., Xiang, H.W., Zhang, R., Zhong, B., and Li, Y.W. (2005) Catal. Today, 106, 170-175.
[34] Hao, X., Dong, G., Yang, Y., Xu, Y.Y., and Li, Y.W. (2007) Chem. Eng. Technol., 30, 1157-1165.
[35] Li, Y.W., Xu, J., and Yang, Y. (2010) Biomass to Biofuels: Strategy for Global Industries (eds A.A. Vertes, N. Qureshi, H. P. Blaschek, and H. Yukawa), John Wiley & Sons, Inc., New York, pp. 123-140.
[36] Perego, C, Bortolo, R., and Zennaro, R. (2009) Catal. Today, 142, 9-16.
[37] ENI (2007) World Oil & Gas Review.
[38] Steynberg, A.P. (2004) Stud. Surf. Sci. Catal., 152, 64-195.
[39] Collins, J.P., Font Freide, J.J.H.M., and Nay, B. (2006) J. Nat. Gas Chem., 15, 1-10.
[40] Font Freide, J.J.H.M., Collins, J.P., Nay, B., and Sharp, C. (2007) Stud. Surf. Sci. Catal., 163, 37-44
[41] Waddacor, M. (2005) Fundamentals of Gas to Liquids, 2nd edn, Petroleum Economist, London, pp. 41 -44.
[42] Agee, M.A. (2012) Excerpted from the Wall Street Transcript CEO/Company Interview, Syntroleum Corporation.
[43] Schubert, P.F., Bayens, C.A., andWeick, L. (2001) Oil GasJ., 99 (11), 69-73.
[44] Lerou, J.J., Tonkovich, A.L., Silva, L., Perry, S., and McDaniel, J. (2010) Chem. Eng. Sci., 65, 380-385.
[45] Collings, J. (2002) Mind over Matter. The Sasol Story: A Half-Century of Technological Innovation, Sasol, Johannesburg.
[46] Aman, A. (2009) Chem. Eng. News, 87 (49), 23.
[47] (2005) Chemical Technology (South Africa), October, 13 -16.
[48] De Klerk, A. (2011) ACS Symp. Ser., 1084, 215-235.
[49] De Klerk, A. (2009) Advances in Fischer- Tropsch Synthesis, Catalysts, and Catalysis (eds B.H. Davis and M.L. Occelli), Taylor & Francis, Boca Raton, pp. 331-364.

6 其他重要的合成气工业化反应器

Peter M. Maitlis

除了费-托合成(FT-S)，工业上还有很多重要的合成气反应。包括CO加氢制甲醇反应，这是生产甲醇的主要途径，年产量超过3×10^8t。甲醇合成反应和通过额外步骤合成二甲醚、乙醇、醋酸、甲酸盐和碳酸盐的反应都已经被综述过。本章已经提出一些机理，讨论了造成这种巨大差异的原因。

6.1 CO加氢反应概况

有一个误区是认为费-托合成是工业上仅有的基于合成气的一氧化碳加氢反应，实际它甚至在体积上都不是最大的，其与甲醇的产量有明显的区别[式(6.1)]，每年有超过3×10^8t甲醇产出。

$$CO_2+2H_2 \longrightarrow CH_3OH \quad \Delta H_{298K}=-91kJ/mol \quad \Delta G_{298K}=+25kJ/mol \tag{6.1}$$

除了甲醇和费-托合成外，工业上还有许多重要的以合成气为基本原料的催化工艺，包括合成二甲醚、二烷基碳酸酯、甲酸、甲酸盐、长链醛和醇(通过氢甲酰化)以及制备氢气。由合成气制甲烷和水在热力学上非常有利，虽然这不是一个有用的工业过程，但其逆反应甲烷重整(作为天然气)是现今最常用的制备合成气的方法。

合成甲醇的过程，如费-托合成一样，反应中不使用额外的基质，仅使合成气与非均相催化剂接触。与制备直链烃时使用以惰性氧化物为载体的铁、钴、钌或铑催化剂相比，合成甲醇使用的催化剂由铜和氧化锌组成，通常在氧化铝上负载。

为了对FT-S进行讨论，我们专门在这一章总结了其他以合成气为基础制备一些关键化学品的反应。这些反应过程大部分都包含了一个含有一氧化碳和氢气的金属催化步骤。氢气本身主要由合成气通过金属催化CO、水、氢气、CO_2之间的水-气变换反应(WGSR)制造[式(6.2)](也参见2.3节)。因此这些主要涉及氢气或CO的反应也以合成气为基础；其中一些在6.5节和6.8节列出。

$$CO+H_2O \rightleftharpoons CO_2+H_2 \quad \Delta H_{298K}=-41kJ/mol \quad \Delta G_{298K}=-28kJ/mol \tag{6.2}$$

在这些反应中，有许多只在非均相催化剂上进行，但也有一些最好在均相溶剂中进行。后者包括烯烃加氢甲酰化制备醛和醇、乙酸合成和链烷酸酯合成。WGSR可在均相和非均相中进行，尽管后者在非常大规模的甲醇和FT合成装置中使用。

最重要的有机化合物通过金属催化合成气进行制备，反应如图6.1所示。哈伯(Haber-Bosch)合成氨也是有一种具有代表性的加氢反应。虽然反应中没有直接涉及CO，但氢气通常是由合成气的WGSR反应制得。

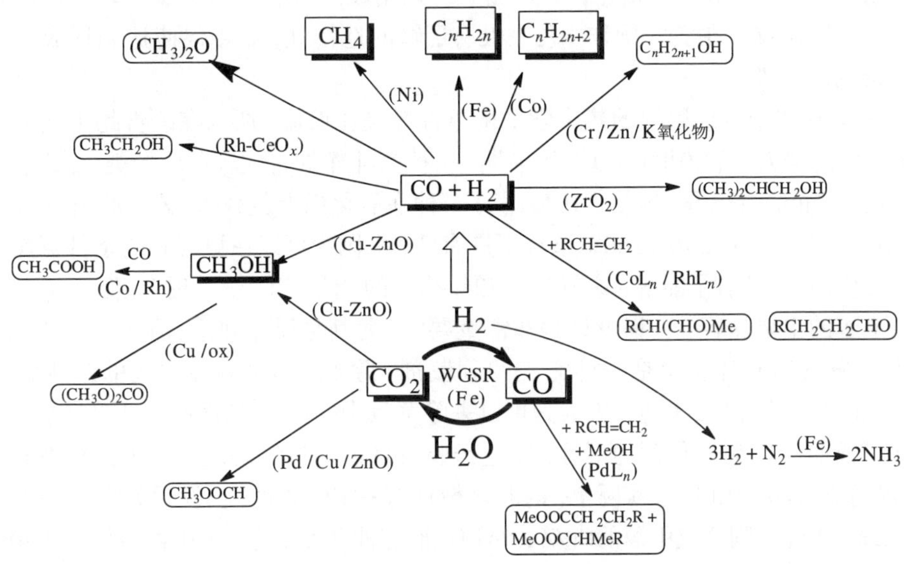

图6.1 通过金属催化合成气反应产生的有机化合物示意图

还有一些其他的合成气反应，除了CO和氢气，还需要基质分子。如烯烃的氢甲酰化反应，直接产物是比原来的烯烃多一个碳的直链醛和支链醛[式(6.3)](参见6.7节)。

$$RCH{=}CH_2+CO+H_2 \longrightarrow RCH_2CH_2CHO+RCH(CHO)CH_3 \tag{6.3}$$

尽管氢甲酰化反应可以在烯烃内部双键进行，但工业上重要的反应多数都在1-烯烃进行。在烯烃、水、醇和CO混合的这类反应中有很多变化(参见6.6节)。

与更老旧的能源需求方式相比，这些过程中一个值得注意的特点是通过改进以更有利环境的方法来合成产品。使用更高选择性的催化剂可以减少昂贵的精馏需求。一个很好的例子是乙酸的合成，过去是通过对烷烃氧化(燃烧)获得的混合氧化物进行精馏制备的，现在是在相对温和的条件下(30~60atm，150~200℃)，使用铑/碘化物或铱-钌/碘化物催化剂催化甲醇和CO制备。

6.2 合成气制甲醇

6.2.1 引言

尽管甲醇合成反应[式(6.1)]似乎很简单，但这是盲目的观点，研发一个好的甲醇合成工艺并阐明细节花费了很多时间和努力。甲醇合成的主要问题是FT合成中水和烃(特别是甲烷)的形成在热力学上是有利的，因此必须要完全改变合成气反应的选择性以得到甲醇。目前可以常规实现超过99%的甲醇选择性，这充分说明了工程师和化学家的贡献。

第一个工业化甲醇“高压”工艺是在20世纪20年代Mittasch和Pier最初发明合成甲醇后由巴斯夫(BASF)研发的，在340atm、320~380℃下运行。随后此工艺作为主要技术使用了超过45年。早期的甲醇工厂使用ZnO/Cr_2O_3催化剂，因为相对来说，它们具有一定的抗毒性，并且能够应对由德国低级煤(褐煤)制成的含有相当多氯和硫杂质的合成气原料。这种合成气在实际操作中几乎没有足够的选择性，需要促使达到形成活化的碳氢化合物的条件。

由于最有利于合成甲醇的热力学平衡条件是高压低温，所以在改善此工艺方面付出了相当大的努力。在20世纪60年代早期，一种更纯净的合成气可从烃类(石脑油和天然气)的蒸汽重整中获得。这使得ICI研发了一种在氧化铝上负载Cu-ZnO的新型铜基催化剂，在50~100atm、240~260℃条件下具有活性。因为可以在更温和的条件下操作，增强了反应性能，节省了能源，这就是1972年推出的“低压工艺”。现今，低压工艺代表了生产甲醇的主要途径。工程设计是非常重要的，尤其是反应热的去除[1]。

人们发现ZnO对于铜是一种完美的分散剂。除了ZnO对铜催化剂的结构稳定作用，ZnO还可以限制中毒影响，因为其可以去除蒸汽中的H_2S，从而避免生产硫化锌。

为了长期保持铜催化剂的活性，通过经验发现需要将气态硫的浓度保持在1μL/L以下，最好在0.1μL/L以下。实际上，铜催化剂具有一定耐硫性，已发现如果使用平均含硫量为2%的原料，则合成甲醇的$Cu/ZnO/Al_2O_3$催化剂的活性约为未中毒条件下的80%。

过渡金属(如铁)也对合成甲醇有不利影响，因为它们可以提高加氢活性并促进CO和CO_2的解离，从而导致生成甲烷、长链烷烃和FT合成的蜡。生成甲烷是原有高压合成甲醇催化剂的一个难题。据分析，这主要是由杂质铁引起的。铁有时候会在使用合成催化剂时随着气态五羰基铁的分解而沉积在催化剂表面，由铁锈形成的$Fe(CO)_5$可能存在于气体补充系统。

6.2.2 合成反应

现在认为甲醇合成中起关键作用的是二氧化碳，并且在Cu/CuO催化剂表面上发生的总反应中，式(6.4)占主导地位，而不是式(6.1)：

$$CO_2+3H_2 \longrightarrow CH_3OH+H_2O \tag{6.4}$$

换句话说，甲醇是由二氧化碳合成的。由控制沉淀法制备的催化剂应用于第一套低压合成装置。该催化剂寿命超过3年，而且生产的甲醇纯度高于旧的高压工艺。持续的发展使得催化剂适用于在100atm下运行，接近甲醇产能大于36×10^4t/a高产能工厂的最佳操作压力。然而压力越高，催化剂的失活率越大。

ZnO/Al_2O_3在100atm下不是一个足够耐火的载体。然而，可以通过引入一些锌组分如锌尖晶石($ZnAl_2O_4$)来提供更耐火的载体。添加MgO等更耐火的氧化物，与直接稳定铜微晶相比，可能更加促进混合氧化物载体的稳定性。用于多组分催化剂的最大初始活性和最大稳定性的优化并不容易。

6.2.3 机理

为了探究使用Cu/ZnO催化剂合成甲醇的机理，已经做了许多尝试。在实际条件下，结合时间分辨的X射线衍射的EXAFS和HRTEM(高分辨率透射电子显微镜)显示出金属铜是活性相。已经通过光谱检测到一些表面中间体，如铜的一个对称碳酸根{CO_3}和甲酸根{HCO_2}。一个非常重要的惊人发现是，虽然正常的原料是一氧化碳，但甲醇的直接前体实际上是二氧化碳。这引出了一个由13个基本反应步骤组成的反应的静态动力学模型，包含了由CO转化为CH_3OH过程中二氧化碳和表面甲酸根{HCOO}的形成[2]。

合成甲醇的“静态”模型中所假定的步骤：下面的反应式表示了使用Cu—ZnO—氧化铝催化剂合成甲醇过程中发生的主要步骤。表面物质仅能部分清晰地定义，因此用花括号表示。活性前驱体是二氧化碳(不是CO)，光谱检测到的中间物包括表面碳酸氢盐{HCO_3}和甲酸盐{HCOO}[2, 3]。据分析认为，一氧化碳的作用主要是去除表面的氧原子。

$$\{H_2O\} \rightleftharpoons \{OH\}+\{H\}$$

$$2\{OH\} \rightleftharpoons \{H_2O\}+\{O\}$$

$$CO \rightleftharpoons \{CO\}$$

$$\{CO\}+\{O\} \rightleftharpoons \{CO_2\}$$

$$\{CO_2\} \rightleftharpoons CO_2$$

$$\{CO_2\}+\{H\} \rightleftharpoons \{HCOO\}$$

$$\{HCOO\}+\{H\} \rightleftharpoons \{H_2COO\}$$

$$\{H_2COO\}+\{H\} \rightleftharpoons \{H_3CO\}+\{O\}$$

$$\{H_3CO\}+\{H\} \rightleftharpoons \{CH_3OH\}$$

$$\{CH_3OH\} \rightleftharpoons CH_3OH\uparrow$$

尽管“静态”模型适合大部分实验数据，但是考虑到入口气体组成的变化，即气相还原电势时，获得了更好的一致性。因此丹麦集团(Danish group)研发了一个动态微观动力学模型，其反应过程中的催化剂状态由随时间变化的气相组成决定。据推测，如果Zn—O—Cu界面处的氧空位浓度随着气相还原电位而变化，则观察到的颗粒形态变化是由Cu颗粒和载体之间的接触表面自由能的变化引起的。

6.2.4 催化剂失活

由于表面上铜原子的迁移，铜催化剂易受热烧结。这是催化剂失活的主要原因，甚至微量氯化物的存在也会加速失活。因此，在铜催化剂的批量生产和使用过程以及反应物中，必须注意除去卤化物。现代铜催化剂含有氧化物，以使热烧结最小化。除了CuO和ZnO之外，典型的配方含有Cr_2O_3或Al_2O_3，其热稳定性明显高于早期催化剂。它们在良好控制的条件下操作时，既不会出现中毒，也不会出现焦化这些通常会导致失活的现象，但工作温度通常必须限制在300℃以下。若最大限度地减少在较高温度下发生的副反应，需要通过引入冷气或者使用多管式反应器来快速除去热量。

催化剂的形式、形态及其制备方法都很重要，但差别很大。对ICI进行的工作进行了总结[4, 5]。尽管去除废催化剂已经成为工业甲醇合成中的常用做法，但出于经济和环境原因，评估了催化剂的再利用方式。例如，Rahimpour[6]发现废催化剂保留了相当大的活性，如果与新鲜催化剂混合可以重复使用。

二氧化碳是甲醇前驱体的发现也表明，使用地球上产生的过量的二氧化碳是一种有用的、方便的和对环境无害的方式。然而这个挑战似乎还没有被任何行业接受。原因可能是使用二氧化碳合成甲醇相对于使用一氧化碳需要更多的氢气。当然，现在氢气仍然主要来自于合成气。一旦在氢经济中开发出一种方便的不涉及合成气和化石燃料的生产氢气方法(例如通过日光引发的催化水裂解)，甲醇将是非常出色的原料。

6.2.5 甲醇的用途

目前甲醇最大的用途是制造其他化学品：其中约40%转化为甲醛，进而可转化为塑料、胶合板、油漆、爆炸物和永久性压烫织物。较小百分比(约10%)用来制造乙酸、醋酸酐、二甲醚和碳酸二甲酯(DMC)。美孚公司开发了一种甲醇制汽油工艺，并在新西兰建了一座工厂。然而，这没有被证明是切实可行的，从那以后就被关闭了。甲醇可直接用于内燃机，特别是作为赛车用高能燃料，也可用来制造汽油添加剂甲基叔丁基醚(MTBE)。最近，甲醇已被用于甘油三酯的酯交换反应来制造生物柴油燃料。

6.3 合成气制二甲醚(DME)

目前，DME主要由甲醇使用催化剂(例如二氧化硅-氧化铝)来脱水生产，也可以使用双催化剂体系直接由合成气生产。该体系允许甲醇合成和脱水在同一个工艺单元中进行，而不需要甲醇分离和纯化，因此这一过程具有效率优势和成本效益。例如，一个由合成气高效合成DME的方法已经被报道，其使用的催化剂是由$CuO-ZnO-Al_2O_3$和氧化锑改性的HZSM-5沸石组成[7]。约5×10^4t/a的DME在西欧批量生产，但DME现在作为一种“多用途、多源低碳燃料”来销售，主要生产工厂正在计划建设于在世界各地。DME虽然通常从碳氢化合物中获得，但也可以通过有机废物或生物质来制造。

目前，二甲醚的最大用途是替代丙烷作为燃料，尤其是在中国。另外两个重要的应用是替代氯氟烃作为气溶胶的推进剂，以及通过与三氧化硫反应作为硫酸二甲酯的前体。它也可以用作合成乙酸的原料和制冷剂。由于二甲醚的沸点很低(–23℃)，因此会限制其用途；然而，这种性质有利于从反应混合物中除去。

6.4 合成气制乙醇

6.4.1 引言

乙醇是工业上非常有用的溶剂和原料。目前，它可以通过磷酸催化乙烯(来自矿物燃料)水合，或者通过来自甘蔗(巴西)或玉米(美国)的生物质衍生糖的发酵来生产。六碳糖比较容易发酵，而同样存在于生物质中的五碳糖和木质素远落后于六碳糖。然而，这两条路线都存在问题，一种新的合适的工业化乙醇合成方法将受到欢迎。

6.4.2 直接法

尽管通过生物质气化制备合成气($CO+H_2$)后将其催化转化为乙醇的路线已经被广

泛探索，但是目前还没有此工艺商业化的方法。Subramani和Gangwal[8]对此文献进行了很好的综述。对催化剂和FT合成条件的改性可以产生更多的含氧化合物用于甲醇合成。例如，通过使用金属铑加稀土氧化物作为催化剂，FT反应可以部分转为产生大规模的乙醇。已知的均相催化工艺在商业上没有吸引力，因为它们需要昂贵的催化剂、高操作压力以及繁琐的用于分离和再循环催化剂的后处理步骤。而将合成气转化为乙醇的非均相催化工艺的产率较低，选择性差。有人认为这是由于初始C—C键形成的动力学太缓慢和C_2中间体的链增长太快造成的。

一座位于东京的中试工厂使用法国石油研究院(Institut Francais du Petrole/Idemitsu)的工艺，以铜-钴合金催化剂为基础，年产950t乙醇。该工艺使用天然气的蒸汽重整，接着使用多个合成反应器生产适合混合的混合线型C_1~C_7醇。醇相的纯度非常好。

Snamprogetti、Enichem、Haldor和Topsoe(SEHT)使用改性后的甲醇合成催化剂(在1982~1987年间在400t/d的装置中运行)在一系列固定床绝热反应器中合成混合醇，运行的温度范围是260~420℃，运行压力高达180~260atm。含有20%水的粗混合物利用三个蒸馏塔纯化；第一个塔除去甲醇和乙醇，第二个除去水，而第三个塔通过使用环己烷进行共沸蒸馏回收C_{3+}醇。混合醇产品的最终含水量低于0.1%，以5%(体)混合于汽油中，成功作为优质燃料销售。

据报道，Lurgi-Octamix工艺使用一种低压低温改性的甲醇合成催化剂，该催化剂含有25%~40%的CuO、10%~18%的Al_2O_3、30%~45%的ZnO和3%~18%助催化剂氧化物。典型的操作条件是约350℃和100atm。该工艺的CO转化率为21%~28%，醇产物的选择性为66%~79%，CO_2的选择性为17%~25%。对甲醇的选择性为41%~58%，但乙醇的选择性仅为1%~9%。

根据乙醇氧化和单晶Rh(110)表面分解研究的结果分析了乙醇生成的可能机理，结果表明合成气转化为乙醇的过程是在乙酸盐表面发生的[9]。然而，乙醇合成的DFT计算结果表明，CO通过在Rh(111)上的甲酰基表面氢化合成乙醇[10]。

6.5 合成气制乙酸

乙酸(醋酸)是主要的化学品，目前世界产能约为900×10^4t/a。长期以来，它一直是有机化学工业的主体，可作为溶剂和原料。比较老的工艺是通过烷烃(石脑油)氧化产生一系列羧酸，然后再通过连续蒸馏来分离和纯化乙酸。当合成气变得易于获得时，可以从C_1原料(CO和甲醇)制造高纯度的乙酸。该工艺分两步从CO和氢气生产乙酸，取代了那些能量需求较高的工艺路线。这是一个早期的成功的均相催化案例，也是现代配位化学的一个“胜利”[11]。整个反应由式(6.5)给出：

$$CO+MeOH \longrightarrow MeCOOH \tag{6.5}$$

6.5.1 乙酸工艺

第一个工艺是BASF公司在20世纪60年代推向市场的，使用钴和碘化物催化剂，但需要非常苛刻的条件(约700atm和250℃)，对乙酸的选择性约为90%。Monsanto公司

(后来的Monsanto-BP公司)的工艺很快就取而代之。虽然使用的铑(加碘)催化剂比钴催化剂贵了近100倍，但是所需要的反应条件更加温和(30~60atm和150~200℃)，同样其更高的选择性也节省了很大的资金成本，弥补了催化剂价格的差异。

在Monsanto工艺中，反应包括在铑催化剂前体(例如β-二酮铑，[Rh(OCMeCHCMeO)$_3$])存在下将原料的均相溶液羰基化[11, 12]。反应物是甲醇和碘甲烷[甲基碘化物(MeI)，一种易得的碘源]，主要产品是乙酸。因此在反应条件下，“溶剂”主要是乙酸甲酯。

Rh/I催化剂对从水中纯化的乙酸的选择性大于99%，20世纪70年代和80年代投入运行的新工厂都是基于Monsanto公司的技术。由于这是一个工业上重要的均相催化工艺范例。

最近，BP Chemicals公司推出了基于铱/碘化物催化剂(由钌促进)的Cativa™工艺[13]。其使用条件与Monsanto工艺类似。然而，因为Cativa工艺在低水位下运行，制备所需的无水酸时要去除的水更少，可以节省相当多的能源。还有一个值得注意的是所有三种Ⅸ族金属都是活性的，并且在碘化物促进的工艺中从钴到铑到铱有了进一步提升[14]。

Monsanto-BP甲醇羰基化工厂的主要单元参见图6.2[15]。将原料MeOH和CO连续加入到反应器中。在最初的产品分离步骤中，将反应混合物从反应器送入“闪蒸罐”，然后通过降低压力使得大部分挥发物蒸发。催化剂保持溶解在液相并循环回反应器容器。将来自闪蒸罐的产品蒸汽直接送入蒸馏装置，除去乙酸中的碘代甲烷、水和少量较重的副产物(如丙酸)。由于生产乙酸，甲醇原料大部分被酯化成乙酸甲酯，其作为反应溶剂。铑催化剂需要相当高浓度的水溶液(约10mol/L)，以保持高速率并防止催化剂沉淀失活。

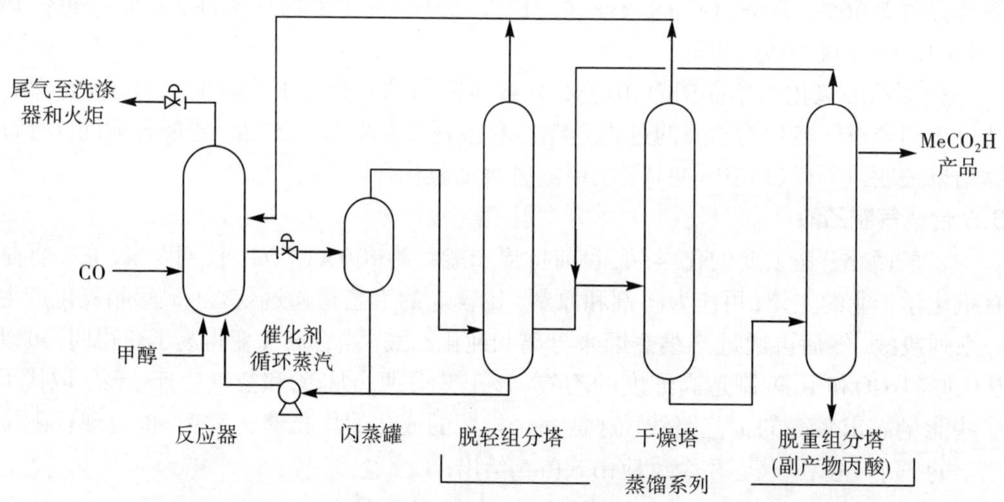

图6.2 使用Monsanto-BP技术的甲醇羰基化制乙酸装置示意图[15]

然而，为了制备所需的无水乙酸，必须通过蒸馏将水从乙酸产物中分离出来，这会产生相当大的成本。另一个问题来自高水含量，因为增加了WGSR(也称铑/碘化物系统

催化)的速率，导致损失大量的CO转化为CO_2。应该提及的一点是有关乙酸甲酯羰基化成醋酸酐[式(6.6)]:

$$MeOCOMe+CO \longrightarrow (MeOCO)_2O \tag{6.6}$$

尽管之前几乎所有的羰基化工艺都是基于来自天然气或石脑油的合成气，直到最近，位于美国的一个主要煤田的Eastman醋酸酐工厂，使用由煤炭生成的CO。Rh/I^-均相催化甲醇羰基化制乙酸的步骤(Monsanto–BP工艺)见图6.3。

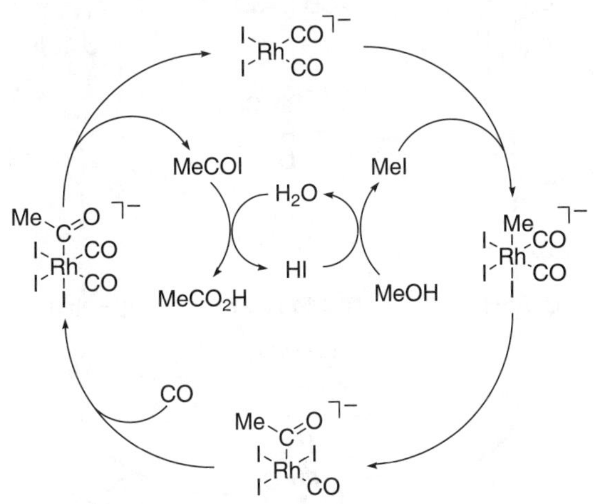

图6.3 Rh/I–均相催化甲醇羰基化制乙酸的步骤

该机理包括两个循环：涉及有机金属络合物反应的“铑循环”和涉及碘化物助催化剂的有机反应的“碘化物循环”。最初，甲醇(或乙酸甲酯)与碘化氢促进剂反应生成碘甲烷。碘甲烷与平面正方的Rh(Ⅰ)配合物顺式–$[Rh(CO)_2I_2]^-$发生氧化加成反应，得到产物$[Rh(Me)(CO)_2I_3]^-$。其中，甲基和碘化物配体都与铑中心结合。这是循环中最慢的反应，即速率控制步骤。该产物是八面体铑(Ⅲ)配合物，其中甲基配体与两个CO配体顺式配位。该配合物具有高度反应性(仅浓度低时)，是由于快速的迁移插入反应，将甲基和CO结合在一起，产生乙酰基配体[C(O)Me]。这个循环中的关键步骤使得在两种C1原配体之间形成新的C—C键。迁移插入反应在铑上打开一个空位，可以吸收另一个CO分子产生乙酰二羰基络合物。有机金属循环的最后一步是还原消除反应，释放碘乙酰并再生活性Rh(Ⅰ)复合物。碘乙酰通过水解产生乙酸产物并再生助催化剂HI，从而以完成碘化物循环[11, 12]。

6.5.2 机理

各种甲醇羰基化反应的机理以及密切相关的乙酸甲酯羰基化制醋酸酐的机理已经被广泛研究，现在已经有很成熟的认识。在原来的Monsanto铑和碘化物催化过程中发生的反应是其他所有的模型。

原位红外光谱表明尽管也有Rh(Ⅲ)配合物$[Rh(CO)_2I_4]^-$存在，但铑催化剂主要以阴离子Rh(Ⅰ)配合物$[Rh(CO)_2I_2]^-$的形式存在。动力学研究表明，整个反应中[MeI]和[Rh]

为一级，[CO]和[MeOH]为零级，这与使用铑催化剂催化MeI反应的速率控制步骤一致。铑-三苯基膦催化丙烯氢甲酰化制备正丁醛和异丁醛的简化机理见图6.4。

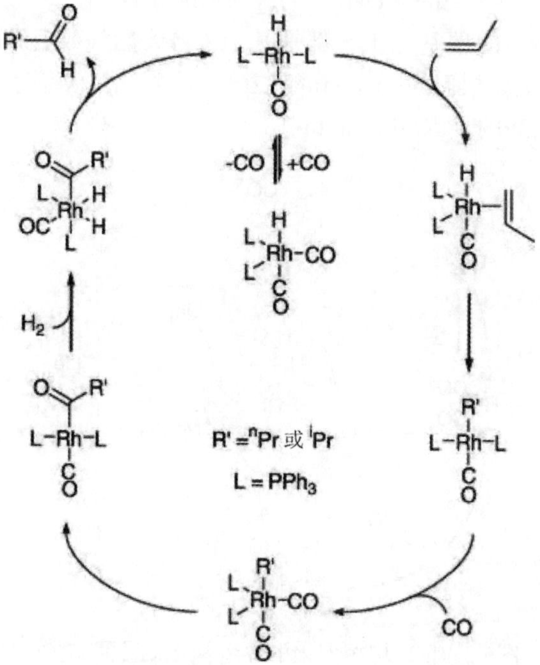

图6.4 铑-三苯基膦催化丙烯氢甲酰化制备正丁醛和异丁醛的简化机理

起始配合物是双(三苯基膦)二羰基氢化铑，即[$RhL_2(CO)_2H$]。第一步，一个CO被烯烃取代。烯烃内部迁移插入Rh—H键，形成两种化合物，包含正烷基铑$Rh(CH_2CH_2Me)$和异烷基铑$Rh(CHMe_2)$配体。然后这些中间体进行羰基化，得到相应的铑-酰基，即$Rh(COCH_2CH_2Me)$和$Rh(COCHMe_2)$，然后通过内部H^-转移裂解，得到游离的醛并再生回起始的铑氢化物。

铱/碘化物促进的Cativa工艺包含了基本相似的步骤和类似的中间体：然而它们的形成和反应速率与相应的铑配合物有很大区别。因此，铱催化反应还有一个助催化剂参与的循环，通常是羰基碘化钌络合物[14]，可以作为碘化物受体并将$[Ir(Me)(CO)_2I_3]^-$转化为中性$[IrMe(CO)_2I_2]$，其容易被羰基化成乙酰基的$[Ir(COMe)(CO)_2I_2]$。此外，阴离子铱配合物在动力学上具有更强的惰性，因此不易通过WGSR而还原和失活。

6.5.3 催化剂失活

大多数从原有Monsanto技术改进的技术都涉及到允许在较低水浓度下操作的策略。Hoechst-Celanese研发了一种改进的使用碘盐(例如LiI)在较低的水浓度下稳定铑催化剂的体系[16]。他们的酸性优化(AO)技术用于得克萨斯州Clear Lake的一个工厂，其产能从原来的27×10^4t/a提高到2001年的120×10^4t/a。LiI促进的低水工艺可以在更高的乙酸甲酯浓度下运行，这有助于通过调节HI浓度平衡来稳定Rh(Ⅰ)催化剂。较低的

HI浓度会导致$[Rh(CO)_2I_2]^-$催化剂中活跃的Rh(Ⅰ)组分被氧化为$[Rh(CO)_2I_4]^-$中Rh(Ⅲ)的趋势降低，然后更容易失去CO，沉积成无活性的Rh–I材料。

由Chiyoda/UOP开发的另一种方法是使用聚合物阳离子交换树脂上的多相铑催化剂，利用了铑可以催化阴离子配合物羰基化反应的优点。由于多相催化剂基本上被限制在反应器中，产物分离和催化剂再循环阶段中的沉淀问题被最小化。对溶解度限制的去除可以使得随着催化剂负载量增加，在更低的水浓度下操作，并且可以实现与均相反应相当的速率。较低的水浓度也会减少副产物形成。机理研究表明，负载型催化剂的催化循环与均相过程基本相同[17]。

6.6 高级烃和高级含氧化合物

大多数如丙烯和丁烯的短链烯烃是通过裂化制造的，换句话说，就是分解更大的烃。包括蒸汽和催化裂化在内的几种变量已经被实践。然而，如下面的部分所述，一些更高级的烃和含氧化合物可通过合成气制备。

异丁烯(2–甲基丙烯)和异丁醇(2–甲基丙醇)的制备有相当大的商业利益，因为它们是合成汽油添加剂(抗爆剂和辛烷增强剂)、甲基叔丁基醚(MTBE，$MeOCMe_3$)和乙基叔丁基醚(ETBE，$EtOCMe_3$)的中间体。MTBE最初非常流行，但对环境问题的担忧导致其使用量下降，而ETBE的使用量相应增加。ETBE的使用效果与乙醇相当，甚至更好，同时在技术难度上小于MTBE。与乙醇不同，ETBE不会引起造成烟雾的汽油蒸发，也不吸收大气中的水分。MTBE和ETBE是通过异丁醇与甲醇或乙醇的醚化，或者通过向异丁烯中加入MeOH或EtOH来制备的。

叔烷基醚作为汽油添加剂的需求引起了人们对其生产的替代途径的关注。一种可能性是由异丁醇–甲醇混合物通过CO氢化合成，然而迄今公开的工艺并没有吸引力。例如，异丁基石油合成的运行(在第二次世界大战期间，BASF总产能达到39×10^4t/a)与早期的高压甲醇合成在催化剂($ZnO/Cr_2O_3/K_2O$)和反应器选择上非常类似，主要区别在于更为极端的反应条件是420～460℃和325atm。即使在最佳条件下，催化剂的使用寿命也只有90天，典型的产品混合物由水(约25%)、甲醇(50%)、异丁醇(11%～13%)和少量高级醇组成[18]。

另一个期刊报道了由合成气合成高级烯烃和异丁醇(2–甲基丙醇)：在每种情况下，都强调了使用氧化锆的重要性。因此，Erkey等[19]报道了在实验室浆态反应器中通过合成气在氧化锆上选择合成异丁烯，通过进行实验来确定空速和CO/H_2比对CO转化和烃产物分布的影响。Maruya等[20]也报道了在合成气催化剂中使用ZrO_2制备异丁烯，异丁醇可通过由丙烯氢甲酰化制备的异丁醛加氢方便地制备(参见6.7节)。更常见的氢甲酰化产品是正丁醛，但是支链醛的形成要通过使用Co或Rh催化剂上的特殊配体来促进。

6.7 氢甲酰化反应

1935年，Roelen发现加氢甲酰化(或羰基合成)反应，他当时在研究钴催化剂上的FT反应的副产物氧化物的形成。很快发现，醛和醇是FT反应中形成的1–烯烃所进行的次级反应产物。在这个新的钴催化反应中，H和CHO被添加到烯烃中，因此名命名为氢甲酰化。后来发现真正的催化剂并不是金属钴，而是在溶液中优先发生反应的羰基钴，如氢化物、$CoH(CO)_4$。此工艺由BASF迅速发展和商业化。

1-烯烃通过氢甲酰化得到直链(正构)醛和支链(异构)醛，参见式(6.7)。最著名的应用是丙烯反应生成正丁醛，然后氢化得到正丁醇。由于氢甲酰化可将CO加到末端或内部的碳的双键上，形成两个同质异构的丁醛。异丁醛可以氢化成异丁醇(2-甲基丙醇)，也是一种商业上有用的化学品(参见6.6.1节)。

$$MeCH{=}CH_2+CO+H_2 \longrightarrow MeCH_2CH_2CHO+MeCH(CHO)CH_3 \tag{6.7}$$

氢甲酰化通常在温和的压力和温度条件下的均相溶液中进行，不过要使用经特殊配体溶解活化的金属催化剂。为了寻求高选择性，已经试验了各种配体和金属的组合。最初的“未改性”羰基钴氢化物催化剂处于平衡状态，其中由烯烃可以协调CO解离形成空位[式(6.8)]：

$$CoH(CO)_4 \rightleftharpoons CoH(CO)_3+CO \tag{6.8}$$

碱性钴工艺直到20世纪70年代才被广泛使用，当时壳牌(Shell)公司引入了三烷基膦改性的催化剂，其活性成分是$CoH(CO)_3(PR_3)$。其中，R通常是双环膦，如9-取代的9-磷杂双环壬烷。由于醛很容易被氢化成为最常需要的最终产物的醇，所以经常进行反应来制造醇。一个简明的总结已经给出[21]。

后来，在Johnson Matthey工作的诺贝尔奖获得者Geoffrey Wlkinson和Davy Powergas发现，三苯基膦铑配合物对于许多加氢甲酰化反应来说是一个更好的催化剂，因为它依靠更温和的条件并且具有更高的选择性。三苯基膦是一种庞大的配位体，可通过在中间步骤中促进CO加成到末端碳的双键上，有助于合成所需的高“*n*-/*i*-(正构/异构)”比的丁醛产物。

Rh/PPh_3催化剂的一个重要变体是由Kuntz于1981年在Rhone-Poulenc开发的两相催化剂体系，不过要使用磺化的三苯基膦配体$P(C_6H_4\text{-}m\text{-}SO_3Na)_3$(称为TPPTS)来制备水溶性催化剂$RhH(CO)[TPPTS]_3$。由于催化剂具有非常高的(9-)阴离子电荷，它仅溶于极性最大的溶剂。所得到的两相催化剂体系优于完全均相体系，因为有机产物丁醛基本上全部都在有机相中，可以容易地分离。类似的，因为催化剂全部在水相中，对催化剂的回收非常容易。更容易分离所需产物并回收昂贵的催化剂和配体，有助于提高该工艺的经济性。再次需要过量的膦配体以获得良好的*n*-/*i*-比的选择性，但需要较低的浓度，因为水中的TPPTS膦解离平衡会向Rh-TPPTS配位络合物转移。由丙烯制备丁醛时，使用这种水溶性催化剂可以获得高的*n*-/*i*-区域选择性(16：1~18：1)，但是速率要低于常规Rh/PPh_3催化剂。

6.8 基于合成气的其他反应

因为CO和氢气在工业上都是由合成气通过WGSR反应制备的[见式(6.2)](也参见2.3节)。为了叙述完整，本节简要概述了许多基于CO或氢气的主要工艺。WGSR通常被用来提供高一个组分而牺牲另一个组分。

6.8.1 羟基和烷氧基的羰基化

与氢甲酰化相关的包括羟基和烷氧基羰基化反应，其在水或醇存在下进行烯烃羰基化[见式(6.9)]。因为氢气来自酒精或水，并不需要额外的氢气：

$$R_1CH{=}CH_2+CO+R_2OH \longrightarrow R_1CH_2CH_2COOR_2+R_1CH(COOR_2)CH_3 \tag{6.9}$$

例如，由镍催化的乙烯、CO和水合成丙酸的反应，而相同的反应在甲醇中，可由钯催化合成丙酸甲酯，其可以容易地转化为丙烯酸甲酯，用于制造强透明聚合物。丁二烯可通过钴催化的二甲氧基羰基化转化为己二酸二甲酯(用于制造尼龙)[见式(6.10)]：

$$CH_2{=}CHCH{=}CH_2+CO+MeOH \longrightarrow MeO_2C(CH_2)_4CO_2Me \tag{6.10}$$

这些工艺已经被论述过[14]。

6.8.2 甲酸甲酯

工业上甲酸甲酯通常是在强碱(如甲醇钠)条件下，通过甲醇和一氧化碳的混合来制备[见式(6.11)]：

$$CH_3OH+CO \longrightarrow HCOOCH_3 \tag{6.11}$$

BASF对这一工艺进行了工业化发展，尽管对甲酸甲酯有96%的选择性，但使用的催化剂对合成气中的一氧化碳原料里含的水比较敏感。因此，非常干燥的一氧化碳是基本要求。甲酸甲酯主要用于制造甲酰胺、二甲基甲酰胺、甲酸以及一些农药和药品。

由于对使用二氧化碳作为原料有很大关注，因此值得注意的是通过Pd/Cu/ZnOnm催化剂表面上偶联固定的二氧化碳制备甲酸甲酯工艺。该催化剂能够将活化的气态CO_2制成甲酸甲酯，在获得高收率(>20%)的同时，还具有优异的选择性(>96%)[22]。

6.8.3 碳酸二甲酯(DMC)

在过去几年中，由于DMC的化学性质和无毒性，其在化学工业中的使用开始增长。它可以在没有光气参与的情况下生产芳香族聚碳酸酯。有机碳酸盐的优异物理性质促进了碳酸二甲酯的新工业合成，其中包括EniChem的氯化铜催化的一步液相法[23]和UBE使用钯催化亚硝酸甲酯的两步气相法[21]。可能还会开发另外两种技术：甲醇氧化羰基化直接气相法和碳酸亚烷基酯的酯交换工艺。DMC作为溶剂和重整燃料中的含氧化合物的大规模应用，在未来是非常有前途的领域。

6.8.4 醚类汽油添加剂

由于环境方面的原因，甲基叔丁基醚不再是首选的汽油添加剂，现在研发兴趣集中在低挥发性的乙基叔丁基醚(ETBE)和甲基叔戊基醚(TAME)[24]。

6.8.5 加氢

这是合成气化学非常重要的一个方面，其大量的氢气可用于很多工艺。主要工艺是哈伯(Haber–Bosch)法合成氨[见式(6.12)]，每年可生产1300×10^8t氨。

$$N_2+3H_2 \longrightarrow 2NH_3 \tag{6.12}$$

在其他加氢反应中，诸如石油工业中的加氢处理以及用于人类消费的将动物和植物脂肪转化成人造黄油的反应也使用大量氢气，超过90%的氢气是由合成气通过WGSR制备的。

Grabow和Mavrikakis已经进行了甲醇合成和Cu/ZnO/氧化铝上的WGSR的DFT计算[25]。他们发现一氧化碳和二氧化碳都参与了甲醇的形成，但在典型的工业条件下，CO_2占甲醇生成路线的三分之二，CO占三分之一。

参考文献

[1] Twigg, M.V. and Spencer, M.S. (2003) Top. Catal., 22, 191.
[2] Molenbroek, A.M., Helveg, S., Topsoe, H., and Clausen, B.S. (2009) Top. Catal., 52, 1303-1311.
[3] Ovesen, C.V., Clausen, B.S., Schiutz, J., Stoltze, P., Topsue, H., and Nurskov, J.K. (1997) J. Catal., 168, 133-142.
[4] Chinchen, G.C., Denny, P.J., Jennings., J. R., Spencer, M.S., and Waugh, K.C. (1988) Appl. Catal., 36, 1-65.
[5] Waugh, K.C. (1992) Catal. Today, 15, 51-75.
[6] Rahimpour, M.R., Moghtaderi, B., Jahanmiri, A., and Rezaie, N. (2005) Chem. Eng. Technol., 28, 226-234.
[7] Mao, D.S., Xia, J.C., Zhang, B., and Lu, G. Z. (2010) Energy Convers. Manage., 51, 1134-1139.
[8] Subramani, V. and Gangwal, S.K. (2008) Energy Fuel., 22, 814-839.
[9] Bowker, M. (1992) Catal. Today, 15, 77.
[10] Choi, Y.-M. and Liu, P. (2009) J. Am. Chem. Soc., 131, 13054.
[11] Dekleva, T.W. and Forster, D.F. (1986) Adv. Catal., 34, 81.
[12] Maitlis, P.M., Adams., H., Sunley, G.J., and Howard, M.J. (1996) J. Chem. Soc., Dalton Trans., 2187-2196.
[13] Sunley, G.J. and Watson, D.J. (2000) Catal. Today, 58, 293-307.
[14] Haynes, A., Maitlis, P.M., Morris, G.E., Sunley, G.J., Adams, H., Badger, P.W., Bowers, C.M., Cook, D.B., Elliott, P.I.P., Ghaffar, T., Green, H., Griffin, T.R., Payne, M., Pearson, J.M., Taylor, M.J., Vickers, P.W., and Watt, R.J. (2004) J. Am. Chem. Soc., 126 (9), 2847-2861.
[15] Maitlis, P.M. and Haynes, A. (2006) Chapter 4, in Metal-Catalysis in Industrial Organic Processes (eds G.P. Chiusoli and P.M. Maitlis), RSC Publishing, Cambridge.
[16] Yoneda, N., Kusano, S., Yasui, M., Pujado, P., and Wilcher, S. (2001) Appl. Catal. A - Gen., 221, 253-265.
[17] Haynes, A., Maitlis, P.M., Quyoum, R., Pulling, C., Adams, H., Spey, S.E., and Strange, R.W. (2002) J. Chem. Soc., Dalton Trans., 2565.
[18] Verkerk, K.A.N., Jaeger, B., Finkeldei, C.- H., and Keim, W.I. (1999) Appl. Catal. A - Gen., 186, 407-431.
[19] Erkey, C., Wang, J.H., Postula, W., Feng, Z.T., Philip, CV., Akgerman, A., and Anthony, R.G. (1995) Ind. Eng. Chem. Res., 34, 1021-1026.
[20] Maruya, K.-I., Komiya, T., and Yashima, M. (2000) Stud. Surf. Sci. Catal., 130, 3693-3698.
[21] Maitlis, P.M. and Haynes, A. (2006) Metal- Catalysis in Industrial Organic Processes (eds G.P. Chiusoli and P.M. Maitlis), RSC Publishing, Cambridge, p. 134.
[22] Yu, K.M.K., Yeung, C.M.Y., and Tsang, S. C. (2007) J. Am. Chem. Soc., 129, 6360.
[23] Delledonne, D., Rivetti, F., and Romano, U. (2001) Appl. Catal. A -Gen., 221, 241-251.
[24] Ancillotti, F. and Fattore, V. (1998) Fuel Process. Technol., 57, 163-194.
[25] Grabow, L.C. and Mavrikakis, M (2011) ACS Catal. 1, 365.

7 费-托合成经济学

Roberto Zennaro

本章对以费-托合成反应作为液体燃料和化学品原料来源的经济学因素进行了考察，并对获得资本成本、运营成本和利润等有用数据的方法进行了概述。敏感性分析提供了更为重要的信息，除了在建造新设施时必须要考虑到的原料的获取(气体、煤、生物质等)、反应器的设计和工厂的位置选择等明显因素外，也需要进行考虑其他许多方面的问题。比如，需要充足的水供应，以及水的回收、净化和再利用设备也是必不可少的。外界环境可以完全改变转换过程中的经济性，因此，页岩气(和其他形式的天然气)的广泛可用使GTL技术成为目前广受青睐的技术。尽管煤炭储量巨大，但由于煤炭的清理成本较高，以煤为基础的煤制油(GTL)转化过程并不被看好。生物质能作为液体燃料和能源的可再生来源，将来可能会变得重要，但近期面对一系列需要克服的问题又使其受到质疑。

7.1 引言和背景

在2006年后的大项目中，基于费-托合成的GTL行业经历了“戏剧性”的变化。2007年2月，埃克森-美孚取消其在卡塔尔产能为770×10^4t/a(15.4×10^4bbl)的“Palm GTL项目”(本来规模大于壳牌公司的Pearl项目)，来支持卡塔尔耗资约103亿美元的巴尔赞(Barzan)天然气供应项目。4月，阿尔及利亚能源矿产部停止了包括Eni和Statoil-Petro SA财团在内的多个国际油气公司参与的Tinrhert综合GTL项目的国际招标。这可能是阿尔及利亚国家石油天然气公司(Sonatrach)在管理一个大型综合项目时遇到困难的结果，这个项目与两个大型液化天然气项目(重建的Skikida和Gassi Touil项目)同时进行。

对于GTL行业而言，更直接的关注是Sasol在2007年5月宣布的一项声明，在Oryx工厂成立一年后，由于无法对FT催化剂进行精细控制，该公司在启动第一个GTL项目时出现了问题[1]。该声明还对在尼日利亚建设的NPC-Chevron Escravos项目产生了影响，这个项目基于相同的Sasol技术。然而，由于Sasol采取了新的下游装置，该项目最终取得了良好的成果，现在Oryx工厂正在按计划进行生产。

自2007年以来，“石油危机”和大幅的成本上涨(超过50%)现象已经危及了石油和天然气公司投资于诸如液化天然气或GTL等资本密集型项目的计划，操作经验有限也是壳牌公司的Pearl GTL项目成本大幅上涨的主要原因之一。2003年最初宣布时，它的EPC(工程、采购和建造)成本估计在50亿美元左右，但实际数字是190亿美元，几乎是最初评估时的4倍。

2011年末，天然气和中间馏分油供需平衡以及高油价等新因素相结合，使得人们重新燃起了对GTL计划的兴趣。这些因素互相结合，通过扩大原料成本和与油价相挂钩的GTL产品价格之间的差距来提高GTL计划的盈利能力。

我们通过分析影响各种天然气货币化路线吸引力的投资和运营成本来考虑天然气和GTL产品的市场前景。

7.2 市场展望(天然气)

全球天然气预估储量不断增加，从2000年的$153\times10^{8}m^{3}$增加到2010年的$193\times10^{8}m^{3}$，天然气需求比同期仅增长9%的石油需求强劲得多。这是由于新兴国家和发展中国家天然气消费大幅增长(增长13.8%)，工业化国家天然气消费量也在增长(增长3.9%)，近几年的增长尤为明显。与其他化石燃料相比，工业化国家天然气的环境效益预示着天然气市场的进一步扩大，尤其是在发电领域。

继所谓的“非常规天然气革命”(主要是页岩气)之后，美国于2009年成为世界领先的天然气生产国，产量达到$5830\times10^{8}m^{3}$，超过了该领域曾经的领导者俄罗斯。美国天然气产量的增长是天然气市场最重要的趋势之一，在2005~2010年期间增长了约$950\times10^{8}m^{3}$(增长19%)。

尽管页岩气最初只是北美的一种现象，但其在欧洲的发展也非常迅速，在整个欧洲大陆已经进行了详细的研究，在德国、瑞典、奥地利、匈牙利、法国、英国和波兰已经钻探了勘探井。波兰很可能会成为欧洲第一个从其巨大的页岩气储量($5.3\times10^{12}m^{3}$)中开始生产的国家，2010~2012年间向包括雪佛龙(Chevron)、埃克森-美孚(ExxonMobil)和埃尼(Eni)在内的公司颁发了90个勘探许可证。2011年7月，在距离格但斯克(Gdansk)90km外的Lieben，第一次页岩气生产测试成功地进行了水平和水力压裂(水力压裂)。如果能够有效开采和利用这些资源，就可以通过减少对俄罗斯的进口依赖度，从而改变欧洲的能源现状，并且能够对北美主导的天然气市场价格产生影响。中国、南美和北非的页岩气开发也在迅速发展，尤其是中国，由于其巨大的页岩气探明储量($35\times10^{12}m^{3}$)，预计中国将在2030年成为最大的页岩气生产国。

然而，目前还不是十分清楚这些国家可开采页岩气资源的全部潜力，因为人们越来越担心页岩气的开发会对环境，特别是饮用水的质量产生影响。在世界许多地区，水资源日益短缺，如果认为饮用水被处理不当的回流压裂液所污染，这将增加反对的意见和开发的成本，因为需要设计专门的中水回收利用计划。在压裂作业中，每段大概需要1×10^4bbl的水量，所以一个水平长度为6000ft(约1830m)(1ft≈0.3048m，下同)拥有15个阶段的常规井需水量将会接近15×10^4bbl。

除了发现这些非常规的天然气，传统的天然气探明储量也在迅速上升，比如在卡塔尔，2005~2010年间探明的储量翻了一番(见图7.1)。

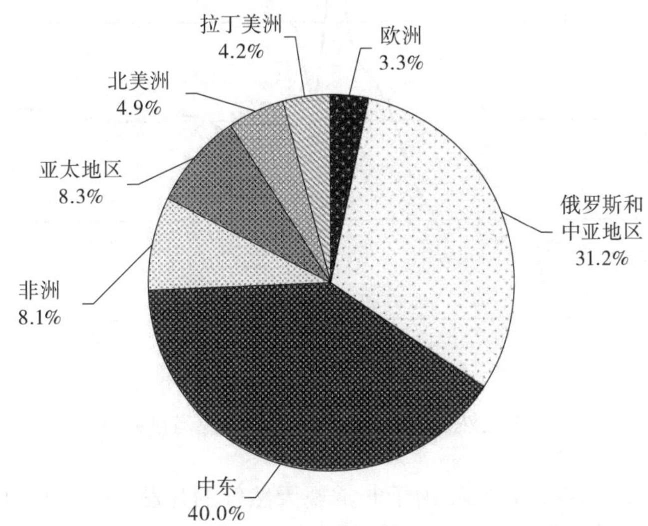

图7.1 天然气储量区和总量(2011年总计$191\times10^{12}m^3$)

目前，非常规天然气开发正在改变液化天然气行业，从长远来看，由于国内天然气产量增加，甚至可能会减少进口液化天然气的需求。例如，北美的液化天然气行业受到页岩气开发的严重影响，许多以前预测的液化天然气终端已经丧失了生存能力。因此，自2003年以来，天然气价格与原油价格之间的差距(按能源当量计算)一直在扩大，目前Henry Hub天然气价格大约为WTI原油价格的20%。而在2003年，Henry Hub天然气价格大约为WTI原油价格的1.0倍。美国的天然气价格似乎仍将比油价便宜得多，到2010年这一比率为0.3倍，到2020年为0.4倍[3]。

欧洲和亚太地区天然气与原油之间的价格差距也有所增加，但是，这里的差距相对要小得多，而且离历史平均水平还相差不远。这与以下事实有关：这些地区的天然气价格历来与油价挂钩，而液化天然气的涌入，特别是从北美转到欧洲的天然气，使天然气现货价格保持在相对较低的水平。不过，亚洲液化天然气市场在2009年的液化天然气需求大幅提高，尤其是在韩国和日本，天然气现货价格已经上涨。继福岛核灾难之后，天然气价格上涨近三分之一，原因是日本需求增加，天然气成为可替代能源。

根据国际能源署(IEA)的预测，未来几十年，天然气价格与原油价格在能源当量基础上的比值将保持相对较低的水平。与石油相比，天然气价格持续走低的预期导致人们期望从石油到天然气逐渐转换，特别是对于一些运输用途或GTL原料。图7.2显示了布伦特(Brent)原油价格与三大主要天然气价格之间的预测差异。

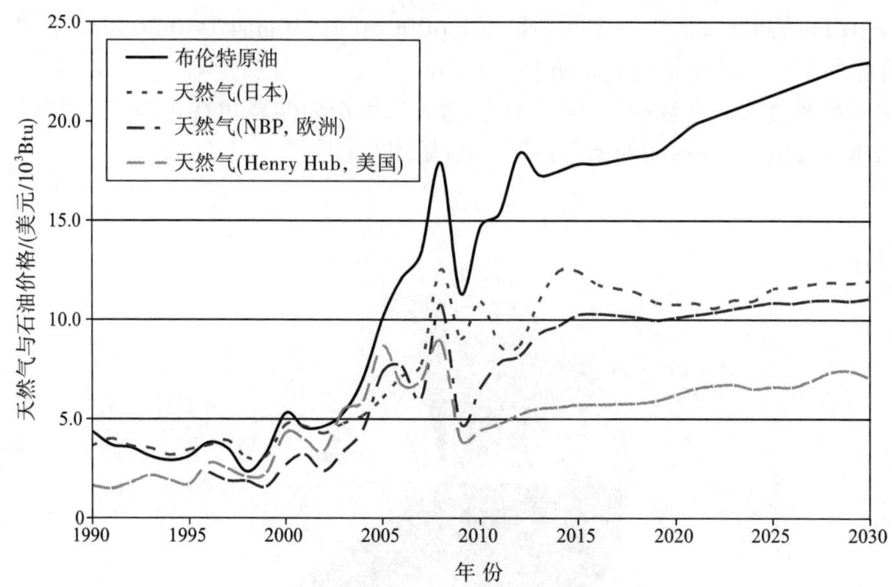

图7.2 天然气与石油价格差异(能源当量基础)

特别是在东欧、中东和北美，由于非常规天然气的开发，天然气的巨大可用性意味着我们必须重新考虑并预期影响未来石油市场供需发展的主要因素，以全面评估GTL过程及其产品。

未来全球石油需求的增长(2009~2035年之间每年约1%)预计将由运输燃料和石化原料的趋势推动，后者包括乙烯和芳烃产品对石脑油的需求。

中间馏分油需求将是主要因素，需求量增长强烈依赖于汽车柴油和喷气燃料(预计到2035年分别增长2.20%和2.16%)。发展中国家商业活动的增加，加上西欧个人柴油车比例的增加，将可能支撑柴油需求，航空旅行和货物运输的增加将支持航空燃油的需求。虽然生物燃料的重要性日益增加，但其对生物燃料的贡献仍相对有限，主要还是作为生物柴油。在增量的基础上，生物燃料占到中间馏分的5%~6%。

此外，石油化工需求的重大相关性也有望得到发展，从而导致生产乙烯和芳烃产品的石脑油需求不断增加。在此背景下，预计2009~2035年期间石脑油总需求将以平均每年2.9%的速度增长，导致需求量超过汽油需求。

这些发展模式将对世界炼油厂的供应产生重大影响，特别是在不久的将来可能出现过度投资的情况下。在21世纪初期，包括中国和印度在内的发展中国家石油需求的快速增长使得全球炼油能力进一步收紧。但是，大规模投资带来的新炼油能力迅速增长，与最近的经济危机和石油需求的大幅下降正好吻合。其结果导致开工率急剧下降，严重影响了大部分炼油中心的利润。在这一背景下，预计将会发生重大的合理化调整，特别是在更成熟的经合组织(OECD)市场(北美、欧洲和日本)，最终促使经合组织成员国在2010~2015年期间关闭一些现有的炼油能力。

图7.3显示了产品的潜在供需平衡，不仅指出了短期内供应过剩的时期，而且还指出了轻质产品(汽油，煤油和瓦斯油)供过于求的可能性。其可能延长到2018年，伴随着潜在更加严格的燃油平衡。关键的信息是，如果在中短期内增加了过多的炼油能力，不仅存在风险，而且在全球范围内，炼油商计划的转换产能过剩。

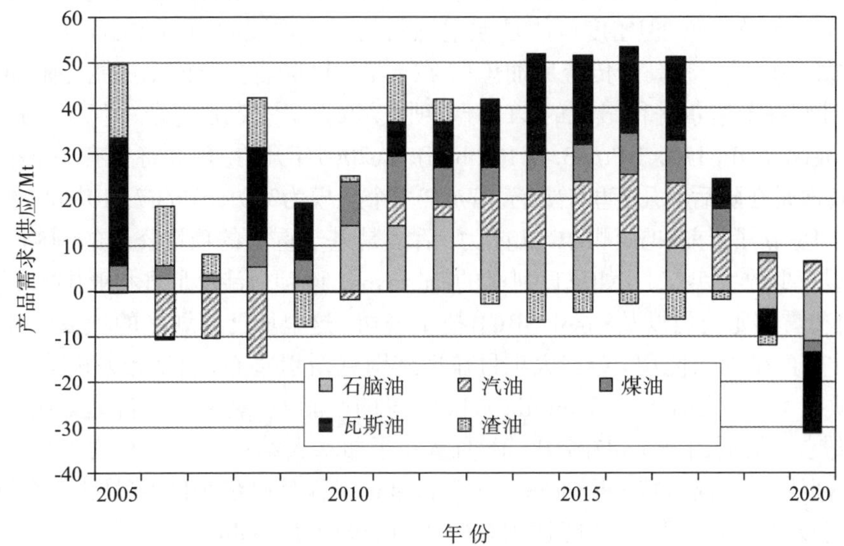

图7.3 全球石化产品需求-供应平衡

最新的趋势反映在设计“零燃料油”产量的新炼油厂上，而现有炼油厂正在提高增量转化能力，这也符合降低燃料油产品的最低价值(也面临着市场需求下降)的努力，同时也表明了全球转换能力过度投资的趋势。预计这种情况将在未来几年严重影响炼油经济，需要进一步合理化。

人们可能会注意到，自2015年以来，汽油和煤油供应迅速转为赤字，因为预计会出现持续的汽油盈余。这也是欧洲、北美和日本炼油能力需要进行结构合理化的另一个原因。

预计到2018年之后，将出现天然气、煤油和石脑油(所有GTL产品)的全球亏损，截止到2020年，全球需求量可能要净增2000×10^4t瓦斯油和煤油以及另外1100×10^4t石脑油。如果在北美和欧洲的炼油厂进行合理化调整，这些数字可能会更高。

全球石油市场的另一个重要组成部分是炼油能力的区域发展，其主要基于两大主要的增补浪潮。第一波(2009~2011年)涉及印度(亚太)和中国(东北亚)的新增产能，其次是北美和欧洲的中间馏分(瓦斯油和煤油)投资；第二波预计在2013~2014年。预计俄罗斯和拉丁美洲的产能将增加，中东地区的新增产能也将增加，与需求相一致的是，大部分产能都瞄准了中间馏分油，包括加氢裂化能力。

一般来说，新的GTL装置正在以最大限度地提高柴油产量为目标，而老旧的装置目标则是汽油/烯烃(南非)或其他特殊产品，如Bintulu(马来西亚)工厂的石蜡/蜡。其他的是诸如具有高附加值的石脑油和煤油所提供的特殊产品，包括液化石油气、石蜡、碱润滑油和直链醇。GTL品质的柴油(可忽略不计的硫和高十六烷值)是新一代柴油理想的混合成分。

其他关键产品，诸如GTL煤油，可作为替代或混合使用石油基喷气燃料或煤油，暂不考虑硫含量问题，但密度可能是航空燃料的一个重要问题。GTL石脑油是一种优良的乙烯原料，其产量高于传统原油炼厂，在干旱地区联合生产的水可能是附加价值。

预计将在卡塔尔进行最大的GTL开发项目，该方案假定首先新一代工厂逐步增加[Sasol/Chevron/QP, 170×10^4t/a(3.4×10^4bbl/d)，从2007年开始，预计将会有一个小规模的扩张]，其次是在随后的几年里增加(壳牌/QP)两个规模为350×10^4t/a(7×10^4bbl)的装置。

表7.1更新了目前和预测的GTL能力，后者是基于重大的项目公告的预测。该预测仅仅假设了少数大型工厂，如尼日利亚的Escravos。该项目涉及尼日利亚国家石油公司(NNPC)和雪佛龙公司以及Sasol SBCR技术公司。这个早已计划好的项目面临许多困难，但目前正在投入使用。第二大项目在乌兹别克斯坦宣布，再次涉及Sasol SBCR技术，这项技术也被用于扩大Secunda GTL装置的产能，该装置由来自莫桑比克的天然气供应维持。最后，由Sasol在2011年3月宣布了加拿大第一个基于页岩气的GTL项目(Montney页岩层)。福斯特·惠勒(Forster Wheeler)工程公司在2011年6月获得合同，完成GTL机组技术可行性研究，产能达到480×10^4t/a(9.6×10^4bbl/d)。

表7.1 当前和预计的GTL容量　　kbbl/d

项 目	2000年	2009年	2010年	2015年	2020年	2025年	2030年	2035年
Mosselbay(PetroSA)，南非	24.0	24.0	24.0	24.0	24.0	24.0	24.0	24.0
Bintulu(Shell)，马来西亚	14.7	14.7	14.7	14.7	14.7	14.7	14.7	14.7
Sasolburg(Sasol 1)，南非		8.0	8.0	8.0	8.0	8.0	8.0	8.0
OryxⅠ, RasLaffan(QP, Sasol)，卡塔尔		34.0	34.0	37.4	37.4	37.4	37.4	37.4
Pearl(Shell)，卡塔尔				140.0	140.0	140.0	140.0	140.0
Escavros(Chevron, NNP)，尼日利亚				34.0	34.0	34.0	34.0	34.0
Secunda(Sasol 2/3)(第一阶段)，南非				11.0	11.0	11.0	11.0	11.0
乌兹别克斯坦(Sasol/Uzbekneftegaz/Petronas)					38.0	38.0	38.0	38.0
Montney页岩，加拿大(Sasol)					90.0	90.0	90.0	90.0
总 计	38.7	80.7	80.7	269.1	397.1	397.1	397.1	397.1

预计到2015年，中东地区的GTL产能将达到900×10^4t/a(约18×10^4bbl/d)，而这一数字在较长时期内不会发生变化。

根据全球炼油业行情和潜在参考市场的规模，GTL产品对全球石油产品市场的影响预计将微乎其微。

然而，由于GTL产品组合适合其他全球行发展计划，GTL计划似乎将有新的机遇。从

2015年起，预计中东地区约900×10^4t/a(18×10^4bbl/d)GTL产能将在较长时间内投入生产。

GTL项目似乎也有新的机遇，因为从需求角度来看，GTL产品组合符合全球发展趋势，特别是在为交通行业提供高质量的中间馏分油方面。然而，除了可能在发展中国家进行投资之外，这一潜在的优势将对在经合组织国家中可能发生的实际能力合理化极为敏感。然而，这些都是非常难以预测的。

从产能的角度来看，2015年后可能开始的任何全球规模的GTL复杂项目都不太可能对全球的油气、石脑油和煤油平衡产生重大影响。

中国和印度已经宣布了基于FT反应的CTL工业发展计划。此外，一些在南非的大型老旧产能扩张[400×10^4t/a(8×10^4bbl/d)]正在进行。由于非传统页岩气开发热潮的兴起，一些在美国宣布的以煤为基础的CTL计划最近被GTL所取代。上述的整体情况只会轻微改变，即使包括CTL的影响。考虑到研究或试验项目的主动性，BTL生物燃料的影响可能微乎其微。

影响GTL项目可行性的关键因素是原料，即天然气生产成本、成品油价格和初始投资成本，这些将受益于大规模的规模经济和学习曲线(learning curve)的杠杆作用。由于迄今所获得的经验有限，尚未观察到后者。与可用的基础设施进行集成，并进行流程和实用程序优化，对于降低投资成本至关重要。最后，当产品市场价值较高时，高品质的GTL燃料(柴油、喷气燃料)、作为石油化工原料的GTL石脑油，以及润滑油基础油、直链醇和烯烃等特殊产品可以提高预期的盈利能力。

7.3 资金成本

我们在此分析了一个典型的GTL装置所需的总投资和GTL产品量约85×10^4t/a(1.7×10^4bbl/d)的GTL单元的预运行成本，这个分析基于一个带有浆态泡罩塔反应器技术的FT模块。

这一成本估计是由埃尼(Eni)公司的前端工程设计(FEED)开发出来的，该设计来自于埃尼为GTL项目潜在应用的北非地区部署[4]。它是EPC承包商为执行GTL项目的工程、采购和建造所进行工作的典型代表。具体来说，成本数据是基于类似设备的价值和批量材料的统一成本数据，并且通过采购部门的反馈，定期更新现有的已公布的成本数据库[5~7]。GTL项目的资本成本估计可以分解为以下7个离散的软件包。对每一套方案，设施费用概算见表7.2，总投资约为20亿美元。

① 工程服务费用是根据项目范围内的每个活动和/或可交付的工作时间来估计的，并根据所提议的项目资源分配来确定。此费用包不包括承包商人员现场住宿(居住、住宿和当地运输)和现场安全费用的费用。

② 供应的设备的费用使用内部估计软件、类似设备的订单值或使用从供应商获得的数据进行估计的(在没有供应商提供的情况下，资本备件的成本已被估计为设备成本的百分比)：空气冷却器、鼓风机、锅炉、资本备件、催化剂(第一收费)、化学品(第一收费)、塔、压缩机、换热器、过滤器、消防、加热器、实验室设备、组件、水泵、反应器、罐、涡轮机、管线。

表7.2 EPC成本估算细则

EPC成本包	成本/万美元(2011年)
工程服务	13300
设备供应	49800
散装材料的供应	36900
运 输	4700
构 造	83000
监督安装	12700
预调试、调试和测试运行①	3500
总投资成本	203900

① 商业验收测试运行。

③ 散装物料的成本是根据内部单价清单确定的(定期更新供应商特定报价或供应商单价):民用材料;DCS(分布式控制系统)、ESD(紧急关闭)、FGS(燃气系统)、BMS(燃烧器管理系统)和MMS(机器监控系统);电气设备和材料;仪器设备和材料;绝缘材料;油漆;管道、阀门和梯子;钢结构;电信设备。

④ 工地交通运输成本按设备和散装物料成本的百分比计算(不含关税):海上运输材料、海运费、陆上运输材料。

⑤ 建设施工费用是根据分包商报价所提供的材料。针对具体的询价包,这个成本还包括提供临时建筑设施的费用,以及提供所需的所有设施,如现场办公室和家具、用品、电缆、仓库、堆场和交通工具的费用(承包商的人员、供应商和许可人来往于现场,还包括有关保险车辆的租金):建筑物(包括必要的车间、办公室、食堂);土木和混凝土;起重机;机械安装(设备、管道、结构和罐);电气/仪器/电信架设;油漆和绝缘;按日收费工作;协助调试;现场运行成本和临时施工设施。

⑥ 监督安装费用包括营地经理助理、营监督员、营地维修主管和协助、一般事务助理、文件和复制人员、秘书、文员、一般事务助理、CAD操作员等员的费用,以支持外勤工作人员、急救护士、文件管理员、司机、行政干事、保安员、当地采购干事、人事干事、劳资关系干事等等所发生的费用(这些都是根据拟议的项目资源分配计划确定的)。

⑦ 预调试、调试和测试运行费用包括提供设施的预调试、启动和试运行所需的所有服务、材料和工具的成本,它们是根据估计的资源来确定的。

基于主要GTL流程、实用程序和非现场单元的成本分解如图7.4所示。合成气装置是最昂贵的,如果包括空分装置,但不包括加氢脱硫所需的氢装置的部分投资时,费用占设计、采购和施工总承包(EPC)成本的26%左右,费-托合成装置约占总投资的24%。重要的是公用工程和非现场工作的支出,占整个工厂投资的36%,表7.3提供了一个典型的公用工程和非现场工作的清单。

材料和设备成本之间的成本划分,以及运输、现场安装几乎是相同的,并且覆盖了整个EPC投资的86%。其余部分用于服务,如细节工程、安装监督以及与调试和测试工厂相关的费用，直到商业验收和运营的启动(见图7.5)。

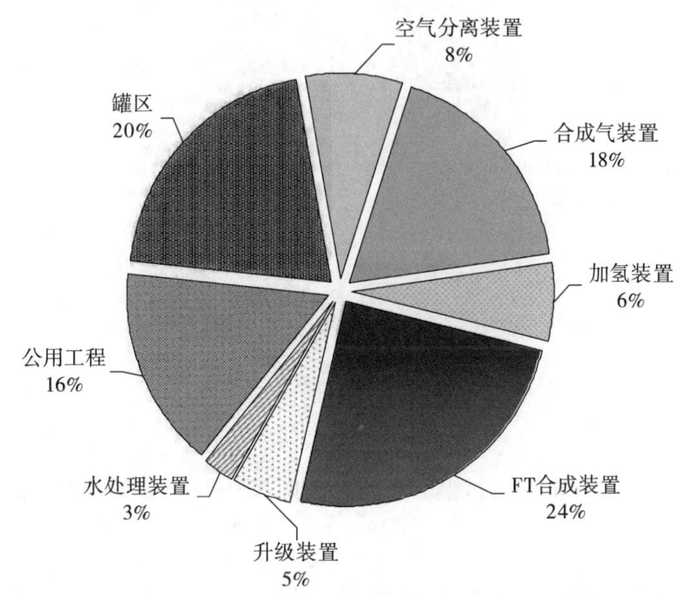

图7.4 一个1.7×10^4bbl/d GTL装置(工艺、公用工程和非现场)的EPC成本分解

表7.3 典型GTL装置的公用工程和非现场主要清单

公用工程	非现场
冷却水塔	燃气机组
淡化水	火炬和吹扫
装置空气和氮气	产品储罐
去离子水	中间储罐
蒸汽和冷凝液	实验室
新鲜水	互 连
有氧处理	建 筑
服务用水	
消防用水	
发 电	

总成本(总投资)通常包括EPC承包商的利润(通常假定为设施成本的10%)、项目的所有者成本、启动和启动成本、员工培训、关税、代扣税、财务费用、所有风险保险和财务项目业主的应急费用。

如果项目盈利能力的经济研究需要总体投资成本估算，则需要对后者进行详细评估，但是，额外成本在公司与公司之间可能会有很大差异，并且取决于项目的特点。但尽管如此，仍将其作为投资的一部分，因为它们不可忽略，可能高达20%~25%。由于许多参数可以影响这一估计，我们只比较这里的EPC成本，在文献中采用了类似的方法。

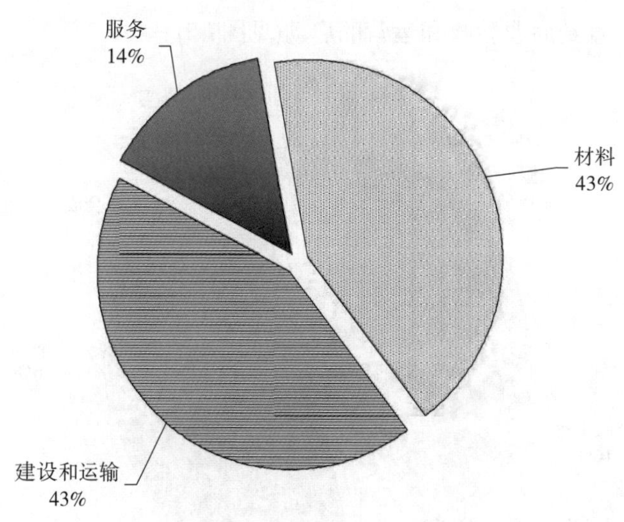

图7.5 1.7×10^4bbl/d GTL装置的EPC成本分类(材料、建筑和运输服务)

7.4 运营成本

GTL工厂的典型可变操作成本由费用占产能利用率的百分比得出。这些费用包括原料(天然气)和公用工程成本，其中包括催化剂和化学品消耗数。天然气成本取决于气体消耗量，这与GTL过程所能达到的能源利用效率、公用设施配置和天然气购买价格有关，而天然气成本又与开发天然气资源的上游生产成本和到GTL装置的运输成本有关。天然气成本可能是及其有波动性的。例如，如果天然气与直接注入或燃烧天然气的油田相关联，则成本可能很低(甚至为零)。而当上游天然气生产成本由相关NGL(液化天然气)生产所得收入支付时，可能会出现另一种情况。

固定的运营成本是与生产率无关的费用，表7.4总结了典型GTL装置的可变成本和固定成本。该装置产能约为85×10^4t/a(1.7×10^4bbl/d)。

表7.4 典型的GTL装置成本构成

设 备	维护(预防和改善)	维护专门备件
	化学制品	土木工程；催化剂处理和处置；催化剂和化学品
	经营保险；其他	ICT；餐饮成本；与现场操作相关的现场运行成本
领导和管理成本	直接的人员	生产和公用事业人员；普通的维修和实验室人员、行政管理人员、HSE人员
	领导和管理	训练；总部行政
服务成本	物流	工业运输服务；民用运输服务

7.5 收入

GTL项目可以生产柴油、喷气燃料和石脑油以及特种产品，如用于直链烷基磺酸盐或烷基苯生产(LAS、LAB)的正构烷烃、钻井液和蜡。尽管专业性方面能够支持项目的盈利能力，特别是在运营阶段开始时的盈利能力，但鉴于燃料市场的规模，GTL工厂通常是为了最大限度地提高柴油或喷气燃料等中间馏分油的产量。

根据公用设施的配置，一个1.7×10^4bbl/d的GTL项目除了能保证内部生产正常运行，还可以生产约20MW的电力用于输出，这可以增加项目的盈利能力。当然，前提是用于提供这种电力的配电网必须是可用的。预计整体运营支出(OPEX)为8.7美元/bbl，详见图7.6。

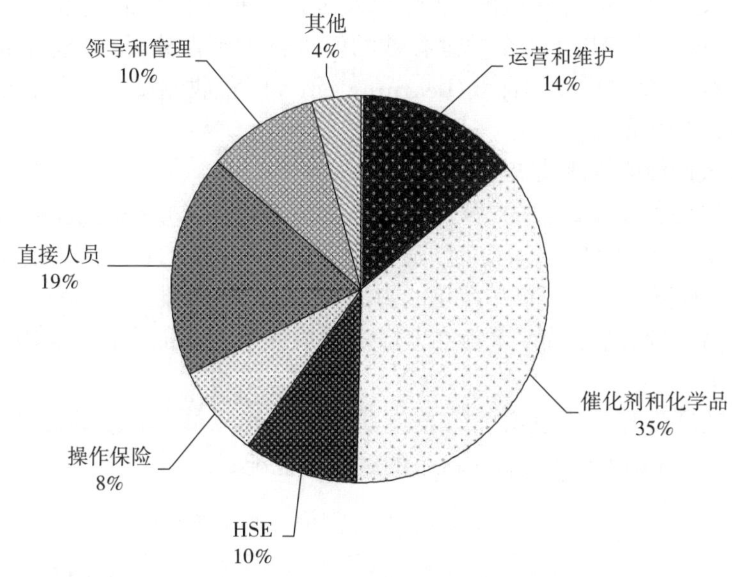

图7.6 典型的GTL运营成本分布

7.6 经济学和敏感性分析

可以通过经济分析评估项目盈利能力，但除非能够提供项目基础的准确定义，否则结果往往容易受到质疑。不幸的是，一个适当的项目定义需要有关GTL计划非常具体的信息，例如正确的位置、可用的现场基础设施、财政制度、产品可销售性、项目业主成本等等。

为了确定影响GTL项目盈利能力的关键技术经济和市场参数，我们在这里进行了一个经济模拟，对每个参数进行敏感性分析，以提供所选盈利指数的定量估计。经济分析采用以下几种方法：

① 货币：美元。

② 项目经济寿命：25年的运营，第一年生产50%，第二年生产100%。

③ 通货膨胀率(以参考货币计)：在整个项目经济生活中，每年2%。

④ 所得税：净收入的30%作为公司税，在收入计算年度支付。

⑤ 投资成本支出：GTL综合体的建设认为会持续52个月，假定在2011~2015年EPC期间，每年的资本支出细目分别为5%、20%、35%、30%和10%。这个部门代表了项目实施活动的(暂定的)进展曲线，并没有考虑到业主的预付款和/或承包商的任何其他

承诺。

⑥ 折旧: 超过15年。

经济分析以贴现现金流量法进行评估, 它基于GTL综合体经营所产生的年度净现金流量计算, 这一计算要求在项目预计的整个经济生活中预测与投资动议相关的所有收入和成本。

为了考虑到规模经济效应的影响, 以及经济模拟中使用的成本估算和价格假设的不确定性, 通过改变以下六个关键参数的值进行敏感性分析: 规模经济(GTL项目容量)、原料成本(天然气)、学习曲线(Learning curve)、税收制度、产品价格(GTL柴油价格)、石油价格的场景。

7.6.1 GTL装置产能的敏感性(规模经济效应)

当我们评估像GTL这样的新行业时, 通常会考虑寻求规模经济, 当涉及到大型油气藏[800×10^8 ~ $1500\times10^8 m^3$(标)]时, 通常会考虑大容量的GTL装置。这与液化天然气技术相似, LNG技术经历了单一液化能力的持续增长, 以维持其盈利能力。并且从20世纪建造的第一批装置开始, 最近在卡塔尔建成的装置其能力在70×10^4 ~ 160×10^4t/a至780×10^4t/a(AP-X空气产品公司的流程)。

这个灵敏度计算是通过增加FT反应器和相关处理单元的数量获得的五个不同的装置能力, 表7.5详细列出了每种情况下的过程单元配置。

表7.5 不同GTL装置能力的过程单元配置

GTL装置	基本情况	基本X2	基本X3	基本X4	基本X5
容量/(bbl/d)	17000	34000	51000	68000	85000
气体处理	1	1	1	2	2
空分装置(ASU)	1	2	3	4	5
合成气制备(ATR)	1	2	3	3	4
费-托	1	2	3	4	5
加氢装置	1	1	1	1	1
产品升级	1	1	1	1	1
水处理	1	1	1	1	1

总资本成本已经根据7.1节~7.3节讨论的单GTL装置1.7×10^4bbl/d的估算值重新计算。指数分解法[8]已经应用于单一的散装材料和设备, 以估计放大的GTL装置的EPC成本。

图7.7显示了所考虑的五个装置能力的计算设备成本(以美元/bbl计)。在本研究中, 特定的投资成本往往会达到83000美元/bbl, 这是本研究所考虑的最高容量。

根据表7.4所使用的可变成本和固定成本之间的相同划分, 重新计算了运营成本。结果是运行成本下降, 在研究中考虑的最高容量下, 将装置产能提高到约5.0美元/bbl。

7.6.2 原料成本的敏感性

对于GTL计划, 天然气成本取决于与GTL工艺和公用设施配置所达到的能源效率以及天然气购买价格相关的能源消耗，而天然气成本又与上游生产成本相关联，从而开发天然气资源并运输到GTL装置中。

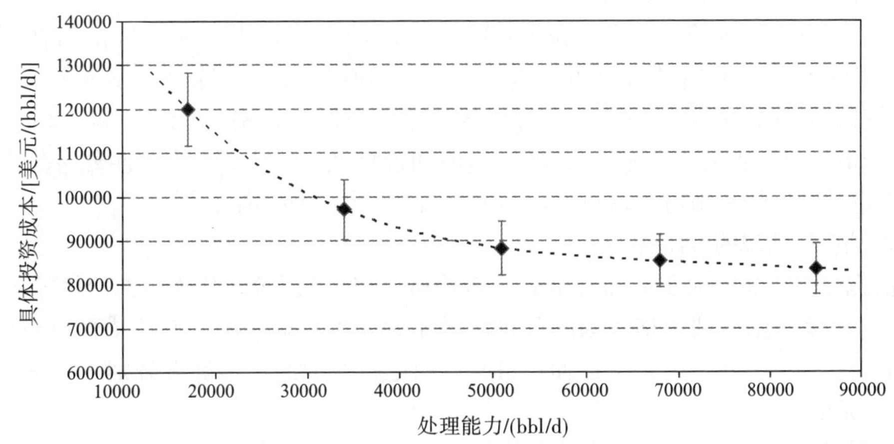

图7.7 GTL综合体的具体投资成本

敏感性分析认为，典型海上天然气开发(包括海底设备、海上平台、输油管线、岸上和岸上天然气接收设施的输出管线)的上游生产成本为2.5美元/10^6Btu的初始价值，然后将这一价值降低至1.0美元/10^6Btu(这是低成本的天然气从油田注入或燃烧的情况)。由于经济原因和/或市场准入不足而无法开发的“滞留气”情况，也可能与该范围内的天然气生产成本有关。这将取决于天然气储量的特征(例如，高二氧化碳浓度、远洋深水、到GTL装置距离远)，这可能导致非常高的天然气生产成本，降低了GTL项目的吸引力。

7.6.3 GTL项目成本的敏感度(学习曲线效应)

为了评估学习曲线对工厂建设成本的影响，进行了敏感性研究。研究表明，装置产能为6.8×10^4bbl/d时，总投资成本下降了10%。这个数字考虑到GTL项目建设的经验和优化的增加，因为目前世界范围内类似项目的数量有限，而且浆态鼓泡塔反应器的发展还处于初期阶段。

7.6.4 税收制度的敏感性

税收制度是GTL项目经济中非常重要的一个因素，在这个敏感性分析中，考虑了30%的平均税率。为模拟政府可能提供的支持，政府已对GTL项目的所有相关设备和服务实施了5年的免税期和免征进口税。

7.6.5 GTL柴油定价的敏感性

与以石油为基础的产品相比，GTL的柴油产品有潜在的优势，这是因为其优异的性能符合旨在减轻轻型和重型柴油车辆排放的环保法规。

GTL燃料的低可用性仍然让人谈论一个真正的GTL产品市场为时过早，这就限制了设定溢价水平的可能性。尽管如此，高端燃料产品的市场运营也证实了未来存在溢价的情况，而通过GTL柴油混合改进后，可实现额外的利润率，加强或提高市场份额。在位于卡塔尔的Pearl GTL项目启动前几年，壳牌公司已经将GTL柴油的一小部分添加到了它的V-power柴油发动机中。

除溢价外，作为第一个近似值，GTL产品的销售价格参考原油价格的估算。石脑油、柴油或喷气燃料的价格可以根据与原油价格的线性关系来计算。例如，超低硫柴油(ULSD)(硫含量为5mg/L)的价格约为布伦特原油价格的1.2倍。这一相关性在2005~2011年期间得到了证实，其特点是原油价格波动较大，该敏感性分析是为了评估高质量的GTL柴油相对于现行的ULSD报价的影响(平均10%以上)。

7.6.6 原油价格情况的敏感性

根据GTL产品相对于原油价格的销售价格，将经济评价转化为原油价格情况是正常的，这当然受到石油价格波动以及预测的不确定性影响。在这个敏感性分析中，原油价格变化为90~100美元/bbl，而WTI原油和伦特原油的年均价格分别为93美元/bbl和110美元/bbl。

7.6.7 关键参数对GTL装置盈利能力的影响

所选参数对项目盈利能力的影响是通过比较净现值(NPV)来衡量的，净现值是在整个项目寿命期间所有现金流入和流出的差额，以预定的利率(贴现率)贴现。这是一种折现现金流技术，用于比较评估投资建议。贴现率应该至少等于借款人向融资机构支付的利率，或者至少等于代表投资者可能获得的回报的“机会成本”，在替代方案中使用相同数量的资本主动性与企业风险类似。

就本研究的目的而言，假设贴现率为9%，等于加权平均资本成本(WACC)。假设主动贷款总投资成本的75%以每年7%的比率借入，成本的股权等于15%/a。

图7.8中给出了每个关键参数对项目收益率的相对影响。

很明显，规模经济的影响和典型的基于资本密集技术(例如LNG)的行动，在GTL项目的经济学中起着重要的作用，主要是由于上述具体投资减少所致。对于已提供的信息，6.8×10^4bbl/d的工厂产能将导致该计划的税后内部收益率(IRR)在用于计算净现值的贴现率上翻倍。

影响项目盈利能力的另一个关键参数是天然气成本，这导致会慎重考虑GTL项目在偏远的内陆地区的经济可行性。这些地区有廉价的天然气供应，而且并不禁止跨国许可程序。

考虑到油价上涨的情况，这种考虑更为有效。上面的图7.8显示，石油行情从90美元/bbl增加到100美元/bbl，将使该项目25年经济寿命期间的净现值增加9个百分点，约为20亿美元。值得强调的是，相关天然气成本的合理化与GTL产品价格的上涨无任何关系。

上述敏感度分析还显示，由于年度经营利润率显著，以及GTL计划能够产生的EBITDA(扣除利息、税项、折旧、摊销前)，5年免税期(可能由政府吸引投资者)可被视为影响项目盈利能力的重要特征。

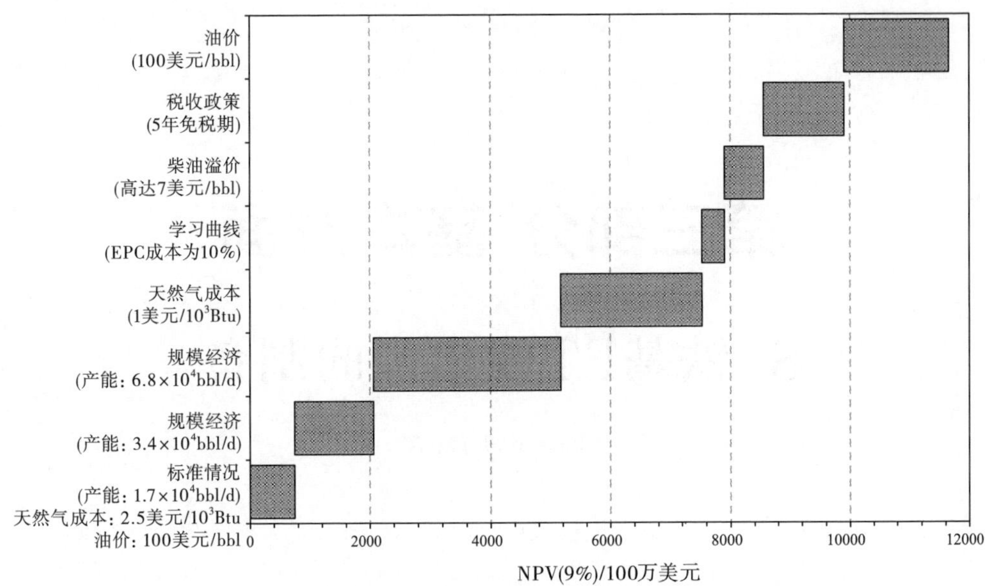

图7.8 关键参数对GTL项目盈利能力的影响

由此可以得出结论，根据本研究的基础，针对本文所考虑的所有利益同时发生的情况，一座产能为6.8×10^4bbl GTL计划的税后IRR，比这里所考虑的贴现率高三倍。

参考文献

[1] Forbes, A. (2011) http://www.petroleum- economist.com/Article/2732396/Reality- check.html (accessed December 14).

[2] ENI (2011) World Oil & Gas Review, 10th edition.

[3] ODSPetrodata(2010)MarketSurvey System on LNG Regasification Terminals Market Segment Analysis, ODS Petrodata Version 16, September.

[4] Iovane, M. and Rossini, S. (2010) Eni, development of gas-to-liquid technology. Hydrocarb. World, 5 (1), 7-10.

[5] CRU - Commodities Research Unit. UK http://www.crugroup.com (2011).

[6] OECD (2011) Main Economic Indicators, Organization for Economic Co-operation and Development, Volume 2011/1.

[7] Industria Meccanica, ANIMA http://www .industriameccanica.it (2011).

[8] Westley, R.E. (1997) The Engineer's Cost Handbook, Marcel Dekker, New York.

第三部分 基本方面

8 铁基FT催化剂的制备

Burtron H. Davis

工业费-托(FT)催化剂主要基于铁或钴，尽管有报道称铁的活性和选择性较差，需要加强，但其却是高效和廉价的。本章对改善低温费-托合成(LTFT)和高温费-托合成(HTFT)的铁催化剂方法进行了介绍，氧化/羟基铁化合物在水溶液中沉淀仍然是制备工业铁催化剂最重要的途径。尽管替换现有的制备路线是非常困难的，但是有希望发展出一种方法在铁催化剂的制备和活化过程中降低对环境的污染，例如由Süd-Chemie发明的方法仅涉及铁的氧化反应。

8.1 引言

尽管许多金属都参与了FT合成方法，但最常用的工业催化剂是以铁为基础的，因为它既高效又廉价。但是，铁的活性和选择性都很差，因此需要加强，通常通过改变催化剂颗粒的物理形态或通过加入特殊添加剂来完成。已经有许多用来改进铁FT催化剂的方法，这一章提供了更重要的方法总结，提供了许多铁FT催化剂的制备选择。有两种工作温度范围，即著名的低温费-托合成(LTFT)和高温费-托合成(HTFT)。一般而言，它们使用不同的催化剂配方。为了试图控制催化剂寿命和选择性，将助催化剂加入到铁基中增加了最终催化剂配方的复杂性。这些助剂通常可以分为化学方法影响催化剂和通过改变催化剂物理性质来影响催化剂。

铁的化学性质非常复杂，目前已经确定了13种氧化铁、羟基氧化物和氢氧化物[1, 2]。所有这些由Fe、O和/或OH^-组成，因此不同的化合物在组成、铁氧化态和晶体结构方面有所不同。虽然所有这些化合物都可以在实验室制备，但是当制剂适应FT合成所需的工业规模时，必须考虑设备和成本。

8.2 高温费-托(HTFT)催化剂

Sasol公司报道了使用铁催化剂进行HTFT合成的操作温度约为350℃[3]。在此温度下，氧化铁具有较低的比表面积，几乎没有任何优势，因此应从高比表面积的前驱体开始。因此，早期的Sasol公司采用了附近钢铁厂的铁作为其催化剂的原料，而且即使在今天，他们也仍然这样做。对于这种催化剂，它们至少添加一种碱性促进剂，促进剂含量要保持在不会泄漏的水平。Sasol在这种催化剂方面有大约50年的运行经验，目前正在使用该催化剂生产约500×10^4t/d(10×10^4bbl/d)的产品。这种催化剂的选择很大程度上是基于在循环反应器内的研磨环境中生存所需要的机械完整性[4]。

PetroSA公司在南非使用循环流化床反应器和铁催化剂，年产量为180×10^4t/a (3.6×10^4bbl/d)，显然这些催化剂是来源于从巴西进口的铁矿石。据报道，这种铁催化剂使用寿命有限，需要定期更换。这也表明，扩大PetroSA铁催化剂技术的成本是难以预测的[5]。尽管有这些缺点，PetroSA仍然使用铁催化剂。

早期文献的大量研究都是以熔融铁催化剂为基础，Emmett及其同事的许多机械研究以及美国1950～1960年代矿业局的研究都是用这种类型的催化剂进行的。Emmett和他的同事在固定氮气实验室制备的熔融铁催化剂，该实验室最初是为氨合成准备的。这个过程采用电加热，碳电极浸在金属铁和启动子部件中，形成一个熔融的物质，在合成中变得相当均匀。冷却后，将物料粉碎以产生所需的粒度。已经使用这种技术制备了许多用于费-托合成研究的联合催化剂C-73合成氨催化剂，特别是由Satterfield和他的同事制备的。但是Satterfield等[6]在低温条件下使用C-73催化剂作为基础催化剂，因为它具有较高的机械稳定性并且抗干扰能力强。Davis和他的同事们发现，尽管C-73催化剂对于FT合成非常稳定，但它仅具有用于LTFT合成的高比表面积沉淀催化剂活性的十分之一。

据报道，Sasol的循环流化床催化剂是熔铁型的[7]。在1400℃以上的温度下，将碱和其他促进剂加入到磁铁矿熔体中，将熔融混合物浇铸成锭、冷却，然后粉碎和研磨以生产所需的粒度。显然，在冷却时发生相分离，使得促进剂不是均匀分布的。尽管这些缺点限制了在设计和制备这些熔融催化剂方面的灵活性，但是它们已经占Sasol南非生产装置催化剂用量的90%。

在此介绍一种制备HTFT催化剂的沉淀法[8, 9]。铁最初可以是溶液或者作为未煅烧的含固体铁悬浮液，以及从包括B、Ge、N、P、As、S、Se和Te的许多元素中选择的促进剂P1；然后除去溶剂，在煅烧之后将第二种碱金属或碱土金属促进剂P2加入到固体中。据报道，向铁催化剂中加入少量的氧化铬会增加含氧化合物和支化烃的产生。尽管这种催化剂优于熔融的催化剂，但是似乎在商业运行中不能替代它。

由于其比表面积较低，熔融催化剂的活化有一定的难度。大多数工艺程序都需要在处于氢气流中的高温下条件下进行长时间活化，以便将催化剂基本上完全还原成金属铁。金属铁催化剂可以在较低的温度下处理，形成碳化物或直接在合成温度下对合成气进行处理。在暴露于合成气之后，催化剂的比表面积最初较低(通常远低于$10m^2/g$)。由于晶粒尺寸较大，催化剂的化学成分在表面和近表层的变化比较快，但在很长一段时间内，颗粒内部可能仍然是金属铁。图8.1显示了催化剂的这种变化。尽管通常认为这是铁催化剂在FT合成中变化的一般表现，但事实并非如此。尽管此图描述了HTFT中的变化，但是并没有描述用于LTFT合成中的铁催化剂的变化。

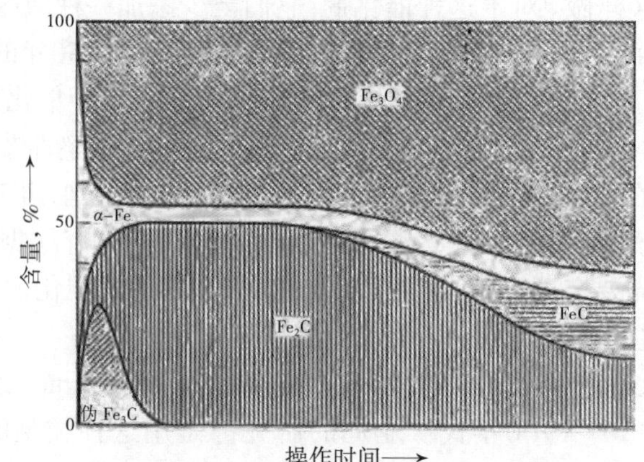

图8.1 合成过程中高温铁催化剂的变化

8.3 低温催化剂

目前商业规模进行LTFT合成采用两种类型的反应器：固定床和液相反应器。这两种反应器的物理需求是完全不同的，也就是说，催化剂至少需要一些差异。因此，虽然在两种反应器中都可以使用普通的沉淀前体，但最终催化剂需要的物理性质还是由反应器类型决定的。由于沉淀催化剂是目前LTFT中使用最广泛的催化剂，因此首先对其进行介绍。

干燥报告表明，比表面积和孔隙体积是决定铁FT合成催化剂性能的主要因素。这些物理性质对于新鲜催化剂而言是相当容易确定的，但是对于已活化和使用的催化剂来说可能非常困难，因为大部分的铁将作为碳化物形式存在。另外，在使用后的催化剂中会有蜡存在，并且在不改变催化剂性质的情况下除去蜡是非常困难的。因此，对于已活化或使用过的催化剂来说，由干燥实验所鉴定的性质可能不容易确定。

对于固定床和浆态反应器，催化剂制备过程在引入反应器最终成形之前基本是相同的。对于固定床反应器，一旦将催化剂颗粒引入反应器并活化，颗粒就不会受到强大的作用力。另一方面，浆态反应器的催化剂可能受到腐蚀，由于与内部部件和除蜡单元相互接触，还会导致催化剂的破裂。

用于制备溶液的铁盐和沉淀的碱的变量都相当大，两者对催化剂的纯度和成本都会有重大影响。

对于固定床反应器，可以在煅烧步骤之后确定固体的大小，具有规定大小的粒子将被直接使用，而那些太大的粒子将被磨碎并调整大小，太小的颗粒可能与一批新鲜浆液混合并再次处理。在实际工业生产中，需要选择条件使初始阶段最大限度地生产所需尺寸范围的颗粒。

喷雾干燥法是生产浆态反应器所需尺寸范围催化剂的最常见方法。Bukur等将

3份含有16份二氧化硅的催化剂材料喷雾干燥至100份铁，得到直径为5～40mm的颗粒。他们使用三种不同来源的二氧化硅(胶体二氧化硅、原硅酸四乙酯和硅酸钾)，发现用胶体二氧化硅制备的颗粒具有最高的抗磨损强度。图8.2举例说明了可以生产的球状体类型[12]。根据喷雾干燥技术、析出物的配方和所使用的添加剂，可以制备出尺寸非常小的颗粒。喷雾干燥的一个重要优点是水溶性促进剂(如碱和铜)可以在喷雾干燥前加入到浆液中，然后在水分蒸发后再将其加入到干燥的球形颗粒中。

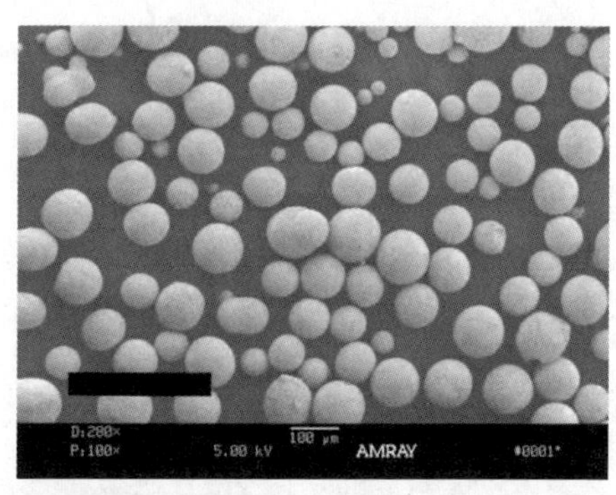

图8.2 喷雾干燥形成的铁氧化物颗粒的例子

8.4 个别步骤

8.4.1 Fe^{2+}的氧化

用于催化剂的廉价铁源是钢铁工业的副产品硫酸亚铁。尽管原料成本很低，但在反复的洗涤过程中，需要大量的成本来降低硫酸盐的含量，低硫酸盐含量才能保证催化剂被激活时不会中毒。使用这种材料至少有两种方法。

一种方法是将空气或氧气鼓泡通过溶液来氧化铁。在一个实例中，通过加入氢氧化钠来调节硫酸亚铁的pH值以产生Fe^{2+}/OH^-比为0.583、pH值为8.2的悬浮液[13]。将氧气鼓泡通过溶液，并在图8.3所示的时间除去固体样品，并进行TEM检查。最初，在Fe^{2+}转化为Fe^{3+}的过程中，pH值基本保持不变，但是当大约30%的Fe^{2+}已被氧化时，pH值从约9.2迅速下降至约6.2。随着更多的氧气通过溶液，pH值小幅连续降低至约6.2，并且随着剩余的Fe^{2+}被氧化，发生pH值突然降低达到略低于4.0的最终pH值。

在氧化过程中，样品在图8.3所示的位置被取出，氧化前样品的形态是致密的细长颗粒和无定形薄片混合物，并且在恒定pH值8.2的点L2处，颗粒外观非常相似(见图8.4)。L3样品含有大量薄六方晶体，其中含有许多小孔，通常称为绿锈Ⅱ。样品L4中的许多颗粒在突变的pH值变化后与L3相似，但是也存在致密的Fe_3O_4六角形颗粒。持续氧化导致更多的形态变化，样品L5中的一些颗粒为针状γ-FeOOH，而样品L8中的一些颗粒基本上是针状γ-FeOOH，Fe^{2+}到Fe^{3+}的氧化如图8.4所示。总之，硫酸亚铁(Ⅱ)的氧化涉及复杂的溶液化学过程并产生多种颗粒形状，而在最终材料中作为硫酸盐的硫使催化剂活化较为困难。

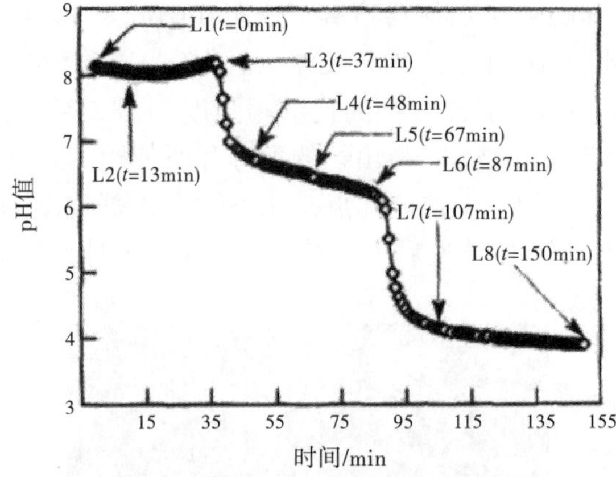

图8.3 随时间变化的悬浮液pH值(样品L1~L8在该曲线中以几个阶段取出，样本编号之后的圆括号内表明样本采集的次数)

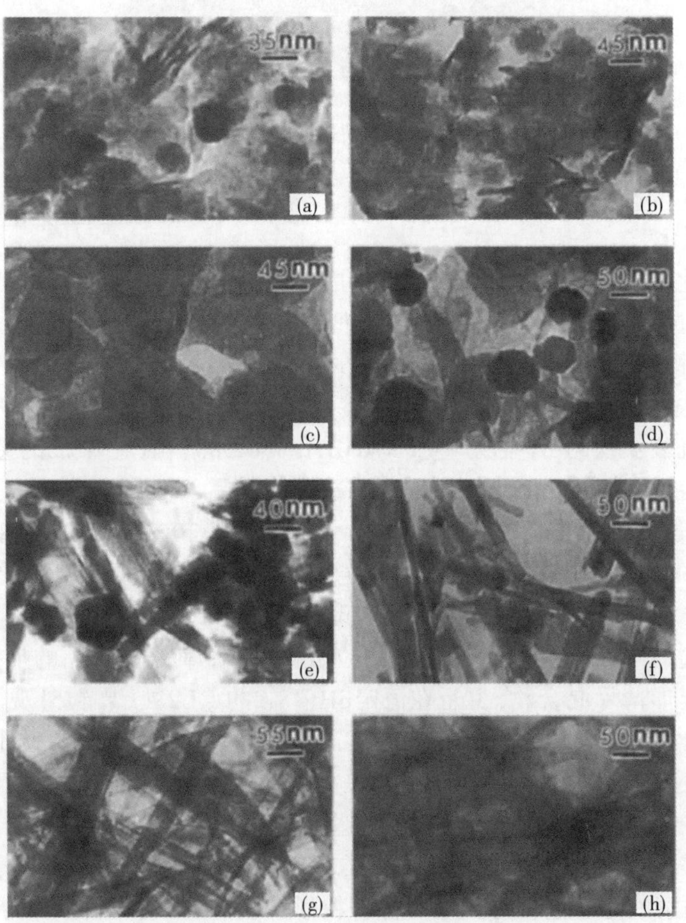

图8.4 样品L1~L8形状/结构形态变化模式示意图

在FT合成中，较低碳数的产物与气相中未转化的合成气、水和CO_2一起离开反应器。然而，较高碳数的烃(蜡)不挥发，必须以液体形态除去。蜡通常通过过滤器去除，并且这要求催化剂颗粒保持足够大，以防止堵塞过滤器或与蜡一起排出过滤器。

在使用铁催化剂时遇到的问题之一，是从催化剂-蜡浆液中分离蜡产物。如果大的高比表面积的FeOOH颗粒(见图8.4)可以转化为活性碳化物相，则使分离变得更容易。为此，制备了针状FeOOH样品，并以最小的搅拌速度将其转化为碳化物相[14]。即使在这些温和的条件下，在转变成碳化物的过程中，结构也从针状变为近似球形的颗粒，其直径大约为针状棒的宽度。当羟基氧化铁颗粒转变成碳化物相时，不再表现出羟基氧化铁颗粒的原始形态。

8.4.2 Fe^{3+}的沉淀

为了避免活化过程中硫使催化剂中毒，硝酸铁溶液经常用于制备催化剂。尽管其价格较高，硝酸盐水溶液中的铁呈Fe^{3+}[或Fe(Ⅲ)]的氧化态。

由于硝酸铁溶液是酸性的，所以通常用于催化剂制备的溶液酸碱度pH值小于或等于4。随着碱基的增加，pH值会升高，直到pH值达到4~5左右。随着pH值的进一步增加，溶解度基本保持不变，直到pH值达到约10后，溶解度随带负电的氧化铁复合物的形成而增加。铁、硅酸盐和铝的溶解度与pH值曲线如图8.5所示。显然，为了制备含有氧化铝或二氧化硅助催化剂的铁催化剂，沉淀将限制操作至约5~10的pH值范围。当pH值高于或过低时，将会提高奥斯特瓦尔德的成熟效应(Ostwald ripening effect)，从而降低粒子的尺寸，降低生产的催化剂的比表面积。滤液还含有更多的金属元素，这意味着会有更昂贵的清洁或处理过程。

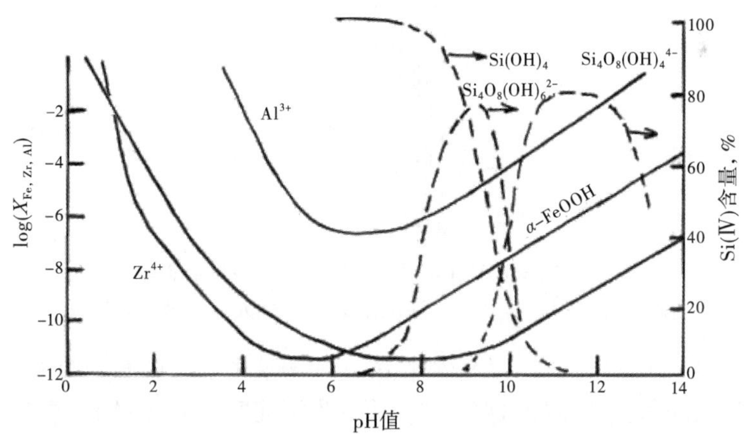

图8.5 水溶液中铁、二氧化硅和铝物质的溶解度与pH值的关系

许多早期的铁催化剂是通过向热Fe^{3+}溶液中加入碳酸钠至pH值为7~8来制备的，形成了非常有序的氧化铁(Fe_2O_3)沉淀，通常具有200~300m²/g的比表面积。将得到的浆料加入到硅酸钾溶液中，硅酸盐保持甚至增加最终材料的比表面积，然后将所得的混

合氧化物在300℃的空气中加热煅烧。不同的制备过程可能会影响所得固体的性质和最终催化剂的活性和/或选择性。

实现沉淀的便捷方法是在有或者没有成为物理促进剂的金属离子的情况下，将铁溶液和碱在室温下分别添加到产生沉淀的连续搅拌釜式反应器(CSTR)中[15]。反应器中的平均停留时间取决于进入反应器的流量和反应器的大小。这些因素易于调节，离开CSTR的浆液可以排至含有清水的清洗罐中。在350℃的高温下煅烧后，使用该方法获得的样品比表面积为250~300m^2/g。

Köbelbel和Ralek[16]在尽可能短的时间内用热溶液和剧烈搅拌的方法进行了沉淀，结果表明浆液的短暂沸腾能够促进过滤。当沉淀完成时，pH值保持在7.0~7.3。这些作者描述了一个实验室反应器，如图8.6所示，并且应该可以扩大到工业生产中。预加热的金属盐溶液和沉淀溶液沿着反应器的底部进入，并沿反应器的柱状体进行流动。在反应器顶部测量沉淀物的pH值和温度，然后沉淀物从反应器顶部通过并直接转移到过滤装置。

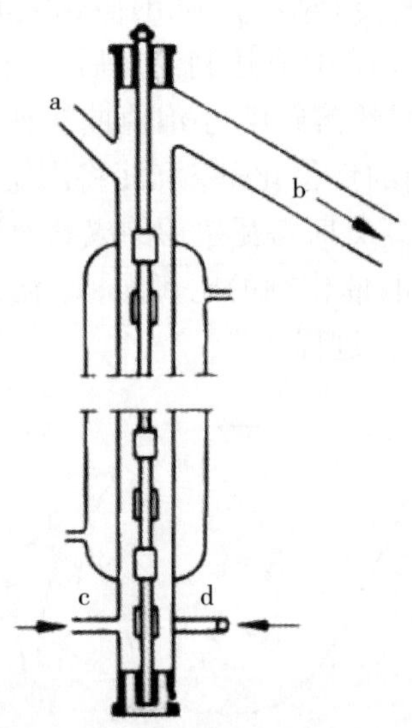

图8.6 连续沉淀催化剂的区域反应器的结构

a—pH值和温度测量部位；b—溢出以去除沉淀物；c—金属盐溶液的入口；d—沉淀剂入口

在1930~1950年间，德国工人通常在酸性铁溶液中加入碳酸钠溶液。尽管这是改变和控制由于碳酸氢盐或碳酸盐离子缓冲而发生沉淀时的pH值的有效方法，但是所得到的沉淀物都含有高含量的钠，只能通过大量的洗涤来减少。那时他们不必关心现在必须遵守的环境法规。由于催化剂清洗液的处理是一个主要问题，使得催化剂生产成本大大增加。这些问题衍生了一些使用氨水溶液沉淀的方法，因为洗涤物可以在附近的农场用作氮肥。但是，这种方法也是有问题的，因为这会对可能存在于地下的痕量金属造成限制。尽管如此，与使用碳酸钠相比，使用氨进行沉淀仍然是合理的方法，并且具有其他的优点，即形成的硝酸铵可以在煅烧步骤期间通过热分解从催化剂中除去，从而使得需要洗涤的次数最小化。但是，这种方法需要获取产生的氮化合物。

将从沉淀和洗涤步骤中得到的固体加热到给定温度时，会发生放热现象，如图8.7所示[17]。似乎有一个普遍规律，即促进剂的离子半径越小，放热产生的温度越高(见图8.8)。放热是由于固体的结晶和大部分比表面积的损失造成的。然而，虽然这些放热曲线具有科学价值，但只要将煅烧温度限制在不高于350℃就可以避免。

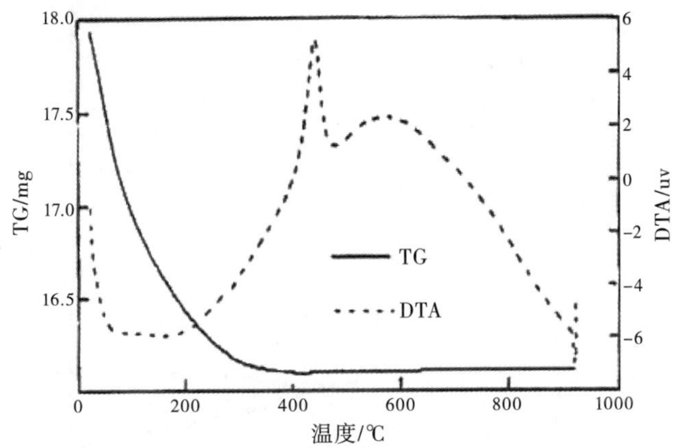

图8.7 未促进氧化铁样品的热重(TG)和差热分析(DTA)曲线

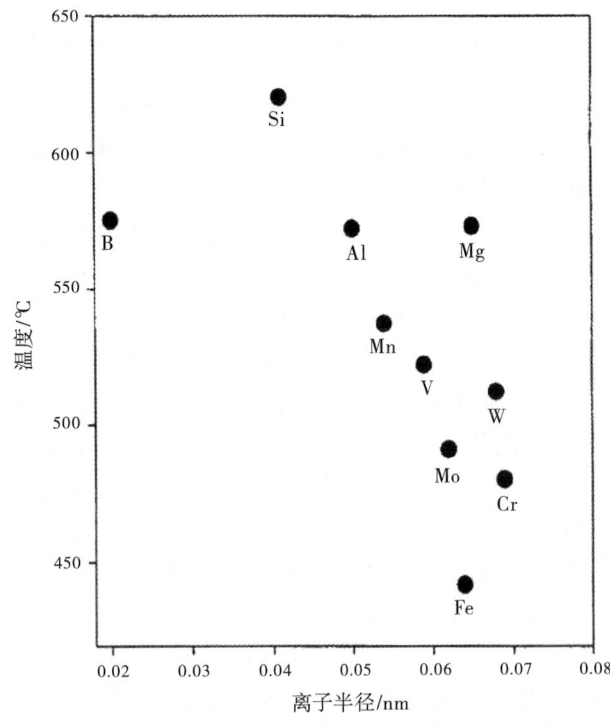

图8.8 未促进和促进(6%金属氧化物)氧化铁的放热温度

氧化铁是一种随着煅烧温度升高而快速降低比表面积的材料之一，如图8.9所示，随着固体在100~400℃的温度范围内煅烧，然后在400℃以上逐渐缓慢下降，材料的比表面积几乎呈线性下降趋势[18]。根据氧化铁样品的起始比表面积，通过碳化物的活化可以增加低比表面积材料的比表面积或降低高比表面积材料的比表面积。

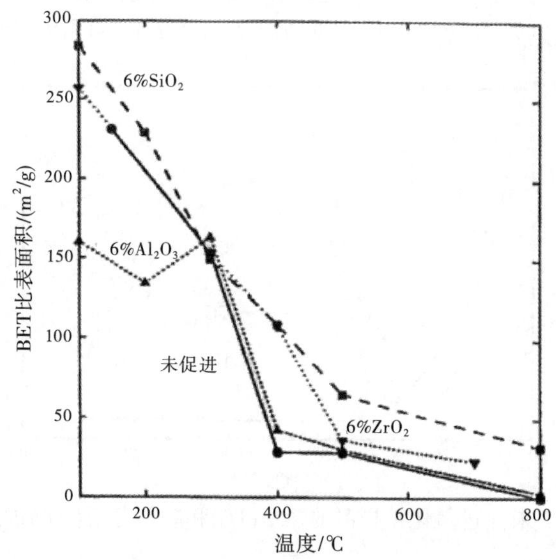

图8.9 加热温度对FeOOH催化剂BET比表面积的影响

铁催化剂可以通过化学和物理促进剂进行改性。物理促进剂主要影响材料的比表面积和孔结构等性质，但不改变产物的组成，而化学促进剂能够(通常为碱金属或碱土金属)影响产物的选择性和物理性质。

物理促进剂对煅烧材料的比表面积产生显著影响。如图8.10所示[19]，图中表明离子半径小于Fe^{3+}的金属离子增加了比表面积，而半径大于Fe^{3+}的金属离子比表面积明显低于未进行促进的铁物质。煅烧材料的总孔体积具有类似的趋势，但是这种趋势仍不太明确，尽管比表面积和孔体积不同，但与氮吸附等温线的类型是相似的。对于所有的催化剂，能够获得Ⅳ型吸附等温线，并且滞后环为H2型(IUPAC分类)[20]。

图8.10中表示的比表面积是在金属氧化物恒定负载为6%时测量的。然而，比表面积可能取决于负载的百分比。图8.11中对此进行了说明，通过添加约1.5%的二氧化硅即可获得约90m^2/g的比表面积增加。如果二氧化硅作为单独的SiO_2相存在，则可以获得更多的比表面积。当二氧化硅含量增长幅度大于约6%时，则不会引起比表面积的进一步增加。因此，二氧化硅必须通过至少部分地掺入氧化铁或通过形成抑制烧结的表面涂层来增强比表面积。铝促进剂可以得到类似的效果，但影响程度相对较弱。

图8.12表明了向铝助催化剂中添加碱性金属的情况。随着碱金属含量的逐渐增加，添加K或Ca作为碱促进剂会导致铝助催化剂比表面积的降低[19]。与单独加入任何

一种促进剂相比，K和Ca的加入(K/Ca曲线)会导致更低的比表面积。含二氧化硅的铁样品结果与已显示的铝促进后的样品结果相似。因此，碱促进剂似乎对催化剂前体的比表面积负面影响更小。

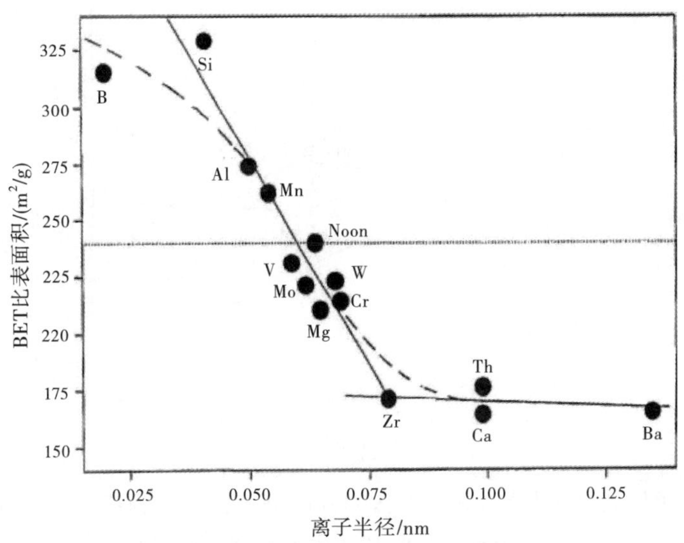

图8.10 催化剂前体的比表面积对金属促进剂的离子尺寸(6%)的依赖性(虚线表示未促进的氧化铁的值)

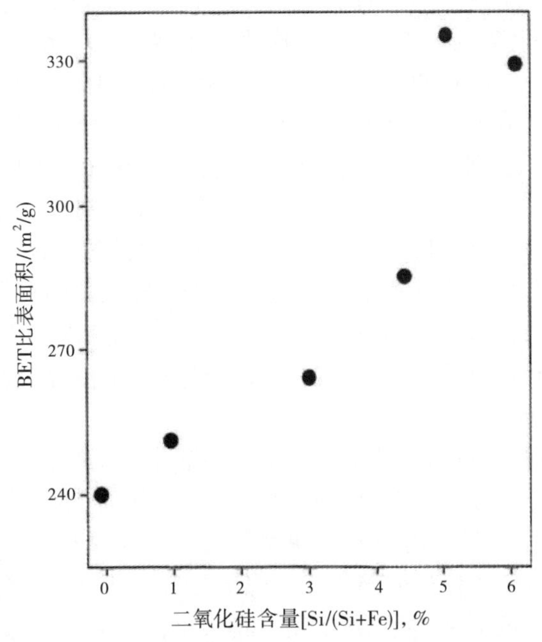

图8.11 随着二氧化硅含量的增加，催化剂前体比表面积的变化

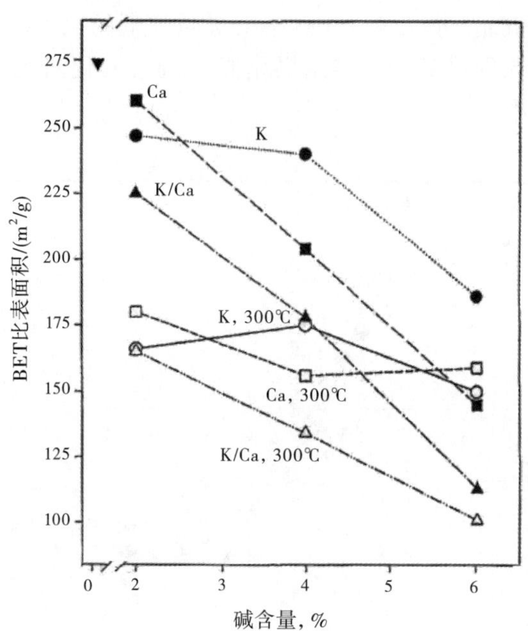

图8.12 氧化铝促进的氧化铁[Al/(Al+Fe)=0.06]的BET比表面积随着K^+、Ca^{2+}或(K^++Ca^{2+})在100℃干燥或300℃煅烧后的变化情况

确定促进剂对成品催化剂反应活性的影响并不是一项简单的工作。如图8.13所示，四种催化剂(未促进的铁、K促进的铁、Si促进的铁以及K和Si促进的铁)的初始活性仅在其最初的最高转化率时有细微变化。这些催化剂在CO环境、270℃的温度下被活化，并且如下所述，应该表现出每种催化剂的最大活性。因此，难以辨别促进剂对四种催化剂的初始最大活性的显著影响情况。然而，在比较整体表现时，促进剂显然会有重大影响。未经促进的铁催化剂初始活性非常高，但是在400h的时间里会降低到一个非常低的转化率水平上。K促进剂的添加并不会提高催化剂的活性，并且对于未促进的铁催化剂而言，还可能会降低其寿命活性。硅酸盐类助催化剂使得催化剂的寿命活性仅略微(如果有的话)优于未促进的材料。然而，K和硅酸盐的存在导致协同效应，并且催化剂比未促进的铁催化剂稳定得多。事实上，硅酸盐和K促进催化剂的活性衰减比CO每周的转化率低1%，如图8.14所示。这些结果清楚地表明在催化剂中需要同时包括物理促进剂和化学促进剂。

有人试图将活性的保持与铁的特定相态联系起来，但迄今为止还没有成功。对于低温合成，已经表明，Fe_3O_4不是WGSR或FT合成的催化剂。对于如图8.13所示的未经促进的碳化铁催化剂，其活化后的碳化铁含量大于90%，但当活性下降时，其又相当快地转化为氧化物Fe_3O_4。K促进的催化剂表现出与未促进的催化剂具有相似的活性下降趋势。但是随着活性的下降，催化剂保留了其碳化物的结构形态。因此，保留碳化物相并不足以保持其活性。硅酸盐促进的催化剂不具有与上述两个样品一样多的碳化物相，但是与未促进的物质相比，碳化物相失去的速度并没有那么快，并且其活性降低也大致保持在相同的速率。稳定的双重促进(K–硅酸盐)催化剂的相态改变不同。在反应的初期，大约一半的碳化物转变成Fe_3O_4相，然后Fe_3O_4和碳化铁两相的比例基本保持不变。这就导致了这样的一个假设：双促进型催化剂的结构由Fe_3O_4核心和铁碳化物外边缘组成(见图8.15)。因此看起来，稳定性好坏是由催化剂保持一定厚度的碳化铁外壳的能力决定的，并且需要双重的促进来实现这一点。

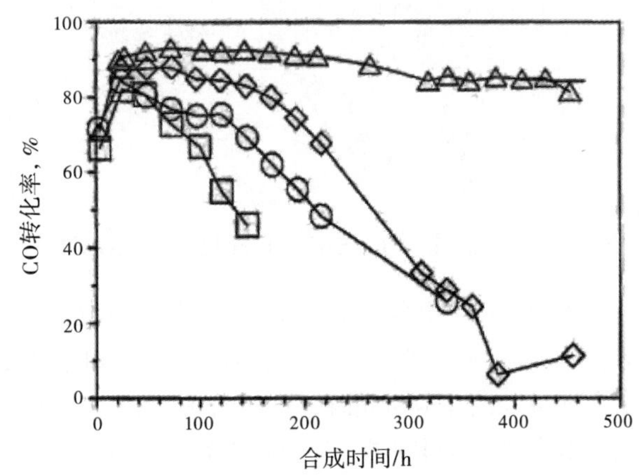

图8.13 含有以下物质的催化剂的CO转化率

○—仅含铁；□—铁+0.72K；◇—铁+3.6Si；△—铁+3.6Si和0.72K

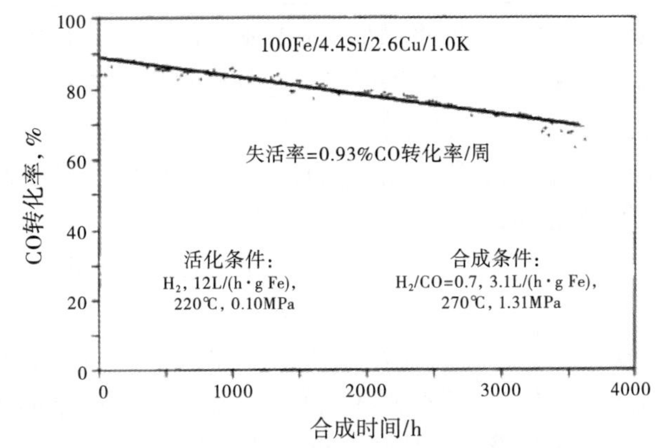

图8.14 促进铁催化剂随着时间的推移而失活的例子

8.4.3 沉淀洗涤

洗涤步骤通常是催化剂制备过程中耗费时间和精力最多的部分。除非在洗涤液中添加碱性物质，否则洗涤液的pH值会随着洗涤的进行而逐渐降低。不幸的是，随着pH值的降低，铁沉淀物变得更加絮凝，这使得过滤进程变慢。例如，当添加硅酸钠作为二氧化硅源并且SiO_2含量约为25%时，可能需要10次或更多次洗涤才能将钠浓度降低至期望的低水平。金属离子只有通过洗涤才能比较容易地除去，所需要的洗涤时间和洗涤次数取决于初始沉淀物的浓度和金属离子的溶解度。考虑到每次洗涤所需要的时间和费用，在工业规模操作中，必须使催化剂制备中所需的洗涤次数最小化。同样，需要最少数量的清洗才能减轻与处理清洗液废液相关的环境问题。

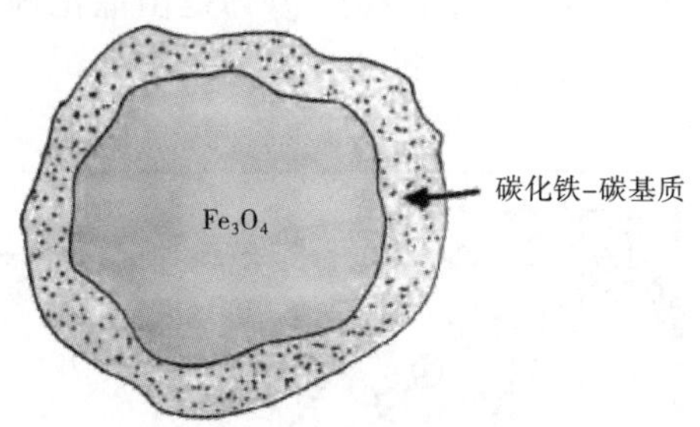

图8.15 FT合成过程中使用中的铁催化剂的CAER模型

洗涤程序取决于所使用的铁化合物和碱以及所选择的沉淀方法。由于催化剂制造商可以采用多种方法，因此很难给出单一的程序。但是，对于大型制造商的目标却很容易确定：最大限度地减少清洗用水量和劳动力，从而最大限度地降低这一步骤的成本和对环境的影响。还应强调的是，在实验室规模可以轻松完成的任务并不能总是按照生产规模进行。

8.4.4 绿色环保的过程

如上所述，使用沉淀方法的困难之一就是会面临严重的环境问题。另外，由于沉淀所涉及的劳动力和所需的大量洗涤周期，所以成本很高。Süd-Chemie公司开发了一种新的方法，克服了大多数这样的问题[21~24]。金属铁可以用有机酸水溶液(例如乙酸)进行处理，然后使其在氧气流中氧化。这个过程产生氢氧化物、羟基氧化物和/或氧化物的X射线无定形混合物。据报道，煅烧过的催化剂的比表面积可以超过$200m^2/g$，并且不包括可在沉淀步骤期间掺入的硝酸盐、硫酸盐等物质，该催化剂制备方法于2003年获得美国环保署(EPA)的“绿色化学奖(Green Chemistry Award)”。

8.4.5 化学促进剂

碱促进剂通常通过使用硝酸盐溶液浸渍来添加，希望通过初期润湿的方法添加碱促进剂，不再需要添加溶液来填充固体的孔隙。如果存在过量的溶液，碱离子按照亨利定律(Henry's Law)进行吸附。因此，只有部分碱被添加到固体中，其余的保留在溶液中。初期润湿的方法消除了吸附的问题。同样，如果在添加碱促进剂并且使用喷雾干燥之后存在过量的溶剂，基本上所有加入的碱都将存在于干燥的固体中。

8.4.6 铜促进剂

尽管大多数报道指出在促进剂水平上加入的Cu对产生的产物或完成的催化剂的活性并没有影响，但是多年来，铜已经被逐渐添加到铁FT催化剂中。实际上，铜的存在降低了还原温度，并且在用氢气活化催化剂期间减少了烧结问题。令人惊讶的是，即使使用CO活化催化剂，铜的存在也能够提高活化速率。虽然大多数工人使用1%或2%的Cu负载量，但是实际活化仅需要约0.05%的Cu即可。

通常通过浸渍法将铜加入到干燥或煅烧的氧化铁中，而一般选择硝酸铜制备浸渍溶液。尽管浸渍时可以仅添加铜，但是通常在单次浸渍过程中会同时添加铜和钾进行。

8.4.7 相变

在活化步骤中从氧化铁转变为碳化物时，体积变化率约为80%，并且在合成期间，催化剂被氧化时会发生相同的体积变化。这种体积变化对催化剂颗粒施加了严重的应变。克服这种在催化剂颗粒上产生应变的体积变化和磨损的一种方法就是用硅石将铁包围起来。这是Ruhrchemie在早期的德国工作中加入25%的二氧化硅的主要原因，目前这种方法仍被Sasol用于低温处理方面。但是，似乎碳化物破坏了铁和氧化物载体之间的结合。因此，导致氧化铁黏附到氧化物载体的界面缺乏结合，并且碳化铁颗粒容易被磨损，蜡与催化剂液浆的分离仍然是使用铁催化剂需要克服的主要问题之一。

8.4.8 其他铁催化剂

生产铁催化剂还有许多其他途径。但是，还需要付出很多努力才能使其与上述途径相竞争。例如，埃克森-美孚(ExxonMobil)描述了一种激光热解的方法，通过羰基铁与乙烯的反应形成铁碳化物，这是由反应物吸收的能量引发的。然而，用这种方法制备的催化剂不含促进剂，在400h内便失去了高活性，对于商业化方法而言寿命太短了。因此，为了使过程变得可行，必须在碳化物制备步骤期间或之后添加促进剂，这是一项必需的措施。羰基铁可以与气相中的水反应，从而产生非常小(2~3nm)的氧化铁颗粒；再者，氧化物必须转化成碳化物并在此发生颗粒生长。另外，小粒径大大增加了浆料的黏度，这限制了可以实现的催化剂负载量。

目前研究人员已经做了大量的实验制备负载型铁催化剂，从某种意义上说，含有25%二氧化硅的Sasol催化剂是朝这个方向迈出的一大步。但是，由于其具有较低的活性和需要限制催化剂负载以避免过高的黏度，所以会受到成品催化剂中可承受二氧化硅载体含量的限制。

参考文献

[1] Schwertmann, U. and Cornell, R.M. (1991) Iron Oxides in the Laboratory, Wiley-VCH Verlag GmbH, Weinheim.

[2] Cornell, R.M. and Schwertmann, U. (1996) The Iron Oxides: Structure, Properties, Reactions, Occurrence and Uses, Wiley-VCH Verlag GmbH, Weinheim.

[3] Sasol (2011) Sasol Facts 2010. http://sasol. investoreports.com/sasol_sf_2010/technology-and-production/our-main- south-african-production-processes (accessed July 2011).

[4] Bromfield, T.C. and Vosloo, A.C. (2003) Macromol. Symp., 193, 29-34.

[5] Veazey, M.V. (2010) Downstream Today, February 15.

[6] Satterfield, C.N., Hanlon, R.T., Matsumoto, D. K., Donnelly, T.J., and Yates, I.C. (1989) Report DOE/PC/80015-T5, 51.

[7] Bromfield, T.C. and Vosloo, A.C. (2003) Macromol. Symp., 193, 29-34.

[8] Crous, R. and Bromfield, T.C. (2010) EP 2193842 A1.

[9] Crous, R. and Bromfield, T.C. (2010) EP 2193841 A1.
[10] Dry, M.E. (1981) Catalysis (eds J.R. Anderson and M. Boudart), Springer, Berlin, pp. 159-255.
[11] Bukur, D.B., Carreto-Vazquez, V.H., and Ma, W. (2010) Appl. Catal. A - Gen., 388, 240-247.
[12] Hu, X.D., O'Brien, R.J., Tuell, R., Conca, E. , Rubini, C., and Petrini, G. (2007) US Patent No. 7,199,077 B2, April 3.
[13] Srinivasan, R., Lin, R., Spicer, R.L., and Davis, B.H. (1996) Colloids Surf. A, 113, 97-105.
[14] Sarkar, A., Dozier, A.K., Graham, U.M., Thomas, T., O'Brien, R.J., and Davis, B.H. (2007)Appl. Catal. A - Gen., 326, 55-64.
[15] Davis, B.H. (1992) DOE Final Report DOE/PC/90049-T7.
[16] Kolbel, H. and Ralek, M. (1980) Catal. Rev. Sci. Eng., 21, 225-274.
[17] Milburn, D.R., Chary, K.V.R., O'Brien, R.J., and Davis, B.H. (1996) Appl. Catal. A - Gen., 144, 133-146.
[18] Milburn, D.R., O'Brien, R.J., Chary, K., and Davis, B.H. (1994) Stud. Surf. Sci. Catal., 87, 753-761.
[19] Milburn, D.R., Chary, K.V.R., and Davis, B.H. (1996) Appl. Catal. A - Gen., 144, 121-132.
[20] Sing, K.S.W., Everett, D.H., Haul, R.A.W., Moscou, L., Pierotti, R.A., Rouquerol, J., and Sieminelewska, T. (1985) Pure Appl. Chem., 57, 603-619.
[21] Petrini, G., Conca, E., O'Brien, R.J., Hu, X.D., and Sargent, S. (2009) US Patent No. 7,566,680 B2, July 28.
[22] Hu, X.D., O'Brien, R.J., Tuell, R., Conca, E., Rubini, C., and Petrini, G. (2007) US. Patent No. 7,199,077 B2, April 3.
[23] Hu, X.D., Loi, P.J., and O'Brien, R.J. (2008) US Patent No. 7,452,844 B2, November 18.
[24] O'Brien, R.J., Sargent, S.E., Petrini, G., and Conco, E. (2011) US Patent No. 7,939,463 B1, May 10.

9 钴基FT催化剂

Burtron H. Davis

通常情况下，工业钴基费-托催化剂需要载体，载体主要基于氧化铝或二氧化硅，但最近二氧化钛也被广泛使用。本章总结了载体使用的细节和制备催化剂的方法。

9.1 引言

载体使钴催化剂的制备和表征变得复杂。在使用未负载的钴催化剂时，其活性低，催化剂寿命短，因此只有负载催化剂才能用于商业运营。制备好催化剂的第一步需要仔细制备和表征载体材料，将钴和其他助剂加入载体，煅烧和还原产生最终的催化剂。

9.2 德国的早期工作

最初的德国商业工厂使用氧化钍促进钴-硅藻土催化剂，首先在1atm下，然后在一个中等压力范围(约20atm)。与现今的催化剂相比，早期的催化剂活性相对较低，原因之一是其所使用的载体。虽然硅藻土的主要成分是二氧化硅，但比表面积小，通常小于20m^2/g。尽管如此，早期的工人确定了许多对于现今催化剂制备起重要作用的因素，比如论证了钴催化剂需要使用载体；加入非还原氧化物可以减少钴和载体之间的反应；加入易还原的金属氧化物可以降低钴还原成金属态所需的温度。

9.3 载体的制备

目前，制备催化剂所需的载体只有氧化铝、二氧化硅和二氧化钛三种，并且已在商业或大型试验工厂反应器中得到使用。许多科学研究正在尝试用其他载体制备催化剂，但到目前为止还没有进入试点工厂或商业使用阶段。

载体的一个主要作用是为金属提供大的比表面积，这就需要载体具有大的比表面积。通常作为载体的金属氧化物可分成两大类：一类是随着温度的升高，其比表面积不断减小；另一类是初期比表面积保持不变，当升到一定温度后比表面积迅速减小

(见图9.1)。二氧化硅和氧化铝(以及碳)都属于后一类,而其他氧化物随着温度的升高比表面积减小。出于这个原因,二氧化硅和氧化铝经常被选为载体,它们在煅烧到一定高温时还能保持大的比表面积,因此用于大多数的费-托催化剂。然而,埃克森-美孚选择二氧化钛作为其商业催化剂的载体,因为他们有许多关于这种载体的制备和使用的专利。

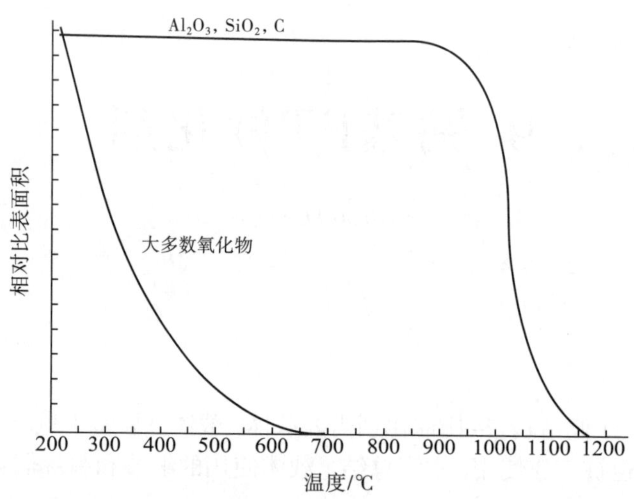

图9.1 金属氧化物比表面积损失与其加热温度的变化示意图

9.3.1 氧化铝载体

铝可形成一系列氢氧化物,其中三羟化物结晶良好,主要有三水铝石(gibbsite)、拜三水铝石(bayerite)和诺三水铝石(nordstrandite),还有较为常见的羟基氧化物勃姆石(boehmite)和水铝石(diaspore)。这些氢氧化物中最重要的是三水铝石,但拜三水铝石和勃姆石也可商业化,商业化的铝的氢氧化物需要具有一系列物理性质,如比表面积、孔径等,从而满足制备多种钴-氧化铝催化剂的需求。因此,在制备氧化铝为载体的催化剂时,寻找商业化的氧化铝是明智的,它们的性能是被需要的并且可以使用它们制备催化剂。

氧化铝可能出现多种晶体结构(包括由α、χ、η、δ、γ、κ、θ和ρ表示的相),这些结构出现在氢氧化物或者羟基氧化物热处理过程中。由于制备方法不同,制备的材料晶体可能有三种形式:三水铝石、勃姆石和拜三水铝石。如图9.2所示,煅烧可以改变这些相[1]。γ相是应用最广泛的催化剂载体,但也可以使用其他相。对于钴基费-托催化剂,为在使用过程中不发生相变,煅烧温度通常控制在400~600℃范围内,同时这些氧化铝的比表面积也很大(100~200m^2/g或者更大)。

尽管氧化铝已商业化,但仍有许多实验室在研究制备这种载体。高纯度的氧化铝可通过铝醇盐的水解和煅烧来制备,而醇盐可通过高纯度铝与醇(如异丙醇)反应来制备。球形氧化铝比表面积大,约200m^2/g,可在火中水解氯化铝来制备,并且这种球形氧化铝能在市场上买到。Pines和Haag[2~4]发起了对酸性和非酸性氧化铝制备过程和性质的调查研究，研究结果如图9.3所示。文献[1]和[5～11]给出了制备氧化铝更加详细的方法。Borg等[12]提供了使用各种氧化铝载体制备钴催化剂以及它们对负载钴催化剂尺寸和选择性影响的实例，例如发现钴的颗粒尺寸与C_{5+}的选择性正相关。

氢氧化铝的分解顺序

条 件	转换条件(路径a)	转换条件(路径b)
压 力	>1atm	1atm
空 气	湿气	干气
加热速度	>1℃/min	<1℃/min
粒 度	>100μm	<10μm

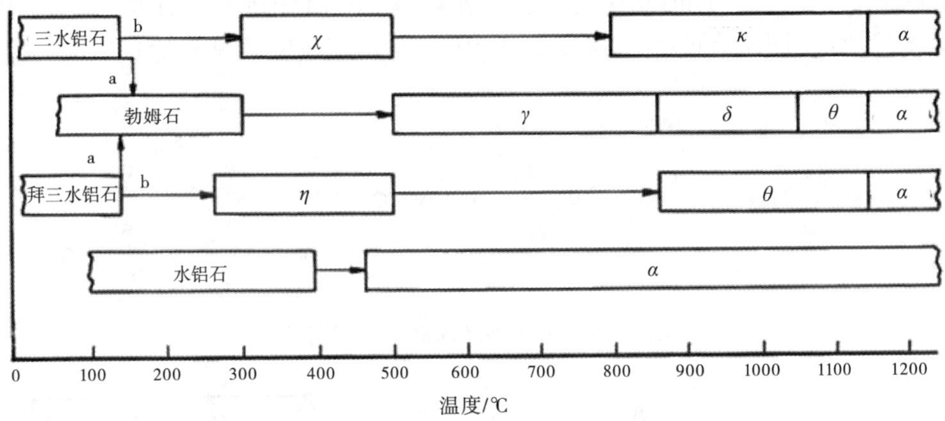

图9.2 氢氧化铝的分解顺序(封闭区域表示出现的范围；开放区域表示过渡的范围)

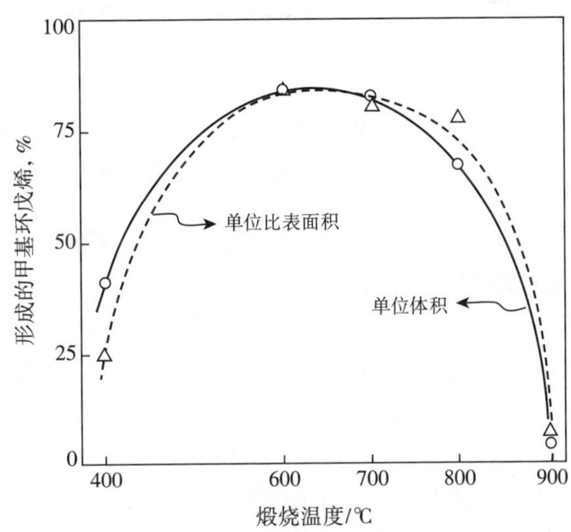

图9.3 环己烷的异构化反应与氧化铝煅烧温度的关系[2](实线代表单位体积异构化活性，虚线代表单位比表面积的异构化活性)

9.3.2 二氧化硅载体

最初二氧化硅分为凝胶和熔融石英两种类型。其中，凝胶具有许多非常小的孔，比表面积大；而熔融石英的孔较大，比表面积小。早期的费-托催化剂利用无定形二氧化硅加少量氧化铝，氧化铁和其他氧化物构成的硅藻土，Anderson等[13]总结了一些硅藻土的数据，并报道其比表面积小于40m^2/g。

随着二氧化硅的广泛使用，导致具有比表面积和孔径在连续范围内的材料的发展。例如，格雷斯公司(W.R.Grace)的Grace分公司制造出的二氧化硅，其比表面积在25~750m^2/g范围内，孔体积在0.1~2.8cm^2/g范围内，这些二氧化硅还可以制成各种形状以及经表面处理改变性能的形式。

硅酸盐在溶液中具有一系列复杂结构，这取决于碱和二氧化硅的浓度和比例。单体和两个三聚体的结构如图9.4所示。这些结构可以结合起来形成各种聚合物，其中一些如图9.5所示。阴离子的分布主要受固体浓度和硅碱比的控制(见图9.5)。

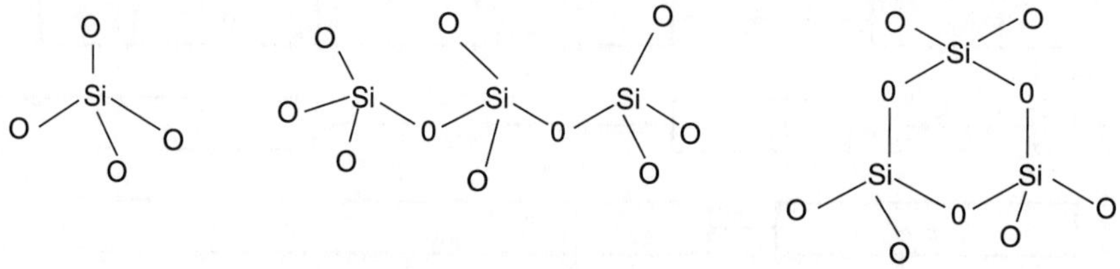

图9.4 线型和平面环状硅酸盐阴离子

线型三聚体　环状三聚体　环状四聚体　棱柱六聚体　立方八聚体

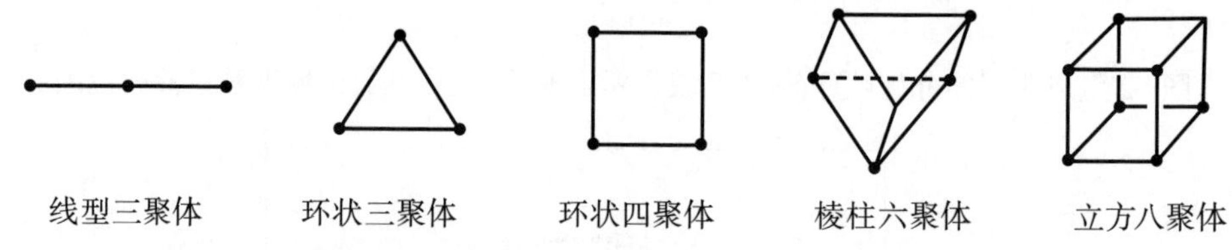

图9.5 线型、平面、环状和三维硅酸盐阴离子结构(其中点表示硅原子，位于这些点之间连接硅原子的氧没有示出)

任何一个因素(见图9.5~图9.7)的变化都会破坏均衡，系统会在几分钟或几天内调整到新的位置，这个速度取决于所涉及的重新排列。

介孔分子筛的发现提供了另一种形式的二氧化硅。它的孔尺寸均匀，并且其尺寸可以被合理地控制在相当接近的范围[14, 15]。图9.8由美孚石油公司的工作人员所绘，如图所示，形成介孔MCM-41的途径有两种：一种是由液晶相引发的，另一种是由硅酸盐阴离子引发的，孔的大小取决于用于模板合成的有机离子。图9.9显示晶胞参数取决于用于制备材料的表面活性剂链中的碳原子数[16]。

在室温条件下，以溴烷基三甲基胺为模板剂合成二氧化硅相(Pm3n)需1h。当存在溴烷基三甲基胺时，在室温条件下的酸性和碱性介质中，可分别获得六方二氧化硅和硅酸盐相。只有$[C_{20\sim22}TMA]^+$在酸性介质中促使形成层状二氧化硅。以酸性介质(pH值2.5)为模板，溴烷基三甲基胺为模板剂，制备了片状$ZnPO_4$。估算误差为1个最高峰的间距(d_{210}是Pm3n相的，d_{100}是六方相和层状相的)。

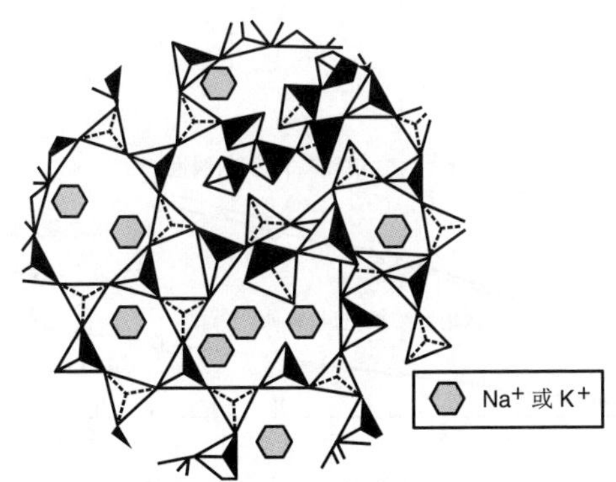

图9.6 硅酸盐玻璃中硅酸盐阴离子结构

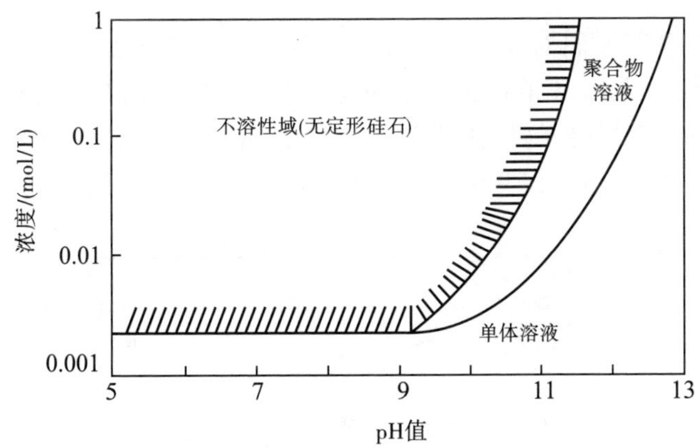

图9.7 可溶性硅酸盐的形态

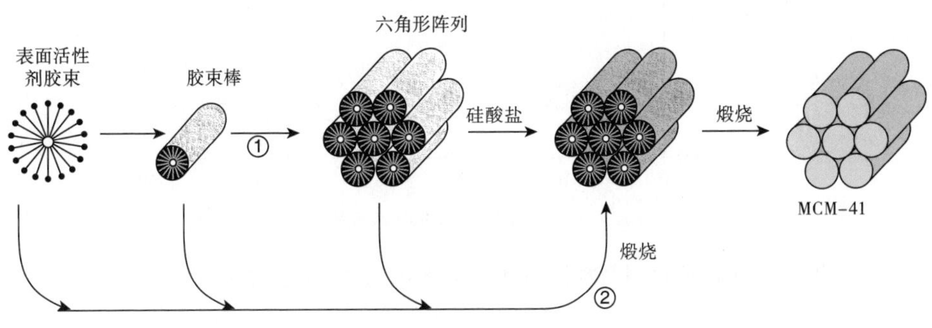

图9.8 形成MCM-41的机理途径

①—由液晶相引发；②—由硅酸盐阴离子引发

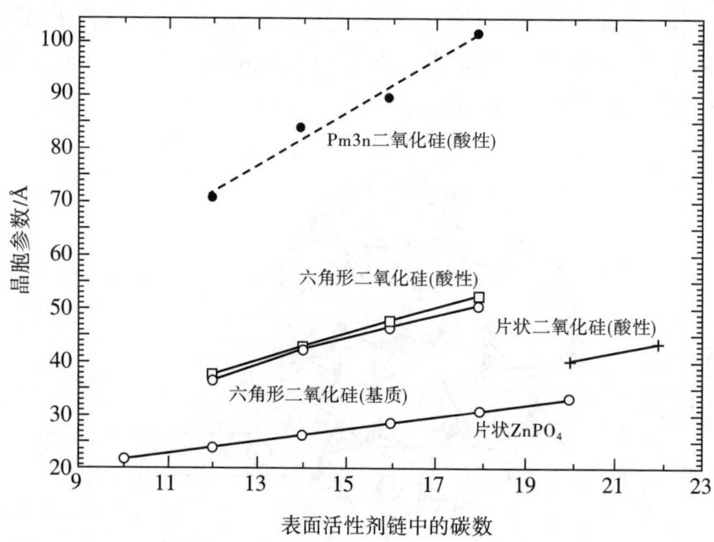

图9.9 晶胞参数与表面活性剂链中碳原子数之间的关系

介孔载体引起了人们对费-托合成的关注，并对其制备进行了大量的研究。Khodakov等[17, 18]认为转化率的增加与钴的表面密度([钴]g/m^2)有关，这是因为使用了介孔载体而不是负载二氧化硅的材料(湿润和干燥的Cab-o-Sil-M5)，见图9.10。在常压下进行了35h的催化活性评价，结果表明甲烷产量高，催化剂的α值低。

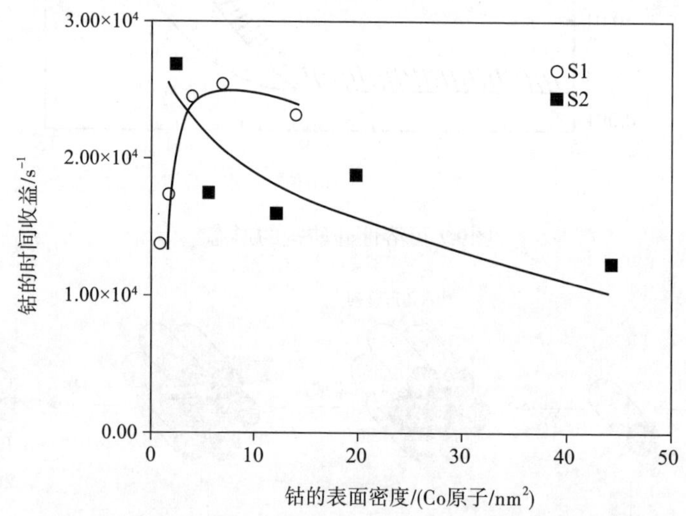

图9.10 钴的时间产量与在CoS1和CoS2催化剂中钴表面密度的函数关系

如图9.11所示，提出了一种具有独特双峰结构的载体[19~21]。首先，用二氧化硅溶胶浸渍具有较大孔(约50nm)的商业二氧化硅，然后蒸发溶剂，添加的二氧化硅被认为在较大孔隙内形成小孔隙结构。然后进行煅烧，煅烧后载体被钴浸渍(见图9.11)。使用双峰结构的载体可加快反应速度，这是由于较大的孔使重质产物更迅速地释放到溶剂中，而较小的孔提供了较大的比表面积，使得钴高度分散。已有的研究成果表明，这种假定的结构确实能够形成，但是仍然需要更详细的数据来证实这种情况。

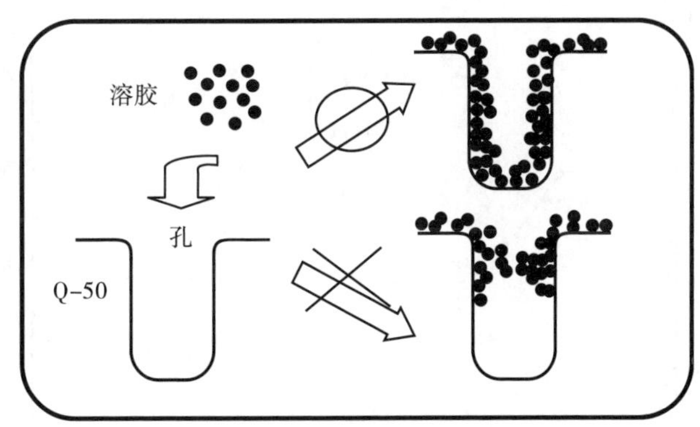

图9.11 双峰载体的形成方案

气相二氧化硅作为二氧化硅载体的另一种形式，同样受到了关注，特别是在学术研究中，它是由四氯化硅热分解产生的。该二氧化硅的主要生产商有赢创(Evonik)、卡博特(Cabot)和瓦克-道康宁(Wacker Chemie-Dow Corning)。根据制备方法，比表面积可以控制在50～600m^2/g的范围内，但大部分落在该范围的下半部分。这些材料通常由无孔球体组成，且其总的孔隙率由球体的填充产生[22]。

9.3.3 二氧化钛载体

二氧化钛在被证明能参与金属-载体强相互作用(SMSI)[23]之后得到了广泛关注。由于其不同寻常的催化活性，SMSI现象引起了人们很大的兴趣，在短时间内出现了许多关于此主题的论文(第11.3节和11.4节)，其中包括埃克森-美孚的员工针对使用二氧化钛作为催化剂载体而撰写的专利和出版物，并且有很多是关于费-托合成的。

与二氧化硅和氧化铝相比，二氧化钛的比表面积较小。早期商业样品的比表面积在20～50m^2/g之间，但根据最近的报道，其比表面积可达到在200m^2/g左右。二氧化钛以三种晶体形式存在：金红石(rutile)、锐钛矿(anatase)和板钛矿(brookite)，其中前两种形式在催化中使用较多，传统的催化剂是基于金红石型的二氧化钛，因为它比锐钛矿型具有更好的耐磨性。在许多研究中，使用了商业化的Degussa P25型二氧化钛，这种二氧化钛的比表面积较小。根据最近报道得知，P25样品的比表面积为50.8m^2/g。其中，锐钛矿约为83%，其余为金红石。现在可以获得更大比表面积的二氧化钛载体，其面积可能超过300m^2/g[24]。然而，二氧化钛是随着煅烧温度升高而迅速减少比表面积的氧化物之一，如图9.12所示[25]。

为了提高耐磨性，提供更好的烧结阻力和比表面积损失，已经研究了许多混合氧化物。例如，埃克森-美孚和壳牌都拥有一系列硅-二氧化钛组合物的专利，并且将其作为钴催化剂的载体。据报道，当氧化铝与二氧化钛的比例为1∶0.5时，即使在1000℃煅烧后，该材料的比表面积也能保持在41m²/g[26]。虽然有大量的选择制备这些混合氧化物，但到目前为止，它们似乎没有被用于商业生产。

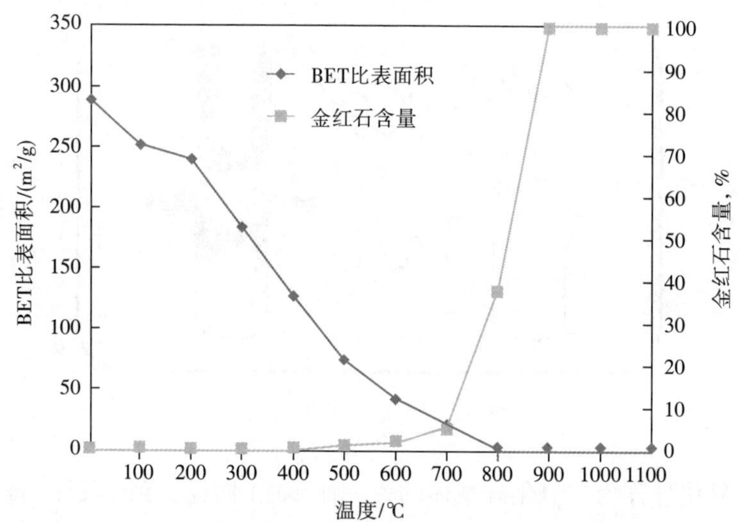

图9.12 热处理温度(空气中)对制备的纳米二氧化钛粉(即100%锐钛矿)的BET比表面积和转化的金红石含量的影响

9.4 钴与助剂的添加

在实验室中，有许多复杂的方法将钴添加到载体上。然而在商业生产中，用水溶液浸渍似乎是最优的方法。以下总结了主要的浸渍技术。

初湿法是一种常见的方法。待添加的材料以盐的形式溶解在恰好足量的水中，在填充载体孔隙的同时不会润湿固体，因此，该方法避免了多余的水，使得添加的盐在催化剂的孔隙中均匀分布。在用这种方法浸渍之前先用纯净水进行初步试验，确定在“干”固体被浸湿之前固体孔隙可以容纳的水量，这样就得到了需添加的溶液体积，以使孔保留所有添加的溶液。然而，由于干燥可能使盐浓缩在溶剂易蒸发的位置，所以干燥的方法也需要关注。

另一种方法比初湿法需要更多的溶剂。在使用这种方法时，因为经过相同的处理阶段，就好像已经使用了初湿法而没有将盐浓缩到孔口处，因此去除多余的溶剂是此方法的关键。通常使用的方法是在浆液与固体混合时蒸发溶剂，或是在旋转滚筒或搅拌容器中蒸发溶剂，当浆液干燥后，加入的盐分使其均匀分布。

在Sasol的一篇专利中描述了用于除去溶剂的另一种方法，即在干燥过程中旋转含有浆料与固体的容器同时施加真空。该方法适用于加入到载体中的溶剂量通常超过填充催化剂孔隙所需的量。

钴盐的溶解度是有限的，所以在一个浸渍过程中只能加入10%~12%的钴，因此为达到钴正常的负载量20%~25%，需要两个或多个浸渍过程。尽管有溶解度的限制，但是一些催化剂的制备也可通过单次浸渍完成，就是将固体置于足够的溶液中，以提供所需的钴负载，然后在干燥步骤中形成过饱和盐溶液。

另一种受到广泛关注的方法是在载体中偏离金属的均匀分布。在这种浸渍方法中，活性催化材料可以沉积在载体的外缘（“蛋壳”），中间（“蛋清”）或中心（“蛋黄”）[27]，如图9.13所示。

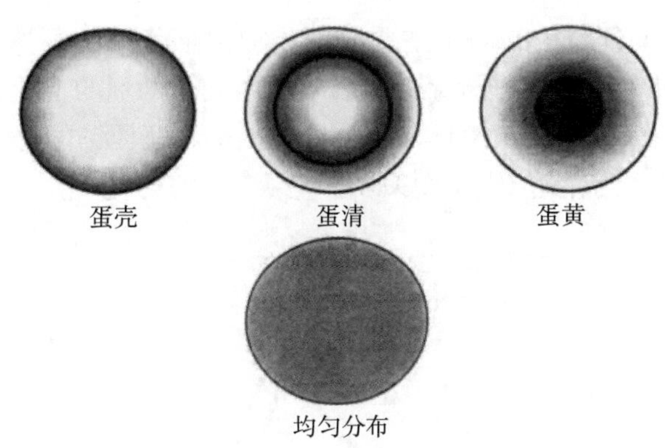

图9.13 催化活性组分在载体内的不同分布

化学促进剂的添加通常在钴的最后浸渍阶段或在钴添加和煅烧之后，促进剂通常以溶解在水中硝酸盐的形式加入。尽管卤化物或硫酸盐更常见且更便宜，但卤化物和硫都是钴催化剂的毒物。举个涉及到金属的例子，如果将金属铂在催化剂煅烧过程中以$Pt(NH_3)_4(NO_3)_2$水溶液的形式加入[28]，则材料与水蒸气平衡，然后再采用初湿法。EXAFS的数据显示，第9~11族(以前称为第Ⅷ族)的多数金属可在还原过程中作为与钴结合或与钴形成合金的促进剂。

9.5 锻烧

在加热、浸渍和煅烧过程中会释放气体，特别是用于制备催化剂的钴盐阴离子的分解产物和水混合时。在煅烧过程中，气体的释放需要加以控制，实验室和商业应用中的控制方法可能不同。

在实验室中，样品通常在烘箱中加热。在烘箱中，催化剂块以薄层的形式铺展于陶瓷托盘上，然后气体从上面流过。煅烧实验室的小样品通常在大气压力下的空气或纯氧环境中进行，样品在1h或更长时间内从室温加热到最终煅烧温度(350~400℃)。煅烧也可以在管中进行通过将催化剂块置于其中，高温的气流通过催化剂，其温度以约0.1~1.0℃/min的速率升高，同时需要调整加热速率和气体流量，使样品中的气体浓度保持在一个较低的水平(通常低于0.1atm)上。煅烧时间随着样品和用于制备催化剂盐的变化而变化，时间可以在4~24h之间变化。

9.6 还原

最常用的活化钴催化剂的方法是氢还原，根据载体和催化剂的组成，有多种技术可以实现这一点，例如分阶段还原[29]。在众多变量中，要试图控制在气体中水的分压，在固定床反应器中，一种优选的方法是从反应器底部添加氢气，以较慢的速度进行还原反应，从而限制废气中水的分压。在美国矿务局(Bureau of Mines)的工作中，水的分压被限制在小于0.2atm的水平上。因此，需要调节加热速率，以在数小时后便达到最终温度时使浸渍物达到相当高的还原度。当使用硝酸钴进行浸渍时会形成氨水，因此需将出口气体中的氨水平保持在一定水平以下，例如250μL/L[30]。

在催化剂中加入金属铂的一个主要原因是加快催化剂的还原速度，并且达到更高的还原程度。通过在实验室进行无助剂和含有不同量助剂的催化剂还原反应说明了催化助剂的这种效果，如图9.14所示。通常，催化助剂将还原钴的比例增加大约2倍，而且助剂的实际用量取决于钴负载(见图9.14)。

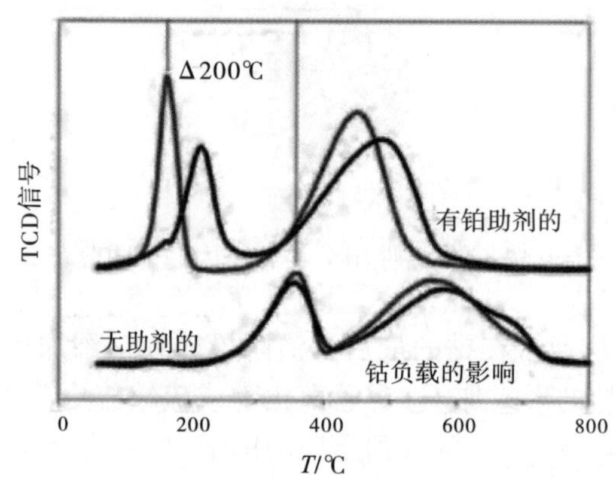

图9.14 助剂铂(0.5%)对钴-氧化铝催化剂(15%和25%)还原的影响(未公开的CAER工作)

海湾石油(Gulf)的工作人员为还原载钴催化剂提供了一种改进方法，涉及到三个步骤：还原、再氧化和还原。与第一次还原反应相比，第二次还原反应增加了钴2%~5%的转化率。其他地方已采用这种激活方法[31]。

9.7 催化剂转移

Sasol公司在南非可现场制铁催化剂，然而在卡塔尔多使用钴催化剂，他们与恩格尔哈德(Engelhard)(现在是巴斯夫)合资。为了将其成品催化剂从其在荷兰的制备装置运输到卡塔尔，还原的催化剂被倾倒入熔融的蜡中，然后冷却并固化，由此保护还原的催化剂免于暴露于空气中。运到工厂现场后，熔化蜡并且将催化剂-蜡浆液转移到反应器中。

9.8 催化剂磨损

在浆态床反应器中使用的钴/氧化铝催化剂会产生粉末，卡塔尔的Oryx工厂是通过修改费-托反应器的操作参数以及在第一次停运时进行的一些小修改来处理的[32]。

9.9 附录：近期文献综述

已有许多论文描述了一些近期的研究进展，包括钴催化剂及其制备方法[33~38]以及一般的催化剂制备方法[39, 40]。Oukaci等[41]综述了关于钴基费–托催化剂的专利文献；Zhang等[34]综述了钴催化剂的设计，而Zhang等[42]综述了新型费–托催化剂的研制。

参考文献

[1] Gitzen, W.L. (ed.) (1970) Alumina as a Ceramic Material, The American Ceramic Society, Columbus, OH.

[2] Pines, H. and Haag, W.O. (1960) J. Am. Chem. Soc., 82, 2471-2483.

[3] Haag, W.O. and Pines, H. (1960) J. Am. Chem. Soc., 82, 2488-2494.

[4] Pines, H. and Brown, S.M. (1971) J. Catal., 20, 74-87.

[5] Truebam, M. and Trasatti, S.P. (2005) Eur. J. Inorg. Chem., 3393-3403.

[6] Cuenya, B.R. (2010) Thin Solid Films, 518 (12), 3127-3150.

[7] Chen, M.S. and Goodman, D.W. (2007) Chem. Phys. Solid Surf, 12, 201-269.

[8] Chen, M.S. and Goodman, D.W. (2008) J. Phys.: Condens. Mater., 20 (26), 264013/1-2064013/11.

[9] Balcar, H. andCejka, J. (2007) Phys. Chem., 243, 151-166.

[10] Cejka, J. (2003) Appl. Catal. A - Gen., 254, 327-338.

[11] Seki, T. and Onaka, M. (eds) (2010) Mesoporous alumina: synthesis, characterization, and catalysts, in Advanced Nanomaterials, Wiley-VCH Verlag GmbH, Wienheim, pp. 481-521.

[12] Borg, 0., Eri, S., Blekkan, E.A., Storsster, S.,Wigum, H., Rytter, E., and Holmen, A. (2007) J. Catal., 248, 89-100.

[13] Anderson, R.B., McCartney, J.T., Hall, W.K., and Hofer, L.J.E. (1947) Ind. Eng. Chem., 39, 1618-1628.

[14] Kresge, C.T., Leonowicz, M.E., Roth, W.J., Vartuli, J.C., and Beck, J.S. (1992) Nature, 359, 710-712.

[15] Beck, J.S., Vartuli, J.C., Roth, W.J., Leonowicz, M.E., Kresge, C.T., Schmitt, K.D., Chu, C.T.W., Olsek, D.H., Sheppard, E.W., McCullen, S.B., Higgins, J.B., and Schlenker, J.L. (1992) J. Am. Chem. Soc., 114, 10834-10843.

[16] Huo, Q., Margolese, D.I., Ciesia, U., Feng, P., Gier, T.E., Sieger, P., Leon, R., Petroff, P.M., Schuth, F., and Stucky, G.D. (1994) Nature, 368, 317-321.

[17] Khodakova, A.Y., Bechara, R., and Griboval-Constant, A. (2003) Appl. Catal. A - Gen., 254,273.

[18] Martinez, A. and Prieto, G. (2009) Top. Catal., 52, 75-90.

[19] Xu, B., Fan, Y., Zhang, Y., andTsubaki, N. (2005) AIChEJ., 51, 2068-2076.

[20] Zhang, Y., Yoneyama, Y., Fujimoto, K., and Tsubaki, N. (2003) Top. Catal., 26, 129-137.

[21] Zhang, Y., Shinoda, M., and Tsubaki, N. (2004) Catal. Today, 93-95, 55-63.

[22] Brenner, A.M., Adkins, B.D., Spooner, S., and Davis, B.H. (1995) J. Non-Cryst. Solids, 185, 73.

[23] Tauster, S.J., Fung, S.C., and Garten, R.L. (1978) J. Am. Chem. Soc., 100, 170-175.

[24] Lok, C.M. (2004) Process for preparing cobalt catalysts on titania support, WO 204/028687 A1, April 8.

[25] Zhang, Z., Brown, S., Goodall, J.B.M., Weng, X., Thompson, K., Gong, K., Kellici, S., Clark, R.J.H., Evans, J.R.G., and Darr, J.A. (2000) J. Alloys Compd., 476, 451-456.

[26] Padmaja, P., Warrier, K.G.K., Padmanabhan, M., and Wunderlich, W. (2009) J. Sol.-Gel. Sci. Technol., 52, 88-96.

[27] Geus, J.W. (2007) Production of supported catalysts by impregnation and (viscous) drying, in Catalyst Preparation: Science and Engineering, CRC Press, Boca Raton.

[28] Jacobs, G., Das, T.K., Zhang, Y., Li, J., Racoillet, G., and Davis, B.H. (2002) Appl. Catal. A - Gen., 233, 263-281.

[29] Vissage, J.L., Botha, J.M., Koortzen, J.G., Datt, M.S., Bohmer, A., van de Loosdrecht, J., and Saib, A.M. (2008) Catalysts, WO 2008/135939 A2, November 13.

[30] Vissage, J.L. and Veltman, H.M. (2006) Producing supported cobalt catalysts for the Fischer-Tropsch synthesis, WO 2006/075216 A1, July 20.

[31] Mart, C.J. and Nesklora, D.R. (2001) Slurry hydrocarbon synthesis with fresh catalyst activity increase during hydrocarbon production, US Patent 6,323,248 B1, November 27.

[32] Venables, S. (2008) Oryx Technology status feedback, www.sasol.com/sasol_internet/downloads/ oryx_site_visit24November 2008_technology.pdf (November 24).
[33] Ducreux, O., Rebours, B., Lynch, J., Roy-Auberger, M., and Bazin, D. (2009) Oil Gas Sci. Technol., 64, 49-62.
[34] Zhang, J., Chen, J., Li, Y., and Sun, Y. (2002) J. Nat. Gas Chem., 11, 99-108.
[35] Karaca, H., Safoniva, O.V., Chambrey, S., Fongarland, P., Roussel, P., Griboval-Constant, A., Lacroix, M., and Khodakov, A.Y. (2011) J. Catal., 277, 14-26.
[36] Viswanathan, B. and Gopalakrishnan, R. (1986) J. Catal., 99, 342-348.
[37] Ataloglou, T., Bourikas, K., Vakros, J., Kordulis, C., and Lycourghiotis, A. (2005) J. Phys. Chem. B, 109, 4599-4607.
[38] Borg, Ø., Eri, S., Blekkan, E.A., Stoorsaeter, S., Wigum, H., Rytter, E., and Holmen, A. (2007) J. Catal., 248, 89-100.
[39] Bourikas, K., Kordulis, C., Vakros, J., and Lycourghiotis, A. (2004) Adv. Coll. Int. Sci., 110,97-120.
[40] Bourikas, K., Kordulis, C., and Lycourghiotis, A. (2006) Catal. Rev., 48, 363-444.
[41] Oukaci, R., Singleton, A.H., and Goodman, J.G., Jr. (1999) Appl. Catal. A - Gen., 186, 129-144.
[42] Zhang, Q., Kang, J., and Wang, Y. (2010) Chem. Catal. Chem., 2, 1030-1058.

10 其他费–托催化剂

Burtron H. Davis, Peter M. Maitlis

费–托合成中CO氢化会生产更高级的烃，只有基于Fe、Co和Ru(钌)的催化剂有足够的活性和/或选择性。本章涉及到其他低活性金属。当有适当促进剂时，Rh(铑)也可以催化费–托合成，这个反应也需要提供氧化物。Ni一般作为制甲烷的催化剂，尽管已报道在某些情况下可合成更高的烃类。详细的研究表明，Co和Ru仅在金属状态下具有活性。然而，金属铁在费–托反应条件下不稳定，转化成铁碳化物，从而增加了活性铁催化剂表征的复杂性。虽然Ru在费–托合成中非常活跃，但由于其费用高、供应有限，目前主要用于实验室的研究中。除了单金属催化剂之外，还介绍了一些混合金属体系的研究：锰通常是混合金属催化剂的组分。

10.1 引言

最常用的工业费–托催化剂是基于Fe和Co的催化剂，已分别在第8章和第9章中讨论过。其他对费–托合成有活性的金属还包括Ru(钌)、Rh(铑)和Ni(镍)，而Pt(铂)、Mn(锰)和一些其他金属以盐的形式也可有效地作为促进剂或添加剂。第6章已经介绍了除费–托合成以外的一些CO加氢反应的催化剂。

第1.7.2节已描述了早期的历史，Sabatier和Senderens报道了CO加氢制甲烷可使用镍催化剂[1]。在20世纪40年代，Pichler[2]对费–托催化剂及其使用的温度和压力范围进行了更全面的调查。图10.1中的相关性表示了金属催化剂、氧化物催化剂以及反应产物与操作条件的函数关系，这张图在随后的几年中以各种形式被转载，基本上查不到出处。

10.2 镍催化剂

1902年，Sabatier和Senderens首次报道了镍催化的CO加氢生成甲烷或甲烷化反应[1]。1979年，在埃克森–美孚工作的Vannice和Garten[3]发现，如果镍负载在二氧化钛上，氢化活性会发生改变(12.7节)，其甲烷化没有被抑制。与负载于氧化铝上的镍相比活性增加，且选择性改变，这是因为形成了更多的高级烃(特别是C_3)。还原后的二氧化钛上的镍与氧化铝上的镍的催化行为是有差异的：H_2在二氧化钛上的化学吸附被抑制。其他金属和其他的一些氧化物(主要是那些更容易还原的)显示出类似的行为，后来被称为金属-载体强相互作用(SMSI)(参见第12章)[4]。一些学者尝试通过与第二种金属(如Co或Fe)的合金化来改进对较高碳数产物的催化选择性，但是成功较少，并且仅获得了一些低碳(碳数小于)的产物。

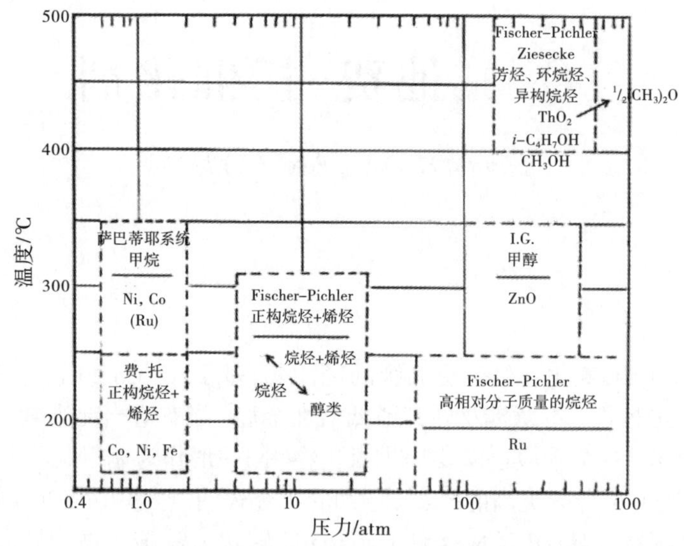

图10.1 催化剂类型与温度和压力的关系[1]

10.3 钌催化剂

10.3.1 历史

尽管工业上不使用钌(Ru)催化剂，但在实验室研究中已受到相当的关注。最初钌费-托催化剂通过将1份商业上使用的钌粉与10份KOH和1份KNO_3的混合物熔融。将熔融物质溶于水中，加入甲醇，并加热溶液，形成的粗氧化物，将其沉淀并干燥，然后在流动的氢气中活化还原的金属。

早期的研究工作很大程度上是由Pichler[5]报道的。据报道，Ru可以比Fe或Co更有活性，并且可以产生大量高分子产物(相对分子质量≤100000)[5]。Ru反应需要非常高的压力(1000atm)，但温度相对温和(≤140℃)[6]。在300℃和大气压力下，Ru催化剂的活性很高，但只产生甲烷[6]；在180℃和大气压下CO的转化率为零，但随着压力的增加而增加，当压力增加到1000atm时，CO转化率达到92%。此外，随着压力增加，产物的平均相对分子质量增加(见表10.1)。

在20世纪70年代后期，工业和学术界对于羰基钌在溶液中均相催化CO加氢和载体上金属钌的非均相催化进行了广泛的研究[7~16]。通过从合成气到含氧产品[如乙二醇(1，2-二羟基乙烷)]的研究探索，发现这些产品比常规的费-托烃合成产品具有更高的附加价值。这些前人的努力是部分成功的，但所需的高压/高温条件抑制了其商业化的进展。

表10.1 在180℃和不同压力下钌催化剂上碳氢化合物的合成[4]

压力/atm	CO转化率，%	CO的转化产物，%		
		烷烃	液态烃	气态烃
1	0			
50	48	46	33	21
100	68	53	31	16
1000	92	59	26	15

在20世纪70年代的“能源危机”之后，人们对钌催化剂的兴趣大大增加(如化学文献引用次数的跳跃增长)(见图10.2)，从那时起一直保持在相当高的水平。

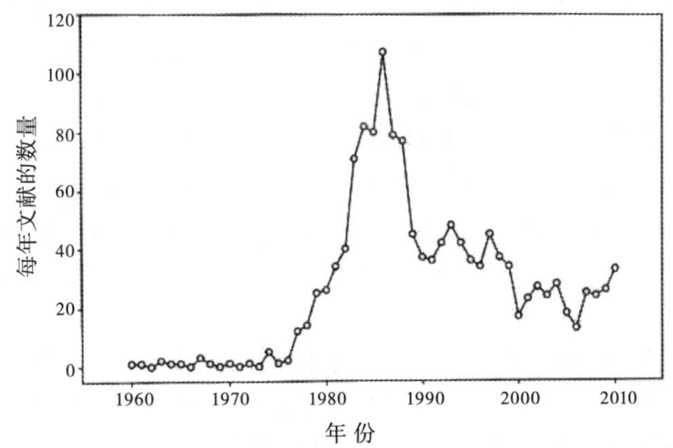

图10.2 每年关于钌催化剂在费–托合成上的使用的文献数量

乙醛是在负载二氧化硅的Ru催化剂上形成的主要氧化产物，而甲醇是在负载氧化铝的催化剂上形成的主要氧化物质。通过IR光谱研究表明，当分子钌羰基$Ru(CO)_5$存在于THF溶液中时，在严格条件($CO:H_2=2:3$，268℃，1300atm)下发生均相催化的CO加氢反应，对甲醇和甲酸甲酯选择性大于99%[11]。二氧化碳也可以在低于200℃的条件下转化，但只生成甲烷，CO似乎抑制了这种反应[5]。

10.3.2 钌催化剂的研究

虽然已经有许多关于钌催化剂的出版物，但不幸的是很少有人尝试进行更广泛的研究。像专利和公开文献之类的出版物一般都描述了单个金属催化剂的反应，很少有人去尝试系统地探索反应条件或优化产品。本文总结了第11章和第12章补充的一些研究。

钌是一种活性费–托催化剂，与其他催化剂一样，费–托活性似乎主要存在于金属本身中。各种基于钌原料的CO加氢已经通过实验和理论研究[6~16]。配位化合物除了热分解产生金属的钌羰基之外，几乎不显示费–托活性。通过IR光谱研究表明，当分子钌羰基$Ru(CO)_5$存在于THF溶液中时，在严格条件($CO:H_2=2:3$，268℃，1300atm)下发生均相催化的CO加氢反应，然而只能获得甲醇和甲酸甲酯(选择性大于99%)[6]。将均相催化剂分解成金属Ru，迅速产生典型费-托烃和水[9]。总之，这些数据意味着Ru配合物在氢气下容易还原为金属，而金属Ru则是费-托反应所必需的。

谢菲尔德集团(Sheffield group)已经报道了一些研究情况，在中等高温和1atm下，比较了金属Fe、Co、Ru和Rh催化剂在二氧化硅载体上进行费-托合成反应[17]。研究结果表明，四种金属的有机产物近似：主要是甲烷、*n*-1-烯烃，以及一些内部正构烷烃和一些正构烷烃(见图12.2)。这表明在所有金属上都发生的过程基本类似。反应保持在相当的速率(pfr' s)所需的温度分别为：Ru为150℃，Co为180℃，Rh为190℃，Fe为220℃。这表明Ru确实非常活跃。

在壳牌重要的早期机理研究中，Biloen等[18, 19]使用标记的$^{12}CO/H_2$进料在^{13}C层上研究了费-托反应，^{13}C层是通过鲍多尔德歧化反应(Boudouard disproportionation reaction)($2CO \rightleftharpoons CO_2+C$)沉积在Ni、Co和Ru催化剂表面。他们发现费-托合成的产品包括$^{13}CH_4$以及少数含有一个分子的碳氢化合物^{13}C，由此他们得出结论，无氧物质$\{CH_x\}(x=0\sim3)$是生成甲烷的中间体，也被纳入到生长中的烃链中。在其他研究中，进料在同位素之间快速切换，从$^{12}CO/H_2$到$^{13}CO/H_2$，使得他们可以计算出C—C键的形成速率从Ru的不小于$1s^{-1}$变化到Co的不大于$0.1s^{-1}$。同时，这些数据也表明表面不均匀性。以上和其他类似的结果导致人们对Emmett和Storch以前提出的充氧机理(oxygenate mechanism)的热情下降，并且更广泛地接受了表面碳化物机理(surface carbide mechanism)。

Ekerdt和Bell发现，在Ru稳态操作下，催化剂保持了一个由温度、CO分压和H_2/CO比决定的“碳储量”[20, 21]。大多数的碳存在于载体上或以长丝的形式附着到Ru微晶上。Ekerdt和Bell还发现与合成气混合的烯烃被掺入到费-托产物中。因此，乙烯的加入增强了丙烯的构造，而环己烯的加入导致形成了双环庚烷与烷基环己烷(可参见第12.3.3节)。以上结果表明，所添加的烯烃与链中的物质反应。

Henrici-Olive和Olive[22]总结了涉及不同类型钌的CO加氢研究结果，研究都发现了碳氢化合物和含氧化合物，然而实验条件似乎千差万别，因此任何结论都是非常暂时的。这些作者通过提出一些埃克森(Exxon)公司数据[23]，表明在反应C_1聚合机理方面，泊松(Poisson)曲线拟合的数据比典型的ASF分布特征(见图10.3)好得多。

① 红外光谱。Bell和他的同事们还指出，通过观察$RuSiO_2$催化剂上CO的原位红外光谱，得到催化剂的表面基本被吸附的CO覆盖[24]。与CO加氢的稳态速率相比，物理吸附和化学吸附的CO交换非常迅速，并且在反应条件下，Ru表面上几乎吸附了一层氢[25, 26]。在反应条件下确定了两种形式的表面碳：C_α和C_β。C_β的覆盖范围在初始阶段增长的比C_α快得多。稳态甲烷和C_{2+}烃的形成与C_α的表面浓度直接相关。

② 颗粒大小的影响。据报道，在纳米范围内的一定尺寸以下的Co、Rh和Fe的微晶，具有较低的金属表面活性和较高的甲烷选择性，较小颗粒的表面原子活性比较大

颗粒更低[25~27]。Gonzalez Carballo[28]发现，当钌颗粒小于10nm时，使用钌催化剂的费-托反应是一种高度结构敏感的反应。小于10nm的颗粒具有较低活性，这可能与更强的CO吸附能力和表面部位的部分阻塞有关。

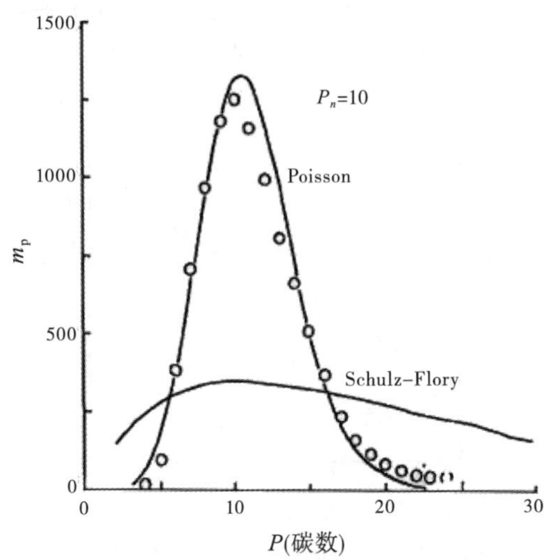

图10.3 理论泊松分布和Schulz–Flory分布P_n=10(实线)[23]

○—在Exxon获得的Ru催化剂的实验数据(30atm，241℃)

③ 水对Ru催化费-托合成的影响。早期对Ru催化剂的研究工作已经表明：Ru催化剂在水中甚至在稀酸中都是有活性的[2]；向合成气原料中加入水可以降低甲烷的选择性，增加链的长度和CO转化率(见图10.4~图10.6)[29]。Ru、Co和Fe纳米颗粒[30]在费-托合成中的作用表明，在水、离子液体和高沸点有机溶剂的活性和选择性，比常规负载型催化剂更高。Xiao等[31]报道了使用在水介质中纳米簇Ru催化剂的费-托合成，在150℃下的反应速率比用Ru-SiO_2催化剂高35倍。Quek等[32]在使用由硼氢化钠还原法制备的聚乙烯吡咯烷酮(PVP)稳定Ru纳米颗粒的费-托合成中，发现了非常高的氧化选择性(见图10.7)。

Liu等[33]发现，在水的存在下，加入Cl^-、OH^-、$H_2PO_4^-$或HCO_3^-增强了费-托合成的活性，而加入F^-费-托合成的活性减小，溴化物或碘化物的加入导致含氧化合物的急剧增加。

④ ASF分布。一些研究人员已经报道偏离了正常的ASF产品分布[34]。例如，在分子筛上加负载Ru的催化剂，会导致C_{7+}的产品急剧下降，他们由此提出沸石孔隙空间的受限导致链长在7个碳数左右。有些学者对此提出了异议[35, 36]，指出这可能是由于一些实验缺陷造成的，而不是由特定的催化剂或反应器设计造成的。

⑤ 双功能催化。由于油品比许多费-托产生的运输燃料更重，研究人员试图将费-托和加氢裂化反应结合在同一反应器中。美孚石油公司的工作人员进行了早期的实验。Caesar等[37]报道了结合铁催化剂和ZSM-5沸石可以使汽油达到总烃产品的60%以

上，且基本上100%是液体产品。Weisz[38]作为美孚员工阐述了他们的研究成果，该反应是一个双功能机理之后的多重反应。因此，其中一个功能是生产遵循ASF分布的费-托产物，这些产物通过气/液相转变到酸性物质，加氢裂化将费-托初级产物转化为可运输的产物。Huang和Haag[39]也使用这种方法将两个处理单元合并为一个单独的单元。较高的温度有利于芳烃的生产，但也增加了气态烃的质量分数。

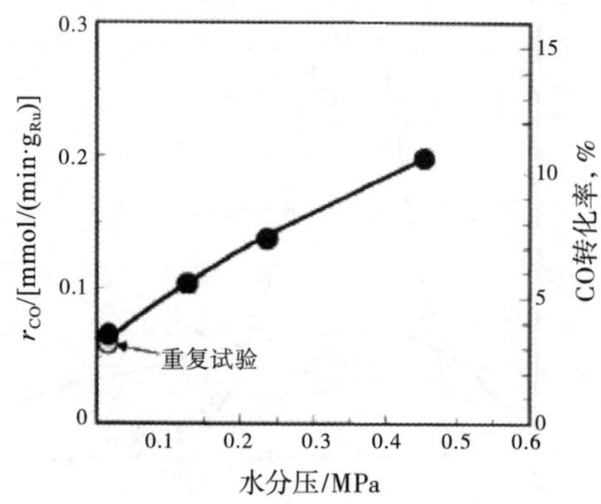

图10.4 CO消耗率(r_{CO})和CO转化率与水分压的函数关系[30]

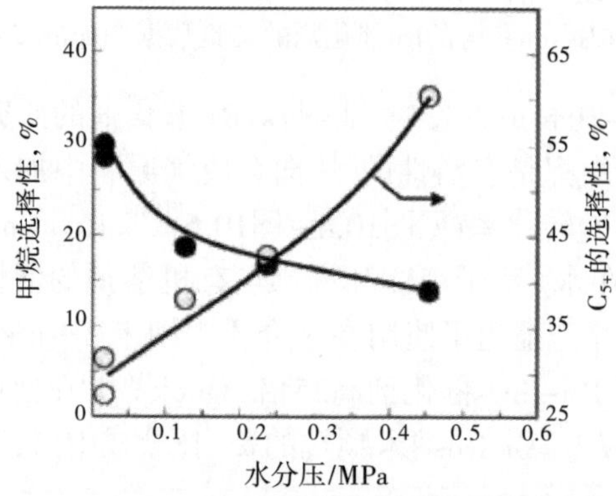

图10.5 甲烷的选择性和C_{5+}的选择性与水分压的函数关系[30]

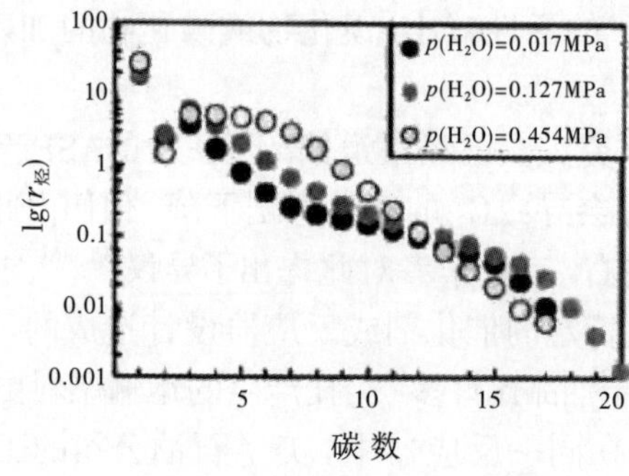

图10.6 Anderson-Schulz-Flory图：在不同水分压下的摩尔产物的生成速率(烃)

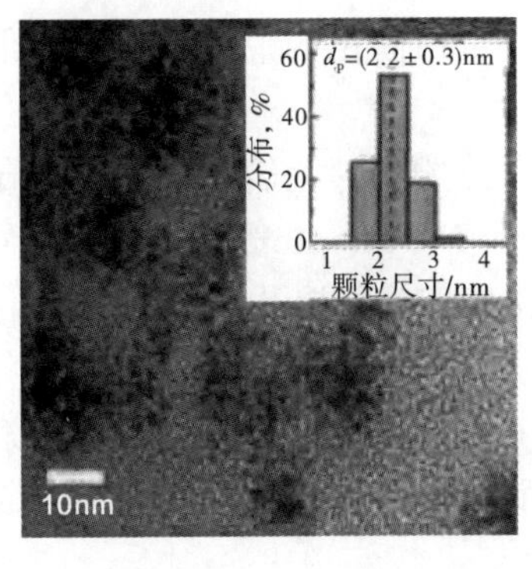

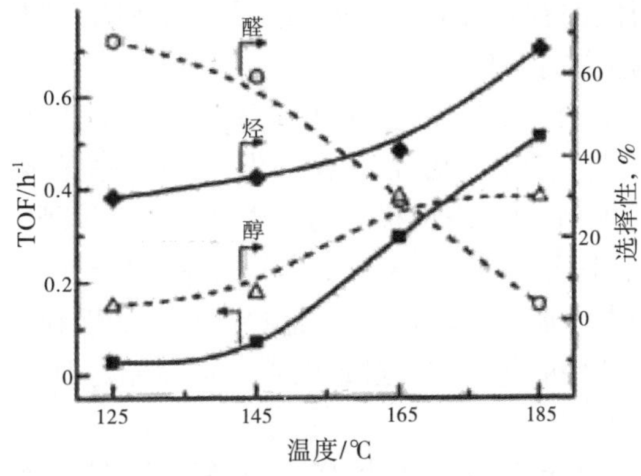

(a) 电子显微照片和粒度分布　　(b) FTS活性和产物分布(30条合成气；H_2/CO=2)

图10.7 由$NaBH_4$还原的PVP稳定的Ru纳米颗粒[32]

此后，美孚的员工将每一种催化剂转移到各自的反应器中，以使每个反应器和每种催化剂的反应条件得到优化。此外，可以在将费–托产品添加到酸催化反应器之前除去水和轻产物。美孚公司在试点工厂阶段评估了他们的工艺[40, 41]。他们发现除了单反应器的水问题外，碱会从费–托催化剂转移到酸性沸石，从而降低了沸石组分随时间的催化活性。Sasol公司的员工也注意到了这个问题[42]。Martínez等[43]最近报道了CO会抑制单反应器中的酸催化反应。在最近关于双功能催化剂操作的报道中，运行时间只有几个小时，不能确定长期运行是否可行。因此，尽管人们继续关注在单个反应器中使用双功能催化剂的合成和提质反应，但仍存在相当大的问题。Subiranas[44]考虑了这个结果，并得出结论认为尽管在一个反应堆中有两个反应结合的可能性，但是存在很多困难。意想不到的是，最严重的影响是CO对裂化反应的影响，需要回收未转化的气体。因此，最终产品可能是汽油和柴油的混合物，直到找到具有柴油选择性的加氢处理催化剂。

10.4 铑催化剂

与钌的情况相比，尽管在不同的方面已经有许多论文发表，但是似乎无法阐明能够激发新工业过程的解决方案。尽管该金属的费用巨大，但是关于铑催化的CO加氢反应的研究已经更加集中。这在很大程度上是因为早期的研究表明除了费–托烃外，乙醇(甲醇和其他含氧化合物)也是重要的产物[45, 46]。对高选择性反应的研究也激发了一些浓厚的机理研究，最近Goodwin和他的同事[47]使用“多产物稳态同位素瞬态动力学分析(multiproduct steady-state isotope transient kinetic analysis)”进行研究。研究结果表明，不同的表面位置生产甲烷、甲醇和乙醇的活跃性不同。铑本身对于CO加氢似乎具有相当低的活性，因此需要使用一些促进剂，包括钴、铁、钒和稀土氧化物(如二氧化铈)。

10.5 其他的催化剂和促进剂

Kolbel报道，当催化剂中存在大于50%的Mn时，Fe–Mn催化剂对轻质烯烃具有高选择性[48]。随后的Fe–Mn研究表明，H_2的活化催化剂是尖晶石$Mn_xFe_{(3-x)}O_4$、方铁矿以及金属铁的混合物。Lohithharn和Goodwin[49]研究表明，添加Mn和/或K可以提高产物中间体的有效表面的浓度，这似乎是在K促进Fe和Fe–Mn催化剂中观察到的高催化活性的主要原因[50]。

Kugler等[51]报道了在氧化锰或其他含锰氧化物上负载Ru，为合成低相对分子质量(特别是C_2和C_3、烯烃)产物提供了一种改进的催化剂。Nurunnabi等[52]发现Ru–Mn–γ–Al_2O_3催化剂表现出很高的抗失活性。这些研究者指出，Mn可以从用于制备催化剂的$RuCl_3$中除去Cl^-，这导致更容易形成中等粒度的Ru。Murata等[53]表明，向Ru–氧化铝催化剂中添加Mn和Na可有效地提高初始活性和C_{5+}选择性，但是在20h后，添加促进剂的催化剂性能与未加促进剂的催化剂性能类似。他们论证了在反应过程中发生了金属Ru的凝聚。

尽管已经证实Mn提高了Ru–氧化铝催化剂的活性，但是这些报告不能提供足够的数据来决定是否存在促进作用，或者是否部分或完全消除催化剂的氯化物中毒。

Den Breejen等[54]报道了一种高活性和高选择性的锰促进的钴–硅催化剂，Kinse等[55]发现，对于二氧化硅催化剂，Mn的加入导致烯烃初级形成的增加和石蜡形成的减少。在10atm操作条件下，C_2 ~ C_4烯烃重新并入烃链导致链的增长。

总之，Mn对三种主要的费–托金属催化剂有显着的影响，但Mn给予这种影响的方式仍有待确定。

参考文献

[1] Sabatier, P.S. and Senderens, J.D. (1902) C. R. Chim, 134, 514-689.
[2] Pichler, H. (1947) Synthesis of hydrocarbon from carbon monoxide and hydrogen (translated by R. Brinkley), US Department of Interior, Bureau of Mines Special Report, Pittsburgh, PA.
[3] Vannice, M.A. and Garten, R.L. (1979) J. Catal., 56, 236.
[4] Tauster, S.J. (1987) Acc. Chem. Res., 20, 389.
[5] Pichler, H. (1938) Brennst. Chem., 19, 226.
[6] Pichler, H., Firnhaber, B., Kioussis, D., and Dawallu, A. (1964) Macromol. Chem., 70, 12.
[7] Pichler, H. (1952) Adv. Catal., 4, 271.
[8] Fischer, F. and Pichler, H. (1933) Brennst. Chem., 14, 306.
[9] Bradley, J.S. (1979) J. Am. Chem. Soc., 101, 7419.
[10] Dombek, B. (1980) J. Am. Chem. Soc., 102, 6855.
[11] Keim, W., Berger, M., and Schlupp, J. (1980) J. Catal., 61, 359.
[12] Kellner, C.S. and Bell, A.T. (1981) J. Catal., 67, 175.
[13] Kellner, C.S. and Bell, A.T. (1981) J. Catal., 71, 288.
[14] Kellner, C.S. (1981) The mechanism and kinetics of Fischer-Tropsch synthesis over supported ruthenium catalysts. PhD thesis. University of California, Berkeley.
[15] Bell, A.T. (1981) Catal. Rev. Sci. Eng., 23, 203.
[16] Knifton, J.F. (1981) J. Am. Chem. Soc., 103, 3960.
[17] Turner, M.L., Long, H.C., Shenton, A., Byers, P.K., and Maitlis, P.M. (1995) Chem. Eur. J., 1, 549.
[18] Biloen, P., Helle, J.N., and Sachtler, W.M. H. (1979) J. Catal., 58, 95.
[19] Zhang, X. and Biloen, P. (1986) J. Catal., 98, 468.
[20] Ekerdt, J.G. and Bell, A.T. (1979) J. Catal., 58, 170.
[21] Ekerdt, J.G. and Bell, A.T. (1980) J. Catal., 62, 19.
[22] Henrici-Olive, G. and Olive, S. (1984) J. Mol. Catal., 24, 7.
[23] Madon, R.J. (1979) J. Catal., 57, 183.

[24] Kellner, C.S. and Bell, A.T. (1981) J. Catal., 71, 296.
[25] Winslow, P. and Bell, A.T. (1984) J. Catal., 86, 158.
[26] Winslow, P. and Bell, A.T. (1984) J. Catal., 86, 142.
[27] Cant, N.W. and Bell, A.T. (1982) J. Catal., 75, 257.
[28] Gonzalez Carballo, J.M., Yang, J., Holmen, A., Garcia-Rodriguez, S., Rojas, S., Ojeda, M., and Fierro, J.L.G. (2011) J. Catal., 284, 102-108, 29/37.
[29] Fischer, F., Pichler, H., and Lohmar, W. (1939) Brennst. Chem., 20, 247-250.
[30] Claeys, M. and van Steen, E. (2002) Catal. Today, 71, 419.
[31] Xiao, C.-X., Cai, Z.-P., Wang, T., Kou, Y., and Yan, N. (2008) Angew. Chem., Int. Ed., 47, 746.
[32] Quek, X.-Y., Guan, Y., van Santen, R.A., and Hensen, E.J.M. (2011) ChemCatChem, 3, 1735.
[33] Liu, L., Sun, G., Wang, C., Yang, J., Xiao, C., Wang, H., Ma, D., and Kou, Y. (2012) Catal. Today, 183, 136.
[34] Wang, C., Zhao, H., Wang, H., Liu, L., Xiao, C., and Ma, D. (2012) Catal. Today, 183, 143.
[35] Gual, A., Godard, C., Castillon, S., Curella- Ferre C., and Claver, C. (2012) Catal. Today, 183, 154.
[36] Nicolaiu, J., D'Hont, M., and Jungers, J.C. (1946) Bull. Soc. Chim. Belg., 55, 160.
[37] Caesar, P.D., Brennan, J.A., Garwood, W.E., and Ciric, J. (1979) J. Catal., 56, 274-278.
[38] Weisz, P.B. (1962) Adv. Catal., 13, 137-190.
[39] Huang, T.J. and Haag, W.O. (1981) Catalytic Activation ofCarbon Monoxide, ACS Symposium Series, vol. 152 (ed. P.C. Ford), American Chemical Society, pp. 306-323.
[40] Kuo, J.C. (1985) Two-stage process for conversion of synthesis gas to high quality transportation fuels. Final Report, D0E/PC/60019-9, October 1985.
[41] Kuo, J.C. (1985) Two-stage process for conversion of synthesis gas to high quality transportation fuels. Final Report, Appendix, DOE/PC/60019-9, October 1985.
[42] Botes, F.G. and Bohringer, W. (2004) Appl. Catal. A - Gen., 267, 217-225.
[43] Martinez, A., Rollan, J., Arribas, M.A., Cerqueira, H.S., Costa, A.F., and Falabella, E. Aguiar, S. (2007) J. Catal., 249, 162.
[44] Subiranas, A.M. (2009) Combining Fischer-Tropsch synthesis (FTS) and hydrocarbon reactions in one reactor. PhD thesis. University of Karlsruhe.
[45] Ichikawa, M.J. (1978) Chem. Soc. Chem. Commun., 566.
[46] Bowker, M. (1992) Catal. Today, 15, 77.
[47] Gao, J., Mo, X., and Goodwin, J.G. (2010) J. Catal., 275, 211.
[48] Koolbel, H. and Tillmetz, K.D. (1979) Hydrocarbons and oxygen-containing compounds and catalysts thereof, US Patent 4,177,203.
[49] Lohitharn, N. and Goodwin, J.G., Jr., (2008) J. Catal., 260, 7-16.
[50] Ribeiro, M.C., Jacobs, G., Pendyala, R., Davis, B.H., Cronauer, D.C., Kropf, A.J., and Marshall, C.L. (2011) J. Phys. Chem. C, 115, 4783-4792.
[51] Kugler, E.L., Tauster, S.J., and Fung, S.C. (1980) US Patent 4,206,134.
[52] Nurunnabi, M., Murata, K., Okabe, K., Inaba, M., and Takahara, I. (2008) Appl. Catal. A - Gen., 340, 203-211.
[53] Murata, K., Okabe, K., Takahara, I., Inaba, M., and Saito, M. (2007) React. Kinet. Catal. Lett., 90, 275-283.
[54] den Breejen, J.P., Frey, A.M., Yang, J., Holmen, A., van Schooneveld, M.M., de Groot, F.M.F., Stephan, O., Bitter, J.H., and de Jong, K.P. (2011) Top. Catal., 545, 768.
[55] Kinse, A., Aigner, M., Ulbrich, M., Johnson, G.R., and Bell, A.T. (2012) J. Catal., 288, 104s.

11 费-托合成反应的表面科学技术的研究

Peter M. Maitlis

本章主要介绍了许多技术，其中光谱技术经常被用于研究表面物质的性质，特别是那些能够对一氧化碳和氢气产生化学吸附的物质。具有催化活性(化学吸附)表面物质的形成、光谱性质、结构和反应引起人们重视。目前只确定了部分表面物质，例如花括号的物质{CH}、{H}等等。

11.1 引言：催化剂表面和催化循环

所谓的费-托合成反应是将一氧化碳和氢气转化为线型1-烯烃和烷烃的反应。反应通常发生在气-固相或者是气-液-固三相中，反应物(一氧化碳和氢气)通过固相金属催化剂催化得到产物。催化剂通常处于固相，因此对整个过程的研究必须要了解在固体和含有反应物的气相或液相的界面处发生的情况。对于费-托合成反应和一些其他的非均相金属催化反应的深入研究进展是缓慢的，因为深入研究这些现象的工具直到近几年才实现应用。

金属催化反应过程比许多其他化学反应过程的研究更难的原因有以下两点：金属催化反应至少涉及两相，实际经常涉及三相或者更多相；另外，催化剂本身通常是非常不均匀的，组成催化剂表面的不同成分和不同结构可能是存在于催化剂中的少量物质提供的。因此，研究的首要任务是仔细确定各项条件，以实现催化反应的可重复性。这可不是非常简单，微量的杂质，有的时候甚至是有时几乎检测不到的10^{-9}级别的杂质，能够对反应速率和选择性产生显著的影响。因此，对于早期的文献，特别是其引用的反应往往是难以重复。

非均相催化反应被分为结构敏感型和非结构敏感型反应。不同尺寸的纳米粒子，其表面吸附和反应性能也不尽相同。由于表面研究不同的表面(有效晶面)具有不同的活性，因此在宏观上能够预测催化活性随粒子尺寸的变化。对于结构敏感型反应，催化剂的物性对反应有着显著的影响，例如催化剂的颗粒尺寸。乙烷氢解转化为甲烷($C_2H_6+H_2 \rightarrow 2CH_4$)是结构敏感型反应，而乙烯加氢转化为乙烷($C_2H_4+H_2 \rightarrow C_2H_6$)则是非结构敏感型反应。对于一氧化碳加氢的反应并不清楚，但通常认为是非结构敏感型反应。

这里有很好的证据，通常是利用光谱学在催化剂金属表面检测一些确定参与催化反应的有机物质，这部分相关内容已在11.2节~11.3节中进行了讨论。然而，对于参与催化循环的物质能够被明确表征的仍然很少，在这方面的研究需求十分迫切(见12.12节和16.5节)。

11.2 表征非均相催化剂

目前，已经发展了一整套专门的技术来处理涉及非均相催化剂方面的问题。目前，大多数使用光谱或衍射技术，但大部分集中在理论建模上，如使用从头算法(ab initio)或者密度泛函理论(DFT)计算法。另一种经常用到的工具涉及分子金属络合物的结构、性质、反应性质，其非常易于定义和研究。这些方法将在11.3.1节~11.3.5节的特定情况下进行简要的回顾和描述。

11.2.1 衍射方法

衍射方法代表了一种能够确定吸附在表面上物质的技术。如果要研究的材料是均匀的晶体，那么XRD(X射线衍射)、ND(中子衍射)和LEED(低能量电子衍射)可以用来找出原子在晶态固体中的位置。

11.2.2 光谱学方法

目前已经开发了许多光谱技术用于研究表面物质：

① 振动光谱学。红外(IR)透射光谱可以容易地分析出液体(溶液)或气相系统的组成成分，现在通常用傅里叶变换红外光谱(FTIR)来测量。这种相对简单的技术也可以用于检测某些固态样品。但是，表面的检查最好使用反射辐射进行。因此，漫反射红外光谱(DRIFTS)被用于原位红外分析不透明材料，并且它能够在更高温度和更高压力的环境下使用。

拉曼(Raman)光谱能够测量散射辐射到入射辐射的角度，提供与红外光谱互补的信息。拉曼光谱被用来检测固体颗粒，但是由于其依赖于散射辐射，所以它具有灵敏度相对较低的缺点。目前，正在研究如何克服这个缺点。

新技术也在不断的发展，以便更全面地了解催化剂表面的情况[4, 5]。例如，原子力显微镜(AFM)-尖端增强拉曼光谱结合了原子力显微镜和振动光谱技术。另一种被人们知晓的和频生成(SFG)技术在高温和高压条件下处理催化剂是特别有效的(如在“和频产生和偏振调制红外反射吸收光谱”中)。这与许多技术通常需要的超高真空(UHV)(约1×10^{-12}atm)条件下正好相反。

② 高分辨率电子能量损失光谱(HREELS)。利用表面电子的非弹性散射来研究表面或分子吸附在表面时电子激发或振动的模式。与电子能量损失光谱相比，高分辨率电子能量损失光谱处理的能量损失更小，其能量损失范围是0.001~1eV。

光电子能谱(PES)或X射线光电子能谱(XPS)，也被称为化学电子光谱分析法

(ESCA)，是一种定量的表面化学分析技术，可以确定材料中元素的组成、经验分子式以及元素的化学和电子状态。

更复杂的扩展X射线吸收精细结构光谱(EXAFS)使用非常高能量的同步辐射分析X射线吸收光谱。元素的化学环境可以根据相邻原子的数量和类型，并且距离该元素0.4~0.8nm范围的原子间距和无序结构都能够计算。然后，根据对结构的认知推断出表面的性质。EXAFS可以用于表征无定形粉末。俄歇电子能谱(AES)是基于对内部弛豫后的被激发的高能电子的分析来研究表面的不同原子。

11.2.3 显微镜技术

上述光谱方法提供了关于表面的总体或平均的信息。为了研究特定区域，特别是非均匀表面则常常需要显微镜技术。它经常用来对表面特定的部分进行表征，经常表征发生反应的区域。

高分辨率电子显微镜(HREM)是显微镜技术的一种，其利用透射电子显微镜(TEM)获得图像。扫描隧道显微镜(STM)用于直接对表面上的原子、分子和吸附物结构进行实时成像[6]。原子力显微镜(AFM)或扫描力显微镜(SFM)是一种非常高分辨率的扫描探针显微镜，分辨率为1nm，是光学衍射极限的1000倍以上。原子力显微镜是对纳米级物质实现成像、测量和操作的最重要的工具之一。它能够通过机械探针"感觉"表面从而收集信息。在(电子)指令下，压电原件可以使得微小的运动更为精确，从而实现非常精确的扫描。

11.2.4 分子金属络合物模型

表面反应的机理，例如涉及非均相催化的表面反应机理，仍然需要做非常多的实验，只有少数明确的线索可以讨论。相比之下，许多基于金属催化的均相(液体和溶液)反应现在已经得到很好的解释，这是建立在分子或离子反应物的结构和过程动力学基础上的。虽然这些研究并不容易，因为反应活性中间体通常只有少量存在，而且寿命短，但它们的研究为化学方向的机理讨论提供了良好的基础。尽管结果不能直接应用于诸如费-托等复杂的多步反应，但在反应途径方面具有参考价值。

还应该指出，通常实际起催化作用的物质不是最初添加到反应中的材料(这种材料有时称为预催化剂)，但是由此产生了一些初步的转变、损失或得到更多(保护)配体，从而具有催化活性。预催化剂可以确定、了解其基本的化学性质，并能推断出起作用的催化中间体是如何从中衍生出来的。

存在于反应物和中间体上的"特征工具"，例如光谱的强特征带，有助于研究从第一步试剂加入到反应中到最后一步得到产品的过程。一些好理解的催化反应是以可溶性过渡金属络合物催化一氧化碳(CO)与有机物发生的羰基化反应。

例如，甲醇羰基化转化为乙酸的反应，众所周知的是Monsanto-BP工艺。在该工艺中，工业化下使用铑/碘作为催化剂，CO的分压是20~50atm，反应温度为160~180℃。而BP-Cativa工艺使用铱-钌/碘化物作为催化剂，反应条件相似，其优点是降低了水的含量，从而降低了能耗，避免了从大量水溶液蒸馏所需的无水产物所需的昂贵费用。

傅里叶变换红外光谱(FTIR)可以对反应进行原位监测，因此对机理研究很有价值。在红外光谱中，CO本身在2143cm^{-1}处显示出非常强的谱带，并且在1700~2150cm^{-1}这个没有很多其他共振发生的区域中，各种羰基金属络合物也显示出强吸收谱带。CO谱带的位置、多样性和不同强度表示的是不同的物质，可利用同位素对单个分子进行标记。利用有关CO对环境影响的这一信息可以构建反应方案，包括合理的初始、中间和最终物质，然后可以与动力学分析结合起来对反应进行可测试的预测。

根据定义，几乎催化循环中的活性物质在低浓度下存在，因此(CO)振动频率的高强度特别有用，因为色谱只能在低浓度下对少量物质进行检测。Monsanto-BP工艺流程的简化介绍如下。

循环从甲醇与HI反应开始，得到MeI(碘甲烷，即甲基碘)(式11.1)；然后与低价铑(Ⅰ)阴离子络合物$[Rh(CO)_2I_2]^-$发生氧化反应得到复杂的甲基铑(Ⅲ)阴离子络合物$[Rh(Me)(CO)_2I_3]^-$[式(11.2)]。在下一步中，二羰基配合物$[Rh(Me)(CO)_2I_3]^-$与存在于反应溶液中的CO反应，得到乙酰络合物$[MeCORh(CO)_2I_3]^-$[式(11.3)]，然后失去乙酰碘(还原消除)[式(11.5)]，得到最初参与循环反应的$[Rh(CO)_2I_2]^-$。乙酰碘被水解成乙酸和碘化氢[式(11.4)]。可以注意到，由等式(11.1)和式(11.5)表示的步骤是有机的，而步骤等式(11.2)~式(11.4)涉及活性阴离子金属中间体物质。

$$HI + MeOH \longrightarrow MeI + H_2O \tag{11.1}$$

$$[Rh(CO)_2I_2]^- + MeI \longrightarrow [Rh(Me)(CO)_2I_3]^- \tag{11.2}$$

$$[Rh(Me)(CO)_2I_3]^- \longrightarrow [Rh(COMe)(CO)I_3]^- \tag{11.3}$$

$$[Rh(CO)Me(CO)I_3]^- + CO \longrightarrow [Rh(CO)Me_2I_3]^- \longrightarrow [Rh(CO)_2I_2]^- + MeCOI \tag{11.4}$$

$$MeCOI + H_2O \longrightarrow MeCOOH + HI \tag{11.5}$$

其他的不饱和物质，例如一氧化氮、炔烃、烯烃、硫化碳等等具有CO相似的红外表征特点，因此也被用来研究催化反应。另外一种非常强大的技术是核磁共振(NMR)技术，它用于确定溶液中的有机物。这里也有固态核磁共振技术，能够分析固态样品。不管是固态分析还是液态分析，都可以探测特定的原子核(例如^{1}H、^{13}C、^{19}F、^{31}P，甚至^{103}Rh)。然而，对于表面研究来说，核磁共振是一种相对不太敏感的技术，其他方法通常是首选。

现在认识到对于涉及到表面物质的反应，非均相反应分析可以分析反应循环的基本步骤。然而，实际结构与连接在表面的中间体在原子级水平上仍然存在异议。

11.3 表面物质的检测

金属表面在催化、电子、环境保护和能量转换过程中起着重要作用。由于纳米金属粒子能够暴露出更大的比表面积，因此常应用于气、液相的反应。纳米颗粒表面通常是微晶的，含有明确的不同等级的水平面、扭结、边缘和角落。分子吸附在表面的不同位置，其吸附方式与能量也不相同。

在非均匀反应中一种常见的方法是利用表面科学表征确定表面结构和存在于其上的物质。表征常常涉及使用氮气或惰性气体的定量吸附等技术来估计样品的总比表面积。

表面反应的重要的一点是被吸附物结合的强度，目前已经开发了许多方法来确定。一种是温度程序升温脱附(TPD)，其依据是不同物质被吸附在表面上的结合强度各不相同。因此，它们将在不同的温度下从表面脱附，具体温度与相关物质和表面的性质有关[9~11]。

用于表征确定固态结构的许多技术在液相或气相的研究中有相对应的技术，例如上文所述的FTIR和DRIFTS。然而，表面技术往往需要超高真空，因为它们需要检测从表面传出的短程电子或离子。

许多催化剂是微晶、多组分和不均匀的，表面由台阶、扭结和其他位错组成。图11.1表示的是两个钌的表面的，一个是光滑的，另一个是稍有皱褶的、带台阶和扭结位错。另外，表面还可以包含孔隙以及物质吸附和发生反应的通道。确定被吸附物结合和反应位置是件很有意思的事情。费–托合成催化剂通常是由活性金属(Fe、Co、Ru等)组分负载在氧化物载体上(如氧化铝或二氧化硅)，并且有相当多的证据表明关键反应发生在金属氧化物界面上，因此必须进行研究。

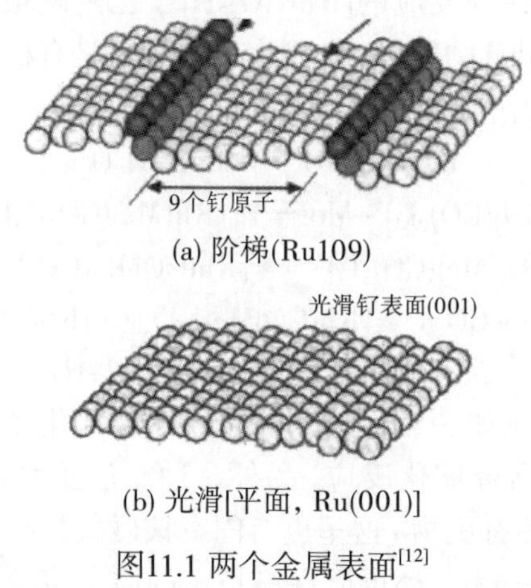

(a) 阶梯(Ru109)

(b) 光滑[平面，Ru(001)]

图11.1 两个金属表面[12]

负载在催化剂上的金属纳米粒子可以被看作是分布在表面不同位置的几何结构–不同的平面或边缘、拐角、台阶和扭结等。了解表面的催化活性位点数量是非常重要的。在一个给定的比表面积内存在多少活性位点的问题，可以通过模型系统来解决，也可以通过测量吸附的非惰性气体(如CO)的吸附量来确定。现在我们对结构决定活性位的性质和表面反应有了更深刻的认识。最重要的是，对单晶的研究表明，在台阶上的化学活性可以比在紧密堆积(有效平面)表面上的化学活性高出几个数量级[13]。

一般认为，吸附物与表面之间存在着两种相互作用：物理吸附和化学吸附。物理吸附的作用力很弱(能量≤30kJ/mol)，吸附物在很大程度上通过范德华力或静电力保持在表面上；而在化学吸附中，吸附分子和表面原子之间形成了真正的化学键(≥100kJ/mol)。化学吸附的物质也被活化参与反应。然而在实践中，可以通过光谱和衍射技术来识别连续的键合类型。

同样值得指出的是，吸附物与表面之间的相互作用不是常数，而是取决于吸附位的性质(地形)。吸附常常改变被吸附物的性质，例如，被吸附的一氧化碳在配位上键序降低。后来，人们发现了相反的现象，吸附物可以影响金属结构，导致表面的变化。表面有两种影响反应中间体稳定性和化学反应活化能的方法：一种是电子效应，另一种是几何效应。具有低配位数(粗糙表面、台阶、边、扭结和角)的晚期过渡金属原子往往处于较高d态，因此与具有紧密堆积的高配位数原子相比，其对吸附质的吸附能力更强[14]。

11.3.1 表面上的一氧化碳{CO}

研究金属表面常用的一种探针是吸附CO。利用光谱方法可以得出许多关于CO的状态以及发生吸附位性质的有用信息。其基础来自对小分子金属配合物的研究，通过详细的单晶X-射线结构测定确定了CO可以以不同的方式与过渡金属M配位(连接)，并且不同的连接可以产生红外光谱羰基区的特征指纹带。由于位置、强度和多重性可以与特定的结构特征相关联，所以光谱被用来探测CO在表面上的结合。

最简单的是通过CO的碳与八面体$Cr(CO)_6$中的单金属原子M形成M—CO线型结合(见图11.2a)。这里的红外吸收带一般在1850~2125cm^{-1}范围内，而CO自身三键键合的 红外吸收带是2143cm^{-1}，表明金属络合物中CO键序比CO自身键序更低。在配合物$Co_2(CO)_8$(见图11.2b)中，有两个CO被发现通过碳桥接两个金属原子，红外吸收带进一步下降(1750~1900cm^{-1})。有机羰基化合物通常有一个双键(如丙酮、$Me_2C=O$)，其红外吸收带更低，为1705~1725cm^{-1}。在讨论这些数字时必须小心。波段的位置取决于CO的环境和电荷以及介质，因为气相、溶液和固体之间的测量可能存在差异。图11.3表示的是金属和CO之间的连接。

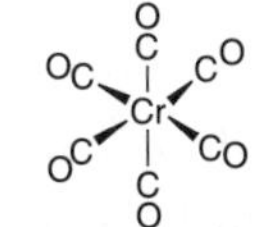

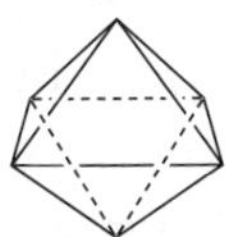

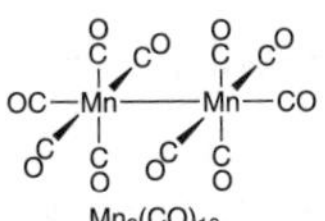

(a) 单核$Cr(CO)_6$，八面体几何，末端羰基

(b) 双核$Mn_2(CO)_{10}$(由金属-金属键，末端羰基保持的八面体金属原子)和具有六个末端羰基和两个羰基桥接两个钴原子的双核$Co_2(CO)_8$

图11.2 一些分子金属羰基配合物的结构(衍射测定)

当金属表面暴露于气态CO时，在振动光谱中可以观察到非常相似的谱带。在2000~2130cm^{-1}的区域是由于CO线型地链接到表面原子。而在区域1960~2000cm^{-1}和1800~1920cm^{-1}分别表明CO桥联两和三个表面金属原子。同样，这些只是范围，实际数字将取决于金属和表面覆盖的程度，这取决于邻近的原子。

11.3.2 活化CO

CO化学吸附在许多金属表面上很容易发生键裂。相比之下，虽然已经公布了有成千上万的一氧化碳作为配体的金属络合物，关于C—O键的断裂实例却少有报道。最值得注意的是，Shriver和Sailor[15]以及Wolczanski和其同事[16]的研究。然而，尽管最近有报道关于分子金属配合物中的CO键裂反应，但目前(2012年)的情况是，虽然在过渡金属表面上的CO键裂相对容易，但溶液中难以产生分子物质，甚至它们是多元金属簇。很显然，实质的合作效应(被称为集合效应)必须在表面上起作用。

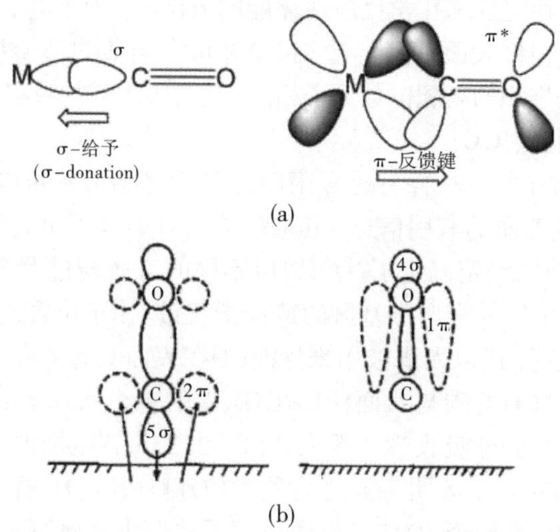

图11.3 (a)表示一氧化碳与单个过渡金属原子结合时所涉及的原子和分子轨道；(b)代表一氧化碳(CO)与金属表面结合的Blyholder模型

CO在金属表面上的裂解：CO与许多D型过渡金属相当强的结合。在原子尺度上，主要的结合是通过碳，但是也可以通过氧与第二金属结合。CO在表面的吸附通常导致中-弱相互作用，其中CO键序降低并且建立金属—C键。在某些情况下，这可能最终导致C—O键断裂，建立金属—O和金属—C键。这些阶段随后是振动谱(红外光谱、高分辨率电子能量损失光谱等)的变化。其他双原子分子，诸如CO、N_2、NO和O_2，在金属表面也能起同样的作用；当金属属于位于给定的d区过渡区的左侧系列金属时，这种分子的解离趋势就越大。此外，解离和分子吸附之间的近似边界从3d区左侧移动到4d~5d元素系列。因此，在3d区的金属Ti、V、Cr和Mn，在4d区金属Zr、Nb以及Mo和5d区金属Hf和Ta上CO容易发生断裂。而3d区金属的Fe和Co，4d区金属Tc和Ru以及5d金属W和Re在表面上显示中间特性，当金属属于上面这些过渡金属系列的右侧时，CO在很大程度上未能被解离。对于吸附的双原子分子(如CO、N_2、NO、O_2等)也进行了类似的评估。

同样重要的是，在均相溶液中，CO的几百种催化转化并不包括费-托合成反应。其他非常不寻常的有机反应，以及烯烃和烷烃由合成气直接形成，似乎在很大程度上局限于在金属Fe、Co、Ru、Rh和Ni等甲烷化催化剂的非均相催化过程。相反，如果在均匀溶液中进行一氧化碳氢化反应，则需要非常高的压力和温度，通常得到含氧化合物，特别是甲醇和乙二醇(1, 2-二羟基乙烷)。

11.3.3 CO的转化

目前，一些研究机构对CO裂解过程进行了探索，其中许多是在超高真空、单一金属晶体条件下进行的。此外，发现一些金属(例如铂)与费–托合成反应活度没有关联，但在环境条件或在上述条件下，这些结果能否很好地被应用到催化反应中，仍有待观察。

人们早就注意到，CO分子在化学吸附时对解离的敏感性，根据金属在周期表中的位置的变化而系统地变化。其他双原子分子也有类似的规律[17, 18]。因此，在室温下O_2能够在所有过渡金属上解离，并且在紧密堆积的表面其解离活性最低，而在阶梯和扭结上解离活性可能会更高。

使用SFG(和频产生表面振动光谱)发现在压力为40atm，温度分别是673K、548K和500K时，CO分别在Pt(111)、Pt(557)和Pt(100)上发生解离。顶部位置上的CO频率随温度和时间的变化而变化，表明表面发生了改性，这可能是由于表面晶格周围移动的铂金原子形成了不稳定的铂羰基化合物。对于Pt的(111)和(100)表面，需要晶体被加热产生解离所需的台阶和扭结位置。对于CO的解离，Pt(111)表面比Pt(100)表面需要更高的温度，因为它更稳定。

由于Pt(557)面本质上是一个具有台阶的Pt(111)面，所以不需要额外的热量来产生CO离解所需要的台阶和扭结点[19]。

相反，在温度范围为300～400K时，吸附在Pd(111)表面上的CO没有发生CO解离[20, 21]。另外，费–托反应活性金属，诸如钌和钴，需要明显的晶体波纹才能具有解离活性[22, 23]。

目前，CO的解离与干净的单晶金属和费–托反应负载的金属活性没有明确的相关性。问题是被化学吸附的{CO}分裂出了{C}，导致表面炭化；此外，还是分裂出了{O}，导致了表面氧化，还是这里有一个更为复杂的过程，{CO}被吸附的{H}攻击了，这些问题已激烈争论了很长时间。在解离路径中，{C}和{O}两者分别与{H}反应形成亚甲基{CH}和{OH}以及羟基(或水)。相反，在关联路径中，{COH}和{CHOH}等物质被假定为中间体，然后可以进一步反应(见12.5.2节和12.6节)。

有些有机金属模型系统可能与每个途径有关(见第12章)。但是，尽管有相当多的证据显示表面上的分离路径，但对于有联合路径引起的{COH}和{CHOH}等表面物质的可靠证据看起来还没有得到，实际上一些试图寻找证据的尝试都失败了[24, 25]。

11.3.4 表面上的氢{H_2}和{H}

分子在吸附过程中的变化从小的扰动到变化完全裂解。在分子吸附上分裂的一个很好的例子是氢分子H_2，它也容易被金属吸附。最初是物理吸附，这可能与在金属络合物表面结合二氢配体是相似的状态，其中H_2横向键和到过渡金属的是σ杂化。下一步可以将配位的{H_2}裂解成两个氢化物{H}。一个非常详细的物理分析已经被给出[26]。

H_2的活化：在H_2的物理吸附中，H_2的分子轨道与表面电子状态相互作用以产生成键轨道和反键轨道。H_2 的1σ和$2\sigma^*$轨道在接近表面时移动并扩大。电子从金属转移到H_2上，这是因为当H_2接近表面时，$2\sigma^*$轨道能量下降并且变宽。当它下降时，费米(Fermi)能电子开始填充轨道，H_2键减弱并最终断裂，而金属—H键变得更强。为了获得最佳轨道重叠，H_2的轴线应平行于表面[27]。出现的情况非常类似于氢分子金属络合物中发现的氢，其中两种键合模式已经建立：涉及到二氢分子键合一个金属原子，写作M(κ^2—

H_2)，其类似于物理吸附；另外一个是σ键合二氢化物，写作$M(κ^1—H)_2$，其中H—H键被两个M—H键取代，即接近化学吸附的情况。$M(κ^2—H_2) \rightleftharpoons M(κ^1—H)_2$。从$M(κ^2—H_2)$到$M(κ^1—H)_2$的变化可以等同于对金属的加氢氧化，在很多情况下都是可逆的[28]。

这些表面金属氢化物通常被认为用于金属在氢交换和氢化反应中的活性。一种称为氢溢流的氢也起着重要的作用[29]。它的性质取决于它所附着的底物，它可以表现为氢原子、氢离子或氢质子[28, 30]。

11.3.5 {H}的转换

由于金属表面在纳米尺度上是动态的，吸附的物质很容易迁移。实验也发现在表面上，H_2中的氢非常容易与D_2(混合HD)、C—H(D)以及其他含有X—H(D)键的分子发生交换。这些反应通过解离进行，$\{H_2\} \rightleftharpoons 2\{H\}$。虽然人们普遍认为这种反应发生在两个表面物质之间，但一些学者推测气体分子与吸附物质能够直接发生反应。

11.3.6 {CO}和{H}的反应

第12章讨论了{CO}和{H}在表面所经历的反应。有一点必须提到的是当反应发生在金属表面时载体在其中起到的作用。由于对这些的探测实验非常困难，因此这方面的研究相当少。然而，载体对金属催化活性的影响早已被人们所认识。第一次对这个问题进行量化的尝试促使了强金属-载体相互作用概念的出现(SMSI)，这个概念最早由Tauster等提出用来解释在TiO_2上负载的金属簇在高温还原之后会出现对H_2和CO化学吸附受到抑制的现象。还发现SMSI效应还可以用来促进费-托合成反应[31]。

金属载体间的强相互作用(SMSI)：许多催化体系都是由氧化物以及负载在上面的纳米尺寸的金属颗粒组成。人们发现金属和氧化物载体之间存在相互作用，即所谓的金属-载体相互作用，在非均相催化中是非常重要的。强金属-载体相互作用最早由Tauster等提出。用来解释在TiO_2上负载的金属簇在高温还原之后其对H_2和CO化学吸附能力被抑制。后来，在许多金属/氧化物催化体系中广泛观察到金属载体间的强相互作用。主要有两个因素导致了金属载体间的强相互作用状态，一个是电子，另外一个是几何因素。电子的因素是由一个金属催化剂的电子结构的扰动，这源于金属和氧化物之间的电荷转移，而几何因素是覆盖在金属颗粒上的薄薄的一次还原氧化物载体(称之为封装或装饰模型)，它阻止了了金属表面的活性位[31]。

11.4 理论计算

面对实验中费-托合成以及其他非均相反应的巨大困难，有许多的研究者利用各种理论方法来解决这个问题，特别是密度泛函理论(DFT)[32]。关于费-托烃合成重点包括以下几个方面：用于加氢的反应位点的性质和C—C偶联的步骤；机理涉及次甲基(表面碳炔)、亚甲基(表面卡宾)、CO插入和羟基卡宾；甲烷的形成，α-烯烃的选择性和链增长概率；催化活性。

Van Santen[33]提出了催化反应结构敏感性的分子理论，它是基于对过渡金属表面反应基本步骤的活化能的计算。这样，分子如CO或N_2的裂解需要具有几个金属原子和台阶边缘位置的独特构型的反应中心，这种反应中心空间上过渡金属颗粒上不小于2nm。

这被称为I类表面敏感性，当粒径减小到临界尺寸以下时，反应速率会急剧下降[33]。

Jenkins和King基于密度泛函理论计算提出了另一种观点[34]。他们计算出存在一个强烈的碱诱导的C—O键的极化，并为了理解费-托烃合成对结果进行了分析(参见第12.6.2节)[35]。

参考文献

[1] Zaera, F. (2009) Acc. Chem. Res., 42, 1152-1160.

[2] Ma, Z. and Zaera, F. (2006) Surf. Sci. Rep., 61, 229-281.

[3] Zaera, F. (2003) Catal. Lett., 91, 1-10.

[4] Vidal, F. andTadjeddine, A. (2005) Rep. Prog. Phys., 68, 1095-1127.

[5] Rupprechter, G. (2007) Adv. Catal., 51, 133-263.

[6] Bowker, M. (2007) Chem. Soc. Rev., 36, 1656-1673.

[7] Maitlis, P.M., Haynes, A., Sunley, G.J., and Howard, M.J. (1996) J. Chem. Soc., Dalton Trans., 2187-2196.

[8] Haynes, A., Maitlis, P.M., Morris, G.E., Sunley, G.J. et al. (2004) J. Am. Chem. Soc., 125, 2847-2661.

[9] Thomas, J.M. and Thomas, W.J. (1997) Principles and Practice of Heterogeneous Catalysis, Wiley-VCH Verlag GmbH, Weinheim.

[10] Somorjai, G.A. (1994) Introduction to Surface Chemistry and Catalysis, Wiley- Interscience, New York.

[11] Kolasinski, K.W. (2002) Surface Science, John Wiley & Sons, Inc., New York.

[12] Zubkov, T., Morgan, G.A., and Yates, J.T. (2002) Chem. Phys. Lett., 362, 181.

[13] Nørskov, J.K., Bligaard, T., Hvolbæk, B., Abild-Pedersen, F., Chorkendorff, I., and Christensen, C.H. (2008) Chem. Soc. Rev., 37, 2163-2171.

[14] N0rskov, J.K., Bligaard, T., Logadottir, A., Bahn, S., Hansen, L.B., Bollinger, M., Bengaard, H., Hammer, B., Sljivancanin, Z., Mavrikakis, M., Xu, Y., Dahl, S., and Jacobsen, C.J.H. (2002) J. Catal., 209, 275.

[15] Shriver, D.F. and Sailor, M.F. (1988) Acc. Chem. Res., 21, 374-379.

[16] Miller, R.I., Wolczanski, P.T., and Rheingold, A.L. (1993) J. Am. Chem. Soc., 115, 10422-10423.

[17] Broden, G., Rhodin, T.N., Brucker, C., Benbow, R., and Hurych, Z. (1976) Surf. Sci., 59, 593-611.

[18] Andreoni, W. and Varma, C.M. (1981) Phys. Rev., B23, 437.

[19] McCrea, K., Parker, J.S., Chen, P.L., and Somorjai, G. (2001) Surf. Sci., 494, 238-250.

[20] Kaichev, V., Morkel, M., Unterhalt, H., Prosvirin, I.P., Bukhtiyarov, V.I., Rupprechter, G., and Freund, H.J. (2004) Surf. Sci., 566, 1024-1029.

[21] Kaichev, V.V., Bukhtiyarov, V.I., Rupprechter, G., and Freund, H.J. (2005) Kinet. Catal., 46, 269-281.

[22] Fan, C.Y., Bonzel, H.P., and Jacobi, K. (2003) J. Chem. Phys., 118, 9773-9782.

[23] Kim, Y.K., Morgan, G.A., and Yates, J.T. (2007) J. Phys. Chem. C, 111, 3366.

[24] Zubkov, T., Morgan, G.A., Yates, J.T., Kuehlert, O., Lisowski, M., Schillinger, R., Fick, D., and Jaensch, H.J. (2003) Surf. Sci., 526, 57-71.

[25] Morgan, G.A., Sorescu, D.C., Zubkov, T., and Yates, J.T. (2004) J. Phys. Chem. B, 108, 3614-3624.

[26] Christmann, K. (1988) Surf. Sci. Rep., 91-163.

[27] Kolasinski, K.E. (2004) Chemisorption, physisorption and dynamics, in Surface Science, John Wiley & Sons, Inc., New York.

[28] Morris, R.H. (2008) Coord. Chem. Rev., 252, 2381-2394.

[29] Conner, W.C. and Falconer, J.L. (1995) Chem. Rev., 95, 759-788.

[30] Roland, U., Braunschweig, T., and Roessner, F. (1997) J. Mol. Catal. A, 127, 61-84.

[31] Fu, Q. and Wagner, T. (2007) Surf. Sci. Rep, 62, 431-498.

[32] Cheng, J., Hu, P., Ellis, P., French, S., Kelly, G., and Lok, C.M. (2010) Top. Catal., 53, 326-337.

[33] van Santen, R.A. (2009) Acc. Chem. Res., 42, 57-66.

[34] Jenkins, S.J. and King, D.A. (2000) J. Am. Chem. Soc., 122, 10610-10614.

[35] Inderwildi, O.R., Jenkins, S.J., and King, D.A. (2008) J. Phys. Chem. C., 112, 1305-1307.

12 费-托烃合成及其相关过程的机理研究

Peter M. Maitlis

本章讨论了机理以解释烃类产物及其在费-托反应中如何形成。从最近的结果中我们得到这样的结论：费-托反应涉及到双重机理，这里至少有两条反应途径共存。一个是解离路径，在金属表面最初的化学吸附步骤导致了CO的解离。另一路径称为缔合，化学吸附的CO和氢气直接发生反应。人们认为通过精确的步骤最终得到了游离烃，而游离烃的形成取决于表面烃基物质(C_xH_y)、金属和任何载体(或添加剂)之间的相互作用(参见第11章)。极性表面可能会促进缔合反应路径涉及的亲电试剂和/或亲核试剂，而非极性界面更多涉及中性物质的步骤。缔合路径也可以解释费-托合成(FT-S)中一些较高含氧化合物的共生。然而，“低压”甲醇合成反应似乎以一种完全不同的路径进行(见第6章)。

12.1 引言

费-托合成(FT-S)的环境与常规溶液或者气相有机化学是非常不相同的，因此它一定涉及相当独特的步骤。正如我们在这里说的费-托合成，是指当合成气[一氧化碳和氢气的混合物(参见第2章)]通过某些后d型过渡金属催化剂催化形成有机化合物的反应。主要产品有烯烃、烷烃、甲烷和水。水的形成可以被认为是反应的热力学“驱动力”。根据催化剂、载体和促进剂、温度和压力，甚至所使用的反应器类型的情况，费-托合成反应还产生少量的其他有机化合物，包括支链烃(主要是单甲基烯烃和单甲基烷烃)、含氧化合物(包括高级醇)，甚至羧酸(见表4.1)。使用其他一些金属催化参与氢气和一氧化碳的反应，也会产生完全不同的产物。例如甲醇合成反应[式(12.3)和第6章)]和水-气变换反应(WGSR)[式(12.3)](参见2.3节)。

从热力学多度来看，CO加氢反应[式(12.1)～式(12.3)]最有利的路径是生成甲烷和水[式(12.1)]。因此，应该使反应的过程有效地转向以产生长链烃和水[式(12.2)]或甲醇[式

(12.3)]。

$$3H_2+CO = H_2O+CH_4 \qquad \Delta G_{(227℃)}=-96kJ/mol \tag{12.1}$$

$$2H_2+CO = H_2O+{}^1/_3(C_3H_6) \qquad \Delta G_{(227℃)}=-31kJ/mol \tag{12.2}$$

$$2H_2+CO = CH_3OH \qquad \Delta G_{(227℃)}=+27kJ/mol \tag{12.3}$$

$$H_2O+CO \rightleftharpoons H_2+CO_2 \qquad \Delta G_{(25℃)}=-28kJ/mol \tag{12.4}$$

所有这些反应进行的条件大致相似：温度通常在200～350℃以及中等压力的条件下，合成气通过加热的金属催化剂。当氧化铝作为载体，镍作为活性组分时，主要产物是甲烷[式(12.1)]。而经典的费-托合成产物为长链烃时[式(12.2)]，其催化剂是由铁、钴、钌或铑，通常负载在二氧化硅或氧化铝载体上。产生的少量高含氧化合物也可以是该反应基质的一部分。

甲醇合成也是由合成气经过非均相催化得到的(在氧化铝上的Cu+ZnO上)，可以作为该方案的一部分[式(12.3)]。然而，详细的调查表明，甲醇很大程度上是以完全不同的顺序由二氧化碳得到的(参见第6章)。涉及氢气、水、一氧化碳和二氧化碳的WGSR[式(12.4)]也是非常重要的，因为它在工业上用于制造氢气。

我们为什么要研究这个机理？由于费-托合成反应是CTL、GTL和BTL转换技术(参见第2章)的一个组成部分，因此更好地理解反应如何工作可以改变反应参数，从而提高活性和选择性。

该领域的研究人员Fischer和Tropsch，他们对机理进行了推测，并进行了许多实验和理论研究，就是为了搞清楚在催化剂表面究竟发生了什么。通常，大部分信息来源于动力学测量和全反应产物分析，并结合了对各种探针分子加入合成气流产生的产物变化的评估。

然而，这些相当间接的方法以及一些结果，特别是在早期工作中报道的那些结果，很难独立重复，在许多情况下是由于催化剂的组成或形态的微小变化造成的。因此，文献有时会包含不同的(甚至是相互矛盾的)结果。

目前，费-托合成的研究目标是使过程对环境更加友好和可持续发展。一方面是使费-托合成选择性更高，所以它的主要产品，如范围更窄的1-烯烃。因此，人们花费大量精力致力于优化催化剂和反应器的性能。在一定程度上，重视费-托合成的工程是以牺牲基础机理的研究为代价的。

因为现在有大量的、公开的专利文献中记载了关于费-托合成的信息，那么我们就不得不对这种机理进行有选择性的审查。因此，我们将主要关注最近的发展。第12.11节以及第16章包含了对未来的一些想法，并考虑了可能最有用的方向。

自1925年Fischer和Tropsch最初发现费-托合成以来，已经有很多关于这种反应的文章，ISI Web of Knowledge在1939～2011年之间仅公开关于费-托合成的文献就有3000多篇科学论文，其中许多包含了对机理的思考。由于在工业上具有巨大的利润，目前关于费-托合成工艺的专利就有数百项。虽然有关费-托合成的几篇专著[1～4]主要涉及实际(工程)方面(也参见第4章和第5章)，但也提供了一些有用的机理见解。

费–托合成体系的复杂性和非均相性，以及在持续重复反应中精确定义催化剂的困难，都限制了对机理明确的总结。除了整体动力学和反应产物分析之外，许多研究都集中在推测过程的各个步骤。这些研究包括表面科学研究、溶液中使用有机金属反应作为模型，以及最近的从头算(ab initio)和密度泛函理论(DFT)理论计算。

即使是一些基本的事实也没有被普遍接受。因此，尽管大多数学者认为在动力学上，正构1–烯烃是在正常条件下费–托合成烃的第一个产物，但也有许多人称正构烷烃是主要产物，特别是钴作为催化剂时。然而，钴是一种很好的加氢催化剂，难以确保烷烃确实是费–托合成的初级产物，而不是在催化剂和载体的作用下，由次级反应中的正构1–烯烃得到的。形成的少量的氧化合物，特别是正构1–烷醇，也被称为初级产品。这些考虑也突出了定义一个初级产物的困难(见下文)。

尽管研究的主要目的是提高费–托合成工艺的活性和选择性，但是由于催化剂昂贵且随着时间逐渐失活，因此在制备、预处理和实际的反应过程中，尽量减少使催化剂的损失或替换也是很重要的。在反应开始阶段和费–托合成期间，催化剂结构可以也确实发生显着的改变，因为费–托合成催化剂的性能随着时间的推移而演变[5]。

12.2 基本费–托合成反应：解离和缔合路径

关于长链碳氢化合物合成的第一个想法是在1925年由Fischer和Tropsch提出的[6, 7]，后来由Biloen、Pettit和其他人[8~11]进行了拓展延伸。虽然Fischer–Tropsch–Pettit–Biloen(FTPB)理论已经显示出一些明显的问题[12]，但它仍然被广泛引用并已被纳入当今的思想中。FTPB理论主要步骤包括CO裂解得到表面碳化物{C}、加氢(最终得到甲烷)，以及表面烃基物质{C_nH_x}的形成和耦合，通过β消除从中解放出1–烯烃。

区分FTPB的方法是它不涉及初始CO解离，而CO的解离称为解离(或碳化物)路径。图12.1a~c表示的是CO在金属表面加氢的FTPB方案；图12.1a表示的是活化的CO，给出了表面碳化物和各种氢化C_1物质的形成。由于表面物质很少被明确的定义，它们被写在花括号中，如图12.1b所示。图12.1.c表示的是通过3个{C_1}物质的耦合和{H}的再生得到了丙烯。

目前已经发表了几篇对于费–托合成从合成气制取烯烃和烷烃机理见解的综述。如今最具信息量的方法是基于表面上可能发生的各个步骤(见第11章)。反应从H_2和CO的物理吸附开始，随后在金属中心进行化学吸附(活化)。

12.2.1 CO的解离活化

一般认为H_2的活化是通过解离产生表面原子氢，记为{H}[式(12.5)]，它在非极性环境中是活性物质。

同时发生的是CO的化学吸附，并且已经提出了两种不同的在表面活化CO的模式：解离路线(或“碳化物”路线)和缔合路线(或“氧化”路径)。解离(CO键断裂)基本上会得到原子{C}、碳化物和{O}氧化物[式(12.6)]，然后与{H}进一步反应，产生烃基{CH_x}[式(12.7)]，最终产生甲烷[式(12.8)]，同时还有带有羟基–(OH)的表面物质和最终的水[式(12.9)]。在甲烷化反应中，最终产物CH_4，甲烷解吸并释放。由于费–托合成的主要产物是长链烃，整个反应必须涉及{CH_x}和其他在表面的烃基-金属中间体的聚合。对于这些最后物质的结构以及它们如何产生，人们只部分同意进一步反应的解释。最常见的解释是在费-托烃合成中，部分氢化的单烃基物质{CH_x}进一步与含有二核或三核烃基{C_2H_y}、{C_3H_z}等其他中间体发生偶合，这导致更高级的低聚物和β-消除，以得到烯烃聚合物，这实质上是FTPB机理。

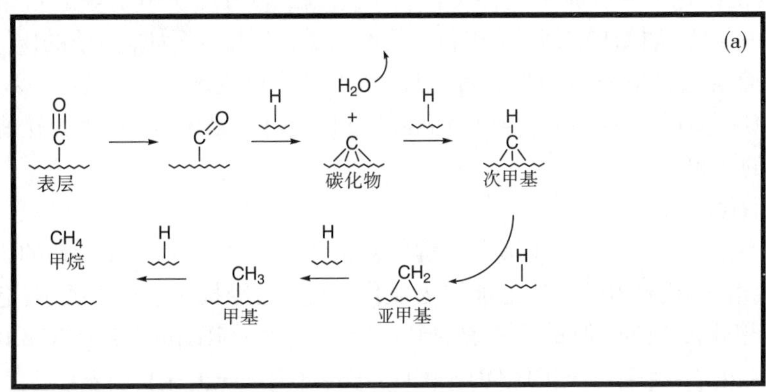

(b)

{CO} + {H} → {C} 碳化物 + H_2O ↑ 水

{C} + {H} → {CH} 次甲基

{CH} + {H} → {CH_2} 亚甲基

{CH_2} + {H} → {CH_3} 甲基

{CH_3} + {H} → CH_4 ↑ 甲烷

(c)

{CH_3} + {CH_2} + {CH_2} → {$CH_3CH_2CH_2$}

{$CH_3CH_2CH_2$} → {CH_3CHCH_2} + {H}

{CH_3CHCH_2} → CH_3CHCH_2 ↑ 丙烷

图12.1 (a)经典Fischer-Tropsch-Pettit-Biloen(FTPB)方案中的第一步的图示；(b)是图12.1a另一个不太美观的版本；(c)按照FTPB方案的设想，将三种表面C_1烃基偶联得到C_3烃基，然后通过β-消除得到C_3有机物丙烯，并使{H}返回催化剂

CO裂解：表面研究(第11章)为式(12.6)所描述的裂解过程以及其他各种金属提供了依据。对单晶测量的一个重要附加结果是CO裂解极大地促进了表面缺陷，例如边缘和扭结等。这也解释了为什么具有不规则表面和高比表面积的纳米颗粒特别活跃。也有证据表明氢化物能促进CO离解[13]。

除了通过β-消除或偶联的链终止，烃基可以与{H}反应生成烷烃[式(12.12a)和式(12.12b)]。应该指出的是，在这种机理方案中，传播和终止步骤之间的所有阶段都存在竞争，并且为了解释烃类产品在分子尺寸方面的分布广泛，它们的总体速率必须具有相当的可比性。

$$H_2 \rightleftharpoons 2\{H\} \tag{12.5}$$

$$CO \rightleftharpoons \{C\}+\{O\} \tag{12.6}$$

$$\{C\}+\{H\} \longrightarrow \{CH\};\ \{CH\}+\{H\} \longrightarrow \{CH_2\};\ \{CH_2\}+\{H\} \longrightarrow \{CH_3\} \tag{12.7}$$

$$\{CH_3\}+\{H\} \longrightarrow CH_4\uparrow \tag{12.8}$$

$$\{O\}+\{H\} \rightleftharpoons \{OH\};\ \{OH\}+\{H\} \rightleftharpoons H_2O\uparrow \tag{12.9}$$

许多假说讨论了由表面单体如$\{CH_2\}$、亚甲基或$\{CH\}$、次甲基等通过聚合使链延长。重要的一点是，如图12.1所示的FTPB理论已受到质疑。例如，简单的$\{C_{sp3}\}+\{C_{sp3}\}$表面烷基的耦合经过计算发现为高能量过程，因此这是有问题的[12]。最后一步由{H}覆盖的表面上的{烷基}通过β–消去得到1–烯烃的过程也可能是困难的，因为这将是一个容易发生可逆的步骤。

12.2.2 缔合活化

另一个流行的观点是CO在缔合过程中被活化[5, 14]。由于保持了最初的C—O键，这与碳化物(或解离)机理相反，这也被称为氧化理论。已经提出了几个版本，包括与另一个{CO}(即二聚化)的反应，但最常考虑的最初步骤是{CO}与{H}的反应[式(12.10)]:

$$\{CO\}+3\{H\} \longrightarrow \{CH_2OH\};\ \{CH_2OH\}+2\{H\} \longrightarrow \{CH_3\}\ \text{引发} \tag{12.10}$$

其次是扩展步骤，涉及将CO插入表面烷基中，然后氢化得到烃基[式(12.11a)和式(12.11b)]:

$$\{R\}+\{CO\} \longrightarrow \{RCO\};\ \{RCO\}+2\{H\} \longrightarrow \{RCH(OH)\}:$$

$$\{RCH(OH)\}+2\{H\}-\{H_2O\} \longrightarrow \{RCH_2\}\ \text{传播} \tag{12.11a}$$

$$\{RCH_2\}+\{CO\} \longrightarrow \{RCH_2CO\};\ \{RCH_2CO\}+2\{H\} \longrightarrow \{RCH_2CH(OH)\}:$$

$$\{RCH_2CH(OH)\}+2\{H\}-H_2O \longrightarrow \{RCH_2CH_2\}\ \text{传播} \tag{12.11b}$$

在解离机理中，链增长可以通过几种方式终止，例如通过与{H}反应形成正构烷烃[式(12.12a)]，然后通过失去H得到正构1–烯烃[式(12.12b)]，或通过二聚反应得到较大分子的烷烃[式(12.12c)]:

$$\{RCH_2CH_2\}+\{H\} \longrightarrow RCH_2CH_3\uparrow \tag{12.12a}$$

$$\{RCH_2CH_2\}-\{H\} \longrightarrow RCH=CH_2\uparrow \tag{12.12b}$$

$$2\{RCH_2CH_2\} \longrightarrow RCH_2CH_2CH_2CH_2R\uparrow \tag{12.12c}$$

其他终止步骤也可能产生含氧化合物，例如式(12.12d)得到1–正醇，式(12.12e)得到1–醛:

$$\{RCH_2C(OH)\}+2\{H\} \longrightarrow RCH_2CH_2OH\uparrow \tag{12.12d}$$

$$\{RCH_2C(OH)\} \longrightarrow RCH_2CHO\uparrow \tag{12.12e}$$

总之，缔合反应方案本质上是一种羰基化机理，其中CO被“插入”表面中的金属–碳键。一个有趣假设[16]是2{H}和{CO}的反应导致得到甲醛(H_2+CO→HCHO)，然后可以进一步反应，但是是在热力学上这非常不利。

溶液羰基化机理：许多附着在金属原子上的烷基(或芳基)配体的配合物在均相溶液中进行羰基化反应[19]。这一反应通过红外光谱中的羰基伸缩带很容易观察到，金属烷基转化为金属酰基(CO的波段约为1400~1600cm^{-1}；精确值取决于金属，其电荷和另一个连接的配体)。有时可以发现但通常寿命很短的烷基金属羰基中间体，其中烷基和羰基(CO波段1800~2100cm^{-1})在同一金属原子上，倾向彼此相邻(即顺式)[20]：M–R+CO $\rightleftharpoons$ MR(CO) $\rightleftharpoons$ M(COR)。当从不含羰基的配合物开始时，通常需要一个或多个不稳定且易于替换配体，从而能够形成烷基金属羰基。通过更深入的研究发现，反应通常通过烷基迁移到配位的CO得到酰基，而不是通过将CO插入到金属–烷基键中得到的。然而，为了简单起见，许多作者使用插入术语来描述所有这些过程[21]。CO插入反应可以通过路易斯(Lewis)酸(通常为ZX_3型的铝或硼化合物)来催化(Z=B或Al)。人们证实这种催化是由于含有酰基氧的路易斯酸–路易斯碱加合物$M(C(R)O–ZX_3)$。

缔合方法的一个主要问题是虽然有许多实验观察到CO在金属表面及其CO的解离，但是很少有记载CO在金属表面上插入的例子。几乎所有关于这种羰基化的文献都涉及溶液中已知分子种类的转化。

在溶液中和在表面上的CO加氢反应是完全不同的，并且事实也表明，在溶液中和在表面上的CO加氢反应完全不同的事实也表明，当在溶液中利用羰基化的费–托活性金属(如Ru、Fe或Rh)催化CO加氢时，需要在严格的条件(≥100atm；>350℃)下进行，产品基本上是含氧化合物(甲醇、乙二醇等)，几乎没有得到碳氢化合物[17, 18]。相反，非均相催化的费–托合成反应在非常温和的条件(<100atm；≤250℃)下在金属表面上发生，并且主要产物是碳氢化合物。

费–托合成扩展步骤的其他观点：费–托合成机理的其他观点也被提出，其中包括了一个观点通过卡宾(carbene)加烯烃的方法使链延长，这类似于烯烃复分解反应过程[27]。

12.2.3 双重机理法

为了解释从费–托合成观察到的广泛产品，有必要“化圆为方”？我们如何解释两个明显密切相关的过程，其中一个主要是甲烷，另一个主要是长链碳氢化合物。

最简单的回答是几个不同的机理过程是平行发生的。几位研究者分别得出了相似的结论。例如，Gaube和Klein提出，从费–托合成烃的分析得到的Anderson–Schulz–Flory(ASF)图(见下文)，包含反应的两个“不相容”机理。二者均涉及表面烷基。但一种情况是通过插入CO而发生链增长；而在另一种情况下，如FTPB方案中那样，反应实体是表面碳烯$\{CH_2\}$[22, 23]。我们将在12.3节提供一个答案，但就这个问题我们首先在12.2节讨论了一些进一步的实验。

12.3 一些机理相关的实验研究

12.3.1 Fischer and Tropsch的原始工作

Fischer和Tropsch在Kaiser Wilhelm煤炭研究研究中心开展在大气压条件下对CO的氢化反应，其中催化剂由不同的载体以及各种活性铁组成[6, 7]。确定的挥发性产物是乙烷、丙烷和丁烷，还有少量的乙烯、丙烯和丁烯。他们对较高沸点的馏分(称为轻质汽油和石油)进行了分析，显示烃类混合物的平均C/H比为1∶2.15，但各个组分未被分离或鉴别；不过，一种熔点为61℃的固体烃类石蜡被分离出来。Fischer和Tropsch描述的原始反应条件是在250~300℃下使用含有铁和氧化锌的催化剂，而其他一些金属活性更高，能得分子更大的碳氢化合物，例如钴(加上氧化铬)(它们在270℃时已经有了更好的活性)和镍(在特定的条件下)。也有文献报道了使用不同的氧化物作为载体。也有文献记载通过添加碱能够提高催化剂活性。反应一般在玻璃管中用水煤气(合成气的一种形式)作为反应物进行，但是研究者指出金属管中的其他工业$CO+H_2$混合物作为原料也能得到很好的结果。

Fischer和Tropsch发现，在反应结束时，催化剂呈细碎的固体形式，被确定为金属碳化物。在用氢气处理时，这些固体仅产生甲烷，尽管它们在与合成气反应时使用原始催化剂催化时能得到相同的较高烃混合物。还发现与高压合成相反(得到含有醇和其他含氧化合物的产物，它们被称为合成醇)，低压过程仅得到烃。

我们在此使用术语费–托烃合成主要指的是CO加氢产生直链烃的反应。这与Sabatier和Senderens的甲烷化反应生产甲烷不同，也不同于甲醇合成反应(第6章)。在工业上费–托合成主要产物是石蜡、甲烷、一些芳烃和含氧化合物，以及正构烯烃和水。标记研究也证实，甲烷、正构烯烃和正构烷烃具有共同的“祖先”。含氧化合物的形成有时也是这种情况。这与工业上的CO加氢合成甲醇，Cu+ZnO/氧化铝作为催化剂的反应是完全不同的(第6章)。

费–托合成在工业上常见的主要有两种：低温费–托合成法和高温费–托合成法，分别称为LTFT和HTFT。在LTFT的过程中，往往采用浆态反应器，是专为生产高相对分子质量烷烃(高蜡)而设计的，而HTFT工艺主要用于生产轻质富含烯烃的产品。HTFT工艺使用铁基催化剂，合成气通过细碎催化剂的流化床得到产物，反应通常在低于250℃的温度下运行，以尽量减少不需要的甲烷产量并使选择性最大化。HTFT工艺中的催化剂比LTFT工艺的催化剂生产率高得多，因此气体产量和碳氢化合物生产率要高得多[24]。进一步的细节参见第3章、第8章和第9章。

费–托烃合成的许多机理论述基于来自实验室规模的实验的结果，所述实验在微型反应器中通常1g氧化物载体上含有1%~20%活性金属和促进剂。对于人们关注的主要产物碳氢化合物，主要是通过气相色谱(GC)进行定量分析，并结合质谱(MS)技术以鉴定各个化合物。而利用质子或碳核磁共振(^1H、^{13}C、NMR等)和红外(IR)光谱分析产物能够获得更多和更详细的信息。由于难以量化，二氧化碳和水溶性产品等气体产品有时被忽视。

以下内容，是Sheffield集团公司对实验室规模的实验的总结。反应通常是在载体及其负载分散在上面的纳米颗粒(非常细的颗粒)上进行，载体如二氧化硅、氧化铝、二氧化钛或者沸石。这些催化剂一般是采用初湿法制备的(参见第9.4节)[25, 26]。商业氧化物一般纯度高、多孔和精细分散的，例如Davisil 645或Alpha Aesar硅胶。氧化物载体需要具有高表面积，以获得最大活性，但是必须具有足够的粒度，以允许挥发性反应物和产物轻松通过。用适量金属盐(通常是硝酸盐)的水(酸性)溶液，以及任何其他助催化剂盐的溶液作为浸渍溶液，利用初湿法将载体浸渍到浸渍溶液中。然后将浸渍的氧化物加热以除去水分，首先缓慢地升至100℃，然后升至200℃。将一定量的干燥催化剂转移到一个微反应器(通常是一个玻璃管)，在氢气气流下(在400℃)加热，以确保将催化剂完全还原到金属态。微反应器管冷却，用比例固定的CO/H_2组成的合成气代替氢气流过微反应器管，然后费-托反应在适合催化剂的温度下开始。催化剂的组成是也仔细表征分析，以及其中包含的金属(和其他元素)。使用元素分析和技术测量到至少10^{-6}级别，例如光电子能谱、俄歇电子能谱。

利用GC-MS对出口气体进行分析，发现来自费-托合成的大部分的小分子反应产物在反应器温度下是具有挥发性的。蒸气压较低而相对分子质量较高的产品在分析之前已被收集。同位素标记(通常^{13}C或^{14}C，但偶尔^{17}O或^{18}O)的一氧化碳和添加的探针分子已被成功用于定义机理。在这种情况下，将一定量的标记探针添加到合成气流中。人们也尝试过使用氘(D_2)而不是氢，但是在费-托合成条件下H/D交换的技术并不吸引人。

通过进行小规模反应所获得的简化会产生一些问题：不同的反应器设计不容易进行，以及一些其他问题，例如催化剂在工业系统中平衡所需的时间也很难精确模拟。另一方面，使用微反应器确实可以进行高通量筛选，如果要探索新的催化剂配方，这将是非常有用的。

12.3.2 实验室规模的实验结果

虽然费-托反应是工业规模上的大规模上进行的，但这里给出的费-托合成的机理讨论通常是基于实验室级别的微反应器实验的结果，辅以催化剂研究作为补充(第11章)。然而，这些条件通常比工业工厂要严格得多。

图12.2对四种催化剂得到的四种产物的产品生成速率的简单比较。在每种情况下，甲烷和1-烯烃均为主要产物；随着温度的升高，甲烷生成速率提高。产物分布的相似性(甲烷、正构1-烯烃和正构烷烃)和产物生成速率[mmol/(g催化剂·h)]也应该注意。然而，提供相似活性所需的反应温度是不同的。选择用于费-托合成的条件以减少进一步反应。

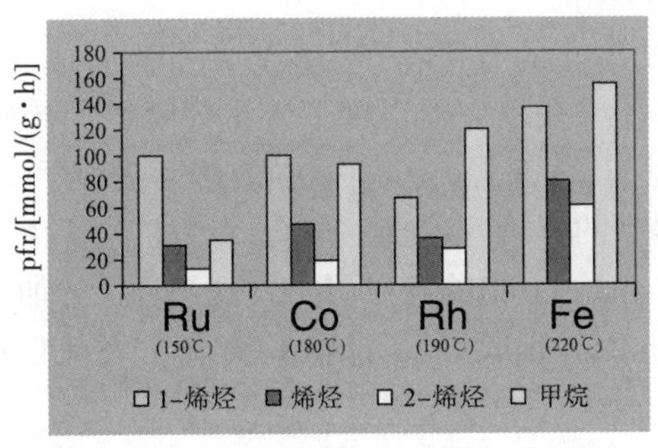

图12.2 催化剂分别为Ru、Co、Rh、Fe的费-托合成反应产物及其产物生成速率(pfr)[25]

在Ru催化剂上的不同合成气流量下的测量表明，在较低流量下，通常发现更多的烷烃和内烯烃，而1-烯烃和甲烷则正好相反。由于较低的流速增加了气体在催化剂上的停留时间，这导致了涉及烷烃和2–烯烃的次级反应发生。强烈的结果之间的相似性表明，在所有的金属上发生相当类似的主反应。

Anderson–Schulz–Flory(ASF)图用来确定CO加氢的烃产量的分布，也可以方便的描述各种烃产物的量。图12.3给出了一个典型的曲线，每个碳数(*N*)的质量分数(*W*)，定义为log(*W*/*N*)，*N*作为横坐标。图中，虚线是涉及C_1单体种类的逐步增长聚合的理论ASF曲线，而实线代表实验观察到的值。实验条件是在200℃、总压力为1atm时使用CO/H_2比为1∶2的混合气通过铑加二氧化铈负载在二氧化硅的催化剂运行1.5h[25]。C_1(甲烷)出现主要偏差，其中C_1(甲烷)的含量远高于预期值，而C_2含量明显低于预期。C_2的倾角表明C_2物质有一个特殊的特征，即它们的形成非常缓慢，更有可能的是它们被优先从产物中移除。如果是后者，则表明有一个与乙烯有关的特殊的反应历程。Botes也对ASF分布进行了广泛的模拟[61]。

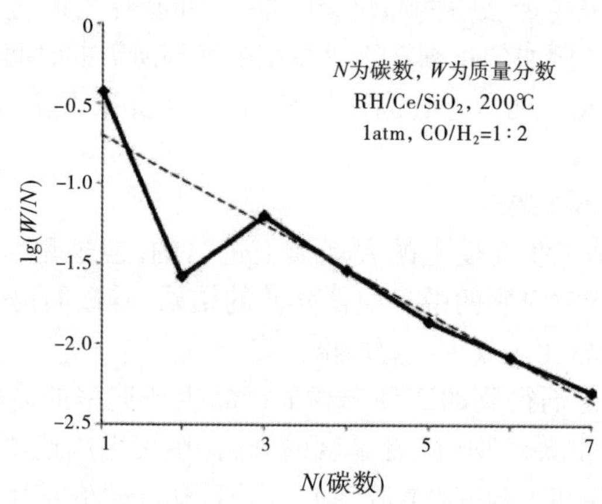

图12.3 ASF曲线显示了典型费–托烃类产品的碳数与质量分数的关系[25]

关于费–托产品的更详细的信息在第4章以及Davis等的出版的著作[28~30]中给出。

12.3.3 探针实验与同位素标记

通过将少量某些功能化的有机物作为探针添加到合成气流中已经获得了有价值的结果。合适的探针是那些在反应器温度下容易分解产生有机片段并掺入费–托合成产物的探针，例如乙烯和其他烯烃、有机卤化物、醇、重氮甲烷、硝基甲烷。GC–MS分析可以容易地检测所得到的有机碎片成为FT合成产物，然后可以从所观察到的变化中得出机理结论。例如，Baker和Bell的经典研究发现当环已烯加入到合成气反应中时(在225℃通过二氧化硅上的Ru)，形成烃双环[4.1.0]庚烷(降蒈烷)。这与存在的表面{CH_2}物质一致[31, 32]。

使用同位素标记的探针可以产生特别有意义的结果[32, 33]。一些研究者使用富含^{14}CO或^{13}CO的一氧化碳，其他人使用氧同位素，或者用D_2代替H_2。然后对产物进行分析，以确定同位素掺入的程度[33, 34]。当气流在^{12}CO和^{13}CO之间切换，产物的变化可以通过由实验中“稳态同位素瞬态动力学分析(SSITKA)”提供有用的变种来确定。

12.3.3.1 ^{13}C的同位素标记

更多的信息来自于^{13}C NMR谱，研究了少量的$^{13}C_2H_4$加入到正常的气流($^{12}CO+H_2$)后对产物的分析。第一个实验表明，在最初使用的相当严格的条件下(Co/Al; 240℃)，^{13}C的丰度接近于^{13}CO用作探针时所观察到的[35]。主要是单–^{13}C标记的同位素异构体的存在，表明已加入的乙烯探针发生了相当大的C—C键的裂解。

Sheffield集团公司稍后进行了^{13}CNMR研究，加入到合成气流($^{12}CO+H_2$)中的$^{13}C_2$部分来源于加入少量双标记的$^{13}C_2H_3X$探针(X=H、Br和SiR_3)。以上实验在较温和的条件(Ru为150℃；Co为180℃；Fe为220℃；Rh为190℃；均分散在二氧化硅上；$CO+H_2$=1∶1；1atm)下进行。因为C_2探针的裂解更少，实验与GC–MS测量结果结合起来能够提供更多信息。这些结果表明，正构烷烃和正构烯烃产物含有末端$^{13}CH_3$—$^{13}CH_2$—尾。例如，1–丁烯中的标记物主要是在其他地方标记的天然丰度很大的$^{13}CH_3$—$^{13}CH_2$—^{12}CH=$^{12}CH_2$(见图12.4)[25, 26, 36, 37]。

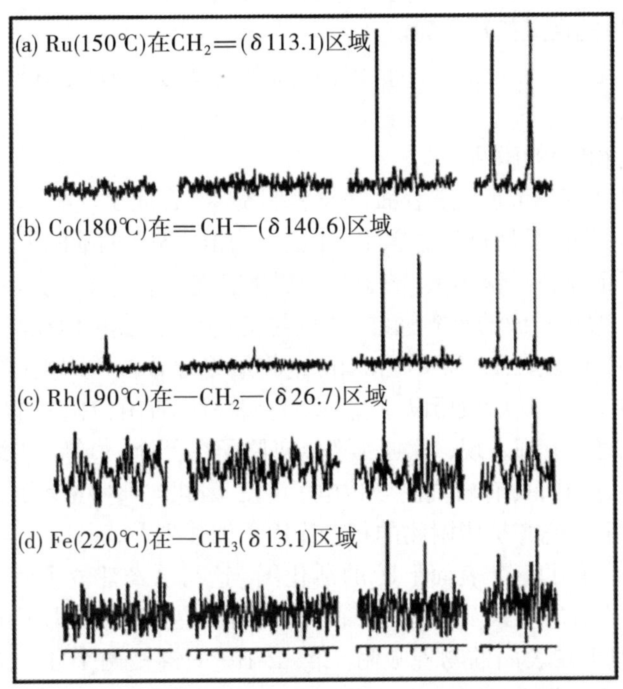

图12.4 由$^{12}CO+H_2+^{13}C_2H_4$得到1–丁烯产物的^{13}C核磁共振谱(δ; 1H–去耦)
(大部分都显示单一同位素异构体$CH_2=CH^{13}CH_2{}^{13}CH_3$的存在)[36]

在所有的四种催化剂上，相似的产品标记模式可以在其他的正构1–烯烃和正构烷烃[$^{13}CH_3{}^{13}CH_2(CH_2)_nCH_3$($n$=1～4)]上看到。因此，$C_{3+}$的主烃产物在烷基链的末端引入了$^{13}C_2$。这表明它们是通过连续添加{$C_1$}到{$C_2$}母体单元形成的，其与碳氢化合物由$^{13}C_2$探针引发的{$C_1$}(来自CO)的区域特异性聚合形成的结果是一致的。空白实验室是将少量的未标记的乙烯($^{12}C_2H_4$)加入到费-托合成中，对实验仅有微小的扰动，C_{2+}碳氢化合物的产物生成速率增加，而甲烷的生成受到了限制[36]。

在所述的温度条件下，在烃类产品中$^{13}C_2$结合良好，而含有$^{13}C_1$的化合物几乎没有。然而在Ru和Co催化剂上进行高温反应，发现含有$^{13}C_1$的产物，以及一些$^{13}C_3$和其他同位素物质[36]。这主要是由于在较高温度下所加入的$^{13}C_2H_4$探针分子的一些裂解，但也可能是部分由反应器中$^{13}C_2$标记产物的裂解产生。

12.3.3.2 ^{14}C的同位素标记

自1948年以来，使用^{14}C标记的催化剂研究已被人们所知[38, 39]，并已被用于评估催化剂和反应条件的微小变化对活性和选择性的影响。Davis和同事在CAER仔细研究铁对费-托合成的促进作用(参见7章)。在实验条件下(260℃，7atm；双促进熔融铁)，他们得出结论，^{14}C-乙烯被结合到费-托合成中，并且烷烃作为初级产物形成。这些数据与乙烯在费-托合成中起作用来引发链增长是一致的，但是涉及链增长步骤的物质却不相同[40, 41]。他们对结果进行了解释，以支持费-托合成的氧化起始步骤。

12.4 目前对于费-托合成机理的见解

我们在这里提供了理论意见的精华，目前看来是最合理和基础最好的，可为以后的研究提供指导。

12.4.1 第一步：H_2和CO的激活

如11.3.2节和11.3.3节所述，表面研究表明费-托合成反应在CO和H_2被激活时开始。CO活化优先发生在靠后过渡金属(Fe、Ru、Co或Rh)表面的缺陷处，以及在金属与促进剂“岛”的界面处，例如路易斯酸氧化物(如氧化铝或二氧化钛)。更多的细节如下。

CO的活化：CO在表面的吸附通常是中-弱相互作用，其中CO键次序减少，并且建立起一些金属—C键(见图11.3和文献[64])。这将最终导致C—O键断裂以及金属—O和金属—C键的建立。不同的阶段可以通过振动光谱检测到(IR、HREELS等)。

在实验上和理论上都发现，后期过渡金属原子在台阶、边缘、扭结和角落(即具有低配位数的那些)更趋向具有较高的卧位电子d态，因此与那些密堆积表面具有较高配位数的金属原子相比，它与被吸附物的相会作用更加强烈[42]。

现在我们已经有了一个表面上H_2的活化图，这与已经建立了两种结合模式的分子金属配合物中的氢的结果非常相似。首先，分子二氢键与金属原子结合，在这里写成$M(\kappa^2\text{-}H_2)$，类似于在表面的物理吸附。第二，H—H键被两个M—H σ键合取代，成为σ键合的二氢化物，在这里写成$M(\kappa^1\text{-}H)_2$，其与化学吸附氢非常相似。从$M(\kappa^2\text{-}H_2)$到$M(\kappa^1\text{-}H)_2$的路径也可以形式上等同于H_2对金属的氧化加成，并且在许多情况下非常容易发生可逆过程(还原消除)。

$$M(\kappa^2\text{-}H_2) \rightleftharpoons M(\kappa^1\text{-}H)_2 \tag{12.13}$$

但是，上文提供的CO的方案没有考虑到催化剂中经常使用的“促进剂”的效果。例如，添加碱金属有利于金属表面CO的裂解。因此，尽管CO不会在Cu(111)上解离，但在室温下的HREELS测量表明，CO吸附在预吸附钠覆盖Cu(111)表面上发生解离，并且

CO分子占据与碱吸附位置直接相邻的吸附位点[43]如下。Vannice和Garten发现，与仅用镍作为催化剂相比，当镍负载在二氧化钛上时，镍在CO加氢中的活性使甲烷转化为更宽范围的碳氢化合物($C_1 \sim C_7$)[46, 47]。其他金属(例如铑)和其他载体显示出类似的效果，这被称为强金属–表面相互作用(SMSI)。这些研究得出的结论是，观察到的CO加氢中的加速来自于金属纳米颗粒与位于“装饰(decorate)”金属表面的“岛”中的少量氧化物的相互作用。这种金属–表面相互作用在一氧化碳和有机羰基化合物的加氢反应中尤其明显。它们可以被理解为CO分子与过渡金属表面键合(通常是通过C)，还通过O与氧化物载体的路易斯酸的相互作用而进一步活化，例如二氧化钛(TiO_x)在邻近的“岛”上的阴离子空位中。这种相互作用看起来与添加碱金属引起的活化不同。

Jenkins等提供了一个有趣的理论分析，当钾和CO被共同吸附在Co{10ˉ10}表面上，表明C—O键由于碱金属的存在而减弱。这也表明钾在费–托加氢中的促进作用部分是由于被吸附的CO分子的强极化，因此变得易受亲核和/或亲电子攻击[44]。

同时，许多表面的研究必须在超高真空(UHV)下进行。进行CO解离表征的条件是：在几个铂单晶表面；高压、高温条件；使用和频(SFG)表面振动光谱[45]作为费–托合成中CO的活化模型。研究发现，CO在稳定的平面Pt(111)表面上比在Pt(557)和Pt(100)表面上解离所需要的温度更高。SFG光谱结果随着时间而发生变化，表明表面一直在发生变化，可能是由于铂羰基物质的形成，其可能使表面晶格的原子移动。

除了表面研究的实验，也有许多关于费–托合成反应中在单晶表面上的CO被活化模型的计算。其结果涵盖了一系列的可能性，取决于金属和所考虑的表面。然而，人们都认同反应优先发生在表面缺陷处，例如台阶或扭结。这些缺陷表面金属原子的配位较低，反应可能更为活跃[48]。

我们可以对上述作出总结，实验和计算表明，在适当的条件下，CO在金属表面上解离，在含有较低配位数的原子的“粗糙”表面上的解离更容易；另外，添加碱金属以及某些氧化物载体也促进CO的解离。这些结果非常有助于我们理解费–托合成的初始步骤。

12.4.2 CO活化的有机金属模型

在20世纪80年代和90年代，化学家们对在有机过渡金属分子中均匀地CO活化步骤模型很感兴趣。他们探索了单金属和簇合物。现在有一些例子中，CO被金属配合物裂解成碳化物和氧化物配体。然后，只有Shriver关于阴离子Fe_4簇能够促进CO的裂解的工作似乎与费–托合成直接相关。其他可溶性金属络合物中CO的裂解的其他实例主要限于较早的、更亲氧的过渡金属(Zr、Nb、Ta和W)。然而，一旦CO裂解发生形成{C}和{O}，就很难完成循环的剩余步骤，并在低氧化态金属部位再生成{CO}。然而，这些金属在费–托合成中是不具有活性的[50]。成功的实验开发周期可以为未来的催化提供更好的模型。

尽管有许多例子，诸如“软”亲核试剂(容易极化，具有松散保持的价电子，如硫化物、碘化物或醇盐)添加到羰基金属作为缔合机理的模型，但这些例子只有少数涉及加入H[51]。

12.5 现在: 达成共识了吗

为了看看现在(2012年)哪个机理理论是最合适的, 首先基于广泛接受的解离理论(或碳化物)和缔合(或氧合)理论, 分析各种建议的最佳方面, 然后提供一个更全面的融合建议。

12.5.1 基于解离(碳化物)机理的路线

在解离路径中, 我们提出对经典FTPB机理的改进。这些扩展了所涉及的中间体的观点, 即它们基本上是非极性的, 并且反应在非极性表面上进行。第一步: 氢气和一氧化碳分别分解为氢化物[式(12.14a)]和碳化物[式(12.14b)], 接着进行氢化[式(12.15)和式(12.16)], 偶联形成二元和三元单元[式(12.17)和式(12.18)]。然后发生表面$\{C_{1\sim3}H_x\}$单元的聚合(连接C_{sp2}在表面亚甲基–、烯基–[25]或亚甲基类物质[52])。

烯基加亚甲基链增长路线[25]: 该路线启动步骤遵循FTPB机理, 主要区别在于链的传播和终止。传播包括链烯基类(C_{sp2})和亚甲基之间的偶联, 而不是烷基加亚甲基或者亚甲基与亚甲基的偶合。链烯基类物质也可以被氢化给出释放的烯烃[式(12.20)], 它也可以用{H}进行多次氢化得到烷烃。

引发:

$$H_2 \rightleftharpoons 2\{H\} \tag{12.14a}$$

$$CO \rightleftharpoons \{CO\}\{C\}+\{O\} \tag{12.14b}$$

$$\{O\}+\{H\} \rightleftharpoons \{OH\} \rightleftharpoons \{H_2O\} \rightleftharpoons \{H_2O\}_{(g)} \tag{12.15}$$

$$\{C\}+\{H\} \longrightarrow \{CH\} \longrightarrow \{CH_n\} \longrightarrow CH_4\uparrow \tag{12.16}$$

链传播:

$$\{CH\}+\{CH_2\} \longrightarrow \{CHCH_2\} \tag{12.17}$$

$$\{CHCH_2\}+\{CH_2\} \longrightarrow \{CH_2CHCH_2\} \tag{12.18}$$

$$1,3\text{–H迁移}\{CH_2CHCH_2\} \longrightarrow \{CH_3CHCH\}$$

$$\{CH_3CHCH\}+\{CH_2\} \longrightarrow \{CH_3CHCHCH_2\};\ 1,3\text{–H迁移} \rightleftharpoons \{CH_3CH_2CHCH\},\ \text{等}$$

链终止:

$$\{CH_3CH_2CHCH\}+\{H\} \rightleftharpoons CH_3CH_2CH{=}CH_2\uparrow \tag{12.20}$$

$$\{CH_3CH_2CHCH\}+3\{H\} \longrightarrow CH_3CH_2CH_2CH_3\uparrow \tag{12.21}$$

在亚甲基+烯基C—C键形成的步骤中, $\{C_{sp2}\}$和$\{C_{sp3}\}$正式连接; 这比FTPB机理认为的C_{sp3}+C_{sp3}耦合更有力。为了使涉及$\{C_{sp2}\}$的C—C键合步骤可以继续, 也发生1, 3–H–迁移[式(12.19)]。文献中已经报道了每个步骤的合理模型[25, 36]。

FTPB路线的另一个较低的能量变化由烷基+亚甲基+氢化物机理提供。

烷基+亚甲基+氢化物的链增长[53]: 引发和氢化见式(12.14a)、式(12.14b)、式(12.15)和式(12.16)。

链增长:

$$\{CH_3\}+\{CH\}+\{H\} \longrightarrow \{CH_3CH_2\} \tag{12.22}$$

$$\{RCH_2\}+\{CH\}+\{H\} \longrightarrow \{RCH_2CH_2\},\ \text{等} \tag{12.23}$$

链中止:

$$\{RCH_2CHCH\}+\{H\}\longrightarrow RCH_2CH{=}CH \tag{12.24a}$$

$$\{RCH_2CHCH\}+3\{H\}\longrightarrow RCH_2CH_2CH_3 \tag{12.24b}$$

在开始和{C1}氢化步骤[式(12.14a)~式(12.16)]之后，链增长分两步发生：表面烷基首先与次甲基{CH}反应，然后与{H}反应[式(12.22)和式(12.23)][53]。这种有吸引力的{CH}物质是有据可查的，可以方便地进入在表面上密堆积的金属原子之间的四面体孔。进一步的步骤以相同的方式中以较高的表面烷基{RCH_2}，以及次甲基{CH}和{H}之间在两个阶段[式(12.23)]进行。通过损失H以得到烯烃或者通过加成{H}得到烷烃可以使连续反应再次终止[式(12.24a)和式(12.24b)]。

12.5.2 基于缩合(或氧合)机理的路线

第二种机理基于初始关联步骤，其中{CO}和{H}以某种方式组合[例如，如式(12.25)所示]，并且{CO}不被分割。然后，可以进一步进行失去羟基或水的氢化反应[式(12.26)]以及羰基化反应[式(12.27)]。氢转移[式(12.28)]和进一步氢化和失去OH或水[式(12.29)]会导致烷基表面物质失去H，释放出1-烯烃，或者得到H，并释放正构烷烃。

许多其他的变化也被提出，例如两个{CHOH}物质之间的偶联来引发C—C键的形成：

$$\{CO\}+\{H\}\rightleftharpoons\{CHO\};\ \{CHO\}+\{H\}\rightleftharpoons\{CH_2O\} \tag{12.25}$$

$$\{CH_2O\}+2\{H\}-\{OH\}\longrightarrow\{CH_3\} \tag{12.26}$$

$$\{CH_3\}+2\{H\}\longrightarrow\{CH_3CO\} \tag{12.27}$$

$$\{CH_3CO\}+2\{H\}\longrightarrow\longrightarrow\{CH_3CH_2O\} \tag{12.28}$$

$$\{RCH_2CH_2O\}+2\{H\}-\{OH\}\longrightarrow\{RCH_2CH_2\},\text{等} \tag{12.29}$$

$$\{RCH_2CH_2\}-\{H\}\rightleftharpoons RCH{=}CH_2\uparrow \tag{12.30}$$

$$\{RCH_2CH_2\}+\{H\}\longrightarrow RCH_2CH_3\uparrow \tag{12.31}$$

缩合机理得到了许多研究机构的支持。这样，Davis(CAER)和其他人对铁作为催化剂的费-托合成(通常是大量的铁金属，用氧化钾和碳酸钾双重促进)的研究结果最好的机理解释是C—O键最初没有裂解[54, 55]。

他们还发现，^{14}C-乙烯(或^{14}C-乙醇)可以引发链增长，并得出结论，这是通过氧化机理发生的。缩合机理的优点是可以容易地进行修改以解释一些较小的副产物(例如醇)的形成。然而，表面研究还没有真正检测到与步骤对应的任何中间体[式(12.25)]。

12.6 双费-托合成机理

我们建议通过“双路径机理(dual path mechanism)”来调和不同的观点。该机理由两个组成部分：一条路径在很大程度上涉及到非极性表面和不带电荷的中间体，另一条路径涉及极性物质(亲电子试剂和/或亲核试剂)。第一条路径遵循解离路线，如图12.5所示。另一条路径涉及由表面极化效应驱动的缩合步骤，如图12.6所示。

12.6.1 双路径费-托机理：非极性路径

双路径机理的第一部分如图12.5中概述的，考虑了最近关于催化步骤的详细实验和理论工作，包括金属和载体的性质以及它们之间的相互作用。由于至少有一些反应是特定位点，我们需要考虑构成真实催化剂的纳米颗粒的表面缺陷、尺寸和形状(即形态)。此外，我们还注意到一些步骤不直接涉及到催化剂原子转换，但在确定所获得产品的性质方面也起到主要作用。

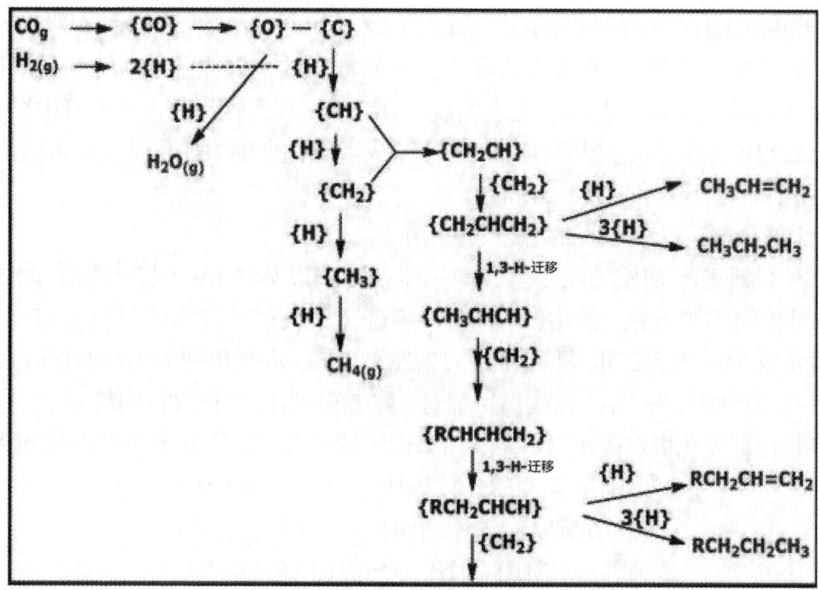

图12.5 解离FT路径涉及相对非极性中间体

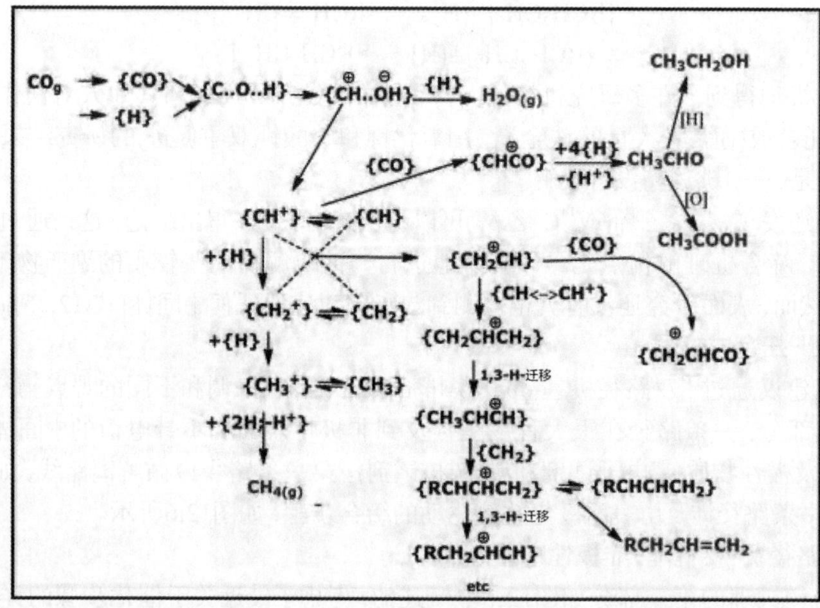

图12.6 涉及离子和偶极中间体的缔合费–托途径(注：与往常一样，在考虑有机反应机理时，所显示的电荷仅用于说明；它们肯定会在衬底的几个原子和相邻的载体原子上离域)

非极性路线(见图12.5)遵循烯基加亚甲基链增长路线(或者"烷基+亚甲基+氢化物的链增长")的解离路径，并发生在不易容纳亲电子试剂/亲核试剂的非极性表面上。

12.6.2 双路径费-托合成机理：离子/偶极路径

对单个金属配合物反应的研究揭示了电荷的重要性。包括形成C—C键的许多反应涉及极性物质，并通过离子型机理进行。此外，如果有可能进行有效的比较，涉及亲电子试剂或亲核试剂的反应通常比不带电荷的物质反应快得多。

例如，在金属羰基化合物的化学反应中，添加亲核试剂(如醇盐或胺)去协调CO是公认的[21]，并且金属羰基化合物中CO力常数与亲核试剂发生CO攻击之间的关联。力常数(force constants)表示CO基团上的正电荷的量度。力常数越高，碳上的正电荷越高。从动力学和热力学角度考虑，发现高的正电荷有利于C—X键的形成。

在均相催化和其他有机金属反应中，也会出现类似情况。因此，Hahn[56]指出：过渡金属络合物中配位烯烃的亲电性可以通过增加正净电荷而强烈增强，导致强碳正离子性质。理论和实验研究表明，阳离子络合物中的烯烃在动力学和热力学上对亲核加成比在中性络合物中更为活跃。

Maitlis等在许多反应中都认识到亲电子物质作为中间体的重要性[57]，包括利用Ziegler-Natta催化剂($TiCl_4$+$TiCl_3$+$AlEt_2Cl$在$MgCl_2$表面)催化异构烯烃聚合的Cossee-Arlman机理。

这些来自文献的数据使我们对于费-托合成的双重机理提出假设，其中一条路径涉及不带电的物质，大部分遵循分离路线；而另一条路径涉及具有极性的亲电/亲核相互作用的缔合路径。例如，Jenkins等[44]以及Maitlis等[57]提出的思路，设想更具极性的路径以涉及{CO}和{H}的关联步骤开始，CO通过离子或偶极相互作用被活化。其中一个版本如图12.6所示。最开始(极化){CO}被{H}攻击产生一个甲氧基甲基{OCH}。这种偶极物质应该是通过氧与表面结合，与异构的C-键合的甲酰基相反，而且如图所示，这种结合进一步极化了C—O键并促进其裂解，以得到反应活性高的表面甲基炔阳离子{CH^+}。

我们建议反应序列中的反应链载体是高度亲电子的甲基炔阳离子{CH^+}。可以以各种方式作出反应：添加{H}给出{CH_2}，然后得到{CH_3}，最后得到CH_4；要么与另一个{CH_x}物质形成含有C—C键的具有反应活性的表面新物质，例如{$CHCH_2^+$}；或者可以与一氧化碳反应，以获得其他强阳离子物质的方式[15]获得含氧化合物前驱体。虽然第一个路径给出了甲烷，第二个路径导致得到了长链烯烃和烷烃，第二个路径可以产生更高的含氧化合物，如醛或醇。

12.7 同源过程：费-托合成中氧化物的形成

除了形成正构1-烯烃和正构烷烃之外，费-托合成也会产生数量较少(通常<10%)的内部正构烯烃、支链烯烃和烷烃，以及芳香族化合物和氧化物。这些产品中有许多是由最初得到的正构1-烯烃二次反应形成的。二次过程的重要性已经被证实，例如，通过对烯烃产品的观察，当反应器中的气体流量降低时，内部与末端烯烃的比例增加。由于负载的费-托合成催化剂也能够促进氢化和异构化，所以反应停留时间增加和反应温度

提高都会增加二次反应产物的量。

在费–托合成中形成含氧化合物如醇、酮和羧酸以及碳氢化合物。除了“直接”路径之外，还有一些可以由初级*n*–1–烯烃通过次级方法产生，例如金属催化的加氢甲酰化，其中1–烯烃转化成正构和异构醛[式(12.32)]。氢甲酰化反应在均相介质中很容易发生(1～10atm合成气；50～150℃)，特别是钴或铑作为催化剂时(见6.7节)[19]：

$$RCH{=}CH_2{+}CO{+}H_2 \longrightarrow RCH_2CH_2CHO{+}RCH(CHO)CH_3 \tag{12.32}$$

到目前为止，合成气所经历的另一个最重要的催化过程是水–气变换反应(WGSR)[式(12.4)]和甲醇合成[式(12.3)]。然而，与所有预期相反，甲醇的合成主要来自二氧化碳的氢化，而不是一氧化碳，正如第6章中详细解释的那样。WGSR的关键在于连接CO、H_2O、CO_2和H_2的连接(另见2.3节)。目前关于WGSR(铜作为催化剂)机理的观点遵循式(12.33a)～式(12.33g)中概述的步骤。另外，甲酸盐介导的路径[式(12.34)]也可能是重要的。

$$CO_{(g)} \rightleftharpoons \{CO\} \tag{12.33a}$$

$$H_{2(g)} \rightleftharpoons 2\{H\} \tag{12.33b}$$

$$H_2O_{(g)} \rightleftharpoons \{H\}{+}\{OH\} \tag{12.33c}$$

$$\{OH\} \rightleftharpoons \{H\}{+}\{O\} \tag{12.33d}$$

$$\{CO\}{+}\{O\} \rightleftharpoons \{CO_2\} \tag{12.33e}$$

$$\{CO_2\} \rightleftharpoons CO_{2(g)} \tag{12.33f}$$

$$\{OH\}{+}\{OH\} \rightleftharpoons \{H\}{+}\{H_2O\} \tag{12.33g}$$

$$\{CO_2\}{+}\{H\} \rightleftharpoons \{HCOO\} \tag{12.34}$$

WGSR和费–托合成碳氢化合物的合成机理之间也有密切的联系[60]。而费–托烃合成与甲醇合成之间的直接机理联系出现在论文中，这样的链接还没有建立，因此必须保持谨慎，特别是因为涉及的催化剂是非常不同的。

12.8 双路径机理的总结

正如我们在第12.6节中指出的那样，对费–托合成产品的合理化解释是通过涉及双重机理的方法提供的。一种机理需要在极性低的表面上存在非极性中间体。第二种机理涉及极性亲电体和/或亲核体与极性表面的相互作用。这两种机理都可能导致类似的碳氢化合物。尽管涉及极性物质的反应可能会更快。

12.9 催化剂的改进

费–托合成产品适合作为液体燃料。然而，为了获得诸如化学工业所要求的更高附加价值的产品，需要更大的特异性，优选为一种主要产品。由于费–托合成提供了广泛的产品，人们已经付出了很多努力来评估对反应条件的微小变化或“促进剂”的添加对活性和选择性的影响。

最近的一篇文献报道了利用纳米颗粒铁催化剂选择性地将合成气转化成C_2～C_4烯烃，选择性高达60%(由Na和S作为促进剂，α–氧化铝或碳纳米纤维作为载体)[65]。

碱金属，特别是钾在活化催化剂中的作用是众所周知的，并且已经被评论过。此外，研究者还发现，镁和钡氧化物也起到了促进作用，因为它们降低了金属原子的迁移率，从而降低了烧结速率。

水与费–托合成有着复杂的关系。它是一种主要的费–托产品，由于水能够促进WGSR，因此它可以从根本上改变氢气和一氧化碳的浓度，对反应有深远的影响。水也可使活性金属催化剂本身失活，因为在费–托合成的温度下，它起氧化剂的作用并将催化活性的金属或碳化物转化为惰性氧化物。例如，在典型的高压、高转化工业条件下的费–托合成，在氧化铝上的钴和在二氧化硅催化剂上的钴会发生水热降解，以形成铝酸盐和硅酸盐，这是一个非常严重的问题。

12.10 催化剂活化和失活过程

每个催化过程的重要方面是催化剂的启动和衰减(见第13章)。在很多情况下，费–托合成需要运行一段时间才能完全实现活化并达到最佳活性[57]。所有的催化剂最终都会失活。然而，它们在反应器中存活和运行的时间越长，这个过程越经济实用。因此，参与费–托合成催化剂活化和失活的机理是非常重要的。人们现在使用各种形式的活化。通常的做法是在主催化剂中添加一种助催化剂，例如将碱金属(K_2O)添加到铁催化剂中。

Bartholomew的经典理论列举了催化剂失活的六个原因：中毒；污染；热降解；伴随运转过程的蒸气化合物形成；气–固和/或固–固反应；磨损/粉碎[63]。下面给出了关键特性的简要概述。

影响典型的费–托合成金属催化剂(Co、Fe、Ru)的毒物最有可能是硫(如H_2S)，氨、水和金属羰基化合物也有可能。已经发现，Ni、Co、Fe和Ru的耐硫性非常低：在15～100mg/m^{3}的硫化氢浓度下，每种金属活性可能会有3～4个数量级的损失。硫和硫化物通常通过与费–托合成金属强烈结合而起作用，从而阻止试剂气体与金属相互作用。

另一种类型的失活表现为某些气体可以破坏活性相。例如在高温下，二氧化碳可以将活性铁碳化物氧化成惰性氧化铁。这种将催化活性碳化物转化为惰性氧化物的失活变化，可以在Fe/K/Cu催化剂上发生。另一种失活形式，是通过与一氧化碳反应形成挥发性羰基而失去表面上的活性金属原子。

费–托合成反应的主要产物是水，也可以用作催化剂的氧化剂，将催化剂转化为(惰性催化)氧化物。水对费–托合成的影响仍然是一个相当大的研究课题(见12.7节)。在某些情况下，人们发现水对模型催化剂的氧化是困难的，并且氧化与粒度关系密切[59]。

结垢(物质在催化剂表面上的物理沉积)阻塞了活性位点和/或孔道，也可以导致失活。它可能是由高分子的蜡和积炭形成的，并且在严重时可能导致催化剂颗粒的分解。在费–托合成中，在相对较高的温度和/或在较低的H_2/CO比或蒸汽/碳比条件下，CO发生歧化反应，可能造成丝状炭沉积。

12.11 解吸和位移效应

上面集中讨论了操作条件，诸如温度、压力、催化剂性质、原料组成和反应器类型对产品分布的影响。这里还有一个必须考虑的变量，即二次反应对产品分布的影响[61, 62]。因此，一旦初级产品已经形成，它将被反应器混合物中的其他物质解吸或置换，从而影响最终产品。这些影响可能包括聚合物产物的增长和分裂，以及氢化、脱氢和羰基化反应。有时二次产品的广泛性会使它们难以与主要产物区分开来。

12.12 未来研究的方向

尽管涉及费–托合成的机理的概述很明确，但很多细节还是需要解决的。我们描述一些与基础科学有关的重要但悬而未决的问题，以及如何最有效地解决这些问题。

12.12.1 表面光谱研究

虽然费–托合成是一个复杂的过程，有许多相互关联的部分，但通过对表面金属原子和各种吸附物(CO、氢，以及常常是瞬态反应中间体)之间相互作用的基本了解，应该能够帮助我们弄清最初的阶段。正如在第11章中所解释的，对表面中间体的性质、结构和反应性的了解还有很长的路要走，但它将为机理的建立提供一个良好的基础。近年来，许多先进的光谱技术已经得到长足发展，诸如EXAFS、SFG和偏振调制红外反射吸收光谱学等等。现在，这些光谱技术应用范围变得更广。

实现进一步研究的一个重要原因，是开发出的技术在现有的条件下能够应用。以前，许多光谱技术只有在超高真空条件下才能够运行，但是现在正在开发的许多光谱技术，在通常发生非均相催化反应的温度和压力(200℃；≥10atm)的条件下就可以得到有用的结果。

12.12.2 表面微观研究

与第12.11.1节中提到的光谱相似，现在有各种显微技术可在实际催化条件下用于研究表面和吸附的物质。这些技术甚至可能导致我们能够“看到”原子层面上发生的情况。由于现在很清楚，催化过程中的许多相关变化发生在金属和载体之间的界面(通常是氧化物)，这应该是详细研究的一个关键领域。因为如果可以确定负责给定催化作用的表面的精确结构，将会对催化的研究有相当大的帮助。这样的表征可以分析改变催化剂组分对产物的影响。例如，表面结构特征决定了在费–托烃合成反应中，究竟是C+C偶联(导致较长链)，还是氢转移(链终止)是优先发生的。一些金属氧化物载体如何以及为什么表现出SMSI(强金属表面相互作用)(第11.3节)，而SMSI可以显着改变金属的氢化性质，这种探究是十分有意义的。

12.12.3 标记和动力学研究

标记和动力学研究多年来一直是催化研究的前沿，它们仍然可以提供许多问题的答案。到目前为止，最有启发性的结果来自使用对CO标记的^{13}C和^{14}C。将这些研究扩展到标记富含^{18}O的CO，将有助于揭示一些费–托合成含氧产物产生的路径。

目前，还不清楚是否使用氘取代H_2也可以作为标记物使用，应该对其进一步研究。如果在重复的条件下，在催化反应过程中氘不是随机混杂的，那么它应该能够提供大量且有用的信息。

在这方面的一个难题是：催化剂表面性质的微小变化可以改变整个反应，例如从甲烷化到烃合成到甲醇合成。这种变化最终必须在电子控制之下，但我们对它的原因以及如何对反应有效地调整都知之甚少。

动力学进一步的研究也应该涉及到SSITKA(稳态同位素瞬态动力学分析)，其通过催化剂上的气流在^{12}CO和^{13}CO之间切换并且测定产物的变化。

从许多观点来看，应重点关注纳米粒子的制备、表征和性质，因为这些材料具有特殊特征和特殊性质。许多活性催化剂是纳米颗粒形式，研究纳米颗粒与非均相催化剂之间的关系将对催化剂创新性和实用性的研究具有相当大的影响。

12.12.4 理论计算

DFT和"从头计算"的应用已经引发了许多新的见解，例如在表面上发生的反应。更新和更复杂的程序正在慢慢实现，这必将使人们能更好地理解表面和被吸附物之间的相互作用。

12.13 注意事项

正如在所有这样的机理讨论中，重要的是要提醒自己，虽然可以得出许多貌似合理的方案，但决定哪条路径的因素取决于几种可能性的相对速率。这些有时是很难建立的。尽管如此，我们相信，只要工业界和政府为进一步的基础研究提供足够的鼓励，科学家和工程师将利用现有的信息来设计和构建新的、更有效的催化过程。

参考文献

[1] Anderson, R.B. (1984) The Fischer-Tropsch Synthesis, Academic Press, Orlando, FL.
[2] Steynberg, A. and Dry, M. (2004) Fischer- Tropsch Technology, Elsevier, Amsterdam.
[3] Rhodes, C., Hutchings, G.J., and Ward, A. M. (1995) Catal. Today, 23, 45-58.
[4] Khodakov, A.Y., Chu, W., and Fongarland, P. (2007) Chem. Rev., 107 (5), 1692-1744.
[5] Khodakov, A.Y. (2009) Catal. Today, 144, 251.
[6] Fischer, F. and Tropsch, H. (1926) Brennst. Chem., 7 (7), 97-104.
[7] Fischer, F. and Tropsch, H. (1926) Chem. Ber., 59,830-831.
[8] Biloen, P., Helle, J.N., and Sachtler, W.M. H. (1979) J. Catal., 58 (1), 95-107.
[9] Biloen, P., Helle, J.N., and Sachtler, W.M. H. (1981) Adv. Catal., 30, 165-216.
[10] Brady, R.C. and Pettit, R. (1980) J. Am. Chem. Soc., 102, 6181.
[11] Brady, R.C. and Pettit, R. (1981) J. Am. Chem. Soc., 103, 1287.
[12] Maitlis, P.M., Quyoum, R., Long, H.C., and Turner, M.L. (1999) Appl. Catal. A - Gen., 186, 363-374.
[13] Shetty, S., Jansen, A.P.J., and van Santen, R.A. (2009) J. Am. Chem. Soc., 131 (36), 12874.
[14] Pichler, H. (1952) Adv. Catal., 4, 271-341.
[15] Bagno, A., Bukala, J., and Olah, G.A. (1990) J. Org. Chem., 55, 4284-4289.
[16] Fahey, D.H. (1981) J. Am. Chem. Soc., 103, 136-141.
[17] Dombek, B. (1983) Adv. Catal., 32, 325-416.
[18] Knifton, J.F., Lin, J.J., Storm, D.A., and Wong, S.F. (1993) Catal. Today, 18 (4), 355-384.
[19] Chiusoli, G.P. and Maitlis, P.M. (2006) Metal-Catalysis in Industrial Organic Processes, RSC Publishing, Cambridge, p. 290.
[20] Maitlis, P.M., Haynes, A., Sunley, G.J., and Howard, M.J. (1996) J. Chem. Soc., Dalton Trans., 2187-2196.
[21] Collman, J.P., Hegedus, L.S., Norton, J.R., and Finke, R.G. (1987) Principles and Applications of Organotransition Metal Chemistry, University Science Books, Mill Valley, CA.
[22] Gaube, J. and Klein, H.-F. (2008) J. Mol. Catal. A, 283, 60-68.
[23] Gaube, J. and Klein, H.-F. (2010) Appl. Catal. A - Gen., 374, 120-125.
[24] Dry, M. (1999) Appl. Catal. A - Gen., 189, 185-190.
[25] Turner, M.L., Long, H.C., Shenton, A., Byers, P.K., and Maitlis, P.M. (1995) Chem. Eur. J., 1, 549-556.
[26] Quyoum, R., Berdini, V., Turner, M.L., Long, H.C., and Maitlis, P.M. (1998) J. Catal., 173, 355-365.

[27] Hugues, F., Besson, B., Bussiere, P., Dalmon, J.A., Basset, J.M., and Olivier, D. (1981) Nouv.J. Chim., 5, 207.
[28] Davis, B. (2009) Catal. Today, 141, 25-33.
[29] Schulz, H. (1999) Appl. Catal. A - Gen., 186, 3-12.
[30] Schulz, H., Erich, E., Gorre, H., and Steen, E.V. (1990) Catal. Lett., 7, 157-167.
[31] Baker, J.A. and Bell, A.T. (1982) J. Catal., 78, 165-181.
[32] Bell, A.T. (1995) J. Mol. Catal. A, 100, 1 -11.
[33] Raje, A. and Davis, B.H. (1996) RSC Special. Rep. Catal., 12, 52-131.
[34] Lohitharn, N. and Goodwin., J.J. (2009) Catal. Commun., 10, 758.
[35] Percy, L.T. and Walter, R.I. (1990) J. Catal., 121, 228-235.
[36] Turner, M.L., Marsih, N., Mann, B.E., Quyoum, R., Long, H.C., and Maitlis, P.M. (2002) J. Am. Chem. Soc., 124, 10456-10472.
[37] Quyoum, R., Berdini, V., Turner, M.L., Long, H.C., and Maitlis, P.M. (1996) J. Am. Chem. Soc., 118, 10888-10889.
[38] Kummer, J.T., Dewitt, T.W., and Emmett, P.H. (1948) J. Am. Chem. Soc., 70, 3632-3643.
[39] Eidus, Y.T. (1967) Russ. Chem. Rev., 36, 338-349.
[40] Tau, L.-M., Dabbagh, H.A., and Davis, B. H. (1990) Energy Fuels, 4, 94-99.
[41] Shi, B. and Davis, B.H. (2003) Top. Catal., 26, 157.
[42] Nurskov, J., Bligaard, T., Hvolbnk, B., Abild-Pedersen, F., Chorkendorff, L., and Christensend, C.H. (2008) Chem. Soc. Rev., 37, 2163.
[43] Politano, A., Formoso, V., and Chiarello, G. (2008) J. Chem. Phys., 129, 164703.
[44] Jenkins, S. and King, D.A. (2000) J. Am. Chem. Soc., 122, 10610-10614.
[45] McCrea, K., Parker, J.S, Chen, P.L., and Somorjai, G. (2001) Surf. Sci., 494, 238-250.
[46] Vannice, M.A. and Garten, R.L. (1979) J. Catal., 56, 236-248.
[47] Vannice, M. (1997) Top. Catal., 4, 241-248.
[48] Shetty, S., van Santen, R.A., Stevens, P.A., and Raman, S. (2010) J. Mol. Catal. A - Chem., 330, 73-87.
[49] Shriver, D. and Sailor, M.J. (1988) Acc. Chem. Res., 21, 374-379.
[50] Chisholm, M.H., Johnston, V.J., Streib, W.E., and Huffman, J.C. (1992) J. Am. Chem. Soc., 114, 7056-7065.
[51] Miller, A.J.M., Labinger, J.A., and Bercaw, J.E. (2010) Organometallics, 29, 4499-4516.
[52] Maitlis, P.M. (2004) J. Organomet. Chem., 689, 4366-4374.
[53] Ciobica, I.M., Kramer, G.J., Ge, Q., Neurock, M., and van Santen, R.A. (2002) J. Catal., 212, 136.
[54] Davis, B.H. (2009) Catal. Today, 141, 25-33.
[55] de Smit, E. and Weckhuysen, B.M. (2008) Chem. Soc. Rev., 37, 2758-2781.
[56] Hahn, C. (2004) Chem. Eur.J., 10, 5888.
[57] Maitlis, P.M. and Zanotii, V. (2009) Chem. Commun., 1619-1634.
[58] Storch, H.H., Golumbic, N., and Anderson, R.B. (1951) The Fischer-Tropsch and Related Syntheses, John Wiley & Sons, Inc., New York.
[59] Saib, A.M., Borgna, A., van de Loosdrecht, J., van Berge, P.J., Geus, J.W., and Niemantsverdriet, J.W. (2006) J. Catal., 239, 326-339.
[60] Madon, R.J., Braden, D., Kandoi, S., Nagel, P., Mavrikakis, M., and Dumesic, J.A. (2011) J. Catal., 281, 1-11.
[61] Botes, F.G. (2007) Energy Fuels, 21, 1379-1389.
[62] Schulz, H., Erich, E., Gorre, H., and Steen, E.V. (1990) Catal. Lett., 7, 153-167.
[63] Bartholomew, C.H. (2001) Appl. Catal. A - Gen., 212, 17-60.
[64] Kolasinski, K. (2004) Surface Science, John Wiley & Sons, Inc., New York.
[65] Torres Galvis, H.M., Bitter, J.H., Khare, C. B., Ruitenbeek, M., Dugulan, A.J., and de Jong, K.P. (2012) Science, 335, 835.

第四部分 环境因素

13 费-托催化剂的使用寿命

Julius Pretorius, Arno de Klerk

“催化剂使用寿命(catalyst life cycle)”这个术语决定了催化剂的制造和处理，以及它在反应器中的使用方式。

13.1 引言

催化剂使用寿命是费-托催化剂在应用中的一个重要指标，它不仅包括催化剂如何在反应器中使用，也包括催化剂的制造和废催化剂的处理。在合成条件下，催化剂使用寿命在本书的其他地方已经介绍过了，本章只介绍催化剂的制造和废催化剂的处理。

目前，在费-托反应中铁和钴是唯一两种活性组分金属，它们被分为三种不同类型的制备方法：沉淀、负载、熔合。在催化剂生产和制造中，如原料要求量和生产中产生的废水，在确定费-托催化剂的生产能力和成本方面很重要。废催化剂产生的固废量是催化剂寿命的直接结果，同时也是催化剂抗失活能力和再生能力的“函数”。另一方面，废催化剂的处理，从回收到处理都是可行的，这些取决于管理和经济能力。与这些问题相关的信息都是机密或者受保护的，这就限制了我们对其深入的研究，但是有足够的科学技术和专利文献可以允许我们在这里进行一般性考虑。

13.2 催化剂制备

目前应用较多的费-托催化剂主要为低温沉淀铁化合物催化剂FT(Fe-LTFT)、低温负载型钴催化剂(Co-LTFT)和熔合铁高温催化剂(Fe-HTFT)。

13.2.1 低温沉淀铁化合物催化剂(Fe-LTFT)

低温沉淀铁化合物催化剂可以通过各种途径制备，但是不是所有制备途径都可以用于商业生产。所有的制备路线都是用水做溶剂，并包含相同的一般步骤，这包括用铁盐前驱体和过渡金属促进剂，以及含有适当促进剂的羟基氧化铁形成的沉淀，然后冲洗这些沉淀以除去多余的残渣和阴离子；如需要，则加入碱金属促进剂和结构促进剂，最后的材料通过灼烧并还原金属。

硝酸铁是常用的铁源，可能是由金属铁溶解在浓硝酸里制备得到。铁源也可以是其他水合铁盐产品[1, 2]，例如[$Fe(NO_3)_3 \cdot 9H_2O$]。也可以使用其他铁盐，但是最终的催化剂没有令人满意的结果[3]，这是由于阴离子中毒造成的，而且忽略了阴离子对氧化铁相的影响，以及对最终催化剂的前体比表面积和孔隙体积[4, 5]的影响。催化剂的氧化前驱阶段的重要性在前面已经进行了介绍[1, 6]。需要控制金属铁溶解在硝酸里产生的氮氧化合物(NO_x)。NO_x不仅对环境有影响，同时NO_x的形成也会损耗硝酸。Benham[2]等通过用氧气氧化NO生成NO_2，NO_2可以比NO更容易溶于水得到硝酸和NO。

沉淀是通过中和含有组分1金属或组分2金属和铵根离子酸性溶液而得到的，从而形成了铁氧化物(也包含了所需的促进剂)。从溶液中提取出99%以上的铁和过渡金属促进剂，而母液中含有大量的组分1金属或组分2金属、铵根阳离子和硝酸根离子。这些盐对催化剂有负面的影响，必须通过反复清洗铁氧化物沉淀物方可去除。例如，如果用碳酸钠为沉淀剂，生产1kg铁沉淀母液则产生1.4kg钠离子和3.4kg硝酸根离子。

在煅烧的过程中，有可能产生NO_x的排放，这取决于洗涤步骤的效率。还原步骤不会产生废物料，如果在反应器以外反应，则需要处理气体并减少排放。

13.2.2 负载性型钴催化剂(Co-LTFT)

文献专利表明商业生产的钴催化剂的载体为氧化物，如氧化铝[7, 13, 14, 20, 25]、氧化硅[15, 20, 21, 25]、二氧化钛[16, 20]或者是这些化合物的混合物[8~12, 20, 22, 25, 26]，例如$Co(NO_3)_2 \cdot 6H_2O$和[$Pt(NH_3)_4$]$(NO_3)_2$[9]。也可以使用有机溶剂，但是有机溶剂的使用会造成成本增加，而且工艺技术复杂[18]。若使用这个工艺流程除去多余的溶剂，几乎没有金属盐，会生成有限的废水。

干燥后，催化剂前驱体硝酸盐会分解为氧化物[28]，并经过煅烧产生NO_x。假设100%负载，不规则的负载钴催化剂每1000g可以负载300g，达到这一水平需要5mol $Co(NO_3)_2 \cdot 6H_2O$。在煅烧过程中，每千克负载将有10mol氮转化为一氧化氮。NO_x排放对环境的影响是众所周知的[29, 30]，典型的排放控制工艺有化学洗涤、化学吸附等，或者将NO_x催化还原[31, 32]，这些都取决于NO_x的排放控制技术。含有硝酸盐和硫酸盐以及废催化剂的废水需要经过处理才可以排放。

13.2.3 熔合铁高温催化剂(Fe-HTFT)

Steynberg[1]等讨论了商业生产的铁基HTFT催化剂的干燥问题[33]，这个过程包括磨去表面的氧化膜电融合与促进剂融合。化学促进剂是K_2O，结构促进剂是MgO或者Al_2O_3。熔炼炉的产物被倒进铸锭中冷却，催化剂的冷却速率决定了促进剂的最佳分布状态，产生的锭铸被研磨成所需的颗粒大小和临氢还原。以下这些参数很重要。

首先被压碎的催化剂的颗粒尺寸需要控制在一个狭窄的范围内，以使流化效率最大化，减少反应器的催化剂损失。在这个方面，固定流化床操作的颗粒粒度分布比循环流化床操作更敏感。研究表明，平均粒径在30~50μm的颗粒，可以通过不断消除催化剂或增大催化剂粒径来维持，通常为80μm[34]。随着催化剂的使用，炭的积累导致催化剂床层密度降低，最终产生小的Fe-FT催化剂颗粒，因此需要限制小于30μm的催化剂颗粒[34]。对于固定流化床操作，工业应用的最小直径为22μm定义为粉末[33]。

其次，催化剂的机械强度与比表面积之间的作用是非常重要的。比表面积大的可以增大催化活性，但是催化剂机械强度降低会导致催化剂粉末的形成和催化剂流失。最终的预还原催化剂$Fe^{3+}/2Fe^{2+}$的摩尔比是很重要的参数。确定摩尔比的条件包括炉温、停留时间和还原剂的消耗。

第三，促进剂的分布是不均匀的。大多数铁矿石都有二氧化硅的污染(SiO_2)，而促进剂碱(K_2O)会与之形成碱式硅酸盐。它不会和磁铁矿溶解进入固体溶液中，而在冷却过程中，碱式硅酸盐会形成遮挡物，并存在于催化剂锭表面。当催化剂锭被破碎，破碎的催化剂往往缺乏碱性促进剂[35]。排除流体力学的观点，从催化角度来看，催化剂的大小是非常重要的。碱促进剂的损失可以通过对某些碱共同进料的方式得到补偿，而其添加的方式在催化剂的合成或操作过程中对其性能的影响很小[1]。

关于FT催化剂在生产过程中产生的废水，目前没有相关报道。人们发现Sasol(或PetroSA)公司生产的熔合铁FT催化剂与合成氨的催化剂很相似[35]。尺寸较小的合成氨的催化剂通常回收到电弧加热炉里，这就避免了催化剂生产过程中的固体废物[36]。在熔融催化剂制造过程中，也可能发生同样的情况。氧化铁原料中的杂质也很重要，其中硫杂质非常有害。据报道，用于催化剂制造的轧钢鳞片必须被烘烤以除去杂质硫，然后才能用于催化剂的制造[35]。SO_x的排放将与原材料的准备有关。

13.3 催化剂消耗

通常，与环境因素相比，经济因素决定着催化剂在FT反应器消耗量。与钴基催化剂相比，这已经“扭曲”了铁基长寿的观点。铁和钴的价格比在1∶1000[37]，所以对钴基催化剂的再生和金属回收是必须的，但是铁基催化剂并不是如此。据报道，铁基催化剂可以用土地掩埋的方式达到安全处理，但是钴基催化剂对环境有害而不能用掩埋的方式处理[38]。尽管用掩埋的方式处理铁基催化剂在某些管辖区是接受的，但是在其他地方或未来，事实并非如此。如果没有适当的痕量金属成分分析和用过的Fe-FT催化剂的可浸出性分析，目前废Fe-FT催化剂的“良性”性质尚未证实。铁的低成本在工业上导致比钴更浪费的做法，但这不必持续，因为一些铁可能会再生。

13.3.1 工业用催化剂寿命

FT催化剂在使用过程中随着时间的推移活性慢慢降低。催化剂的失活速率取决于催化剂的性质及其操作。失活的性质将决定催化剂是否可以原位复原，异位再生或是否应该更换。铁基催化剂和钴基催化剂的失活在第8章和第9章已经进行了阐述。

铁基催化剂可用于各种工艺和反应装置。据报道[41]，工业上用于低温FT(LTFT)合成的沉淀铁基催化剂在固定床和浆态鼓泡塔反应器中的催化剂寿命为70～100天；在浆态鼓泡塔反应器中用于中温FT(MTFT)合成的铁基催化剂具有类似的寿命；而在流化床反应器中用于高温FT(HTFT)合成的熔铁基催化剂的寿命约为40～45天[41]。

一般来说，在适当的设计和操作下，钴基催化剂的寿命比铁基催化剂的寿命要长。在合成中间馏分油(SMDS)的工艺中，第一代Co-LTFT催化剂的使用周期大约为5年。该催化剂需要在每隔9~12个月进行一次原位恢复[42]，。第一代Co-LTFT催化剂在合成SMDS具有更长的生命周期[43]。Sasol公司在浆态床反应器中使用Co-LTFT催化剂时，反应速度很快，在50天里的生产周期中仅有50%的催化剂失活[44]。这种催化剂可以完全再生恢复活性[45]，但是Sasol公司没有报道Co-LTFT催化剂在长周期运行和整个催化剂使用周期的情况。

13.3.2 Fe-LTFT催化剂的再生

由于Fe-LTFT催化剂的成本较低，所以在其催化剂的再生上投入较低。Rentech[46, 47]申请了Fe-LTFT催化剂再生的专利，从脱蜡浆态床反应器中获得催化剂，然后氧化的催化剂状态为激活最初状态，被氧化的催化剂前体被重新活化。目前还没有提供关于再生过程的有效信息，但是有一些关于再生问题：防止烧结和控制温度[46]、催化剂前体特性与最终的催化剂性能之间的联系[1, 6]，以及前体氧化铁相的热力学稳定特性[5]。这些问题表明，再氧化-再活化可能不是一种完全恢复催化剂活性的可行的再生方法。

13.3.3 Fe-HTFT催化剂再生

Fe-HTFT催化剂的低成本，再加上该催化剂对环境无害，使得催化剂可以不经过回收直接排放处理[38]。但这一做法取决于当地环境法规关于对固体废物处理的相关规定。如果规章制度发生了变化，操作人员可能被迫在特别许可的危险品处理设备里处理废催化剂，这可能会提高再生催化剂的成本。Lanning[48]发明了一种“流态化合成”的再生工艺用于再生铁催化剂。该过程基于这样的前提：主要的失活模式是炭在催化剂上的沉积。再生过程是在足够高的温度下通过氧气与失活的催化剂接触，将表面炭质沉积物氧化为碳氧化物和熔化在过程中形成熔融态的铁氧化物来实现的。熔融态铁氧化物液滴被冷却，用氢气还原然后回到反应器中。并没有证据表明再生过程中的有效性。如第13.2.3节所述，制备Fe-HTFT催化剂的重要参数是熔融和熔融冷却条件，这种再生过程在多大程度上允许控制这些参数并不明显。由于这个再生过程没有确定粒子大小分布的变化，实际的办法就是将再生催化剂和促进剂重新融合，正如Dry[35]所建议的那样。

为了开发Fe-HTFT催化剂的再生策略，必须解决以下关键的问题。遇到这些问题需要替换Fe-HTFT催化剂，而不是所有问题都与催化剂活性下降有关。

13.3.3.1 炭污染

这是催化剂失活的主要原因，在350℃以上的高温下，氢气的还原反应可以使催化重新活化，使催化剂的活性和选择性回到原始值。这一过程主要归功于沉积炭的去除而不是归功于催化剂本身的减少。

13.3.3.2 损失的碱剂

如前所述，碱促进剂可以作为单独的材料进行添加，不影响催化剂的性能[1]。碱促进剂的损失不需要催化剂被拒绝的再生工序，碱促进剂可以直接在反应器中在线添加。

13.3.3.3 机械研磨

粒径分布对Fe-HTFT催化剂是非常重要的(13.2.3节)，如果催化剂粉末量过高，流化床的孔隙率会显著增加[33]。即使催化剂活性没有恶化，也会降低反应器的生产率。此外，旋风分离器的负荷使催化剂和气体产物分离，这也导致操作问题。无论何种再生程序使催化剂恢复活性，都必须筛选除去催化剂里的粉末，只有把催化剂粉末返回到电弧炉，才能重新使用它们。

13.3.3.4 硫中毒

硫催化剂的在恢复过程中不能被去除。在合成氨中，一种熔合铁催化剂与FT合成中的催化剂非常相似，甚至还原温度到500℃，用纯气体也无法逆转硫中毒[36]。由于低含量的硫能够显著价降低Fe-HTFT催化剂活性，Fe-HTFT催化剂的恢复能力在很大程度上取决于硫中毒导致整体催化剂失活的程度，所以随着催化剂使用时间的延长，回收催化剂需要经过烘烤脱硫处理，然后再循环到电弧炉里再生。

13.3.4 Co-LTFT催化剂再生

不出乎意料的是，除了重新调整工艺以外，钴催化剂的再生意义比铁催化剂的作用大得多。这一工艺已由Exxon[49~53]、Syntroleum[54]和Conoco[55]申请了专利。Exxon利用一个单独的反应器连续激活催化剂，反应在一定的压力下进行，但是反应温度较低，以氢气作为再生剂。Syntroleum公司并没有描述其过程中所使用的再生条件，但使用方法和Exxon公司所描述的方法非常相同，即发生在一个或者多个反应容器中。Conoco公司开发了一个在合成反应器中发生的再生系统，用含氢的蒸汽作为再生剂。所有的过程描述都没有提供有力的证据来评估所提出的程序的有效性，所以很难判断再生过程对催化剂活性和寿命的影响。

Saib[45]等最近明确描述了一个“还原-氧化-还原”的过程，再生的步骤可以使新鲜的催化剂恢复活性。在这种方法中，催化剂从反应器中移出，用庚烷脱蜡，在空气/N_2中被氧化，在纯氢中还原。研究表明，这种再生方法可以逆转由于烧结、炭沉积和表面重建而引起的失活。这些工作人员提供的证据表明，他们的再生方法在恢复催化剂活性方面取得了成功，但是活化步骤以后的失活率没有讨论。根据Tsakoumis[40]所说，再生以后的催化剂失活率比再生前高。

13.4 催化剂处理

催化剂的处理方法是由监管和经济因素决定。在一般情况下，根据废物分类系统对固体废物进行处理，这是一个高度专业化的领域，许多法律和法规通常适用，其讨论超出了本章的范围。一般来说，监管机构可能需要对使用过的催化剂进行评估和分类，并根据其化学成分和该成分的可渗透性进行分类，诸如可燃性等属性也将被评估。如果废物被认为是有害的，那么它的处置就会受到严格的管制，可能会带来较大的处理成本，尤其要考虑催化剂的数量。

在较早的装置中，例如南非的Sasol工厂，使用过的Fe-LTFT催化剂与气化炉中的灰烬共同进行处理[35]。使用过的废催化剂自燃特性是一个复杂的问题。2004年，由于煤作为合成气的原料的生产工艺在该装置上停产，因此废弃的处理方法被叫停。目前使用过的催化剂用在了用于蒸汽发电的燃煤锅炉上。这一措施充分利用了催化剂的加热价值。此外，由于对使用过的废催化剂进行了氧化，从而消除了其自燃的特性，然后将钝化的催化剂与锅炉灰共同进行处理。

在决定催化剂的处理过程中，含有金属组分的催化剂的价值是非常重要的。如果回收它是经济的，则可以进行回收以后继续使用。如果是负载的催化剂，则这个问题比较困难，因为金属活性物质分散在氧化物载体上。从废催化剂上回收贵金属的问题类似于从矿石中提炼金属，需要一种湿法冶金法和高温冶金法[56]。Matjie[57]等采用一种湿法冶金法，从使用过的GTL催化剂中回收铝、钴和铂。这是一个相当复杂的过程，它用一种高温、高压的烧碱浸出溶解铝，用硝酸溶液浸出金属钴，用王水浸出铂。然后，这些金属通过选择性沉淀分离出来，金属回收率从91%的铂到99%以上的铝和钴。Brumby等[58]认为湿法冶金法由于其对载体的类型问题而产生困难，他们提出了一个处理步骤较少，对不同载体的催化剂进行火烧法的处理方法。

在文献[56, 57]中找到FT催化剂组分回收努力的证据非常有限。这可能是由于这些公司没有公开它们在这个领域的活动，或者也可能表明它根本没有受到追捧。然而，通过比较FT催化剂的金属产率和基于未来FT技术开发的预期要求，可以看出回收金属组分非常必要。例如，在全球供应的常用的促进剂金属铂、钌、铼的供应量分别在200t/a、20t/a和50t/a，而钴的供应量为4.5×10^4t/a。假设一个工厂在生产10×10^4bbl/d的天然气合成油需要大约500t的钴和2.5t的精选的促进剂，显然促进剂金属的市场可能会受到显着影响，这增加了催化剂组分回收和再循环的动力[58]。

参考文献

[1] Dry, M.E. (1981) The Fischer-Tropsch synthesis, in Catalysis Science and Technology (eds J.R. Anderson and M. Boudart), Springer, pp. 159-255.

[2] Benham, C.B., Bohn, M.S., and Yakobson, D.L. (1996) Process for the production of hydrocarbons, US Patent5,504,118.

[3] Hofer, L.J.E., Anderson, R.B., Peebles, W.C., and Stein, K.C. (1951) Chloride poisoning of iron-copper Fischer-Tropsch catalysts. J. Phys. Chem., 55, 1201-1206.

[4] Cornell, R.M. and Schwertmann, U. (2003) The Iron Oxides: Structure, Properties, Reactions, Occurrences and Uses, 2nd edn, Wiley-VCH Verlag GmbH, Weinheim.

[5] Schwertmann, U., Friedl, J., and Stanjek, H. (1999) From Fe(Ⅲ) ions to ferrihydrite and then to hematite. J. Colloid Interface Sci., 209,215-223.

[6] Pretorius, P.J. (2011) On the preparation of low temperature iron Fischer-Tropsch catalysts: strategies that work and those that do not, in ACS Symposium Series 1084: Synthetic Liquids Production and Refining (eds A. de Klerk and D.L. King), American Chemical Society, Washington, DC.

[7] van Berge, P.J., van de Loosdrecht, J., Caricato, E.A., Barradas, S., and Sigwebela, B.H. (2001) Impregnation process for catalysts, US Patent 2001/0051589 A1.

[8] Van Berge, P.J., van de Loosdrecht, J., and Visagie, J.L. (2003) Cobaltcatalysts, US Patent 2003/0211940.

[9] Van Berge, P.J., van de Loosdrecht, J., and Visagie, J.L. (2008) Cobaltcatalysts, US Patent 7,375,055.

[10] Van Berge, P.J., van de Loosdrecht, J., and Visagie, J.L. (2004) Cobalt catalysts, US Patent 6,835,690.

[11] Van Berge, P.J., van de Loosdrecht, J., and Visagie, J.L. (2005) Cobalt catalysts, US Patent 6,897,177.
[12] Visagie, J.L., Botha, J.M., Koortzen, J.G., Datt, M.S., Bohmer, A., van de Loosdrecht, J., and Saib, A.M. (2010) Catalysts, US Patent 2010/0144520.
[13] Eri, S., Kinnari, K.J., Schanke, D., and Hilmen, A.M. (2008) Fischer-Tropsch catalyst, preparation and use thereof, US Patent 7,351,679.
[14] Rytter, E., Eri, S., and Schanke, D. (2004) Fischer-Tropsch catalysts, WO 2004/043596.
[15] Arcuri, K.B., Agee, K.L., and Agee, M.A. (2001) Structured Fischer-Tropsch catalyst system and method, US Patent 6,262,131.
[16] Rytter, E. (2008) Promoted Fischer-Tropsch catalysts, US Patent 2008/0255256.
[17] Rytter, E., Skagseth, T.H., Wigum, H., and Sincadu, N. (2005) Fischer-Tropsch catalysts, WO 2005/072866.
[18] Singleton, A.H., Oukaci, R., and Goodwin, J.G. (1999) Processes and catalysts for conducting Fischer-Tropsch synthesis in a slurry bubble column reactor, US Patent 5,939,350.
[19] Rytter, E. (2006) Promoted Fischer-Tropsch catalysts, WO 2006/032907.
[20] Zennaro, R., Gusso, A., Chaumette, P., and Roy, M. (2000) Catalytic composition suitable for the Fischer-Tropsch process, US Patent 6,075,062.
[21] Espinoza, R.L., Jothimurugesan, K., Raje, A.P., Coy, K.L., and Srinivasan, N. (2004) Attrition resistant bulk metal catalysts and methods of making and using same, US Patent 2004/0259960.
[22] Espinoza, R.L., Jothimurngesan, K., Coy, K.L., Ortego, J.D., Srinivasan, N., and Ionkina, O.P. (2009) Silica-alumina catalyst support, catalysts made there from and methods of making and using same, US Patent 7,541,310.
[23] Jin, Y. and Espinoza, R.L. (2004) High hydrothermal stability catalyst support, US Patent 2004/0127353.
[24] Raje, A.P. and Espinoza, R.L. (2005) Novel method for improved Fischer-Tropsch catalyst stability and higher stable syngas conversion, US Patent 2005/0049317.
[25] Minderhoud, J.K. and Post, M.F.M. (1985) Preparation of catalyst for producing middle distillates from syngas, US Patent 4,522,939.
[26] Visagie, J.L. and Veltman, H.M. (2007) Producing supported cobalt catalysts for the Fisher-Tropsch synthesis, US Patent 2007/0287759.
[27] Haber, J., Block, J.H., and Delmon, B. (1995) Manual of methods and procedures for catalyst characterization. Pure Appl. Chem., 67, 1257-1306.
[28] van de Loosdrecht, J., Barradas, S., Caricato, E.A., Ngwenya, N.G., Nkwanyana, P.S., Rawat, M.A.S., Sigwebela, B.H., van Berge, P.J., and Visagie, J.L. (2003) Calcination of Co-based Fischer-Tropsch synthesis catalysts. Top. Catal., 26, 121-127.
[29] Bailey, R.A., Clark, H.M., Ferris, J.P., Krause, S., and Strong, R.L. (2002) Chemistry of the Environment, 2nd edn, Academic Press, San Diego.
[30] Manahan, S. (2000) Environmental Chemistry, Lewis Publishers, Boca Raton.
[31] Thiemann, M., Scheibler, E., and Wiegand, K.W. (2000) Nitric acid, nitrous acid, and nitrogen oxides, in Ullmann's Encyclopedia of Industrial Chemistry, Wiley- VCH Verlag GmbH, Weinheim.
[32] Berglund, R.L. (2000) Emission control, industrial, in Kirk-Othmer Encyclopedia of Chemical Technology, John Wiley & Sons, Inc., New York.
[33] Steynberg, A.P., Espinoza, R.L., Jager, B., and Vosloo, A.C. (1999) High temperature Fischer-Tropsch synthesis in commercial practice. Appl. Catal. A, 186, 41-54.
[34] Storch, H.H. (1954) The Fischer-Tropsch process, in The Chemistry of Petroleum Hydrocarbons (eds B.T. Brooks et al.), Reinhold, New York, pp. 631-646.
[35] Dry, M.E. (2004) FT catalysts, in Fischer-Tropsch Technology (eds A. Steynberg and M.E. Dry), Elsevier, Amsterdam, pp. 533-600.
[36] Strelzoff, S. and Pan, L.C. (1964) Synthetic ammonia, in Advances in Petroleum Chemistry and Refining (eds K.A. Kobe and J.J. McKetta), John Wiley & Sons, Inc., New York, pp. 283-350.
[37] Dry, M.E. (2004) Chemical concepts used for engineering purposes, in Fischer-Tropsch Technology (eds A. Steynberg and M.E. Dry), Elsevier, Amsterdam, pp. 196-257.
[38] Vosloo, A.C., Dancuart, L.P., and Jager, B. (1998) Environmental aspects of Sasol Fischer-Tropsch technologies and products. in 11th World Clean Air and Environment Congress, International Union of Air Pollution

Prevention Associations, Durban, South Africa, p. 6.
[39] Weckhuysen, B.M. and de Smit, E. (2008) The renaissance of iron-based Fischer-Tropsch synthesis: on the multifaceted catalyst behaviour. Chem. Soc. Rev., 37, 2758-2781.
[40] Tsakoumis, N.E., R0nning, M., Borg, Ø., Rytter, E., and Holmen, A. (2010) Deactivation of cobalt based Fischer- Tropsch catalysts: a review. Catal. Today, 154, 162-182.
[41] Mako, P.F. and Samuel, W.A. (1984) The Sasol approach to liquid fuels from coal via the Fischer-Tropsch reaction, in Handbook of Synfuels Technology (ed. R.A. Meyers), McGraw-Hill, NewYork, pp. 2.5-2.43.
[42] Schrauwen, F.J.M. (2004) Shell middle distillate synthesis (SMDS) process, in Handbook of Petroleum Refining Processes (ed. R.A. Meyers), McGraw-Hill, New York, pp. 15.25-15.40.
[43] Overtoom, R., Fabricius, N., and Leenhouts, W. (2009) Shell GTL, from bench-scale to world-scale, in 1st Annual Gas Processing Symposium, Elsevier, Amsterdam.
[44] Saib, A.M., Borgna, A., van de Loosdrecht, J., van Berge, P.J., and Niemantsverdriet, J.W. (2006) XANES study of the susceptibility of nano-sized cobalt crystallites to oxidation during realistic Fischer-Tropsch synthesis. Appl. Catal. A, 312, 12-19.
[45] Saib, A.M., Moodley, D.J., Ciobica, I.M., Hauman, M.M., Sigwebela, B.H., Weststrate, C.J., Niemantsverdriet, J.W., and van de Loosdrecht, J. (2010) Fundamental understanding of deactivation and regeneration ofcobalt Fischer-Tropsch synthesis catalysts. Catal. Today, 154, 271-282.
[46] Demirel, B., Bohn, M.S., Benham, C.B., Siebarth, J.E., and Ibsen, M.D. (2005) Method and apparatus for regenerating an iron-based Fischer-Tropsch catalyst, US Patent 6,838,487 B1.
[47] Demirel, B., Bohn, M.S., Benham, C.B., Siebarth, J.E., and Ibsen, M.D. (2007) Method and apparatus for regenerating an iron-based Fischer-Tropsch catalyst, US Patent7,303,731 B2.
[48] Lanning, W.C. (1953) Regeneration of a Fischer-Tropsch reduced iron catalyst, US Patent 2,661,338.
[49] Hsia, S.J. (1993) External catalyst rejuvenation system for the hydrocarbon synthesis process, US Patent 5,260,239.
[50] Pedrick, L.E., Mauldin, C.H., and Behrmann, W.C. (1993) Drafttube for catalyst rejuvenation and distribution, US Patent 5,268,344.
[51] Behrmann, W.C. and Leviness, S.C. (1994) Temperature control in draft tubes for catalyst rejuvenation, US Patent 5,288,673.
[52] Leviness, S.C. and Mitchell, W.N. (1998) Catalyst rejuvenation in hydrocarbon synthesis slurry with reduced slurry recontamination, US Patent 5,811,363.
[53] Chang, M., Coulaloglou, C.A., Hsia, S.J., and Mart, C.J. (1998) Slurry hydrocarbon synthesis process with multistage catalyst rejuvenation, US Patent 5,821,270.
[54] Beer, G.L. (2001) Process and apparatus for regenerating a particulate catalyst, US Patent6,201,030 B1.
[55] Wright, H.A. (2002) Regeneration procedure for Fischer-Tropsch catalyst, US Patent 6,486,220 B1.
[56] Brumby, A., Verhelst, M., and Cheret, D. (2005) Recycling GTL catalysts: a new challenge. Catal. Today, 106, 166-169.
[57] Matjie, R.H., de Wet, E.W., and Mdleni, M.M. (2004) Selective recovery of aluminium, cobalt and platinum values from a spent catalyst composition, US Patent 2004/0219082.
[58] Brumby, A., Verhelst, M., and Cheret, D. (2005) Recycling GTL catalysts: a new challenge. Catal. Today, 106, 166-169.

14 费-托合成原油：改进还是升级

Vincenzo Calemma, Arno de Klerk

费-托(FT)合成主要是生产与原油有一些相似之处的线型碳氢化合物混合物，即所谓的合成原油。然而，合成原油也含有大量的有机化合物，如含氧有机物和蜡，因此需要一个与原油不同的炼制过程。从许多方面来说，合成原油可以简单地升级并出售给炼油厂。然而，直接向终端用户销售产品则需要特定的工艺，并只能通过炼制来生产。本章介绍了炼油的各种裂化、异构化、加氢处理和低聚化处理过程，并对环境的影响进行了评价。

14.1 引言

需要考虑的问题是，费-托合成原油是应该被提炼还是升级？既然提出了两种方法，意味着这不是一个小问题。有哪些选择和原因？

① 合成原油作为产品。如果合成原油是FT合成的最终产品，那么这种商业模式和原油生产相似，原油生产商不一定是炼油商，原油是作为商品交易的。将合成原油作为一种商品进行交易，避免了下游的加工成本，可能会带来商业的吸引力。但是也有一些技术的困难限制了这种方法的实用性，为了交易合成原油，它必须是一种液体。合成原油不是单一的液相，而是在一般的环境条件下包含了3～4种不同相的混合物(第4章)。专利文献中包含了一些将合成原油部分转化为单一的“原油”产品的建议[1]，但隐含了有一些产品升级。如果生产一种很重要的商品，应该考虑合成气-甲醇的生产而不是FT合成，因为它不需要在装运前进行升级。

② 升级。升级的目的是生产一种更高质量的油品，然后将其作为一种合成原油出售给炼厂。这种业务广泛地用于加拿大的油砂业务。从油砂中回收沥青可以升级为管道运输，最终这种可以提炼的沥青在传统的原油炼厂中提炼。原则上从FT合成的合成原油也可以以这种方式销售，但是应该注意的是，FT合成原油的炼制与原油炼制完全

不同[2]，因为合成原油中的所含的氧可能会对未经过加工处理此类原料的炼油厂造成严重破坏。除了解决流动性问题以外，升级可能还需要合成原油除氧[1]。然而，采用这种方法的理由是简化产品的物流、操作和降低设备的总体成本。

③ 部分炼制。在部分炼制中，合成原油的一部分被提炼成混合物料或者是最终产品，其余部分则被升级为下游炼制中间产物。这种商业模式已经被一些新的基于费-托合成的天然气合成油(GTL)装置所采用。例如卡塔尔的Oryx天然气合成油工厂生产的产品，主要是作为热裂解的中间产物(即作为成品柴油的混合料和待加工柴油混合料)石脑油和馏分油。采用这种方法的理由是基于因经济规模扩大而得到经济节约。FT炼制厂比目前的原油炼厂小得多，因为人们认为在一个更大的设备中提炼少量难以提炼的合成原油比投资现场炼油能力更有效。从这个角度看，美国原油炼油厂的平均产量约为15×10^4bbl/d(或750×10^4t/a，1000m^3/h)[3]，而这接近最大的工业FT装置(Shell Pearl GTL和Sasol Synfuels)的产能[2]，一些大型炼厂的产能是这一产能的2~3倍。

④ 炼制。从历史的角度上看，现场改进原油合成中FT设备的设计规范[2]，将FT合成与炼制结合起来，可以将同步过程的逐步冷却和恢复整合到炼厂的设计中，可以改善炼油效率。这是FT炼油超过原油炼制的效益一个重要环境因素[4]。此外，FT炼油设备的费用仅仅为FT合成炼厂总建设资本的10%~15%(第7章)，这是一个很有价值的地方。如果你不多花10%的钱来提炼合成原油的最终产品，你怎么能证明你花9倍的钱来制造合成原油呢?

14.1.1 改进或升级

通常用来证明升级、部分炼制或者全面炼制的论点主要基于财务和商务的考虑。当我们考虑每个决策对环境的影响时，这种情况会发生吗？那答案很可能是“是”。当碳基化合物被认为是有价值的，我们需要计算碳基产品的环境因子(E-factor，定义为生产每千克所需产品所产生每千克废物)[5]，或强度因子(intensity factors，即材料的使用、能量的使用，或每增加价值的废物排放量)。这是一个强有力的论据支持关于炼制和FT合成的结合。

简而言之，非现场FT合成原油与常规原油生产有相同的缺点，对环境可能造成很大的影响。原油生产通常与一些天然气的生产相关，其中一些气体可以在油井中重新注入以保持压力，从而延长其生产寿命。当生产地点接入管道基础设施时，这些气体可以作为天然气产品出售。如果在一个偏远的地方有过量的天然气，那么天然气的价值就会很小，而且可能会被燃烧。这为天然气到液体产品的应用提供了一个机会，因为合成气制甲醇或FT合成可以将气体转化为可运输得液体产品。然而，FT合成和原油生产有相同的缺点，因为合成原油中含有大量不适合运输的气体。如果是这样，天然气将更有价值，而且不会对的GTL转换有任何环境刺激。此外，由于FT合成的天然气是清洁的，而且是通过能源耗能的过程产生的，因此使用其作为燃料就意味着加热燃料的CO_2碳排放量，将要比必要水平高出2~3倍。没有一个炼油厂(和合适的天然气循环)可以将大部分天然气馏分以FT合成方式转化为液体产品。这破坏了GTL转换的潜在环境效益。

决定升级合成原油而不是现场精炼的环境影响，与首先实施FT合成的理由有关。基于FT合成的间接液化使我们能够将一种碳基原料(在特定位置的原状状态下不是有用的碳载体)转化为一种有用的、可运输的碳载体。合成原油只是转化为有用的碳载体中间产物。因此，为了进行经济和环境方面的比较，应该将FT合成和相关升级与原油生产和运输进行比较。有人可能说，FT合成的合成原油比一般的原油更清洁，但是合成原油需要更多的能源，并且与原油生产相比，碳损失更大(如CO_2)。如果把FT合成作为原油的替代品，那么升级是没有意义的。

更重要的是，要认识到合成原油的最终产品可能在一些应用中是能量载体和碳载体(如燃料油)。然而，价值在于载体的性质，而不是其本身的能源价值，因为碳基原材料在通过间接液化转化之前具有高得多的能源价值。如果主要目标仅仅是能源，就没有理由进行间接液化或FT合成。因此，需要精炼合成原油和炼油厂以尽可能高的效率转化合成原油，这一点很明显。尽管热效率在能源应用中扮演重要角色，并对环境产生影响，但间接液化和FT合成的实际环境影响与总体碳效率有关。

FT合成的理由：间接液化和FT合成的理由以及炼制的重要性，可以用类比说明。小麦是许多国家的主食。把间接液化的原料比作小麦，它具有所有能源的价值。但它不是一种原始形式的首选食品。小麦可以用来生产面粉，这是一种非常有用的中间产物，可以用来制作理想的食物，比如面包。与面包一样，FT合成的合成原油就是一种有用的中间产物。合成原油必须首先首先转化为运输燃料、润滑油或化学品，然后才能成为理想的最终产品。

当炼油与合成原油通过FT合成法生产时，与使用原油相比，炼油厂可以抵消与合成原油生产相关的部分碳成本。FT炼制比原油炼制效率更高[4]，这可以从对生产符合规格的运输燃料的炼油厂产量的比较(表14.1)[3, 6]中看出。

表14.1 现代原油炼制与费-托炼制的运输燃料产量对比

项 目		2003年美国原油合成的一个中间炼油厂产量平均值①	Fe-HTFT车用汽油炼油厂②③	Fe-LTFT喷气燃料炼油厂②④	Fe-LTFT柴油炼油厂②④
运输燃料产量，%	车用汽油	46.9	58.3	21.7	32.6
	喷气燃料	9.5	18.4	62.3	28.2
	柴油燃料/馏分油	23.7	8.0	0	24.6
	总 计	80.1	84.7	84.1	85.4

① 该消息来源没有明确说明原油的产量单位，它很可能是体积产量，m^3燃料/m^3油；
② 产量是以质量计量，也就是每千克合成原油生产的千克燃料，因为合成原油为多相组成，体积产量很难定义；
③ 气体循环设计包括低温分离和甲烷回收；
④ 气体循环设计包括C_3和更重组分的回收，但没有低温分离。

FT炼制厂的产量不是为了优化设计，而是为了使特定燃料的产量最大化。然而很明显，当FT炼制厂与适当的天然气循环和合成原油回收设计相结合时，可获得的运输燃料产量要高于原油炼制所获得的运输燃料产量。然而，当原油炼制厂的设计被用于炼制FT合成原油，这种优势就不存在了。

14.1.2 费–托合成原油用于炼油

在文献[1~2, 6~7]中描述了关于运输燃料、润滑油以及石油化工产品炼制催化剂、技术和FT炼厂设计的选择。举例来说，让我们看看FT燃料炼制厂(见图14.1)的生产流程。该厂主要生产柴油混合燃料以及符合标准的汽油和喷气燃料。在这里可以发现，许多转换过程在FT合成炼油厂设计中都是很常见的。

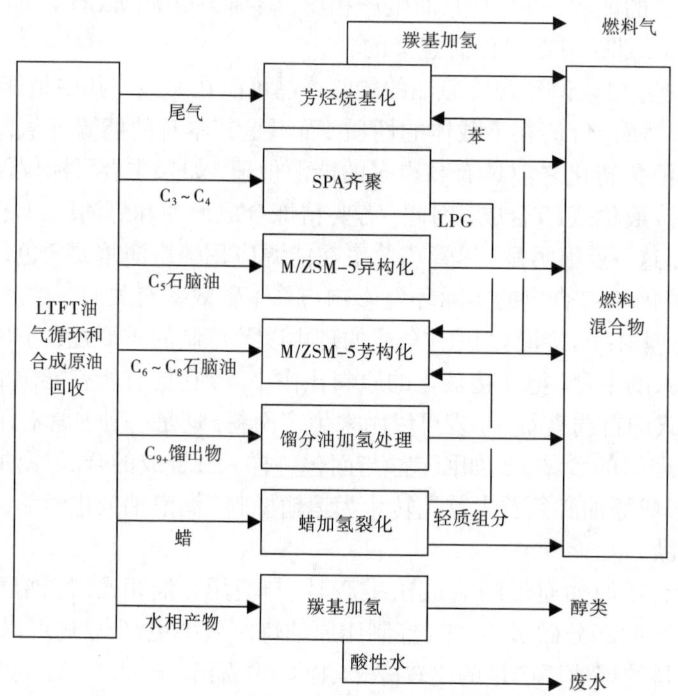

图14.1 以Fe–LTFT合成原油为原料，生产汽车汽油、喷气燃料和柴油混合馏分油的炼油厂设计[此炼厂的运输燃料产量设计是88%，而且不包括混合醇(3%含量)]

① 加氢裂化和加氢异构。在环境条件下，重质馏分(如蜡)是固态产品，可以转化为较轻的液态产品。蜡的加氢裂化和加氢异构对运输燃料和润滑油基础的混合原料生产很有帮助。在温和的条件下，加氢异构可以带来更好的产品性能，而不会造成明显的连锁反应。除了蜡转化，丁烷和轻石油馏分的异构化被用于生产汽油的混合组分。

② 烯烃二聚和低聚。合成原油炼厂的主要功能之一是将气态烯烃转化为液体产品。这也可以用于生产特定产品，使其在加氢后具有理想的性能，如高辛烷值汽油(烷基化产物)、合成喷气燃料库存混合油(异构化煤油)、聚烯烃润滑油基油、线型α–烯烃等。

③ 芳构化和石脑油重整。运输燃料和石油化工应用需要芳构化。来自气体和石脑油范围的链烷烃质量分数提高，对单环芳烃的生产是有效的。在气态链烷烃的情况下，这也提供了一种用于液体产品生产的炼制通路。

④ 芳烃烷基化。这是一种对石油化工产品和运输燃料有用的工艺，因为它利用了含有丰富烯烃的合成原油，并提供了另一种途径，将气态烯烃转化为液态产品。在一些偏远地区，也可以实现乙烯在FT合成炼油厂中的应用，以生产高辛烷值汽油混合料、满足合成喷气燃料规格的芳烃煤油和石化产品，同时可以降低炼油厂的苯含量。烷基芳烃可以提高合成染料的密度和改善弹性体相容性。

⑤ 加氢处理。加氢处理是一种无处不在的炼油技术，应用范围从原料的预处理到喷气燃料和石化产品的炼制。

除了上述的上述①~⑤的转化过程以外，一般来说，FT炼制中的含氧化合物的转换过程很重要。我们专注于两个转换技术，即加氢裂化/加氢异构和烯烃二聚/低聚。前者对中质原料的升级具有重要的意义。在LTFT合成原油中，后者对提高轻质原料的升级具有重要意义，特别是在HTFT合成原油中。这两种转换技术也吸引了新技术的发展，专门用于转化FT合成原油。

14.2 蜡油加氢裂化和加氢异构

在FT合成反应中，链状烃的形成增长机理有一个重要后果，即不可能合成得到具有短链的产品。不管是催化剂，还是操作条件如何，FT合成给出了一个碳数范围，从甲烷到高分子石蜡(第4章)。在LTFT合成反应中，无论是铁基催化剂，还是钴基催化剂，得到的碳氢化合物混合物强烈地转向高分子的产物。出于经济上的考虑，需要尽可能降低轻组分气体的选择性，应尽可能多地促成高α值HTFT合成反应。大部分FT合成的产品都是沸点超过370℃的产品，而中间馏分的产品产量是相当有限的。利用当前的HTFT技术，典型的α值接近0.90而C_{22}组分的含量大约在40%~45%。

HTFT合成的产品主要是线型烷烃混合物(含量大于85%~90%)，再加上少量的含氧化合物和烯烃。后者主要是伯醇、羧酸、脂类和酮[8]。由于主要由线型烷烃组成，中间馏分具有非常好的十六烷值，但是低温流动性差[9, 10]。从FT合成中直接获得低温流动性好、高收率的中间馏分油是不可能的，有必要最大限度地将FT蜡油转化为中间馏分油，并改善汽车燃料性能。最有效的方法是蜡油加氢裂化技术。此外，有两种主要反应同时发生，即加氢裂化和加氢异构。前者可以改善中间馏分油的低温流动性，而后者可以主要增加中间馏分油的产量。从理论上讲，理想的蜡加氢裂化与FT合成组合，将导致随着α值增加，馏分油产量单调增加(见图14.2)[11]。开发加氢裂化催化剂和理想的相关技术是我们面临的挑战。

14.2.1 加氢裂化和加氢异构催化剂

根据所需的产品和原料的特性，开发出了各种不同的催化剂用于特定的应用[1, 12, 13]。加氢转化的特点是使用双功能催化剂，其特点主要是可以为异构化/裂化提供酸性位点，为加氢/脱氢提供金属活性位。典型的酸性载体是非晶态金属氧化物或金属氧化物混合物，例如用HF处理过的Al_2O_3、SiO_2–Al_2O_3、ZrO_2/SO_4^{2-}、分子筛(Y、β、丝光沸石和ZSM–5)和硅铝磷酸盐(SAPO–11、SAPO–31和SAPO–41)。最常用的金属是铂、钯和硫化的双金属体系，Co/Mo、Ni/W或Ni/Mo。后者主要用于原油炼制中含硫渣油的加氢裂化。

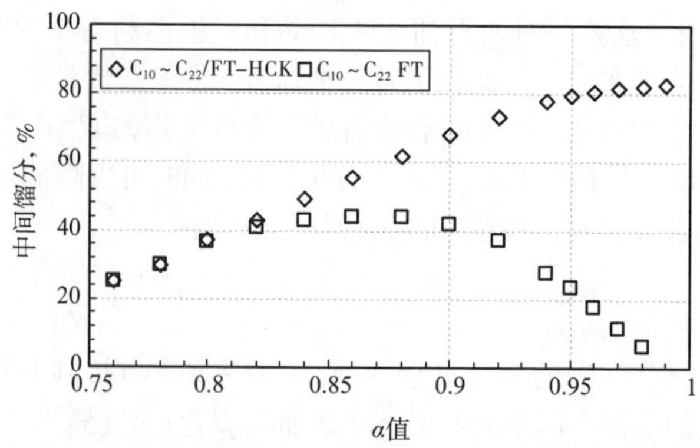

图14.2 理想的费–托蜡加氢裂化产生的中间馏分油产量(基于ASF分布计算来自FT合成的产物收率；而在加氢裂化阶段中，假定除了由终端α、β的断裂产生的所有裂化产物外，每个石蜡产生所有裂化产品的产率都是相等的；C—C键断裂引起的裂解产物其断裂概率被设置为零；比C_{22}更轻的组分没有进一步裂解)

载体之间的酸性平衡由酸性位的强度和浓度所决定。加氢/脱氢的活性金属功能在确定选择性加氢异构和裂化产物分布活性中非常重要[14, 15]。Giannetto等[15]观察到铂负载量高达0.5%时，活性迅速增加。活性水平在较高的浓度时，最初的增加表明通过烯中间体的形成，提高了加氢/脱氢功能，促进加氢裂化(图14.3)。而活性趋于平稳，烯中间体的形成不再受速率限制。除了提高活性以外，较高的铂含量会显著提高加氢异构选择性，而另一个有益的效果是提高催化剂的稳定性[14]。

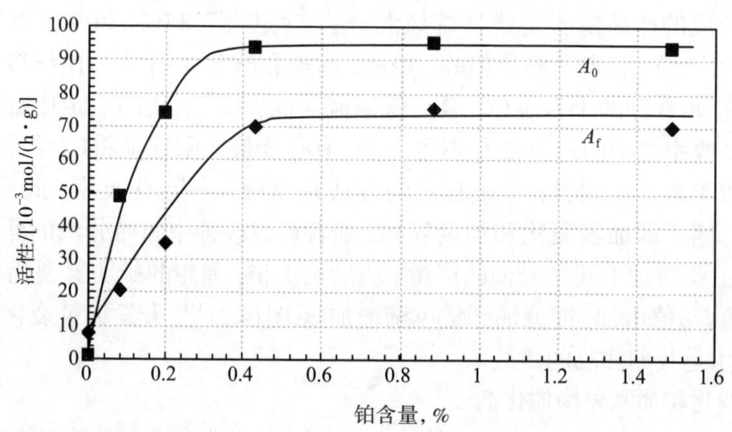

图14.3 正庚烷的加氢裂化表明作为铂负载的函数的初始活性(A_0)和最终活性(A_f)的变化

在中低强度的酸性位点载体拥有强大的加氢/脱氢功能，通常能促进形成具有异构化碳产物的中间馏分油。与那些硫化金属(如Ni、Co、Mo和W)相比，负载Pt或Pd催化剂表现出相当高的加氢异构选择性和分布更好的加氢裂化产品[16~19]。与贵金属加氢裂化催化剂相比，加氢裂化硫化金属催化剂的FT蜡油工艺选择性较差，中间馏分油收率较低。

加氢/脱氢效果如图所示14.4[19]。利用硫化Co、Mo催化剂得到的裂化产物倾向于较轻的组分。而铂催化剂具有更强加氢/脱氢的活性，使裂化产物对称摩尔分布，表明这种情况下主要产品是可以忽略不计的。

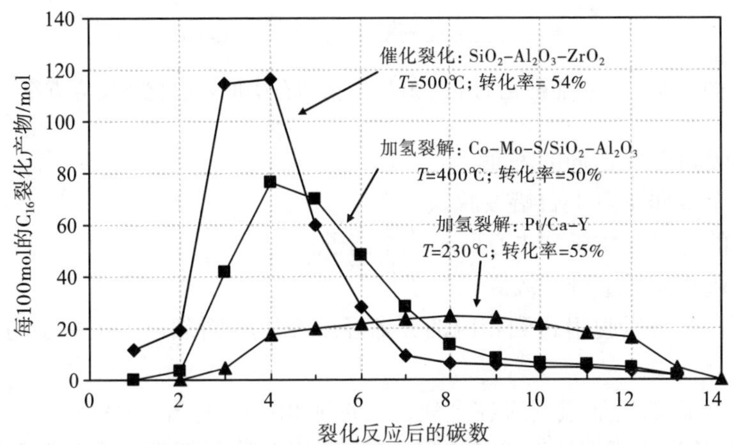

图14.4 在50%转化率下在不同催化剂上正十六烷裂化时裂化产物的摩尔碳数分布(催化剂的加氢/脱氢能力按照SiO_2–Al_2O_3–ZrO_2<硫化CoMo/SiO_2–Al_2O_3<Pt/Ca–Y–沸石的顺序增加)

除了催化剂加氢/脱氢能力的影响外，催化剂的酸性载体性质对产物的分布和异构化选择性也有很大的影响。虽然每个特定的载体的行为可以在很大范围内变化，沸石基催化剂通常比非晶硅氧化铝催化剂更活泼。然而，后者更适合于最大限度地提高中间馏分收率，而沸石类载体催化剂使产品分布向汽油范围方向转移[12]。有研究报道了非晶硅、氧化铝[21]和无定形二氧化硅–磷酸铝的高异构化选择性[22]。然而，沸石材料(如中介质空隙沸石ZSM–22[23]和硅磷酸铝分子筛SAPO–11[23])也可以表现出形状选择性行为，提高异构化选择性。

14.2.2 加氢裂化和加氢异构化机理

直链烷烃在双功能催化剂上的加氢转化机制在20世纪60年代初开始被积极地研究。基于Mills[25]和Will[26]等人以前的工作，提出了一种通过碳氢化合物中间体进行氢化/脱氢和异构化步骤的机制[27]。

宏观上，加氢裂化和加氢异构化作为一系列连续反应进行，其中直链烷烃首先转化为单支链烷烃，然后转化为二分支链烷烃，并由此转化为具有逐渐更高支化度的异构体。与异构化反应平行，反应物分子裂解。随着异构化反应的进行，裂解速率增加，生成更多的支链异构体。

根据对模型化合物的后续研究绘制了清晰的机理图，说明了酸性载体和加氢/脱氢位点的作用以及它们之间的相互作用[15, 28, 29]。目前最广泛接受的双功能催化剂石蜡转化方案如图14.5所示。

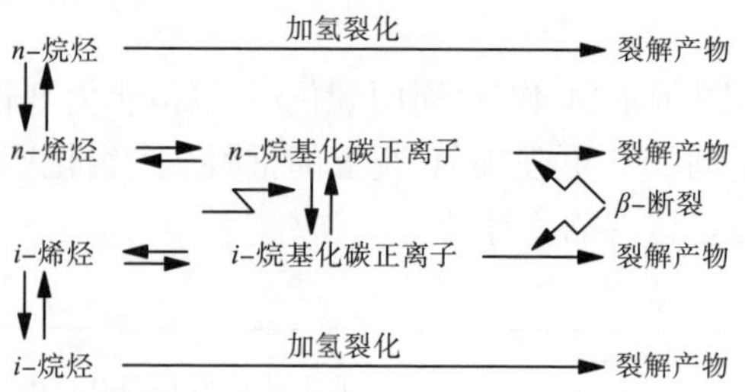

图14.5 在双功能催化剂上加氢异构化和石蜡加氢裂化的反应方案

① 石蜡吸附在催化剂的表面。

② 在一个金属位点上石蜡被脱氢。

③ 吸附的烯烃在质子酸中心形成碳正离子。

④ 二级碳正离子重排三级碳正离子。

⑤ 碳正离子可以脱附得到相应的异烯烃或经历β-断裂以产生更小的碳正离子和正/异构烯烃。

⑥ 正/异烯烃随后加氢反应在金属位点形成相应的正/异链烷烃。

除了以碳基为此原理体系之外，图14.5显示了加氢-氢解反应发生在金属促进的催化剂上，其反应程度取决于金属和操作条件[18]。

如果酸与氢/脱氢之间有最佳平衡函数，那么从二级到三级的碳正离子重排可以认为是速率决定的。异构化和加氢裂化是通过相同类型的碳正离子中间体进行的。最初由Condon[30]、Brouwer和Hogeveen[31]提出可能机理是通过质子化环丙烷(PCP)中间物进行的。与假定的双功能机理一样，加氢异构反应的活化能和加氢裂化反应相似[32~34]。而反应速率显示出一个压力高于阈值的负H_2压力[32, 33, 35~37]。H_2分压负序可以证明双功能机理，因为它表明(理想情况下)在速率控制步骤之前的所有步骤都可以考虑处于准平衡。因为增加氢气压力会改变脱氢平衡向加氢，从而降低了烯烃含量，降低了烷基二级碳正离子的平衡浓度。这反过来导致速率控制步骤的减少。因此，从动力学角度来看，在最低实际压力下进行加氢裂化和加氢异构是理想的行为。

双功能催化剂的特点是酸和金属活性位之间的平衡，烯烃中间体的形成速度足够快，而不受速率限制。当烯烃的形成不是速率限制时，酸的作用决定了系统在这些条件下的动力学[15, 29]。在这些条件下并且在没有扩散限制的情况下，温和的加氢裂化的反应条件依赖于碳氢化合物反应物的链长，其根本原因可以是双重的。

① 仲碳原子数的增加会导致对碳正离子中间体形成的概率增加。反应活性与每个分子的仲碳原子数成正比。基于PCP的中间体，Sie[39]提出反应应该分别正比于以C_{n-6}加氢裂化和异构化为C_{n-4}的比例。

② 众所周知，碳数至少为C_{16}的正构和异构烷烃亨利吸附常数[39, 40]呈指数增加。因此，重链烷烃较高的反应活性，也可以归因于其较强的物理吸附，导致在催化剂表面产生更高的密度，从而提高反应速率[41, 42]。

加氢裂化反应活性也取决于反应物分子的分支性质。如图14.6所示，A结构型β-断裂是迄今为止最快的反应，但是需要一个三支碳链的结构——α, γ, γ-构型的分支组。通过B1模式裂解则慢得多，这意味gem-结构的存在。与之相比，A构型β-断裂发生了一个较不积极的有利途径。其他裂解模式按递减顺序排列：B2为具有分离支化基团的二支链烷烃，C为单支化链烷烃，D为线型石蜡。

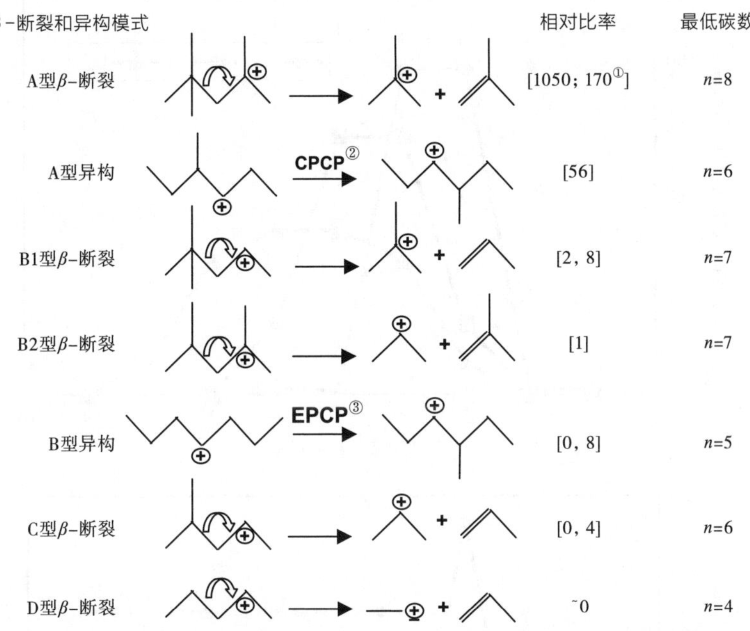

图14.6 在石蜡加氢裂化和异构化过程中发生的不同的β-断裂和骨架重排的反应和相对速率[43](①参考文献[44]；②CPCP是指角落质子化环丙烷；③EPCP是指边缘质子化环丙烷)

两种类型的异构化反应是可能的：A型和B型。A型异构化反应较快且不涉及到支链化的变化。它是通过一个角落质子化环丙烷(CPCP)，或p-复合物，沿着脂肪族链烷基转移。而B型异构化是则是通过边缘质子化环丙烷(EPCP)沿着脂肪族链烷基转移，这就导致了分支程度的改变，而且比A型异构化速度慢得多。在异构化过程中形成的最多的分支是甲基，其次是(按顺序排列)乙基和丙基[45, 46]。人们普遍认为甲基化的形成是通过质子化的环丙烷中间体，而乙基和丙基同分异构体的形成与PCP的机理相似，可能会各自导致形成质子化的环丁烷和质子化的环戊烷中间体[45, 47]。较少的乙基支链和较多的同系物的形成，很可能是由于这些中间体形成过程中的能量较少。据报道[48]，质子化的环丁烷是130kJ/mol，与PCP相比不太稳定。

各种β-断裂和异构化模式的相对反应速率如图14.6所示。可以很容易地理解为什么三叉链异构体的浓度在蜡油加氢裂化和加氢异构没有达到高值：一旦三叉链异构体达到一个合适的配置，则迅速进行β-断裂。

14.2.3 加氢裂化产品转化

在理想的加氢裂化和中-低转化率中，初级产品的后续转化可以忽略不计，裂解产物具有近似的宽“钟”形分布：以碳链长度为中心，碳数为原来分子的一半(见图14.7)[19, 28]。

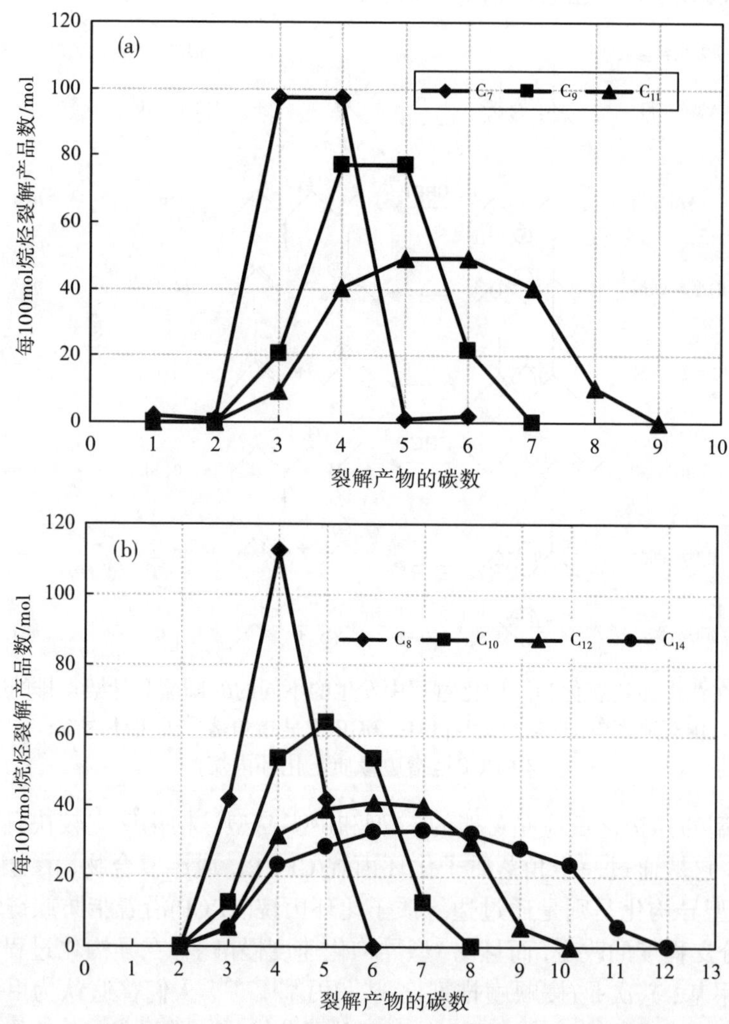

图14.7 在C_7～C_{14}的范围内，不同碳数的线型烷烃的理想加氢裂解产物中的碳数分布

当这些碎片与内部的裂解相对应时(>C_3)，C—C键的产量几乎是等摩尔量的，但是甲烷、乙烷以及相对较重的C_{n-1}和C_{n-2}(见图14.7)是不存在的；丙烷和C_{n-3}产量适中。这样的碳数分布可以用经典β-断裂来解释。假设内部键的反应活性是相等的，而形成C_1、C_2和C_3的“外部”键的反应活性较低，这是由于减少了不稳定的碳正离子中间体的形成。碳数分布也可以用PCP中间体异构化和裂解来解释。在更高的转化率下，产物的

分布变得不那么对称，并且由于初级产物的进一步反应，碳数分布逐渐偏向较轻的碎片(见图14.8)[49]。

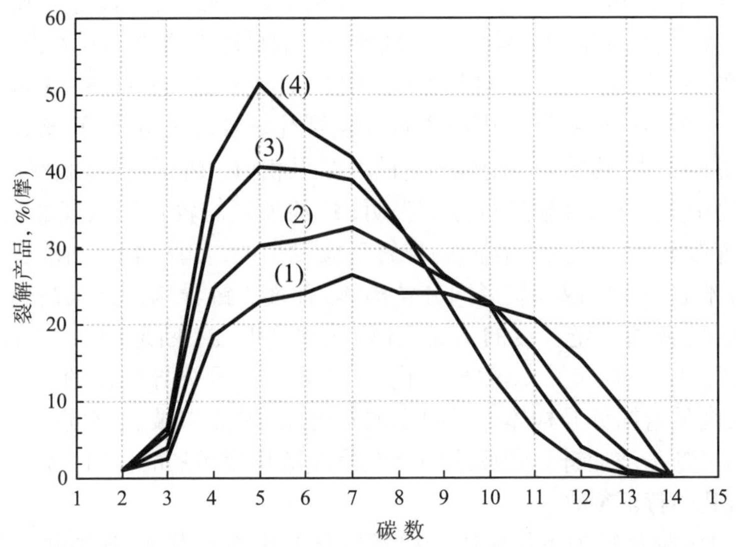

图14.8 *n*–十六烷在铂/沸石催化剂上加氢裂化，其在不同程度的裂解的摩尔碳分布

(1)—70%；(2)—83%；(3)—93%；(4)—97%

到目前为止，通过加氢裂化短链(碳数少于16)蜡油(见图14.7和图14.8)获得的数据说明了加氢裂化行为，同时也有关于实际FT蜡加氢裂化的研究。Sasol公司进行了蜡加氢裂化生产运输燃料的研究[50]。在一个由美国能源部(DOE)资助的项目中，UOP公司研究了Arge Fe–LTFT蜡油催化加氢裂化，使用两种类型的催化剂(载体可能是硅–氧化铝和分子筛)。在循环模式下，在低温流动性能可接受范围内切割149～371℃产品，其最大产量在80%左右。最近人们对FT合成技术的兴趣集中在将天然气转化为馏分油，这导致了许多石油公司对FT蜡加氢裂化的研究不断增加。

Leckel[53]研究了Fe–LTFT合成蜡油，并以商业NiMo/SiO_2–Al_2O_3催化剂进行加氢裂化。中间馏分油(C_{10}～C_{22})收率高达65%～70%，其中含90%较重组分(C_{23}的蜡和更重的物质)。对C_{10}～C_{22}馏分的选择性受到操作条件的显著影响，随着转化率的增加而降低。在后续的两项研究中[20, 55]，LTFT蜡油加氢由硅铝为载体的硫化金属和铂催化剂进行加氢裂化。硫化金属和贵金属催化剂都可以生产高十六烷值(>70)的柴油燃料和具有良好低温流动性能的柴油(冰点<–15℃)。然而数据显示，无论是中间馏分产品，还是异构化产品的选择性，以贵金属为基础的催化剂要比硫化金属催化剂性能好得多。

Calemma[56]等报道了使用一种非晶态氧化硅–氧化铝铂催化剂的LTFT合成蜡油加氢裂化工艺(61%为C_{10}～C_{22}，C_{23}不大于39%)，中间馏出物收率随着转化率增加高达85%～90%。随后，由于第一种产品随着进一步反应而下降，最高产量为82%～87%。在较高转化率下，异构体含量明显增加，冰点和倾点下降，分别达到–50℃和–30℃。

C_{10} ~ C_{14}馏分的异构体含量介于20% ~ 65%之间，C_{15} ~ C_{22}馏分的异构体含量由50%变为92%。与较轻的C_{10} ~ C_{14}馏分相比，C_{15} ~ C_{22}的异构化程度较高，其原因是较长链组分的反应活性较高，而原料的部分蒸发导致液相中含有较重组分。这项研究的结果表明，汽液平衡(VLE)在确定同分异构体含量和中间馏分油选择性都起着重要的作用。

在随后的一项研究中[46]，一种烃类Co-LTFT合成蜡油在319 ~ 351℃温度控制范围和氢分压为35 ~ 60atm的控制范围内进行加氢裂化。结果表明，中间馏分油的选择性可以达到最高的产量，其低温流动性与之前的结果相似，中间馏分油收率最高为85%。对产品混合物中C_{10} ~ C_{22}含量进行分析表明，蜡油加氢与较短的烷烃加氢相似。蜡油转换是通过连续异构化反应和伴随的裂解反应发生的，如图14.5所示。在低转化率的情况下，异构体主要是单取代烷烃同分异构体，而多支链异构体在最高转化率的情况下则更多。此外，随着碳链长度的增加，异构化程度也会不断地增加。在测试中，产物中的碳数从C_{11}增加到C_{21}时，C_{22}馏分转化率为84%，其同分异构体的含量从11%增加到99%。链长度随着同分异构体含量的增加而增加，多支/单支比率同时也有相应的增加。这两种结果都与增加链烷烃反应的活性使碳链长度增加的作用一致。

14.2.4 加氢裂化的特征参数

理想的加氢裂化行为不仅取决于加氢裂化催化剂的设计，还取决于加氢裂化催化剂的操作条件[57]：高氢分压、低温、高氢/油比。Calemma等[52]系统研究了操作条件和原料对蜡加氢裂化反应的影响。蜡加氢裂化反应的动力学模型也强调了从机理上看不明显的影响，如汽-液平衡的作用和蜡性质对产品分布的影响。

14.2.4.1 温度的影响

FT蜡油的转化受温度的影响很大。反应温度从351℃升高到367℃，C_{22+}馏分的转化率由20%提高到81%[58](见图14.9)。

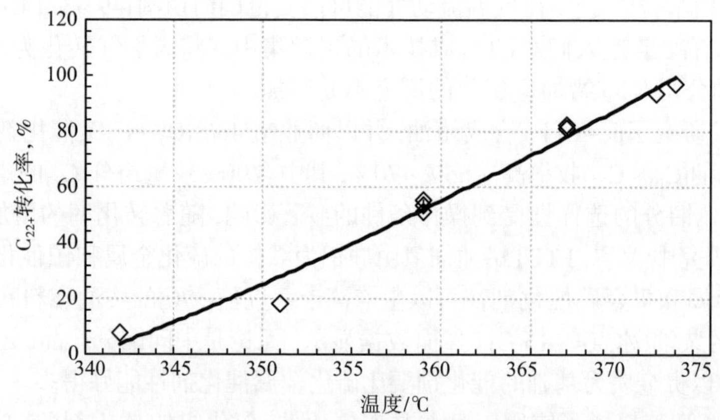

图14.9 反应温度对加氢裂化LTFT合成蜡油转化率的影响(压力为4.7MPa，空速为2h^{-1}空速，H_2/蜡油比为0.105)

文献报道中用于链烷烃异构化和加氢裂化的活化能在145 ~ 170kJ/mol之间[34, 36]。

假设C_{22+}转化为一级反应,其表观活化能在338kJ/mol和377kJ/mol下的C_{22+}转化率分别为70%和48%。反应温度的变化影响到中间馏分的选择性、产物的异构化程度及其分布。这些变化来自于转换程度的差异，而不是反应温度[56]。如表14.2[61]所示，温度越高，转化率越高，石脑油和馏出物比例越高，则产物异构化转化率越高。石脑油/馏分油比的增加是由于初级产品的连续裂化引起的。由于原料中的中间馏分的含量非常低(约4%)，即使在低转化率下，柴油馏分中的高异构体含量也与裂化产物的高度异构化一致。

表14.2 温度对馏分油加氢裂化转化率、产物分布和异构体含量的影响

项 目	加氢裂化温度		
	350℃	360℃	365℃
C_{22+}原料的转换率，%	17	69	86
石脑油/馏分油比	0.11	0.28	0.33
在馏分中异构烷烃含量，%	77	82	84

14.2.4.2 压力的影响

链烷烃的转化率与氢气压力呈-1~-0.85的负相关关系。根据模型化合物的结果，一般认为，压力的增加会导致加氢裂化转化率的下降(见图14.10)[61]。

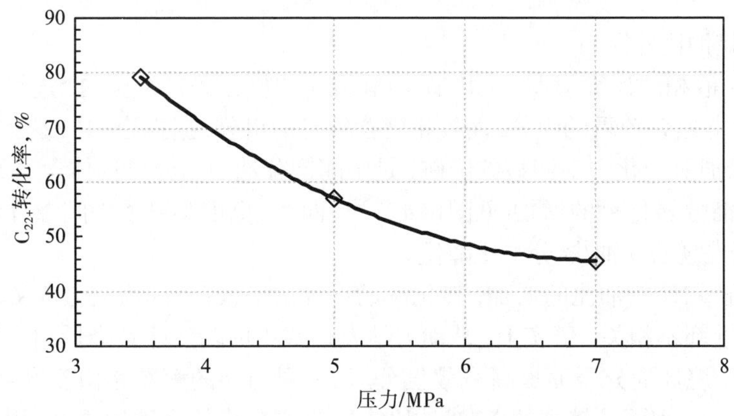

图14.10 反应压力对LTFT合成蜡油加氢裂化转化率的影响

煤基FT蜡油加氢裂化试验以硫化态NiW/NiMo和贵金属负载二氧化硅-氧化铝载体为催化剂，在压力2.5~7MPa时，C_{22+}馏分的转化率与氢压力成反比[55]。对硫化态NiW/NiMo催化剂进行加氢裂化试验，压力从2.5增加到4MPa，转换率从97%减少到85%。而对于贵金属催化剂，压力从3.5增加到7MPa，转换率从90%降低到65%。

结果表明，较高的压力导致较低的转化率，产品具有较低的异构烷烃含量和较高的馏分油石脑油比率。然而，这些变化似乎只是因为反应程度较低。当在同一转化率下比较选择性时，不同压力下的结果是非常相似的[55, 61]，然而对异构化的程度有影响(见图14.11)[56]。因此，在较高压力下的同分异构体含量的增加，可能是由于液相中与催化剂直接接触的C_{10}~C_{14}馏分增加。De Klerk提出的改进加氢裂化机理也可以对其进行解释[2]。

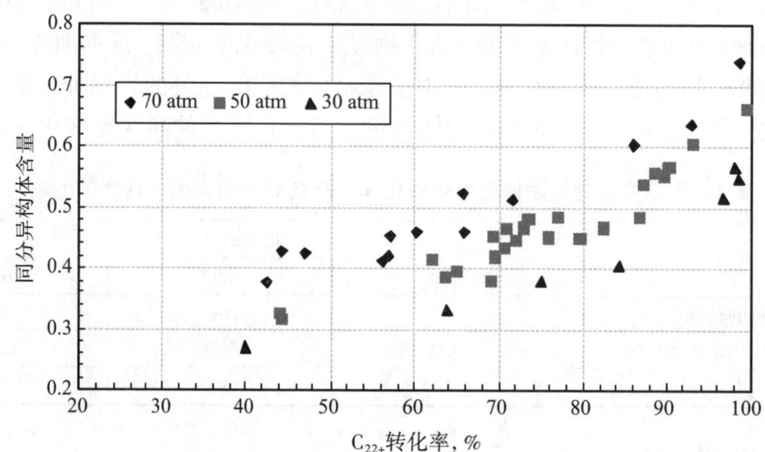

图14.11 反应压力对LTFT蜡异构化转化率的影响(温度为340℃，空速为0.5~4h^{-1}空速，H_2/蜡油比为0.125，催化剂Pt/SiO_2-Al_2O_3，转化率由加氢裂化得到的C_{10}~C_{14}产品异构烷烃馏分显示)

14.2.4.3 H_2/蜡油比的影响

通过汽-液相的计算表明，在FT蜡加氢裂化的操作条件范围内，进料存在于液相和气相中。液相富含较重的组分，而气相则含较轻的组分。据报道，H_2/蜡油比的增加在低温费-托蜡加氢裂化中最明显的影响，是中间馏分油中同分异构体含量的降低(见图14.11)和C_{22+}馏分转化率的增加(见图14.12)[52]。同时，也观察到了中间馏分油选择性的提高，也可以发现石脑油/馏分油比降低。

起初，随着H_2/蜡油比的增加，转化率的增加出乎意料，因为它与定义烷烃反应速率的任何变量都不相关。事实上，从动力学表达式中可以预计到降低，因为较高的H_2/蜡油比会降低烷烃的分压而提高有效氢分压。一种可能的解释是由于汽-液平衡的变化[56]。如表14.3[62]所示，较高的H_2/蜡油比使反应混合物的汽液比更高，而液相中富含C_{22+}的馏分。在这种情况下，虽然整体的重时空速(WHSV)不变，在过程中，H_2/蜡油比的增加会导致与催化剂表面直接接触的液相空间速度较低。因此，C_{22+}物料的转化率增加了。由于蒸发程度的变化，液体阶段实际变化的WHSV可以解释H_2/蜡油比对表观转化率的影响[62]。

已经报道了不同催化剂上蜡油加氢转化的一级反应速率[36, 63~65]。然而，Steijns和Froment在Pt/USY沸石催化剂上对正癸烷和正十二烷进行加氢转化，观察到了与烃分压接近零级的相关性[32]。在C_{22+}含量为48%的FT合成蜡油加氢过程中发现，表观反应级数为0.33，介于上述观察到的数据范围。不同的原因可能导致模型化合物与FT蜡反应级数的差异。然而，随着C_{22+}馏分转化率的增加，汽-液平衡的变化也可以解释所观察到的偏离一级动力学的偏差[62]。

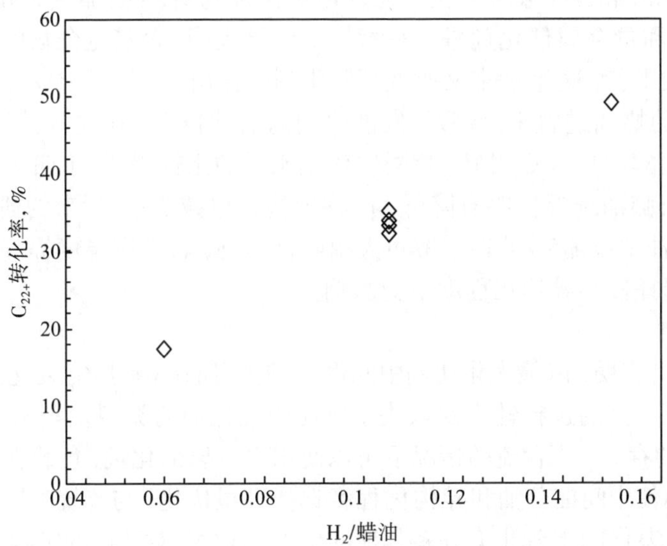

图14.12 在4.75MPa和$2h^{-1}$ WHSV下，作为H_2/蜡比的函数的C_{22+}馏分的转化率

表14.3 压力、温度和H_2/蜡油比对汽–液平衡的影响

操作条件			以无H_2为基础的蒸汽与进料比			
压力/MPa	温度/℃	H_2/蜡油比	C_{10}~C_{14}	C_{15}~C_{22}	C_{22+}	总进料
3.5	324	0.06	0.785	0.402	0.047	0.360
3.5	324	0.15	0.918	0.627	0.120	0.528
3.5	360	0.06	0.888	0.616	0.132	0.476
3.5	360	0.15	0.965	0.843	0.294	0.657
7.0	324	0.06	0.604	0.242	0.024	0.271
7.0	324	0.15	0.811	0.460	0.061	0.434
7.0	360	0.06	0.742	0.412	0.069	0.387
7.0	360	0.15	0.900	0.672	0.164	0.547

14.2.4.4 空速的影响

空速过高的主要影响是使转化率的降低。当液时空速(LHSV)从$0.5h^{-1}$升高到$1h^{-1}$时，蜡油加氢裂化的C_{22+}转换率从57%降到30%[55]。在另一项研究中，将WHSV从$1h^{-1}$提高到$3h^{-1}$，导致C_{22+}转换率从88%降到21%[58]。然而，异构化选择性程度的变化主要是由于反应过程的不同。转化率越高，产品异构化程度越高，而对中间馏分油选择性的降低则是由于初始产物的进一步裂解引起的。

14.2.4.5 含氧化合物的影响

LTFT合成产生得到的蜡油中还含有伯醇和羧酸，以及少量酯类、酮类[8]。含氧化合物对FT炼制催化和加氢裂化影响很大[1]。通过加氢处理除去含氧化合物提高了C_{22+}

加氢裂化的转化率。操作温度需要提高15℃，使非氢化蜡和氢化蜡具有相同的转化率[53]。关于十四醇和月桂酸含氧化合物效应和添加物对FT蜡加氢裂化的影响，分别对硫化的NiMo和贵金属催化剂进行考察[66]，结果表明，含氧化合物的存在改变了催化剂的金属-酸平衡，这反过来又改变了催化剂的作用。另外，将5%的醇或羧酸加入到另一种无氧的蜡油进料中，导致了贵催化剂的活性丧失。在这两种情况下，转化率都大幅下降，但醇的加入更明显。相同转化率水平的比较表明，十四醇使柴油的选择性略有增加，石脑油选择性略有降低，产物异构化也减少了。后来的研究发现[54]，加氢处理的FT蜡油中添加5%的1-癸醇可大幅降低活性；若反应温度提高5℃，可恢复活性；中间馏分选择性和异构化程度不受影响。

14.2.5 环境影响

公布的结果表明，以最大化切割中间馏分油为目的FT蜡加氢裂化反应是一个复杂的反应。所需产品的选择性主要取决于所使用催化剂的类型、操作条件、进料分配和含氧化合物的存在。不含硫的情况下可以使用贵金属催化剂，负载在合适的酸性载体上，这些金属使中间馏分油和异构化程度选择性最优化。与传统的原油加氢裂化相比，贵金属加氢裂化FT蜡油也有许多其他的优点，减少了对环境的影响。

① 温和条件(＜350℃，<50atm)下可以实现高转化率，从而减少能源需求。

② 该产品无硫，无需进一步加氢处理。

③ 中间馏分油选择性好，用较少的原料可以转化为C_5 ~ C_9石脑油和C_3 ~ C_4液化石油气。

14.3 烯烃二聚和齐聚

烯烃二聚反应涉及两个烯烃的偶联，而烯烃齐聚反应是指更多(通常为五个分子)烯烃的偶联。与裂解、重整和加氢处理一样是运行已久的技术，最初作为热炼制过程。1930年，固体磷酸(SPA)作为催化剂被广泛采用[67]。从历史上看，在炼厂这项技术的主要目的是将聚烯烃类气体转化为液体产品。

然而，随着石化工业的发展，轻烯烃的价值也有所增加。只要有可能，可以直接出售一些轻质烯烃作为石化产品，而不是将其转化为燃料，因此丙烯已成为有价值的商品。尽管许多炼厂仍采用烯烃二聚和齐聚反应，但这种反应的总体使用量却减少了。烯烃的二聚化和低聚化仍然是关键FT炼制技术[2]。由于合成原油在FT合成中是主要产品，所以合成原油中烯烃含量较多。

14.3.1 二聚和齐聚催化剂

齐聚催化剂的选择不是可以独立改变以提高效率的操作参数[1]，因为催化剂决定了产品的类型，根据产品类型和质量对许多催化剂类型进行了考察，提出了一些建议如表14.4所示。

这里我们只讨论在工业上与FT合成相结合使用的催化剂类型，即SPA和H-ZSM-5催化剂。这两种方法最有可能应用于未来FT炼厂，其选择取决于炼油目标。汽车汽油和喷气燃料的应用都倾向于使用SPA催化剂和以低级烯烃(C_2 ~ C_5)为原料反应得到。馏分油的应用更倾向于使用H-ZSM-5，它能转换范围更广的烯烃原料($C_2\sim C_{10}$)，而且对原料中的含氧化合物不敏感。

表14.4 烯烃齐聚催化剂的选择与费-托合成炼制的生产目标有关①

产品	催化剂	原料要求	
		碳数	氧耐受程度
烯烃汽油(聚合型)	SPA	$C_2\sim C_5$($C_3\sim C_4$首选)	限定(约300μg/g)②
	H-ZSM-22/57	$C_3\sim C_4$首选	未报告
	同种的镍基催化剂	C_2($C_3\sim C_4$也可以)	敏感(<10μg/g)
蜡油汽油(烷基化型)	SPA	正丁烯/异丁烯	限定(约300μg/g)②
	酸性树脂	异丁烯	限定(约1%)②
喷气燃料	SPA	$C_2\sim C_5$(C_3优先)	限定(约300μg/g)②
	H-ZSM-5	$C_2\sim C_{10}$	百分含量③
	ASA④	$C_2\sim C_{10}$	百分含量③
	H-ZSM-22/57	$C_3\sim C_4$优先	未报告
柴油	H-ZSM-5	$C_2\sim C_{10}$	百分含量③
	热性	$C_2\sim C_{10}$	百分含量
润滑油基础油	同种的	$C_8\sim C_{12}$线型烯烃首选	敏感(<10μg/g)

① 石油化工应用很多不包括在这里。

② 含氧化合物/水用于选择性控制水，但过量抑制催化。

③ 通过催化剂脱氧，但一些副反应保留含氧官能团；特别重要的是羰基与酸的转化。

④ 无定形硅铝。

14.3.2 二聚和齐聚机理

在不同的二聚和齐聚催化剂作用下，催化机理的不同使相同烯烃原料生产不同的产品(及其性能)。这些机理可以大致分为四个主要类别：

① Whitmore-型碳正离子机理。这种机理(见图14.13)[1, 68, 69]是由H-ZSM-5催化剂作用的Brønsted酸催化机理。它通过催化剂的酸性位点对烯烃进行质子化，从而引发反应。碳正离子是一个亲电试剂，可以进攻另一个烯烃双键，形成一个碳正离子。这种类型的传播是连续，从而使分子链的长度增加。碳正离子的中间产物与加氢裂解和加氢异构过程中产生的中间物是相同的(14.2.2节)。随着碳链长度的增加，构型变得更有利于裂化(见图14.6)。齐聚和裂解是相反的反应，随着温度的升高，与低聚反应速率相比，裂化速增大。酸性位点的强度使温度裂解变得显著。在这一点上，温度的进一步升高使反应从反应动力学控制变为“平衡”控制。这只能达到部分平衡，同时只有碳数分布平衡了。在“平衡”控制下操作的一个重要结果是：产品的碳数分布对原料的碳数分布不敏感[70]。当质子返回到催化剂和烯烃生成时，反应网络终止。

② 酯基原理。该激励说明了固体磷酸催化剂是如何反应的[1, 71]。Whitmore-型碳正离子机理和酯基原理的最重要区别是在起始条件下如何传递亲电试剂(见图14.14)。这种两种机理有两个重要的结果：第一是丁烯酯可以像C_5一样通过一个终端碳来连接，由于α-碳不再是主碳，而是仲碳稳定的中间体，因此需要形成一个主碳正离子；第

二是酯的稳定性促使反应重排，包括低温骨架异构化反应[72]，这是因为α-碳是酯中的第二个碳。因此，SPA上n-丁二烯的二聚可以产生高产量的三甲基戊烯。

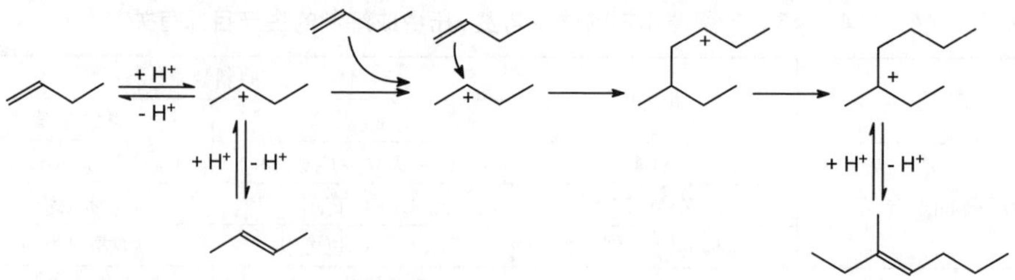

图14.13 烯烃二聚化的Whitmore-型碳正离子机理所说明的1-丁烯二聚

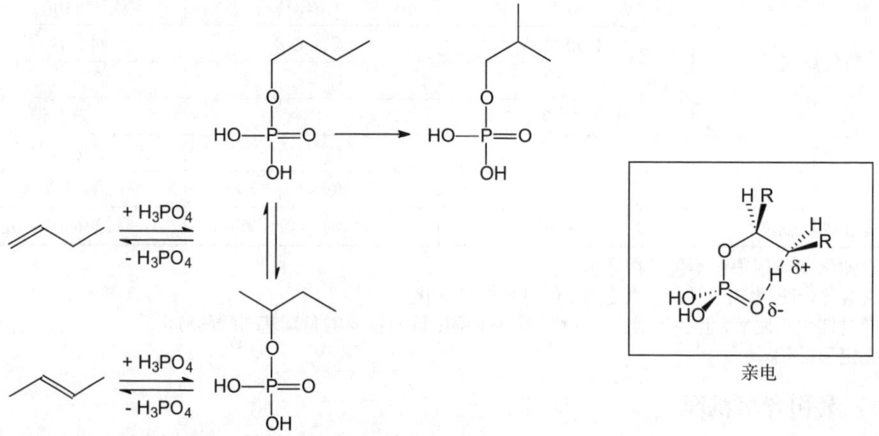

图14.14 在磷酸中以酯为基础建立的亲电试剂参与烯烃加成的正丁烯转换(R=氢或烷基)

③ 有机金属烯烃插入和β-氢化物消除机理。这与上文的①和②机理完全不同，二聚和齐聚催化剂(尤其是Ni)通过这种机理进行[1, 73]。

④ 自由基机理。当均裂键发生解离时形成自由基。烯烃的加成可以很容易通过自由基进行传递[1, 2]。

就像H-ZSM-5转换一样，由催化剂施加的几何约束可能会限制中间体的产生和产品的形成。虽然SPA没有几何约束，但是它是一种液相催化剂，对中间体的溶解度产生限制，同样影响产品的性质[71]。

14.3.3 固体磷酸和H-ZSM-5产品转化

即使使用相同的原料，SPA和H-ZSM-5催化剂转化的产品是不同的(见表14.4)。这是由于催化受到许多变量的影响，其中一些变量可以被操纵，以调整产品质量(14.3.4节)。固体磷酸可以较容易地转化$C_2 \sim C_5$系列烯烃，虽然乙烯转化率比其他重烯烃转化率低，但也获得了较高的转化率(>95%)。不管原料成分是什么，烯烃汽油的辛烷值很高，而且几乎是恒定的。该产品研究法辛烷值(RON)的典型值是95～97，而马达法辛烷值(MON)是81～82[1]。该产品高度异构，可以加氢生产高品质异链烷烃的煤油(IPK)，作为喷气燃料。IPK的冰点温度低于47℃，满足喷气燃料的要求。馏出物可作为柴油燃料，但由于高度分支，十六烷值低(约30)。幸运的是，由SPA催化烯烃齐聚的产品几乎完全在汽车汽油和煤油的沸点范围内。

同样可以使用固体磷酸选择性催化得到二聚丁烯。基于酯的机理使*n*-丁烯低温二聚(140~160℃)发生骨架异构化反应，生成具有富含三甲基戊烷组分的产品。当该产品被氢化时，用以生成烷基化车用汽油，RON和MON值在86~88[1]。值得注意的是，典型的FT合成原油中正丁烯/异丁烯比是10∶1。这就使FT丁烯的SPA低聚化在替代炼制方面具有相当大的环境效益[74]。

脂肪族烷基化反应：在炼油厂，烷基化生产通常是在较低的温度下使用H_2SO_4或HF为催化剂进行。脂肪族烷基化本质上是一种二聚反应，但它采用异丁烷作为亲电试剂，并将C_3~C_5(最好是C_4)烯烃作为亲核试剂。这些直接烷基化过程产生一种高度分支化的链烷烃产品，其RON为89~98，MON为87~95。与通过丁烯二聚反应在SPA上的间接烷基化相比，副产物形成和废酸处理的需要增加了硫酸和氢氟酸脂肪族烷基化的环境足迹(environmental footprint)。

多种烯烃可以在H-ZSM-5上转化[70]。当催化剂在足够高的温度下受热力学控制时，C_2~C_{10}烯烃会产生非常相似的碳数分布的烯烃。在H-ZSM-5上，这个临界值大约为200~230℃。石脑油馏分的辛烷值对原料很敏感，典型的FT合成烯烃生产的车用汽油RON为81~85，MON为74~75[75]。几何孔隙约束的H-ZSM-5催化剂限制产品的分支，与遵从Whitmore-型碳正离子机理的不受约束的二聚/低聚反应相比，产品更具线型。尽管这一属性不利于车用汽油，但是可以生产优质的馏分油作为喷气燃料和柴油燃料。FT烯烃馏出物的十六烷值为51~54。这种馏出物选择性约为65%，但在工业生产中石脑油循环利用，因此馏分油总收率可达到84%左右[2]。

14.3.4 固体磷酸催化剂和H-ZSM-5转化的影响参数

要达到最好的产品质量，不仅要选择最合适的催化剂，而且还要适当的操作。由于烯烃加成反应剧烈放热(85~105kJ/mol)，所以必须适当地设计反应器和热处理。

14.3.4.1 温度的影响

温度对SPA和H-ZSM-5催化剂的影响是不同的。低温骨架异构化途径要求磷酸酯中间体保持足够稳定，以便于重排。在二聚异构化之前，当温度超过160℃时，*n*-丁烯二聚化物质的骨架异构化能力迅速下降。当温度升高到205℃以上时，催化剂失活的速率也显著提高，这就决定了使用SPA催化剂的温度上限[71]。与之相反的是H-ZSM-5催化剂，当温度低于从动力学控制到热力学控制的转变温度时，H-ZSM-5的裂解率太低，无法阻止大量低聚物的形成。这些重低聚物很难从催化剂中除去，从而导致失活。在200~230℃的温度下，产物的碳数分布受温度和压力的组合控制。操作温度也控制着副反应，在280℃的温度下，FT石脑油生产从高酸向低酸转变。

14.3.4.2 烯烃组成的影响

在生产烯烃汽油和馏分油时，SPA和H-ZSM-5催化剂原料的烯烃成分都不敏感。

在H-ZSM-5催化剂上转化，碳数分布较宽，而在SPA的转化仅限于C_2~C_5的烯烃，这是因为较重烯烃的反应速率要低得多。然而，当SPA用于加氢生产车用汽油组分时，加氢汽油的质量对于进料组成是非常敏感的。事实上，优质的烷基化车用汽油只能是烯烃原料，并且几乎完全是在C_4的情况下生产。

14.3.4.3 含氧化合物的影响

SPA对进料中含氧化合物和水含量非常敏感，因为SPA催化剂的酸强度由水分压和温度组合决定[71]。此外，不同类别的含氧物促进不同的SPA类型反应，通常会引起抑制作用并生成水，直接影响到催化剂和催化作用[1]。因此，必须根据操作温度来控制含氧化合物和水的含量。含氧化合物对H-ZSM-5催化剂的影响不太严重。可以专门开发用来处理含有大量含氧化合物的HTFT石脑油，从而实现将烯烃转化成馏分油(COD)。尽管发生了一些抑制，但最重要的工业影响是在含氧化合物转化过程中羧酸的生成[1, 2]。

14.3.5 环境影响

FT炼制厂中烯烃作为初级产品的比例，使其与炼厂相比具有优势。正是这种原料优势使得二聚/齐聚成为关键的FT炼制技术，而烯烃的有限性限制了其在原油炼制中的应用。尽管如此，相当数量的原油炼油厂使用烯烃低聚装置(主要是使用SPA催化剂)生产烯烃“聚合物”汽油。在这方面，除了潜在产量占炼油厂总产量的一小部分之外，FT应用几乎没有什么优势。SPA催化二聚的主要优点在于提供了脂肪族烷基化的间接烷基化选择，更具体地说，直接使用正丁烯而不需要骨架异构化[74]。在常规原油炼厂的所有转化单元中，脂肪族烷基化是能耗最高的[77]。通过SPA二聚反应间接烷基化替代FT炼制厂中的脂肪族烷基化装置，实现了“节能减排”。

SPA催化剂最常被提起的缺点是催化剂寿命相当有限[71]，每千克催化剂约可以生产600~900kg产品。只要硅藻土载体结构没有损坏，催化剂可以再生。然而，由于其成本低，炼油厂的标准做法是替换SPA催化剂而不是再生。虽然定期的催化剂置换会给人留下不好的印象，而且SPA催化剂固体废物会增加其对环境的影响，但SPA催化剂的生命周期分析表明，其对环境的影响非常小。

SPA催化剂是通过将磷酸与硅藻土(硅藻土)混合[78]，然后将其挤出并煅烧而制成的。生产过程需要能量，磷酸的生产也是如此，但是这个过程不是浪费材料的。硅藻土是天然的硅源，在催化剂生产过程中不需要模板分子或有机溶剂。用过的催化剂可以用氨中和，以生产用于农业的磷酸铵肥料[79]。以这种方式，废催化剂不会返回填埋场，而是作为一种可以利用磷酸和氨直接生产出来产品。位于南非Secunda的FT炼厂使用的SPA催化剂就是以这种方式处理的。

H-ZSM-5在用于烯烃低聚时是可以多次使用的，但是需要周期性的氧化再生。

参考文献

[1] De Klerk, A. and Furimsky, E. (2010) Catalysis in the Refining of Fischer-Tropsch Syncrude, Royal Society of Chemistry, Cambridge, UK.
[2] De Klerk, A. (2011) Fischer-Tropsch Refining, Wiley-VCH Verlag GmbH, Weinheim.

[3] Gary, J.H., Handwerk, G.E., and Kaiser, M.J. (2007) Petroleum Refining. Technology and Economics, 5th edn, CRC Press, Boca Raton, FL.

[4] De Klerk, A. (2007) Green Chem., 9, 560-565.

[5] Sheldon, R.A. (2007) Green Chem., 9, 1273-1283.

[6] De Klerk, A. (2011) Energy Environ. Sci., 4, 1177-1205.

[7] De Klerk, A. (2008) Green Chem., 10, 1249-1279.

[8] Bertoncini, F., Marion, M.C., Brodusch, N., and Esnault, S. (2009) Oil Gas Sci. Technol., 64 (1), 79.

[9] Lynch, T.R. (2008) Process Chemistry of Lubricant Base Stocks, CRC Press, Boca Raton, pp. 21-42.

[10] Murphy, M.J., Taylor, J.D., and McCormick, R.L. (2004) Compendium of Experimental Cetane Number Data, NREL/SR-540-36805.

[11] Sie,S.T.,Senden, M.M.G., and Van Wechem, H.M.H. (1991) Catal. Today, 8, 371-394.

[12] Scherzer, J. and Gruia, A.J. (1996) Hydrocracking Science and Technology, Marcel Dekker, New York, pp. 13-39, 96-111.

[13] Sequeira, A., Jr. (1994) Lubricant Base Oil and Wax Processing, Marcel Dekker, NewYork, pp. 119-152, 194-224.

[14] Alvarez, F., Ribeiro, F.R., Perot, G., Thomazeau, C., and Guisnet, M. (1996) J. Catal., 162, 179-189.

[15] Giannetto, G.E., Perot, G.R., and Guisnet, M. (1986) Ind. Eng. Chem. Prod. Res. Dev., 25 (3), 481-490.

[16] Archibald, R.C., Greensfelder, B.S., Holzman, G., and Rowe, D.H. (1960) Ind. Eng. Chem., 52, 745-750.

[17] Gibson, J.W., Good, G.M., and Holzman, G. (1960) Ind. Eng. Chem., 52, 113-116.

[18] Weitkamp, J. and Ernst, S. (1990) Guidelines for Mastering the Properties of Molecular Sieves (eds D. Barthomeuf, E.G. Derouane, and W. Holderich), Plenum Press, New York, pp. 343-363.

[19] Weitkamp, J. (1978) Erdoel Erdgas Kohle, 31, 13-22.

[20] Leckel, D. (2007) Ind. Eng. Chem. Res., 46, 3505-3512.

[21] Corma, A., Martinez, A., Pergher, S., Peratello, S., Perego, C., and Bellusi, G. (1997) Appl. Catal. A, 152, 107-125.

[22] Calemma, V., Flego, C., Carluccio, L.C., Parker, W., Giardino, R., and Faraci, G. (2009) US Patent7,534,340 (Eni SpA and Intitut Francais du Petrole).

[23] Souverijns, W., Martens, J., Froment, G.F., and Jacobs, P.A. (1998) J. Catal., 174, 177-184.

[24] Miller, S.J. (1994) Microporous Mater., 2 (5), 439-449.

[25] Mills, G.A., Henemann, H., Milliken, T.H., and Oblad, A.G. (1953) Ind. Eng. Chem., 45, 134-137.

[26] Weisz, P.B. (1962) Adv. Catal., 13, 137-190.

[27] Coonradt, H.L. and Garwood, W.E. (1964) Ind. Eng. Chem. Proc. Dev., 3 (1), 38-45.

[28] Weitkamp, J. (1975) ACS Symp. Ser., 20, 1-27.

[29] Guisnet, M., Alvarez, F., Giannetto, G., and Perot, G. (1987) Catal. Today, 1, 415-433.

[30] Condon, F.E. (1958) Catalysis, in Alkylation, Isomerization, Polymerization, Cracking and Hydroreforming, vol. 6 (ed. P.H. Emmet), Reinhold, New York, pp. 43-189.

[31] Brouwer, D.M. and Hogeveen, H. (1972) Prog. Phys. Org. Chem., 9, 179-240.

[32] Steijns, M. and Froment, G.F. (1981) Ind. Eng. Chem. Prod. Res. Dev., 20, 660-668.

[33] Ribeiro, F., Marcilly, C., and Guisnet, M. (1982) J. Catal., 78, 267-274.

[34] Debrabandere, B. and Froment, G.F. (1997) Stud. Surf. Sci. Catal., 106, 379-389.

[35] Weitkamp, J., Jacobs, P.A., and Martens, J.A. (1983) Appl. Catal., 8, 123-141.

[36] Calemma, V., Peratello, S., and Perego, C. (2000) Appl. Catal. A, 190, 207-218.

[37] Roussel, M., Norsic, S., Lemberton, J.-L., Guisnet, M., Cseri, T., and Benazzi, E. (2005) Appl. Catal. A, 279, 53-58.

[38] Eilers, J., Posthuma, S.A., and Sie, S.T. (1990) Catal. Lett., 7, 253-270.

[39] Sie, S.T. (1993) Ind. Eng. Chem. Res., 32, 403-408.

[40] Denayer, J.F., Baron, G.V., Martens, J.A., and Jacobs, P.A. (1998) J. Phys. Chem. B, 102, 3077-3081.

[41] Denayer, J.F., Souverijns, W., Jacobs, P.A., Martens, J.A., and Baron, G.V. (1998) J. Phys. Chem. B, 102, 4588-4597.

[42] Denayer, J.F., Ocakoglu, R.A., Huybrechts, W., Dejonckheere, B., Jacobs, P., Calero, S., Krishna, R., Smit, B., Baron, G.V., and Martens, J.A. (2003) J. Catal., 220,66-73.

[43] Marcilly, C. (2003) Catalyse Acido-Basique: Application au Raffinage et a la Petrochimie, vol. 1, Editions Technip, p. 217.
[44] Martens, J.A., Tielen, M., Jacobs, P.A. (1987) Catal. Today, 1, 435.
[45] Weitkamp, J. (1982) Ind. Eng. Chem. Prod. Res. Dev., 21 (4), 550-558.
[46] Calemma, V., Gambaro, C., Parker, W.O., Jr., Carbone, R., Giardino, R., and Scorletti, P. (2010) Catal. Today, 149, 40-46.
[47] Martens, J.A. and Jacobs, P.A. (2008) Handbook of Heterogeneous Catalysis, vol. 3 (eds G. Ertl, H. Knozinger, and J. Weitkamp), Wiley-VCH Verlag GmbH, pp. 1137-1149.
[48] Fiaux, A, Smith, D.L., and Futrell, J.H. (1977) J. Mass. Spectrom. Ion Phys., 25 (3), 281-294.
[49] Martens, J.A., Weitkamp, J., and Jacobs, P. A. (1985) Stud. Surf. Sci. Catal., 20, 427-436.
[50] Dancuart, L.P., De Haan, R., and De Klerk, A. (2004) Stud. Surf. Sci. Catal., 152, 482-582.
[51] Shah, P.P., Sturtevant, G.C., Gregor, J.H., Humbach, M.J., Padrta, F.G., and Steigleder, K.Z. (1988) Fischer-Tropsch Wax Characterization and Upgrading, Final Report, DOE Contract No.: AC22- 85PC80017, June 6.
[52] Calemma, V., Correra, S., Perego, C., Pollesel, P., and Pellegrini, L. (2005) Catal. Today, 106, 282-287.
[53] Leckel, D. (2005) Energy Fuels, 19, 1795-1803.
[54] Bouchy, C., Hastoy, G., Guillon, E., and Martens, J.A. (2009) Oil Gas Sci. Technol., 64 (1),91-112.
[55] Leckel, D. (2007) Energy Fuels, 21, 1425-1431.
[56] Calemma, V., Peratello, S., Pavoni, S., Clerici, G., and Perego, C. (2001) Stud. Surf. Sci. Catal., 136, 307-312.
[57] Thybaut, J.W., Laxmi Narasimhan, C.S., Denayer, J.F., Baron, G.V., Jacobs, P.A., Martens, J.A., and Marin, G.B. (2005) Ind. Eng. Chem. Res., 44, 5159-5169.
[58] Gambaro, C., Calemma, V., Molinari, D., and Denayer, J. (2010) AIChEJ., 57, 711-723.
[59] Calemma, V. and Gambaro, C. (2011) ACS Symp. Ser., 1084, 239-253.
[60] Gambaro, C. and Calemma, V. (2011) ACS Symp. Ser., 1084, 254-277.
[61] Leckel, D. and Liwanga-Ehumbu, M. (2006)Energy Fuels, 20, 2330-2336.
[62] Correra, S., Calemma, V., Pellegrini, L., and Bonomi, S. (2005) Chemical Engineering Transactions, Vol. 6: 7th Italian Conference on Chemical and Process Engineering (ed. S. Pierucci), AIDIC Servizi S.r.l., p. 849.
[63] Stangeland, B.E and Kittrel, J.R. (1972) Ind. Eng. Chem. Proc. Des. Dev., 11, 15-20.
[64] Jaffe, S.B. (1976) Ind. Eng. Chem. Chem. Proc. Des. Dev., 15, 410-416.
[65] Girgis, M.J. and Tsao, Y.P. (1996) Ind. Eng. Chem. Res., 35, 386-396.
[66] Leckel, D. (2007) Energy Fuels, 21, 662-667.
[67] Ipatieff, V.N. (1936) Catalytic Reactions at High Temperatures and Pressures, Macmillan, New York.
[68] O'Connor, C.T. (1997) Handbook of Heterogeneous Catalysis (eds G. Ertl, H. Knozinger, and J. Weitkamp), Wiley- VCH Verlag GmbH, Weinheim, pp. 2380-2387.
[69] Sanati, M, Hornell, C., and Jaras, S.G. (1999) Catalysis, 14, 236-287.
[70] Garwood, W.E. (1983) ACS Symp. Ser., 218, 383-396.
[71] De Klerk, A. (2011) Catalysis, 23, 1-49.
[72] De Klerk, A. (2004) Ind. Eng. Chem. Res., 43, 6325-6330.
[73] Chauvin, Y., Hennico, A., Leger, G., and Nocca, J.L. (1990) Erdoel Erdgas Kohle, 106, 309-315.
[74] De Klerk, A. and De Vaal, P.L. (2008) Ind. Eng. Chem. Res., 47, 6870-6877.
[75] De Klerk, A. (2007) Energy Fuels, 21, 3084-3089.
[76] De Klerk, A., Engelbrecht, D.J., and Boikanyo, H. (2004) Ind. Eng. Chem. Res., 43, 7449-7455.
[77] Sittig, M. (1978) Petroleum Refining Industry: Energy Saving and Environmental Control, Noyes, Park Ridge, NJ.
[78] Coetzee, J.H., Mashapa, T.N., Prinsloo, N. M., and Rademan, J.D. (2006) Appl. Catal. A, 308, 204-209.
[79] Van der Merwe, W. (2010) Environ. Sci. Technol., 44, 1806-1812.

15 环境可持续性

Roberta Miglio, Roberto Zennaro, Arno de Klerk

设计费-托(FT)工厂的关键目标是尽可能减少废物的产生。在第一批FT工业装置的设计过程中，工厂的环境影响并没有作为首要的考虑因素。但现在，在与化学加工和制造有关的所有工艺(无论是生产燃料还是特殊化学品)中，都在遵循“绿色可持续发展(green and sustainable development)”原则，尽可能地提高效率，降低能耗，减少废物的产生。例如，如果可以在工厂源头避免废水的产生，则不需要后续的废水处理流程。这种理念与更安全和更清洁的工艺设计原则，在许多方面都是相似的。如果不能避免废水的产生，那么就需要尽可能寻求无害化废水产量最小的工艺。水和CO_2是研究FT工艺环境可持续性的核心。反应过程中产生的热量及其在工厂中的利用方式，也同样影响FT装置的环境可持续性。在FT装置中，原料的转化率是影响上游工艺效率的关键，而在下游工艺中，碳效率是决定因素。因此，与生物质相比，天然气很可能是更清洁的能源。虽然前者是可再生能源，但仍需要消耗除了太阳能之外的能源。另外，在FT工厂的设计中还必须考虑用水管理、废水处理技术、固体废物和空气质量管理以及能源足迹等因素。

15.1 引言

当设计第一个工业化FT装置时，并没有过多关注于工厂的环境影响。例如，在当时，固体废物允许堆放在垃圾堆中，污水允许直接排放到河流中，废气也允许直接从烟道排放。这些做法与当时的工业现状是相符的。但从那以后，环境法规已经开始变得更加严格，人们已经开始意识到环境可持续性的重要性。

为了减轻传统FT工艺对环境的污染，旧式的FT装置经过了一系列的改进和修改。解决方案的设计是漫长而艰辛的[1~3]。1955年，采用德国和美国FT技术的煤液化设备——Sasol 1工厂投产运行。在此工艺中，通过鲁奇(Lurgi)干燥移动床煤气化系统产生的原料合成气，经低温甲醇吸收装置净化，以去除其中的CO_2和含硫化合物。此净化过程排放到大气中的废气主要成分为CO_2，同时含1.5%的H_2S气体，排放量达到$5.4\times10^4m^3/h$(在标准状况下约折合1t H_2S/h)[1]。1973年，在上述工艺的基础上，开始建造斯特福德(Stretford)单元，试图将废气中的H_2S转变成硫单质，但此装置并没有完全运行成功[2]。后来，为了解决H_2S的排放问题，曾开展了半工业性试验[3]。直到2004年，改进后的Sasol 1工厂成功地将天然气转化为了天然气合成油(GTL)，同时也解决了H_2S的排放问题。

在工艺流程的概念设计阶段，就必须力求环境足迹达到最小值。如果可以在源头避免废水的产生，则不需要后续的废水处理流程。这种理念与更安全和更清洁的工艺设计原则在许多方面都是相似的。但在实际生产中，通常不可能通过工艺设计完全消除废水的产生，因此必须寻求废水产量最小和无害化废水产量最高的工艺。

在上世纪70年代末和80年代初，包括费-托合成在内的合成燃料有关的文献，开始更多地关注于环境和健康问题[4~7]。其中，许多研究与应对1973年“石油危机”的煤转化技术有关。由于煤中含有大量的杂环原子和微量元素，使煤的转化极具挑战性。20世纪90年代以来，由于煤、生物质、页岩油以及有机废物等固体碳源的成分较复杂，所有新兴的工业化FT设备都是以天然气为原料设计的。尽管从GTL这一点而言，天然气是一种极具吸引力的原料，但在许多地方它已被作为非常理想的能源载体(例如用于加热)，而且气液转化是没有必要的甚至可能是一种浪费。正是因为天然气之外的潜在碳源，FT工艺的环境可持续性不容忽视。

水和CO_2是研究FT工艺环境可持续性的核心。水和CO_2均是稳定的化合物，它们会强烈影响碳转化的热力学过程。为了得到FT反应所需的合成气，碳源和水都是必不可少的(第2章)。FT反应涉及烃(HC)的合成($CO+2H_2 \rightarrow -CH_2- + H_2O$)，而水在FT反应中扮演着很重要的角色。除了反应过程中消耗和产生的水以外，水也是冷却和蒸汽产生的关键公用介质。同时，在生产合成气和FT反应过程中还会伴随大量的热量传递，而水和能量供应从根本上是相互关联的。因此，对于任何FT装置而言，水都是至关重要的因素[8]。

同样，CO_2既参与反应过程，同时也是反应过程的排放物。CO_2的产生是反应过程中能量需求和H-C平衡的必然结果，大约三分之二的碳最终转化为CO_2[9]。根据热力学第二定律，即使是在理想过程中，输入的能源也不可能全部转化为功。碳能源来源于燃烧反应($C+O_2 \rightarrow CO_2$+能源)，所以FT过程的能源消耗可用CO_2排放量来表示。同时，化学计量法表明，FT反应中需要按照1∶4的比例输入碳和氢。

可持续发展的一个重要方面不仅在于环境影响，还在于可持续运行的能力。联合国关于可持续发展的报告解释称[10]：环境可持续的FT工艺是一个既满足当前需求，同时又不损害子孙后代满足其自身需要的过程。过去的许多做法是不可持续的。未来几代人将如何判断我们目前的设计及其对环境的影响？现在和未来的FT工艺的设计者们必须对碳和水节约使用。

15.2 FT装置对环境影响

任何过程的生命周期评价都必须考虑此过程的上游和下游以及第13章提到的催化剂的影响。上游环境影响评价需要考虑生产原材料所需的资源。生产单位原材料所消耗的资源量是衡量上游环境影响的重要度量标准，是整个系统的环境因子(E=废物质量/产品质量)[12]。从上游环境影响评价可以发现过程中不易发现的环境消耗，对过程的可持续性或不可持续性提供有价值的见解。下游环境影响评价更多的关注过程的排放物对当地环境产生的直接影响。这种基于排放物的评价在FT装置的讨论中更为常见。

生物质能(生物燃料)作为可再生资源受到越来越多的关注，因为大部分的生物燃料都来源于农业生产和农林废弃物。上游环境影响评价表明，尽管生物质是可再生资源，但它的生产过程却并非如此。农业生产需要的是碳和能源密集型产品，而播种、照料、灌溉和收割等工序都依赖于原油衍生燃料。同时，肥料可以使河流水体富营养化，从而导致类似墨西哥湾“死亡地带”等灾害。此外，生物质能的生产会与粮食生产争夺有限的土地。

15.2.1 上游环境影响评价

通过对FT装置进行质量和能量衡算，可以识别装置中的关键输入流。这些输入需要溯其本源，以评估上游影响。影响主要来源于两个方面：原料本身和获取原料的过程。正如Hoffman[13]所说：“文明的存在和繁荣必然与资源的消耗和可利用度有关，而文明的经济与这些资源的利用方式和分布特点有关。”

由于化石燃料是不可再生的资源，FT装置一个重要的上游影响是减少了此类原料的未来可用性。即使是生物质和废弃物等可再生和半可再生原料，也不是无限可持续的。事实上，许多与生物质原料相关的环境问题都是上游的环境影响[14]。消耗碳基资源造成的环境影响必须由FT装置产生的效益来弥补。

据估计，全球每年通过光合作用固定的二氧化碳为$1500\times10^8\sim2000\times10^8$t[13]。假设每年有1%的生物质可以在不破坏生态系统的情况下被获取利用，那么每年大约有$15\times10^8\sim20\times10^8$t的生物质可以作为原料(目前每年的原油产量约为$50\times10^8$t)。

对于合成燃料的生产来说，需要额外的氢来满足FT合成，因此水的获取是至关重要的。例如，制氢过程就是如此。然而，在FT装置中大部分的水都用于公用工程。最初的Sasol 1 CTL(详见第5章)装置生产每立方合成燃料需要消耗超过10m^3的水[15]。这在Sasol 2和Sasol 3 CTL装置(详见第5章)的设计中被减少到大约8m^3[16]。大部分的水被用作循环冷却水，小部分水用于满足CTL转换的化学计量关系。若只考虑反应前后的质量守恒，在CTL装置中生产每立方合成燃料仅需要消耗2~3m^3水[4]。由于乙烷有很高的氢碳比，因此乙烷液化过程的水消耗率较低。若以天然气作为合成气的原料，FT转换过程则会产生富余的水，这可以用于补充公用工程的蒸发损耗。

与碳物料和水相比，FT装置中的其他输入流，诸如催化剂、化学品和中和剂等是很小的。但是，进行整个系统的环境影响评价时依然要考虑进去。

原料的生产技术，无论是煤炭的开采、生物质的获取，还是天然气的勘探和挖掘，都影响着与此类原料的环境成本。与原材料的生产相关的自然过程和技术过程都存在不可避免的损失(见表15.1)[17]。同时，还应该考虑原料经FT装置转化后是否能生产出有价值的产品。这应该视情况判断，因为原料的来源很少与最终产品的用处一致。例如，如果通过管道为室内供暖提供天然气，直接使用可能比它发电或经FT转换产生的液体燃料更好。然而，我们必须始终考虑能源的使用对象，如果终端用户是汽车或公共汽车司机等，需要使用柴油或汽油运行引擎，那么就没有必要用管道运输天然气。

表15.1 在煤炭清洗过程中，煤的损失是原料生产的上游影响的一个例子，但这并没有反映在FT装置煤液化装置的质量衡算上①

国 家	煤的洗选产率/(kg/kg原煤)			环境因子(*E*=废物质量/产品质量)
	洗末煤	洗中煤	废弃物	
澳大利亚	0.72	0.01	0.27	0.36
加拿大	0.74		0.26	0.35
法 国	0.52	0.07	0.41	0.69
德 国	0.51	0.06	0.43	0.74
印 度	0.70	0.23	0.07	0.07
日 本	0.57	0.14	0.29	0.42
波 兰	0.64	0.09	0.27	0.38
罗马尼亚	0.53	0.26	0.21	0.27
南非②	0.73		0.23	0.32
英 国	0.70		0.30	0.43
美 国	0.73		0.27	0.37

① 回收率的不同之处在于每个国家的技术和煤炭的特性。

② 参考文献中没用公开质量平衡。

15.2.2 下游环境影响评价

间接液化的碳效率相当低，大约只有三分之一的碳最终会转化为有用的产品[9]。因此，从FT装置中流出的污水是相当可观的。污水的下游影响取决于装置的污染处理措施以及污水性质。除了那些来自FT装置本身的污水外，生产合成气的污水性质与所用的原料有很大的关系。同时，FT炼制厂设计的具体细节以及合成油升级重整的程度也同样会产生下游环境影响[18]。

普通废水的产生与FT流程和生产合成气的公用设备有直接关联。工艺所产生的主要废弃物是废水(详见第15.3节)和二氧化碳(详见第15.5节)，二者都是合成气生产和FT合成过程中化学计量和能源需求的产物。催化剂(第15.4节)的使用同样会带来末端污染物。若要进行完整详尽的下游环境影响评价，一些微弱的环境影响也应该被考虑在内，例如噪音、热损失(包括热污染和微气候)以及设备损耗等。

另外，所使用的原料也同样影响废水的产生。在合成气的产生和清洁过程中，原料中除C、H、O之外的所有元素都会被去除。产生的污染物主要是含硫化合物、含氮化合物、微量重金属(如汞和砷等)、固体废弃物(如飞灰、尾矿石、盐分等)和有机废物(如焦油和沥青等)。煤的使用会带来大量的污染物，此过程中杂质和废水的处理已被广泛地讨论[4~7]。其中，一些废水是可利用的，例如可以从煤焦油和氨水中提炼一些化工产品。

正如第4章和第14章所描述的那样，将FT合成原油转化为有用的产品之前需要进一步的炼制。此过程所产生的废水的性质和数量取决于FT合成气的循环过程的设计，特别是合成原油的分离工艺，因为分离后的合成原油会被送到炼制设备(详见第5章和第15.6节)。

15.3 水资源和废水的管理

FT装置中需要大量的循环水和消耗用水，是水资源密集型场所。使用天然气作为原料的FT装置，可通过提供副产物水和蒸汽，促进周边地区的发展[9]。然而，大多数FT装置都是水的净消费者。水处理具有重要意义，原因有三：首先，水是FT反应的主要产物；其次，水是合成气生产中的重要试剂，因为富碳原料的气化过程中大多数的氢均来自水；同时，水还可被用作公用设备，例如用水进行蒸汽冷却，以消除FT合成的反应热。

为了解决水资源的可持续性问题，水务部门目前正在研究社区和企业的生产链如何影响水系统的问题。整个XTL过程(第2.2节)是水资源密集型的，水流量很大而且需要大量循环流。“水足迹(water footprint)”等有效工具的使用，已经推动了新标准的制定。在有关FT技术的文献中，除了Probstein和Gold的著作，污水处理部分受到的关注微乎其微[20]。这是极大的疏忽，忽视了文献中所提到的用于水的收集、处理和运输的能量。

迄今为止，所有商业化的FT装置都是在碳原料的集中地附近进行规划和建设的。除非当地水资源十分丰富，否则就需要当地乃至全国层面的规划，以便为FT装置提供相关的水资源供应[21]。以中东地区的GTL发展为例，那里的淡水资源相当有限，此地区不仅干旱少雨，同时人口的大量增长和工业化进程的加快，让此地淡水资源的供应雪上加霜。大部分中东地区的淡水资源来自于海水淡化，因此必须考虑到其环境影响。一般来说，海水淡化的能源需求比废水再利用要高出2~3倍。而且，海水淡化工艺的废水排放量几乎是废水处理的两倍，能量输入约为0.5~1(kW·h)/m^3(1kW·h约等于3.6MJ)[22]。更有效地利用现有水资源或减少水的消耗，最终将会对“碳足迹(carbon footprint)”产生有益的影响。

在水资源受限地区进行FT装置的设计时，水资源管理可以采取两种形式。首先，工艺冷却可以通过其他方式进行，而不是传统的水冷。空冷和海水冷却是两种可供考虑的选择。其次，生水的选择是FT装置长远成功的关键。淡水资源并不总是最经济的选择，一些需要考虑的问题如下：

① 可靠的供给。从长远来看，利用本地资源必须得到当地社区的支持。淡水资源会受季节变化的影响，因此必须保证在旱季淡水资源不会成为工厂运行的瓶颈。

② 水质。水的质量越差，其使用的成本就越高。淡水资源并不总是比海水淡化要

便宜。

③ 处理后的废水的排放。能否正确处理净化后的废水，关乎经济和环境成本。虽然对于内陆的装置来说这个问题更显著，但即使是在沿海地区，净化后的废水也不能直接排海。

④ 未来的修复和责任。兼顾当前和未来的责任，合理利用公共资源。

⑤ 离水源的距离。

15.3.1 FT装置中水的产生

水是FT合成的主要产物，它与被转换的CO是等摩尔比产生的。每生产1t碳氢化合物，就会产生超过1.2t的水。这种水是酸性的，且具有很强的腐蚀。产物水经炼制可以回收其中溶解的含氧化合物，但羧酸的回收更具有挑战性[18]。

合成气的生产是另一个潜在水源，尽管不是水的净来源。生产技术和原料决定了所产生的水的数量和质量。在GTL项目中，水产生于天然气提取过程；在BTL项目中，水来源于原料生物质；在CTL项目中，水主要来自采矿或煤气化过程。其他更多的废水来源与下游的炼制单元有关，例如，任何涉及含氧烃转化的过程都会有水的产生。

尽管在FT过程中产生了大量的水，但冷却过程消耗的水更多。因此，FT装置可以设计为零液体排放 (ZLED)，但仍需要补充外部水源，因为蒸发冷却过程所需要的水多于装置所产生的水[16]。在Sasol 2工厂的煤液化工艺中，净耗水率大约为8m^3/(m^{3}烃类产物)[21]。

15.3.2 水的数量和质量

FT工艺中水最重要的输出点是产物水。水的数量和质量取决于FT技术以及气罐中合成原油分离系统的设计。在分离过程中，分离每立方米的液态烃会生成约1.2～1.4m^{3}的产物水。反应水中含有的溶解性有机物主要包括轻质醇、醛、酮、酯和羧酸(见表15.2)[20]。在各反应器内，这些化合物的浓度随着相对分子质量的增加而减少。同时，产物水中还含有来自反应器的微量金属元素。虽然这种水的含盐量很低，但它的化学需氧量(COD)很高。产物水的一个特点是：它的成分已知且相对恒定，这与水质不稳定且污染物多样的典型污水有很大的不同。

表15.2 不同FT设备中反应水的一般成分 %

化合物①	Fe-HTFT	Fe-LTFT	Co-LTFT
非酸性含氧化合物	4.47	3.57	1.00
羧 酸	1.41	0.71	0.09
碳氢化合物	0.02	0.02	0.02
水	94.11	95.70	98.89

① 无机物含量小于0.005%。

FT工艺中另一个重要的水输出源是用于合成气冷却的冷凝水。在相同的条件下，冷却每立方米天然气大约需要冷却水0.8～1m^3。在甲烷重整过程中，会产生高品质的产物水。不同的固态原料气化技术对水和蒸汽的需求有很大差别，因此导致在合成气冷却时所需冷凝水的量也不相同[23]。当以天然气作为原料时，可以避免合成气净化单元的碱洗废液或来自BTL和CTL装置中的特定废水，此类废水中含有氨、氰化氢、酚类以及有毒重金属等污染物。这些蒸汽的需求量约为0.3～0.6m^3/(m^{3}烃)。

在特定的气候条件下，冷却塔也是FT工艺必不可少的单元操作，它也是水的重要输出源，其产量大约为0.3～0.7m^3/(m^{3}烃)。此类水可能会含有一定量的缓蚀阻垢剂和氯。此外，在XTL构筑物中，公用单元需要对来水进行淡化脱盐以生产蒸汽，此过程产生的副产物浓缩盐水需要妥善管理。对于此类含盐废水建议蒸发处理并妥善处理后续固体废物。在CTL装置中，可将盐分与气化过程的灰分联合处理[24]。公用工程、卫生用水以及地面和洗舱水同样使用大量水，用量大约为0.2～0.5m^3/(m^{3}烃)。

除上述各处水的输出源以外，装置还需要输入大量的清洁淡水以供公用工程所需，主要用于冷凝塔和合成气冷却。这种水的水质要求是没有悬浮固体和结垢成分。装置的进水大部分用于生产锅炉供给水，此过程需要完全去除悬浮物、无机物和离子。同时，另外一小部分进水用于提供厂区内的饮用水和消防用水。

整体上，进出水平衡可以用净输入水量表示，传统的GTL工艺的净输入水量至少为0.02m^3/(m^{3}烃)。对CTL工艺而言，净输入水量要高得多。在GTL工艺设计中，如果利用处理装置使反应水作为工艺用水循环利用，则进出水接近平衡，净输入水量小于0.01m^3/(m^{3}烃)。

15.3.3 水管理的方法

水处理系统是FT工艺的重要组成部分。它使设备内部的水可以循环使用，例如在合成单元的循环冷却用水。同时，水处理系统还可以在装置外处理水，并为其他用途提供用水，如灌溉或饮用水。对于具有具体项目要求的设备，水处理系统作为最佳的可用技术可以表现出不同的功能。没有万能的最佳解决方案，技术选择必须适应该地区的地理位置和工业化程度。例如，在气候寒冷的地区，冷却水的需求减少，因此可能没有必要设置冷却塔。此外，即使是利用相同方法设计和建造的工厂，在不同的地区也可能表现出不同的效率和输出力，这是由于当地条件和业务重点的差异。在适用的情况下，要尽量借助当地现有工厂和其他工业装置的协同作用。

从早期的“排水(water discharge)”法到“零液体排放(zero liquid effluent discharge)”法，再到最近的“水措施”法，水管理方法是在实践中不断发展的。

如图15.1所示，在“排水”法中，反应水和其他水经处理并满足标准地表水或灌溉水排放要求后排放。Sasol 1号装置就是这类设计的一个典型。水处理通常需要使用化学药品，并产生必须处置的污泥。在BTL设计中，生物质生产需要能量，丰富的阳光和大量水。从这个角度看，灌溉用水就显得极具价值。

在“零液体排放”法中(见图15.2)，水是经处理后循环利用的。公用工程系统是厂区用水大户，处理后的水一部分可以用来补充厂区公用工程系统的用水需求。蒸发和结晶单元中会排放有机污染物和浓缩盐溶液。同时，蒸发过程中会损失部分水。

这种方法可以使系统的整体排放量降到非常低的水平。该方法已应用于均采用ZLED设计[16]的Sasol 2和Sasol 3 CTL装置的设计中。Pearl GTL设备中也采用了ZLED设计(详见15.3.5节)。

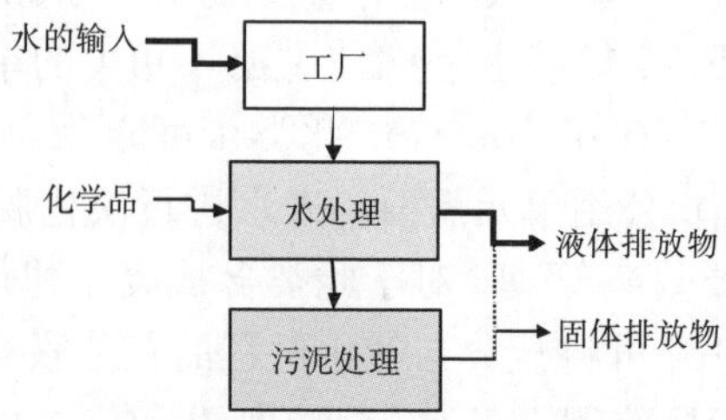

图15.1 水管理方法中的“排水”法

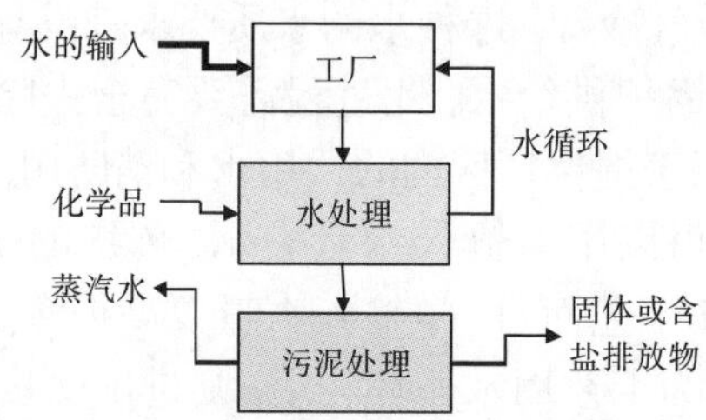

图15.2 水管理方法中的“零液体排放”法

“水措施(water valorization)”法是(见图15.3)把排水与ZLED设计相结合，以实现更可持续的水管理战略目标。废水经过处理后，一部分在系统中循环利用，另一部分被回收利用。而且，经过适当的净化步骤后，一些水也用于工厂外部装置。总体来说，“水措施”法的策略是减少新鲜淡水的投入，并通过这种方式将水处理的强度降低到最低限度。因此，此方法有利也有弊，需要具体权衡。在这种复杂程度较高的工程中，需要花费额外的资金引进昂贵的技术，但好处是可以将固体废物的排放量和化学品的输入量降至最少。

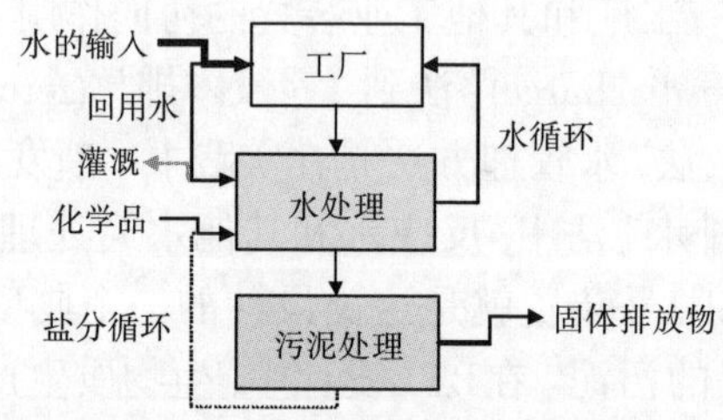

图15.3 水管理方法中的“水措施”法

15.3.4 水处理技术

水处理系统通常包括生物处理单元，在此单元之前可以进行汽提或蒸馏，以分离挥发性较高的化合物。残留在水中的有机化合物主要是羧酸，这种水也被称为酸性水。生物处理后的水通常需要进行进一步的净化，以去除固体悬浮物和残留盐分。

废水中的大部分COD都来自醇类化合物，但是这种水可以利用厌氧生物法成功地处理[25]。同时，也可以利用厌氧和好氧结合的方法进行处理。当利用生物法处理水时，其中所含的有机化合物会被降解为CH_4、CO_2和H_2O，所添加的化学物质会导致污泥的产生。目前，关于厌氧消化法处理富含酒精的废水[26]和含酸废水[27]的研究讨论已在文献中出现。

随着废水中残留含氧化合物的增加，整个循环系统中的碳损失也会随之增加。因此，需要在生物处理之前通过蒸馏或汽提去除非酸化学物质。回收的非酸化学品可以进一步炼制成最终产品，或者可以通过各种方式回收，从而进入FT炼制或气体循环系统[18]。为了进一步减少碳足迹，酸性水的厌氧生物处理过程中可以回收甲烷，以达到回收水中少量碳的目的。这种方法已经在PetroSA GTL装置中上取得了工业化的成功。

水中羧酸的回收也可以被认为是有氧或厌氧生物处理的替代方法。在填充床萃取器中使用轻质溶剂进行的液–液萃取过程，可以用于回收残留的羧酸。但由于实际操作和经济的原因，这种技术仅仅进入试验阶段，并没有被商业化[18]。也有人提出用其他化学方法分离残留的羧酸，例如通过电渗析降低FT酸性废水中的羧酸浓度，可以达到30%的电流效率(能量成本为4MJ/kg)[22]。现阶段，寻求从低浓度的水溶液中回收羧酸的有效方法仍然是一个挑战。

化合物本身的物化性质决定了其最佳的分离或纯化技术。一些公司已经申请了水处理方案的有关专利，其中一些专利已经进入审查阶段[28]。尽管水处理的方法和理念多种多样，但大多数水处理技术都包括从酸性废水中分离非酸性化学品的分离步骤、对非酸性化学品的合理利用和处理酸性废水等程序。埃尼集团(Eni)水处理技术就是应用了上述基本原理。

埃尼集团(Eni)开发了基于三个主要单元操作的水处理方案：从反应水中分离挥发性化合物(醇)的汽提塔；对残余化合物(羧酸)进行生物降解的生物处理单元；用于废水回用和醇回收转化为合成气的饱和器(见图15.4)。其中，生物处理单元根据当地地表水质量排放要求或灌溉用水的水质标准，利用厌氧和好氧对废水进行相应的处理。

另外，埃尼集团还开发了厂区中水完全回用的零排放的设计方案(见图15.5)。如图15.5所示，在厌氧生物处理中，微生物将溶解性有机物转化为沼气，经膜处理单元处理后的高质量中水，可以作为工艺用水再利用，或者可以用于蒸汽循化用水。附加单元，即电渗析单元，可用于化学品的回收再利用、盐水浓缩和污泥的减量化。

15.3.5 基准技术：Pearl GTL的水处理技术

由卡塔尔石油公司(Qatar Petroleum)和荷兰皇家壳牌公司(Royal Dutch Shell)开发的Pearl GTL工艺是卡塔尔最大的能源项目，也是世界上最大的GTL工业化项目。该装置于2011年投产运行，目前代表了基于FT原理的GTL装置水处理领域的基准技术。Pearl GTL设计中的水的处理流程如图15.6所示[29]。水的净化程度极高，净化后的水可以用于浇灌植物，使厂区内无需新鲜淡水投入。对水循环流程的优化管理是Pearl GTL

工艺中的一项重要课题，它的目标是废水零排放。大部分的水都是通过蒸发冷却后作为蒸汽系统的锅炉给水。在空气分离单元(ASU)中，有8000m^3/h的此类水用于产生蒸汽，驱动8个空气压缩机和其他蒸汽驱动设备。一些水也被用于厂区绿化，灌溉厂区植物。厂区的水处理能力为1800m^3/h(相当于1600×10^4t/a)，与一个拥有14万人口的城市的污水处理厂的处理能力相当[30]。废水经过超滤(UF)和反渗透(RO)处理，而污泥则通过蒸发和再晶化处理。厂区内设有海水淡化装置，处理能力约为300m^3/h。该装置是一种多效蒸馏(MED)海水淡化装置，配有一个热蒸汽压缩机和6个蒸发单元[31]。

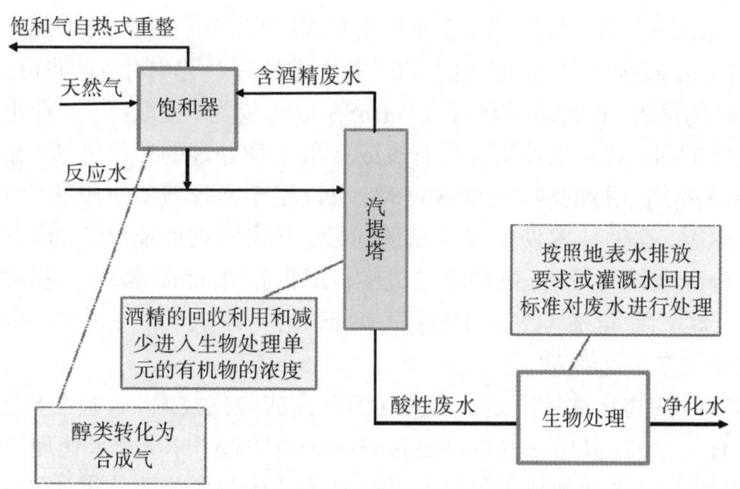

图15.4 埃尼集团GTL工艺中水处理方案

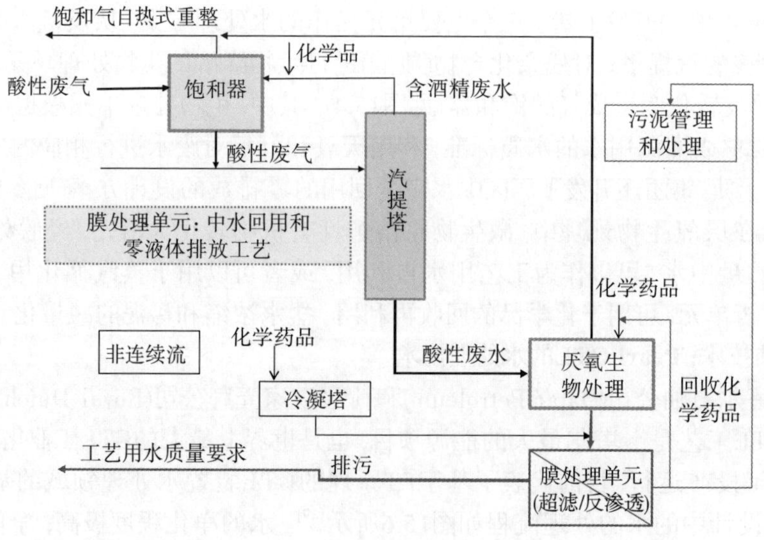

图15.5 埃尼集团GTL工艺中的“零液体排放”水处理方案

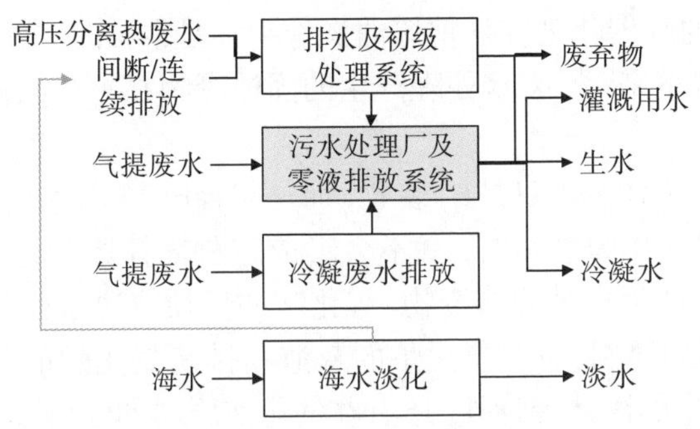

图15.6 Pearl GTL 装置中的水处理流程

15.3.6 在CTL中减少水足迹的前景展望

目前,中国是世界上推广CTL技术工业化最积极的国家。正如大多数地方一样,中国也是一个缺乏淡水的国家。基于FT合成的CTL技术的"水足迹"是巨大的。因此,对CTL节水策略的系统开发是中科合成油技术有限公司(Synfuels China)开发CTL技术的重要组成部分。在实际开发中,我们要综合考虑我们所探索的机遇以及它们对CTL装置的整体水足迹的影响。

在"高温浆态床费托合成工艺(HTSFTP®)"示范项目中,空冷器用于冷却蒸汽涡轮机排出的蒸汽、FT气体回路中的循环气体以及多数下游节点。这一设计的耗水量大约为12t水/t油,据估计,该耗水量可以减少到大约10t水/t油(8m^{3}水/m^{3}油)。这与Sasol等大型工业化CTL装置有些相似。

其中一种策略是采用闭式水冷系统和空冷系统,使空气分离装置中的压缩机处于中间冷却状态。据估计,若避免采用蒸发冷却的方式来冷却,可以节约2t水/t油。然而,足够和可靠的冷却对ASU的性能至关重要,在采用空气分离技术之前,对冷却设计的修改需要得到空气分离技术供应商的充分理解和接受。

为了进一步减少CTL工厂的耗水量,中科合成油已经提出了一种策略:采用单独的冷却单元将冷却水的温度降低到30℃。它利用由CTL过程产生的低压力蒸汽所驱动的吸附冷却系统。吸附装置排出的废热通过空气冷却而消散。该闭路水冷系统避免了冷却水的蒸发损失,从而大大降低了耗水量。对若干大型CTL工程进行质量和能量守恒分析可知,从该过程中回收的低品质热量(蒸汽压力为200~500kPa)可以为闭式循环冷却水的生产提供足够的能量,从而填补了标准CTL装置蒸发冷却能力的50%~70%。直接生产闭式循环冷却水的成本更高,而且据估计,将蒸发冷却改为50%~70%的闭环冷却循环将使整个系统的耗资增加2%。然而,CTL装置的耗水量可以降低到3~4t水/t油(2~3m^{3}水/m^{3}油)。除了节约用水之外,还有一些操作上的好处。例如,积垢和腐蚀现象的削弱可以减少与热交换器相关的维护保养工作。

15.4 固体废弃物管理

FT装置的质量平衡表明了各种固体废物的来源,其中许多来源并不是FT装置所特有的。例如，炼厂的废催化剂在任何炼油操作中都是常见的，并且废催化剂的回收和处理过程也会被记录下来[32]。废水处理产生的固体废物在一般废水处理中也是同样常见的(第15.3节)。

固体废物的主要来源并不只是FT装置，而是与合成气生成相关的气化过程所产生的固体残渣。当天然气作为进料时，就不会形成这种固体废物，然而在使用生物质或煤等固体进料时就会产生这种固体废物。气化灰的性质取决于原料组成和气化技术。因此，即使使用相同的原料，干灰气化炉的灰渣和排渣气化炉的灰渣也会有不同的性质。除了气化过程产生的固体废物外，还有在气化前原料的固体废物(见表15.1)。

FT所特有的固体废物类型是废FT催化剂。基本上有两种工业上用来催化FT的金属：铁和钴(见第8章、第9章和第13章)。

① 暴露在环境中的铁FT催化剂在许多方面与铁矿石相似，并且废催化剂一般认为并不危险。由于未卸载的FT催化剂被重的合成原油覆盖并且可能自燃[20]，因此在处理这些材料时必须小心。在LTFT合成中，用过的催化剂被蜡覆盖；在HTFT合成的情况下，催化剂孔充满蜡质芳香油。由于合成原油覆盖在催化剂上，使它们具有一定的热值，因此通过燃煤锅炉处理催化剂具有两个优点：能够充分地利用相关的碳氢化合物，并用煤灰稀释废铁催化剂材料。无论处理这种材料的最实际的方法是什么，处置都不会造成重大的环境问题。在某些司法管辖区，填埋是一种很好的选择[33]。由于制备铁FT催化剂的起始材料是氧化铁，所以材料的回收理论上是可能的，但是回收利用认为是划算的。氧化铁具有较低的价值，因此使得进行废物处理比循环使用在经济上更具有吸引力。

② 与铁基FT催化剂不同，钴基FT催化剂对环境有潜在的危害[33]，不能选择填埋方式进行处理。钴金属回收不仅仅是环境的需要，同时在经济上也是可取的。钴比铁更昂贵，用过的20% Co-LTFT催化剂的价值约为10美元/kg[34]。此外，一些工业Co-LTFT催化剂含有0.05%的Pt，这些Pt的价值要高于废催化剂价值的两倍。另外一个必须要考虑的就是金属供应的可持续性。对于500×10^4t/a(10×10^4bbl/d)的等效Co-LTFT催化剂的生产，约需要500t钴。这将占了全球年钴产量(约4.5×10^4t)的大部分[34]。因此回收钴是非常重要的。

15.5 空气质量管理

来自FT装置的气态污染物可以大致分为三类。首先，第一类废气是与合成气的生产和清洁有关的非水-气变换反应(non-WGSR)气体，这些气体主要含有硫、氮气体和未被转化的碳氢化合物。此类污染物的性质和浓度是由生产合成气的原料和技术所决定的。有相当多的文献都是关于净化此类废气的研究[35]。第二类废气是在FT装置气体循环中，与合成气的生产和调质有关的WGSR气体，主要包括H_2、CO、CO_2和H_2O。其中，只有CO_2是一种气态污染物(详见15.5.1节和15.5.2节)。第三类废气是产生于炼制过程中的包括CO_2在内的废气。FT的炼制在某些重要方面与原油的炼制不同，据称，FT炼制过程比原油的炼制更加清洁环保。

15.5.1 FT装置的CO_2足迹

FT装置的CO_2排放量是根据其碳效率而不是根据能源效率计算的。对于一个CTL装置而言，CO_2排放量约为6～7kg/(kg碳氢化合物产品)；而对于一个GTL装置而言，约为3～4kg/(kg碳氢化合物产品)。CTL和GTL之间的CO_2排放量的差异与FT技术无关，而是与原料的氢含量有关。

人们有时会误以为，钴基催化的FT工艺的CO_2排放量比铁基催化的FT工艺要小，因为在FT的合成过程中，它产生的CO_2较少。钴确实有非常低的水-气变换活性，因此它不会产生大量的CO_2，但同样的，它也不能消耗大量的二氧化碳。从全过程的质量平衡来看，包括合成气的生产和FT气体循环过程，所有FT技术的CO_2足迹都非常相似。从排放的角度来看，CO_2足迹是无形的，因为在整个过程既会产生CO_2，也有可能消耗CO_2(15.5.2节)。在合成气的生产、调质和FT合成过程中产生的CO_2的总和是平衡的。

基于FT原理的设备的CO_2足迹是间接液化技术的固有特性。它是由整个过程的质量和能量平衡决定的：

① 质量平衡要求规定FT反应必须满足化学计量学上的比例。这意味着，对于理想的FT碳氢化合物合成过程，合成气中H_2/CO比将等于2∶1，即氢碳比为4∶1。除了甲烷以外，其他大多数碳基原料的氢碳比都较低(见表15.3)。氢的不足可以通过加氢或去碳来实现。在实际生产中，由WGSR(第2.3节)实现。一些可利用的碳(如CO)被转化为CO_2，而H_2是由所加入的水产生的。值得注意的是，这不是理论氢碳比，而是可以决定原料的CO_2足迹的有效氢碳比。氧、氮和硫等杂原子，都会被氢化而消除，降低了所生成的合成气的有效氢碳比。生物质具有较高的理论氢碳比，同时具有非常低的有效氢碳比(见表15.3)。因此，CO_2足迹由低到高依次是：GTL<WTL<CTL<BTL。

② 能量平衡要求可分为直接能源需求(热力学第一定律)和用来做有用功的能量(热力学第二定律)。气化和重整是吸热过程，需要能量输入。这种能量需求可以用燃烧并提供能量的进料多少来量化。进料燃烧产生CO_2，但根据能量平衡可知部分CO_2的足迹与间接液化的关系密切。同样，进料在决定二氧化碳足迹方面起着关键作用。当进料具有高效的氢碳比时，氢的燃烧可以提供大部分能量，同时产生水，从而降低了生产单位能量所产生的CO_2足迹(见表15.4)。FT合成过程是放热的，可以用来抵消部分能源需求，但为了维持设备的正常运行，依然需要净能源需求。

综上，FT技术本身对CO_2足迹的影响似乎并不大。但这并不是完全正确的。与质量平衡和能源平衡要求相比，虽然FT技术本身的影响较小，但也不应被低估。尽管设计精良的FT装置无法减少由质量和能源平衡所决定的二氧化碳排放量，但设计欠佳的装置却会显著增加装置本身的二氧化碳足迹。生产合成气的技术和气体循环回路的设计必须与FT技术相匹配，以最大限度地减少循环气的碳损失。合成气的任何衍生产品最终都不会成为最终的有用产品，因此它们的二氧化碳足迹会非常高。

前面的讨论还假设了以计算化学计量比例为基础的“理想”烃类的FT合成。但FT转换过程并不会生成理想烃类(第4章)，FT技术决定了合成过程的化学计量比例，通过化学计量比例可以进一步影响二氧化碳足迹。通过降低产品的氢碳比，可以间接降低二氧化碳足迹。与LTFT合成的产品相比，HTFT合成的产品具有更低的氢碳比，因此两者的化学计量比例要求是不同的。这一原理可以推广到FT催化剂的开发，若某种催化剂能生产出芳香性更高的产品，则其产品的氢碳比会比HTFT合成的产品更低。我们已经尝试了许多方法，包括Kolbel-Engelhardt合成[37]、Zeolift-FT合成[38, 39]以及在FT催化剂中附加脱氢功能[40]。

表15.3 以FT化学计量比例合成碳氢化合物时不同原料的CO_2足迹

原料	元素分析(矿物无灰基), %					氢碳比		CO_2足迹①/(kg CO_2/kg HC)
	C	H	N	S	O	理论值	实际值	
天然气②(贫气)	74.9	25.1	0	<0.1	0	4.00	4.00	0.00
天然气②(富气)	75.2	24.8	0	<0.1	0	3.94	3.94	0.03
油砂沥青(Athabasca)	83.1	10.6	0.5	4.9	0.9	1.52	1.44	2.34
市政垃圾	53.3	8.2	4.9	0.1	33.5	1.83	0.65	3.96
烟煤(Deseret)	78.4	6.3	1.6	0.7	13.1	0.95	0.64	3.99
烟煤(Pocahontas#3)	91.2	4.4	1.3	0.5	2.5	0.58	0.50	4.40
次烟煤(Wyodak)	75.0	5.4	1.1	0.5	18.0	0.85	0.45	4.56
烟煤(伊利诺斯州)	77.7	5.0	1.4	2.4	13.5	0.77	0.43	4.60
褐煤(Beulah-Zap)	73.0	4.8	1.2	0.7	20.3	0.79	0.32	4.97
褐煤(Bienfait)	68.2	5.0	1.2	0.9	24.6	0.87	0.27	5.14
次烟煤(Coal Valley)	72.0	4.6	1.1	0.9	21.4	0.76	0.26	5.18
褐煤(北达科他州)	69.9	4.6	1.0	1.4	23.2	0.78	0.23	5.30
生物质(柳枝稷)	50.1	6.1	0.9	0.1	42.8	0.45	0.12	5.75

① 理想条件下，费-托合成反应：$CO+2H_2 \rightarrow -(CH_2)- + H_2O$。

② 不含惰性气体的干燥的无伴生天然气，去除了C_{3+}的碳氢化合物。

表15.4不同有效氢碳比的原材料的CO_2足迹

有效氢碳比	单位能量的CO_2足迹①/(kg CO_2/GJ)
4	55
2	74
1	89
0.5	99
0.25	105
0	112

① 25℃下，甲烷和碳完全燃烧时的低位热值。

其他减少FT装置二氧化碳足迹的干预措施也是可行的。例如，采用核能等非碳能源为合成过程提供能量。当使用非碳能源时，可以避免消耗H_2和能量的生产过程中所必需的碳。

提高石油采收率(EOR)同样也可以减少二氧化碳足迹，此过程中产生的二氧化碳可以被捕获并隔离。尽管这些策略可能会成功地实施并减少碳基装置的二氧化碳足迹，但间接液化的基本原理不变。

在上述减少二氧化碳足迹的措施中，使用非碳能源的策略是相对独立的技术。非碳能源策略与FT技术没有任何协同作用。该策略同样可以用于减少发电过程或者电解水制氢过程中的二氧化碳足迹(详见第1章)。

15.5.2 CO_2是否可以作为未来的碳源

在FT的合成中，二氧化碳的转化是文献中反复出现的主题[41~46]。除了基于合成气的转化，还有其他的催化途径促进二氧化碳的直接转化[47]。既然基于铁基催化剂的FT合成能够转化富含二氧化碳的合成气，那么二氧化碳是否可以作为未来的可用碳源?

尽管在某些情况下，使用富含二氧化碳的合成气有其特定的位置优势，但使用二氧化碳代替CO作为FT的原料气并不会改变系统整体的质量平衡要求。只要WGSR有H_2产生，反应的化学计量就不会改变。即使二氧化碳是一种外部的碳源，但仍然需要提供氢气，而且反应过程中的能量需求也会显著增加。二氧化碳是一种非常稳定的分子，它不会对合成气的生产提供任何反应热。因此，尽管铁基催化剂能够催化二氧化碳的转化，但要想使它成为一种二氧化碳脱除技术，就必须使用非碳能源。

虽然迄今为止的最佳证据表明，二氧化碳在FT反应过程中的作用很微弱，但它无疑是WGSR中的关键因素(第2.3节)，同时也是催化合成气转化为甲醇(超过Cu和ZnO)的重要角色(6.2.3节)。

15.6 炼制过程的能量足迹

到目前为止，关于能量足迹的讨论主要集中在FT合成原油的生产上。尽管没有直接比较，但FT合成油的环境足迹可能要比原油开采大得多，后者的能量足迹可能仅与FT系统的原料(例如，煤炭开采或天然气生产)的生产过程相当。因此，人们可能会问：FT装置的环境可持续性优势是什么?

在FT工艺系统中，相关炼制设备的环境足迹较大，但它对环境排放的污染物却较少。FT合成油炼制的环境足迹比传统原油炼制要小得多，这凸显了FT合成油生产的优势[36]。因此，合成原油生产过程中的环境影响可以被炼制过程所获得的收益所弥补。

与原油炼制相比，FT炼制具有环境可持续性优势。不同的原油，其炼制过程也不同，而随着时间的推移，传统原油的成分发生了变化，这些原油变得越来越重，硫分也越来越重。对此类原油的炼制的设计不再那么容易了。对此炼油厂可以做调整，但是这样的调整往往会影响产品的塔板数。原油作为原料，对产品的塔板有直接的影响，而当提炼较重的原油时，将无法获得原有的产品。这种情况在FT的装置中并不会发生，因为FT合成油的组成成分与原料并没有联系。即使原料的构成发生了实质性变化，FT的炼油厂也可以维持原有产品。

15.6.1 炼制厂的能量足迹

炼制过程的能源足迹与其二氧化碳足迹直接相关。能量通常以四种形式提供：蒸汽、燃料、电力和过程转换。前三个被认为是外部供给的能量，因为能量的来源是在工艺的外部。表15.5给出了一个典型的原油炼制厂中不同炼制单元的能耗的比较以及在整体能耗中的占比[48]。除了外部的能量供给之外，还有工艺内部的能量贡献，特别是在催化裂化和灵活焦化(但没有延迟焦化)过程中，焦炭没有被转化，而是被燃烧为系统提供了能量。用于驱动各项流循环运行的能量并没有在表15.5中反映出来。在一个现代化炼油厂中，催化裂化装置的二氧化碳排放量占整个炼油厂二氧化碳排放量的40%～45%[49]。

表15.5 美国西海岸原油炼制厂的能源消耗

工艺单元	能量供应①/(GJ/m^3)	单元耗能占比，%
常压蒸馏	1.29	40
真空蒸馏	0.70	11
流化床催化裂解	0.95	7②
脂肪族烷基化	4.66	5
异构化	1.53	2
石脑油催化重整	2.33	17
加氢裂解	1.76	8
延迟焦化	0.73	6
石脑油分离器	0.05	<1
粗柴油常压分离器	0.08	<1
石脑油脱硫	0.55	3
柴油脱硫	0.57	<1
焦化石脑油脱硫	0.56	<1

① 供应的能量消耗仅指外部能量的输入，不包括从原料中获得的能量。在源参考中提供了能量等效的蒸汽生产。能量等效的电能消耗以45%的转换效率计算，通常是总体能源消耗的一个很小的组成部分。

② 此过程中，大量的能量来自于焦炭燃烧，而这并没有体现在这个数字中。

在FT合成和原油炼制技术中，并没有通用的设计方案，但我们可以把各方案做一些比较。假定FT炼制工艺的设计是为了选择合适的技术来加工合成油[18, 50]。参考文献[51]对工业设计进行了评论。为了与原油炼制进行直接比较，很重要的一点是，仅能设计FT炼制工艺来生产合格的运输燃料。表15.6列出了炼制单元生产合格的燃料产品的能耗[52]。从这一分析中，我们可以发现一些出人意料的结果：

① 任何FT炼厂的设计，都需要真空蒸馏单元、脂肪族烷基化单元和延迟焦化单元。LTFT合成油工艺中，只需要真空蒸馏单元。“烷基化产物”是一种由链状烷烃(主要是异庚烷和异辛烷)组成的混合物，与合成原油不同[53]。它的辛烷值较高，可以避免采用传统的基于HF或H_2SO_4的烷基化单元。较重的产品质量都较高，由于不会产生任何废弃的焦炭，所以可以没有延迟焦化装置。

② 尽管所有的设计都需要常压蒸馏装置(ADU)，但在不同工艺中有显著的不同。在FT炼制厂设计中，ADU需要先经过炼制和预分离单元。它并不像原油炼制那样是炼厂必不可少的源头单元。在FT的炼制过程中，ADU只加工一小部分的合成原油，在某些

情况下，装置底部的切点温度较高，可以预加热进料，不需要锅炉提供热量。因此，FT ADU的能源需求比原油ADU的能源需求要低得多。

表15.6 不同燃油的生产工艺中炼制单元的组成

炼制单元	高温费–托合成(HTFT)			低温费–托合成(LTFT)		
	车用汽油	航空汽油	柴 油	车用汽油	航空汽油	柴 油
常压蒸馏①	有	有	有	有	有	有
流化床催化裂化	无	无	无	有	无	有
异构化	有	无	有	有	有	有
石脑油催化重整	有	有	有	有	有	有
加氢裂化	有	有	有	无	有	有
聚合反应	有	有	有	有	有	有
加氢处理	有	有	有	有	有	有
芳烃烷基化	有	无	有	有	无	无
醚 化	无	有	无	无	无	有
醇类脱水	有	有	无	无	无	无

① 蒸馏装置仅指在合成工艺中气体循环或前期炼制系统的预分离单元中的一小部分。

③ 只有一些LTFT炼油厂需要催化裂化单元为炼厂提供烯烃，进而生产出合格的燃料。

④ 在FT炼制工艺中出现的有些单元，在原油提炼过程却很少出现，例如低聚化单元、芳香化单元、醚化单元和乙醇脱水单元等。除乙醇脱水单元外，所有这些反应均是放热反应，且都是在小于200℃下的中温进行的。

⑤ FT炼厂的加氢过程与原油炼厂的目标产物不同，因此，需要的操作条件也不那么苛刻。而且，整个FT炼制过程都无需硫参与，这简化了后续的净化过程。原油炼制的一些其他单元，如石脑油的催化重整和异构化单元等，技术选择或操作方式是与众不同的[50]。例如，异构化单元可以在没有加热器且很少能量输入的情况下进行，因为烯烃的加氢反应会产生热量[54]。

⑥ 在液相产品的加工环节，FT炼制的“能源足迹(energy footprint)”比原油炼制更大，因为在油品的炼制工艺中没有两股等价的流。然而，由于在FT的合成中只产生很少量的水溶性产品，所以这并不是一个很重要的因素。

尽管这只是定性的对比，但我们依然可以得出：FT炼油厂的能源需求比原油炼厂的能源需求要少；而且，一个设计优良的FT炼厂的能耗和二氧化碳排放量将比一个类似规模的原油炼厂更小。

15.6.2 炼制过程的污染物和废弃物

接下来，对炼油装置的排放物和废物进行了类似FT合成过程的讨论，主要包括废水、固体废物和空气污染物三个方面。关于炼制排放物的讨论和研究十分广泛[48, 55]，所以这里讨论的重点是FT炼油厂与原油炼油厂的不同之处。

① 废水：FT的液相产品的炼制过程可以被看作是一个污水处理单元。该单元的出水水质比进水水质要好。FT的炼油环节所产生的水来自于合成原油中含氧化合物的转化。以这种方式产生的废水量是相当可观的，在HTFT的炼制中，废水产量约占产品产量的1.6%。这种废水是清洁的，但是根据炼制技术可知，废水中可能含有溶解氧。这种水可以直接送到污水处理(详见15.3节)，也可以进入FT液相产品的炼制单元。总体来说，合成油炼制废水与原油炼制废水的水质相差不大。

② 固体废物：除了用于合成油和原油炼制的催化剂之外，FT炼制产生的碳基固体废物更少，而在FT的背景下，碳损失是没有好处的，所以必须加以避免。但气化产物的再炼制过程情况会略有不同[18]。气化产物的产量通常不到总合成油产量的10%。

③ 空气污染：FT合成油的主要环境优势之一是无硫和无氮。除非在炼制过程中投加化学物质，否则FT炼制排放的气体产物仅包括WGSR气体、轻烃、含氧化合物和微粒物。因此，FT炼制过程的废气处理要比原油炼制简单得多。而且，FT合成油的首选炼制技术一般不需要投加化学添加剂[50]。需要指出的是，一些工业上的FT装置经常利用硫化的催化剂作为加氢和加氢裂化的催化剂。因此，就需要投加硫化添加剂(通常是二甲基二硫化物)到无硫的合成原油中，那么该工艺的废气净化就会类似于原油炼制的废气净化。同样，当热解气化产物与合成油一起进行二次炼制时，排出的废气中也会和原油炼制一样，必定含有含硫和含氮化合物。

参考文献

[1] Hoogendoorn, J.C. and Salomon, J.M. (1957) Sasol: World's largest oil-from-coal plant. Brit. Chem. Eng., 238-244.

[2] Collings, J. (2002) Mind over Matter. The Sasol Story: A Half-Century of Technological Innovation, Sasol, Johannesburg.

[3] Mashapa, T.N., Rademan, J.D., and Janse van Vuuren, M.J. (2007) Catalytic performance and deactivation of precipitated iron catalyst for selective oxidation of hydrogen sulfide to elemental sulfur in the waste gas streams from coal gasification. Ind. Eng. Chem. Res., 46, 6338-6344.

[4] Probstein, R.F. and Gold, H. (1978) Water in Synthetic Fuel Production: The Technology and Alternatives, MIT Press, Cambridge, MA.

[5] Cowser, K.E. and Richmond, C.R. (eds) (1980) Synthetic Fossil Fuel Technology: Potential Health and Environmental Effects, Ann Arbor Science Publishers, Ann Arbor.

[6] Nowacki, P. (ed.) (1980) Health Hazards and Pollution Control in Synthetic Liquid Fuel Conversion, Noyes Data Corporation, Park Ridge, NJ.

[7] Bentz, E.J., Jr. and Salmon, E.J. (1981) Synthetic Fuels Technology: Overview with Health and Environmental Impacts, Ann Arbor Science Publishers, Ann Arbor.

[8] Scown, C.D., Horvath, A., and McKone, T.E. (2011) Water footprint of U.S. transportation fuels. Environ. Sci. Technol., 45, 2541-2553.

[9] De Klerk, A. (2011) Indirect liquefaction carbon efficiency. ACS Symp. Ser., 1084, 215-235.

[10] Andrews, G.C. (2008) Canadian Professional Engineering and Geoscience: Practice and Ethics, 4th edn, Nelson Education, Toronto, pp. 359-386.

[11] Ulgiati, S., Raugei, M., and Bargigli, S. (2006) Overcoming the inadequacy ofsingle-criterion approaches to life cycle assessment. Ecol Model., 190, 432-442.

[12] Sheldon, R.A. (2007) Green Chem., 9, 1273-1283.

[13] Hoffman, E.J. (1982) Synfuels: The Problems and the Promise, Energon, Laramie.

[14] Braunstein, H.M., Kornegay, F.C., Roop, R.D., and Sharples, F.E. (1981) Fuels from Biomass and Wastes, Ann Arbor Science Publishers, Ann Arbor, pp. 463-504.
[15] Mangold, E.C., Muradaz, M.A., Ouellette, R.P., Rarah, O.G., and Cheremisinoff, P.N. (1982) Coal Liquefaction and Gasification Technologies, Ann Arbor Science Publishers, Ann Arbor.
[16] Mako, P.F. and Samuel, W.A. (1984) The Sasol approach to liquid fuels from coal via the Fischer-Tropsch reaction, in Handbook of Synfuels Technology (ed. R.A. Meyers), McGraw-Hill, New York, pp. 25-273.
[17] Deurbrouck, A.W. and Hucko, R.E. (1981) Chemistry of Coal Utilization, Second Supplementary Volume (ed. M.A. Elliott), John Wiley & Sons, Inc., New York, pp. 571-607.
[18] De Klerk, A. (2011) Fischer-Tropsch Refining, Wiley-VCH Verlag GmbH, Weinheim.
[19] Valotti, E. and Zennaro, R. (2009) Natural gas for sustainable development: the GTL approach. Proceedings of the 8th International O&G Conference Petrotech, January 11-15, 2009, New Delhi, India.
[20] Steynberg, A.P. and Dry, M.E. (eds) (2004) FT Technology, Elsevier, Amsterdam.
[21] DWA (1986) Management of the Water Resources of the Republic of South Africa, Department of Water Affairs, Pretoria.
[22] Vertova, A., Aricci, G., Rondinini, S., Miglio, R., Carnelli, L., and D'Olimpio, P. (2009) Electrodialytic recovery of light carboxylic acids from industrial aqueous wastes. J. Appl. Electrochem., 39, 2051-2059.
[23] Higman, C. and van der Burgt, M. (2008) Gasification, 2nd edn, Elsevier, Amsterdam.
[24] Dry, M.E. (1999) Fischer-Tropsch reactions and the environment. Appl. Catal. A, 189, 185-190.
[25] Majone, M., Aulenta, F., Dionisi, D., D'Addario, E.N., Sbardellati, R., Bolzonella, D., and Beccari, M. (2010) High-rate anaerobic treatment of FT wastewater in a packed-bed biofilm reactor. Water Res., 44, 2745-2752.
[26] Lettinga, G., De Zeeuw, W., and Ouborg, E. (1981) Anaerobic treatment of wastes containing methanol and higher alcohols. WaterRes., 15, 171-182.
[27] Dinsdale, R.M., Hawkes, F.R., and Hawkes, D.L. (2000) Anaerobic digestion of short chain organic acids in an expanded granular bed reactor. Water Res., 34, 2433-2438.
[28] De Klerk, A. and Furimsky, E. (2010) Catalysis in the Refining of Fischer-Tropsch Syncrude, Royal Society of Chemistry, Cambridge, UK, pp. 253-255.
[29] Fabricius, N. (2008) Management of water resources & recycling for Pearl GTL. 7th GTLtec 2008, February 18-19, 2008, Doha.
[30] www.shell.com/static/environment_society/downloads/environment/water/ fresh_water_02042012.pdf(30 August 2012).
[31] www.desalination.com/technologies/med-epc/veolia-water-solutions-technologies (30 August 2012).
[32] Furimsky, E. (1996) Spent refinery catalysts: environment, safety and utilization. Catal. Today, 30, 223-286.
[33] Vosloo, A.C., Dancuart, L.P., and Jager, B. (1998) Environmental aspects of Sasol Fischer-Tropsch technologies and products. 11th World Clean Air and Environment Congress, Durban, South Africa, September 14-18, 1998, 6F-2.
[34] Brumby, A., Verhelst, M., and Cheret, D. (2005) Recycling GTL catalysts: a new challenge. Catal Today, 106, 166-169.
[35] Liu, K., Song, C. and Subramani, V. (eds) (2010) Hydrogen and Syngas Production and Purification Technologies, John Wiley & Sons, Inc., New York.
[36] De Klerk, A. (2007) Environmentally friendly refining: Fischer-Tropsch versus crude oil. Green Chem., 9, 560-565.
[37] Chaffee, A.L. and Loeh, H.J. (1985) Aromatic hydrocarbons from the Kolbel-Engelhardt reaction. Appl Catal., 19, 419-422.
[38] Chang, C.D., Lang, W.H., and Silvestri, A.J. (1979) Synthesis gas conversion to aromatic hydrocarbons. J. Catal., 56, 268-273.
[39] Guan, N., Liu, Y., and Zhang, M. (1996) Development of catalysts for the production of aromatics from syngas. Catal. Today, 30, 207-213.
[40] Huffman, G.P. (2011) Incorporation of catalytic dehydrogenation into FT synthesis of liquid fuels from coal to minimize carbon dioxide emissions. Fuel, 90, 2671-2676.
[41] Puskas, I. (1997) Can carbon dioxide be reduced to high molecular weight Fischer-Tropsch products? Prepr. Pap. Am. Chem. Soc. Div. Fuel Chem., 42 (2),680-686.

[42] Zhang, Y, Jacobs, G., Sparks, D.E., Dry, M.E., and Davis, B.H. (2002) CO and CO_2 hydrogenation study on supported cobalt FTsynthesis catalysts. Catal. Today, 71, 411-418.
[43] Spadaro, L., Arena, F., Bonura, G., Di Blasi, O., and Frusteri, F. (2007) Activity and stability of iron based catalysts in advanced Fischer-Tropsch technology via CO_2-rich syngas conversion. Stud. Surf. Sci. Catal., 167, 49-54.
[44] Lui, Y., Zhang, C.-H., Wang, Y., Li, Y., Hao, X., Bai, L., Xiang, H.-W., Xu, Y.-Y., Zhong, B., and Li, Y.-W. (2008) Effect of co-feeding carbon dioxide on FT synthesis over an iron-manganese catalyst in a spinning basket reactor. Fuel Process. Technol., 89, 234-241.
[45] Srinivas, S., Malik, R.K., and Mahajani, S.M. (2008) Process alternatives for Fischer-Tropsch synthesis of CO_2 rich syngas. Prepr. Pap. Am. Chem. Soc. Div. Fuel Chem., 53 (1), 97-98.
[46] James, O.O., Mesubi, A.M., Ako, T.C., and Maity, S. (2010) Increasing carbon utilization in Fischer-Tropsch synthesis using H_2-deficient or CO_2-rich syngas feeds. Fuel Process. Technol., 91, 136-144.
[47] Ma, J., Sun, N., Zhang, X., Zhao, N., Xiao, F., Wei, W., and Sun, Y. (2009) A short review ofcatalysis for CO_2 conversion. Catal. Today, 148, 221-231.
[48] Sittig, M. (1978) Petroleum Refining Industry: Energy Saving and Environmental Control, Noyes, Park Ridge, NJ.
[49] De Melloa, L.F., Pimentaa, R.D.M., Mourea, G.T., Pravia, O.R.C., Gearhart, L., Milios, P.B., and Melien, T. (2009) A technical and economical evaluation of CO_2 capture from FCC units. Energy Procedia, 1, 117-124.
[50] De Klerk, A. (2008) Fischer-Tropsch refining: technology selection to match molecules. Green Chem., 10, 1249-1279.
[51] De Klerk, A. (2009) Refining Fischer-Tropsch syncrude: perspectives on lessons from the past, in Advances in Fischer-Tropsch Synthesis, Catalysts, and Catalysis (eds B.H. Davis and M.L. Occelli), Taylor & Francis, Boca Raton, pp. 331-364.
[52] De Klerk, A. (2011) Fischer-Tropsch fuels refinery design. Energy Environ. Sci., 4, 1177-1205.
[53] De Klerk, A. and De Vaal, P.L. (2008) Alkylate technology selection for Fischer-Tropsch syncrude refining. Ind. Eng. Chem. Res., 47, 6870-6877.
[54] Lamprecht, D. and De Klerk, A. (2009) Hydroisomerization of 1-pentene to iso-pentane in a single reactor. Chem. Eng. Commun., 196, 1206-1216.
[55] Gary, J.H., Handwerk, G.E., and Kaiser, M.J. (2007) Petroleum Refining. Technology and Economics, 5th edn, Taylor & Francis, Boca Raton, FL.

第五部分 展望

16 新方向，新挑战，新机遇

Peter M. Maitlis, Arno de Klerk

本章总结了建造更多FT装置的理由，以及可能遇到的一些情况和复杂问题。在世界能源形势的不确定性和液化燃料的运输成本不断上升的情况下，从经济和战略角度来看，建立新的FT工厂是有深远意义的。不同于常规思路，着眼于大型装置所能带来的规模经济上。为了更低的风险和更低的资本成本，我们将集中精力建设较小的装置。本文讨论了改进FT装置的可能性，以及在全球重要的合成液体(XTL)产业发展中需要克服的一些挑战。随着工业界和政府对基础研究资助力度的加大，我们对FT技术的研究和改进将不断加快。

16.1 引言

在能源产业中，能量效率是重中之重，但同等重要的是要确保从原材料到最终产品的全过程都尽可能地做到“可持续”。换句话说，整个过程要尽可能地减少不可再生能源的消耗，尽可能多地利用可再生资源，同时做到副产品和废弃物的最小化。目前，“绿色”这一指标，在所有化学工艺的分析中都很重要，所以我们要尽可能地做到在开发和使用过程环保可持续的同时，也能保证后代人也能以同样的方式使用它们而不会造成损害。这就是所谓的“可持续发展(sustainable development)”。联合国布伦特兰委员会(Brundtland Commission)将之定义为：“对自然资源的开采，既能满足当代人的需要，又不对后代人满足其需要的能力构成危害。”

可再生能源也可定义为自然更新的能源，它包括生物质能(生物燃料)、水力发电、风力发电、潮汐发电、太阳能发电和地热发电。它不包括消耗化石燃料和核能等产生的能源。

关于这方面的更重要意义还有待考证。例如，电动汽车的概念被认为是拯救我们的交通需要的替代方式。尽管电动汽车的广泛使用将会减少城市的污染，但我们也必须考虑到电力的来源。据美国能源信息局(EIA)估计，世界上2/3的电力来自于化石燃料(煤42%，天然气21%，石油4%)，14%来自核能，仅有19%的电力来自可再生能源。发电是一种能量转换过程，就像费–托合成等其他能量转换一样，也会受热力学第二定律的支配。热力学第二定律要求一些能量必须被用来做有用功。燃煤发电的热效率通常为36%~38%，这与FT煤液化(见16.2.2节)转换效率并没有很大的不同。燃煤发电的新技术，例如煤气化联合循环发电系统(IGCC)，有可能将热效率提高到接近45%[1, 2]，但是这种技术还没有被大规模采用。电动汽车每行驶1km的二氧化碳足迹较低。但据统计，如果把燃煤和燃油发电排放的二氧化碳也算在内，电动汽车的二氧化碳平均排放量为128g/km，而丰田普锐斯(Toyota Prius)混合动力汽车的平均排放量为105g/km。另外，我们还必须注意，电子设备依赖于电池，而电池的制造需要大量些金属，例如锂等。

不幸的是，目前在人类所使用的能源中，几乎没有一种是绝对无污染的、可持续的“清洁”能源。目前为我们日常生活提供能量的大多数技术，都存在难以克服的困难。

20世纪六七十年前，核能被认为是万能的，它可以以较低的成本提供无限量的“清洁”能源。然而，核工业出现的许多事故让许多支持者失去信心，比如美国三哩岛、俄罗斯切尔诺贝利和日本福岛核电站事故。

直接从风力涡轮机产生的电能也是一种很有吸引力的“清洁”能源。但问题是风力是不稳定的，因此风力所产的电力经常不能满足需求。所以，必须提供来自化石燃料或大型存储设备(如电池)的补充能源。同时，风力发电的基础装置建设和维护成本也很高。同样，太阳能的利用也存在类似的问题。

生物质能作为一种“可再生能源”，目前得到了广泛的支持，一些发电站正在用木材燃料来运行。长期以来，植物一直是许多化学品的来源。但是，种植和收获生物质并将其运送到其使用的地方，也需要大量的人力、物力和能源。因此，尽管生物质是一种可再生资源，但它的生产过程却不是可持续的。农业发达地区的一些显著影响可以证明这一点，例如河流富营养化和墨西哥湾等“死亡地带”的产生，这些现象都是由于大量肥料流失导致的藻类的过度生长[3]。此外，燃烧生物质也会产生二氧化碳，进而可能会导致气候变化。没有任何“魔法装置”可以同时解决我们所有问题，因此因地制宜，具体问题具体分析才是首选。

太阳能作为我们长期以来的最大希望，可以通过光伏电池、太阳能炉或其他设备来获取。太阳光充足、温和，在原则上是低成本能源的代表。由于太阳能可以直接产生电能，所以可以用来电解水来产生氢气和氧气，从而提供了无限的可能。因为如果这样设想成真，那么以氢为基础的工业经济将很有可能避免使用化石燃料时所产生的大部分问题。然而，多年来，尽管许多科学家和工程师一直努力工作，我们在将太阳能转化为电能或其他形式能源仍有很长的路要走，这将会是一种非常有效的方式，可以直接、方便地用于各种各样的目的，包括交通运输。屋顶上的光伏电池似乎是目前(2012年)商业应用的最大限度，而更广泛的太阳能应用看起来还需要一些路要走。

在不久的将来，我们需要更先进的技术在更大的范围内生产能源。在生产实践中，通过不可持续的实践连接不可再生能源和未来的可持续能源，解决方法就是利用基于可获得燃料的转换技术。目前，对各种形式的能源生产的概述表明，每一种选择都有一些重大缺陷，因此我们需要选择一种最可行的方法，以最少的成本提供一种无论是对我们自己，还是对子孙后代都可行的方法。费-托合成中的一项技术就是将合成气转化为碳氢化合物。FT工艺已被工业化应用，尽管在严格的意义上，FT工艺并不是“绿色”工艺，但它至少是一项久经考验的技术，并可以对它进行不断地调整和改进以减少污染。

16.2 为什么要沿着费-托路线前进

目前，大量文献对FT技术以及FT技术在工业上的应用进行了综合研究，显示了FT技术的重要性(第5章)。我们可以通过分析战略、经济和环境原因使最大化FT工艺的效益。

16.2.1 战略原因

目前，传统原油作为运输燃料的主要炼制原料，其需求量在逐年增长。由于原油的储量有限，当需求超过供给时，市场干预将会抑制一些需求，通过上调价格可以减少原油的使用。由于价格驱动的减少不是主动选择性的结果，会激化社会矛盾。然而，价格本身并不能支配能源的可用量，因此，我们可以对资源进行合理的分配，而不是受市场的影响。稀土金属的可用量和市场需求就是典型的例子[4, 5]。

解决原油供应急剧减少的问题，最简单的办法就是开发原油的替代品：市场竞争会增加用户的选择，从而降低价格。生产合成油的战略理由就是作为常规原油的补充，从而在全球范围内形成一种合理的供需平衡。利用FT合成技术生产合成原油，就是一种实用且通俗易懂的解决途径。

詹姆斯·博伊德(James Boyd)对当下的能源形式作了如下总结：“……为了维持一个健康的经济社会，必须对能源消费结构进行重大调整。这是因为现在已知的基本能源的储量与当前的使用需求存在很大的差异。我们所面临的问题是如何利用现有的能源和资源，并基于能源的可用量，建立一个新的能源供应系统。”坦白来说，任何国家的战略利益都是为了确保能源的多样性，尤其是对于主要能源载体和运输燃料的生产。

16.2.2 经济原因

FT技术的能量来源可以是生物质、煤、天然气或有机废物等。这些碳基能源载体的价格与原油价格的联系非常微小。相反，由于原油是生产运输燃料和石化产品投入的主要成本构成，所以它们的价格与原油价格密切相关(详见第7章)。而基于FT技术的碳基资源液化技术(feed-to-liquids, XTL)所生产的合成原油，与天然气、传统原油以及任何碳基替代能源的价格都不同，因此合成原油存在一定的潜在投资动机。

以下展示一个简单的例子，表16.1为2011年北美地区典型燃煤、天然气和原油的价格对比。计算过程考虑了液化石油气、汽油、喷气燃料、柴油和燃油产品的转化率。由表16.1中的数据可知，传统原油的转化率高达89%。从气态到液态的合成技术的效率稍低，约为75%，但比FT合成中的CTL技术的效率更高(其转化效率约为33%)。由于典型烟煤的氢碳比较低，需要投入大量的碳才能利用WGSR产生H_2，所以GTL和CTL之间的碳效率相差很大。褐煤的C、H含量比烟煤低，因此褐煤与烟煤在流化气化装置中的合成气产率之比约为0.46∶1[2]。任何替代碳源与原油之间的价格差异，都激起了投资生产合成气和FT合成方面的经济动机。

表16.1 2011年北美地区传统原油和一些碳基替代能源的成本比较

原材料	原料价格/(美元/bbl)	原料价格/(美元/GJ)	成本效益①，%	产品价格②/(美元/bbl)
原 油	100	18	89	113
天然气	22	4	75	30
烟 煤	17	3	33	51
褐 煤	4	1	15③	24

① 液化石油气、车用汽油、航空汽油、柴油和重油。

② 有效成本，不包括运行和建设成本。

③ 基于伊利诺伊烟煤州与北达科他州褐煤的气化效率计算的成本效益。

16.2.3 环境原因

FT装置的环境足迹已经在第15章进行了讨论。FT装置并不比其他地方的油气行业的环境影响小，但对于特定的应用，FT转换比其他选择更优越。例如，在一个不允许使用管道运输气体的地方开采天然气时，就必须比较FT转换技术之间环境影响的差异。FT技术实施的环境理由总是与另外一些可替代的技术相关。

16.3 关于费-托合成的思考

我们已经说明了人们对FT合成的兴趣如此浓厚的原因。然而，为什么到目前为止，没有很多基于FT合成的工业设施被建成?以下是限制FT技术实施的主要因素，这些因素使我们不得不寻求碳基资源液化(XTL)的替代方法：

① FT的工艺装置在技术上非常复杂。这在第2章、第3章、第5章已经解释过了。

② XTL装置的运行成本太高。在21世纪初，GTL装置的运行成本高达2万～3万美元/d[10]。据报道，如今XTL的实际运行成本要超过10万美元/d，而在10年后，成本会更高[11]。在第7章中详细讨论了FT装置的经济状况，对于大规模的合成气液化设备来说，其运行成本约为83000美元/d。表16.2中总结了最近的报道的FTGTL装置的运行成本。

表16.2 关于FT GTL装置运行成本的相关报道总结

装 置	GTL处理能力(bbl/d)	项目总成本/亿美元	GTL成本/[万美元/(bbl·d)]
Pearl GTL(Shell)	140000	190	11①
Escravos GTL(Sasol-Chevron)	34000	60	18
Sasol 1扩展装置(Sasol)	5500②	11	20

① 处理能力为14×10^4bbl/d的GTL项目的总成本相当于12×10^4bbl/d天然气液化项目的总成本。GTL成本的计算是根据天然气液化的炼制成本进行估算的。

② 处理能力目前没有公布，有可能高达7000bbl/d，总成本会相应降至约16万美元/bbl/d。

③ 经济和技术上的投资风险都是巨大的。从经济上来讲，投资FT技术的主要动力是FT合成原油与传统原油之间的差价(参见16.2.2节)。然而，过去的价格波动表明，投资FT技术的金融风险是巨大的，因为原油价格的急剧变动会使得FT装置的经济可行性迅速化为乌有(见图7.2)。从技术风险来看，即使FT合成技术拥有长期的生产经验，但依然存在一些严重的阻碍大型设备建设的技术难题。

④ 巨大的环境足迹。和其他能源行业一样，FT工艺装置没有良好的环境友好性，尤其在资源消耗和废弃物排放方面。FT装置的二氧化碳和水足迹已在第15章进行了讨论。

⑤ 现有的传统原油储量足以满足当前需求。成熟的炼制技术可以简易、高效地将传统原油转化为液体产品。简单来说，目前选择使用原油会更便宜，风险更小，而且更方便。

16.4 FT装置的改进

尽管FT液化技术非常复杂，与煤炭和天然气相比，原油价格价格波动很大，但FT装置已经成功运行了数十年，并且一直处于盈利状态，因此从经济角度看，FT装置的成功案例多于失败案例。既然我们不能回避这些问题，我们就应该积极改进，使FT装置更加完善，正如16.4.1节~16.4.3节所述：

① 降低FT装置的复杂程度。这是一项艰巨的任务，因为间接液化本质上是一个多步骤的过程。然而，复杂程度不仅取决于步骤的数量，而且和步骤之间的连通性有关。一个连续的工艺过程，即使包含很多步骤，但其复杂程度依然会低于一个步骤少但连通性高的工艺。可以用“有向图理论”来计算化学过程的数学复杂性[11]。同时，我们应重新考虑间接液化的基本设计，以降低复杂性。

② 从基本层面寻求技术改进方案。尽管FT合成已经存在几十年了，但是一些关键的问题仍然没有解决(详见第8章、第9章和第12章)。许多FT合成上游和下游的其他技术也是如此。这主要是因为我们对FT合成工艺的基本化学原理和基础科学理念的理解不够透彻，许多工艺都是在没有充分理解的情况下被设计出来的。事实上，美国尚无能力开发一种可行的燃料合成技术，这是由于缺乏长期的研究计划，同时对基本原理的理解较弱，过早地进行了技术商业化尝试[13]。我们需要借此机会进行研究，改善对FT合成的基本认识，从而改进整个工艺(详见16.4.3节和16.5节)。

③ 通过创新降低投资成本。导致FT装置规模扩大的原因是由于规模扩大带来的经济效益[规模经济(economy of scale)](7.4.1节)。减少投资成本的一个更好的方法是不再扩大“旧”技术的规模，同时在更好地理解工艺过程的基础上开发新技术。虽然增加规模可能会降低基于容量的运行成本，但仍会增加设备的总绝对投资成本。必须降低绝对投资成本，才能降低工艺的投资风险。通过技术创新可以寻求新的技术，从根本上降低投资成本，这也将使较小的公司参与FT工艺的投资。

FT装置投资的最大障碍是风险。大型FT装置高达数十亿美元的巨额投资使得投资方只能是政府或大型公司。同时，技术不达标的风险和相关的经济损失是非常巨大的。

在这样的环境下，创新的风险是巨大的，这使得创新举步维艰。因此，为了激发创新并开发新技术，必须考虑投资小型FT装置，因为较小的装置其创新风险也较小(16.4.1节)。

16.4.1 小型FT装置的改进

小型FT装置(产能通常小于10×10^4t/a或2000bbl/d)比第5章中讨论的大型工业装置的风险更小。减小装置规模虽然并不能减少失败的几率，但是可以减少失败带来的不利影响，即较少资金的损失。因此，规模较小的FT装置的风险较小。通过探索创新开发新技术，虽然增加了技术风险，但失败的损失却没有增加。同时，因为创新带来的巨大进步大大增加了成功的回报。正是成功的回报推动了风险投资。

除了降低投资风险外，还有其他一些有利影响，可以提升人们对发展小型FT装置的兴趣：

① 在较小的装置中，通过优化公用网络和工艺流程来增加复杂性的收益甚少。因此，在小规模的基础上通过创新设计可以提高单程效率，并避免由于较小的尺寸而产生的多余的重复。

② 由于体积小，建造设备所需的资金总量减少了，因此绝对投资成本会有所降低。小型设备的单位产能建设成本可能会高于大型装置，但小型设备可以通过推动创新来降低资本成本，而不是依赖于规模。

③ 创新设计适宜在较小的装置中实践，因为一旦失败，会损失较少的资金。同样的原则也适用于新工艺流程的试验。由于技术规模的扩大，试验并不能防止失败的发生，因为小型装置和大型装置在流体力学和传导方面的复杂程度常常是非常不同的，这会导致扩大规模时计算带来的不确定性[14~16]。然而，通过保持较小的规模，可以减少扩大规模时带来的技术风险。

④ 小型设备更加灵活，对调整的适应性更好。小型的设备可以更容易地进行调整，更快地服役和退役；加热和冷却时间都比较短，在工艺设备和生产线路上的库存材料也更少。较小的仓室和线路尺寸使运输、安装和拆卸更容易。此外，与绝对投资相比，设备停车时造成的资金损失更少。

⑤ 通过减少绝对投资成本，可以产生更大的利益。增加多样性可以激发创新，开拓特定的FT技术市场。这降低了所有投资者的总开发成本。

⑥ 偏远地区没有足够的基础装置来运输大型设备，也没有足够的非金钱激励吸引技术工人。通过减小设备的规模，就有在那些建设成本非常高或不可能建造大型装置的地点实现小型设备的建设。

⑦ 按照惯例，一般在靠近原料产地的地方建设FT装置，因为原料产地是很难迁移的。但是，如果远距离运输原料，生产成本就会增加。建造FT装置的决定不仅取决于当地原料的产量，还取决于原料的储量，也就是现有储量可供消耗的时间。因此，小型FT装置可以开发小规模储量的原料资源。

⑧ 运输费用决定了生物质的消费成本，同时也决定了原料的供给半径。生物质也有其他的缺点，例如低能量密度、广泛分布的来源和季节性供应的性质。这使得生物

质很难为大型FT装置提供原料[17]。而小型FT装置便可以克服这一限制。

⑨ 小型FT装置的规模可以同时使用小单位来增加。虽然这否定了规模经济，但它增加了经营的稳健性。例如，如果10个并行小单元中的1个出现问题，产量损失10%；但如果2个并行大单元中的1个出现问题，产量损失一半。

⑩ 小规模设计可以使小型设备本身模块化，降低了工程造价，还可以通过规模生产来降低成本。这种方法受到了Velocys等公司的青睐。Velocys主要从事建造模块化的微型通道反应器[18]。同样的原理当然也可以应用于其他类型反应器。

⑪ 对于规模非常小的设计来说，是有可能将FT装置进行模块化设计的，而且模块是可移动的。这样可以利用更大的产能或更大的转化能力开发小型自然储量的生物质产地。除此之外，还有一些潜在的军事应用，例如，可以将当地的生物质转化为燃料来填补军队后勤供应缺口。

16.4.2 合成气生产和清洁技术的改进

合成气的生产和清洗技术得到了广泛应用，然而只有一小部分技术应用于FT装置[2, 19]。生物质或工业废弃物很少像煤或天然气那样被用作气化原料，但尽管其应用经验较少，但工业单元已经经历了几十年的优化。尽管合成气的产生和清洁技术的工业应用十分广泛，但仍可进行一些与小型FT装置的发展有关的创新：

① 高效非低温空气分离。直接部分氧化(如氧化重整和气化)是合成气生产技术之一，就像FT装置的大多数合成气生产一样，使用纯氧是首选。低温空气分离是一个高效但昂贵的过程。例如，空气分离费用约占了合成气液化FT装置总成本的8%(见图7.4)。由于在小型FT工艺的设计中加入低温空气分离装置是不切实际的，这为新技术的发展提供了机会，例如基于膜的空气分离技术。

② 小规模的间接加热合成气生产技术。正如蒸汽重整工艺，当氧化剂与原料难以混合时，不再需要空气分离单元。然而，间接加热的合成气生产装置很笨重，尽管炉子的配置为工业生产提供了良好的服务。因此，有必要开发一种不同的且更紧凑的技术，而这种技术将更适合小型设备。原则上，这样的设计将会有很多好处，因为它可以在许多应用中取代燃烧式加热器和锅炉。

③ 从合成气中去除惰性气体。即使在低温空气分离的情况下，一些惰性气体(Ar和N_2，小于1%)仍然会进入纯氧气体中。只要有未转化的合成气，惰性气体就会存在于循环系统中，从而决定尾气的净化率。在FT合成中的其他“惰性”气体的生产中也有类似的情况，比如轻石蜡。甲烷和乙烷的低温分离是很昂贵的，所以FT工艺的气体循环中一般没有此装置，甚至在大型工业FT装置中都没有。从合成气中去除Ar、N_2、CH_4和C_2H_6的能力将会使FT的气体循环系统的碳效率得到提高，包括循回用系统。

④ 开发价廉实用且环境友好的一次性气体清洁吸附剂。在大型设备中，可再生吸附剂主要用于清除气体清洗过程中的污染物，然后原位重新再生。污染物以一种良性或有用的形式被捕获，比如硫。对于小规模的应用，传统的酸气清除和捕获技术无法实现。在小型装置中，从合成气中移出的硫更倾向于被释放，而不是被转化成单质硫或

硫酸。为了保持小型装置的环境足迹，有必要在廉价、一次性的材料上开发污染物捕获技术，并且不会造成环境危害。例如，使用一种天然的多孔矿物质，它可以吸附聚集硫元素，从而作为一种低成本的农业肥料。该原理也适用于固体磷酸催化剂，可以将废弃的催化剂转化为有用的产品[20]。

16.4.3 FT合成技术的改进

FT技术的工业化应用是多样化的(详见第3章和第5章)。这种多样性是健康的，但也表明有很多可以改进的机会。由于缺乏统一的FT模型来准确地描述合成气的消耗和化合物的分布，使理论研究变得困难，同时也凸显了我们目前对FT技术缺乏基础层面的认识。直馏FT合成原油工艺也同样是这种情况。直馏FT合成原油工艺表现出的相位行为并不理想(可能包含有包括极性和非极性化合物在内的四相体系)，而精确描述这种复杂混合物的热力学模型目前仍然是一个挑战。在其他领域，我们对基础知识的了解同样不够。

除了需要推进我们在基本层面的理解之外，FT的技术的有些方面还可以直接改进。一些关键的改进方面如下：

① 甲烷的生产是昂贵且浪费的过程，尤其是在以甲烷为原料的GTL工艺中。在ASF碳分布图中可以得到甲烷的正和负值偏差。甲烷的选择性通常随时间的推移而增加，同时链增长的可能性会降低(α值)，但在某些Fe-FT的催化反应中，甲烷的产量有所抑制[11, 21]。例如，在Fe-FT的催化剂中，预处理的方式和其相态导致了甲烷的选择性不同，这种选择性无法依赖α值进行判断[22]。在FT合成中，任何提高甲烷选择性的改进都将提高合成气的整体效率。

② 尽管FT合成原油的成分有相当大的差异，但大多数工业合成原油是HTFT或LTFT合成原油。与传统原油、直接液化和甲烷化技术相比，FT合成原油的主要优势是FT合成能够控制产品的饱和度、氧化程度、链的分支和碳的数量分布，从而调整产品分布。FT合成的这种优势还没有被开发，而且拥有巨大的潜力，尤其是在石化产品的生产方面。换句话说，根据所需要的产品，可以定向生产一种合成原油，它可以直接被炼制得到想要的产品。

16.4.4 FT合成原油回收与炼制技术的改进

与传统原油相比，尽管合成原油需要不同的组合技术和炼制方式，但专门针对FT合成原油的炼制技术很少[11, 23]。对合成原油炼制新技术的选择、改进和开发，以及合成原油的回收、炼制配置和设计中，都有可能改进的地方。一些关键的改进机会在16.4.4.1节~16.4.4.3节中列出。

16.4.4.1 FT合成原油回收技术的设计

在FT合成之后，可以通过直接的逐步冷却来回收合成原油(见图4.4和图4.5)。这纯粹是为了回收合成原油，而没有考虑下游的炼制。因此，我们可以改进选择性的回收和分离，从而提高炼制效率和碳效率。例如，在合成原油的回收冷却中，利用蒸馏工艺而不是冷却和液液萃取的方法。如果在传统的原油炼制中使用典型的常压蒸馏装置(见图

16.1)，可能会注意到它并没有包含再沸器，而是使用燃烧的加热器作为进料预热器。在FT合成之后，FT合成原油已经被“预热”。利用“预热”单元，在FT气体循环系统中利用蒸馏法除去热量，不仅可以收集馏分，而且还避免了再沸器针对反应性合成原油的温度约束[11]。通过前期蒸馏可以节约大量的能量，同时有利于炼制过程的进行。

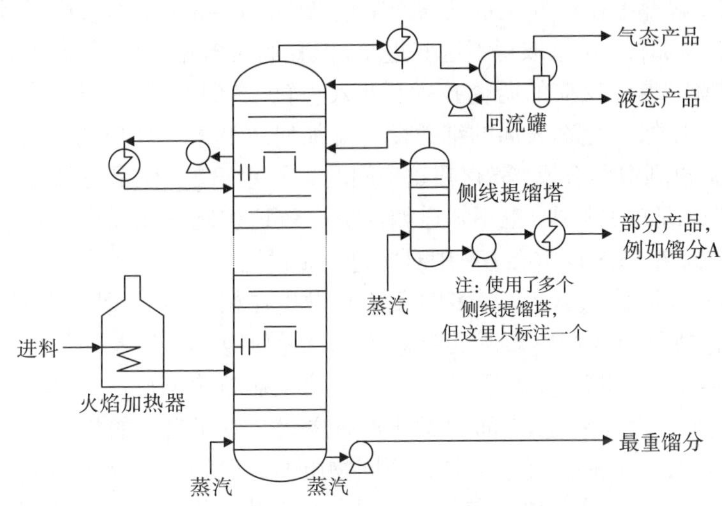

图16.1 原油炼制厂中典型的常压蒸馏装置

16.4.4.2 尾气的回收和转化

在小型FT装置和远离石油化工市场的偏远地区的FT装置中，轻质产品的价值较低。然而，这些富氢产品是很有价值的，特别是在煤液化、生物质液化和废弃物液化等原料的氢碳比很低的装置中[9]。将轻质碳氢化合物直接转化为液态产品，可以同时提高尾气中合成原油的回收量和过程中的碳效率，但完全回收是不可能的。在这种转化过程中，可考虑的一些催化途径是：通过芳构化生产芳香族石脑油、通过低聚生产烯烃馏分、选择性部分氧化以生产低含氧化合物，以及协同处理FT的液态产品所衍生的非酸性含氧化合物。

16.4.4.3 液态产品的炼制

从FT液态产品中提取含氧化合物的稀释溶液，对炼制技术是种挑战，特别是对于羧酸的回收，因为很难做到从羧酸中去除水或从水中去除羧酸。选择性吸附和提取是最显而易见的方案，但是很难开发有效的吸附技术或提取循环工艺。此外，把羧酸转化为羧酸盐或羧酸酯而沉淀下来，而且液–气蒸馏或液–液萃取等利用挥发性或极性差异的分离方法也都收效甚微。同时，羧酸是短链的羧化物，是水溶性的，它在水溶液中的基体会抑制醇类的酯化作用，同时也不利于酰胺的转化。虽然丙酸盐和丁酸盐是双亲性类化合物，但是泡沫分离技术不可能应用于乙酸盐的提取中。

16.5 基础研究：改进FT过程的关键

尽管优秀的工程和良好的管理对于成功的FT项目至关重要，但我们不能忘记支撑

FT工艺的基础化学原理和界面反应原理知识。而在当下，我们继续研究FT的基础原理和新思维可以加深对工艺的理解，从而促进对工艺的改进。基于过去几十年的研究工作和仪器手段的进步，我们现在已积累了很多关于界面反应科学的研究经验。在界面反应研究领域，格哈特·艾特尔(Gerhart Ertl)是其中的代表人物[31]，他开发了简单的原子反应原理图，解释了在铁催化剂的表面哈伯法(Haber–Bosch)氨合成过程。正如本书对FT合成的论述那样，尽管取得了这些进步，但我们对多相催化反应的理解中仍然存在着巨大的缺陷。界面反应的研究技术正步入正轨，它们的应用可以回答一些长期存在的基本问题，比如催化剂表面的细微变化是如何改变整个反应的，以及从甲烷到碳氢化合物合成，再到甲醇合成，都存在这个问题。这些细微变化最终都需要电子控制，但我们对这些原理知之甚少，也不知道如何更有效地控制这些反应。而这也正是我们需要学习的地方，在16.5.1~16.5.6节中对此进行了讨论。

因此，尽管人们普遍认为，许多FT反应均发生在相界面上，特别是在活泼金属和氧化物的界面之间，但我们不知道反应怎样发生，何时发生，以及如何控制。不同的界面特征，诸如组成、极性和形状等，会在多大程度上影响表面反应及其速率。氧化物和金属表面的表面电荷与(带电)表面的媒介物质之间会有相当大的相互作用。另一个问题是，是否所有的杂化催化反应都是在不同物质的界面间的相互作用下进行的，还是化学物质本身与气相或液相原子和分子之间存在直接的相互作用。这种设想与溶液化学中的溶质与溶剂间的相互作用是十分相似且对应的。将这些相关的想法诉诸于实践将会带来丰厚的回报。

16.5.1 先进的仪器手段

正如其他科学和工程领域一样，新技术和新仪器的出现能驱动创新。因此，现在我们能够在真实的催化条件下研究表面反应，而不是像以前那样只能在超真空环境下研究。

16.5.2 新的催化剂和载体

传统的FT催化剂是由散装金属制成的，或者是将金属从溶液中沉积到自然产生的载体材料(如硅藻土)上。虽然我们已经开发气相金属纳米沉积技术以及“蛋壳”催化剂等新方法，但依然没有开发出一套可行的大规模合成方法，也无法对它们长期运行的稳定性进行评估。由于催化剂要遭受高温、高压的极端条件，所以它们会发生失活或被降解。为了延长它们的工作寿命，我们正在尝试各种金属和催化剂的组合，同时对新的载体材料(如合成沸石、碳纳米纤维和碳纳米管)进行广泛研究。

16.5.3 同位素标记

尽管同位素标记已被广泛用于研究FT反应，但迄今为止，它主要限于使用^{13}C和^{14}C标记的一氧化碳。利用^{18}O标记的CO将可以提供更有价值的信息，特别是在研究FT合成中的氧的形成方面。在分析FT机理时使用D(^{2}H)标记可能会给我们的理解带来巨大的帮助。但是，必须仔细严格地监控反应条件，以免催化剂在工作温度下发生随机的H/D置换过程。进一步延伸出来的SSITKA技术(第12.3.4节)可能是非常有价值的技术，它是在不同同位素标记的进口气体中交替获得产品。

16.5.4 表面显微镜术

通过对催化剂进行原子水平上各种形式的微观检测，虽然只是还处于初级阶段，但依然可能会带来很大的好处。例如，可以通过特性分析和精准定位描绘出金属氧化物表面最活泼的活性点位。这可能会帮助探索导致一些问题的答案。例如，在FT反应中，某个表面特性究竟是决定C—C键的耦合(即导致更长的链的产生)，还是决定氢的转移(即碳链终止)。同时，此技术还可以检测出为何一些金属氧化物表现出金属表面的强烈相互作用(SMSI)，以及它们是如何表现的。这将对调整金属的氢化特性有很大的帮助。

16.5.5 分析方法

成功的FT工艺也有赖于对产品的全面、准确和快速的分析手段。虽然现代的技术手段，尤其是各种形式的GC和质谱联用技术都很先进，但是羧酸和其他含氧化合物的检测技术仍需要改进。

16.5.6 更加绿色的生产

尽管人们已经采取了很多措施，使FT反应更加环保，但我们仍然可以根据基础调查探索新的想法，从而进一步减少废物的产生，深度提高分离效率，并优化管理装置的能量流动。

16.6 未来的挑战

理想情况下，所有的挑战都应该被视为机遇，但也有一些棘手问题可能会使FT工艺的发展陷入困境[13, 24~26]。然而，激发人们对合成烃类液体兴趣的FT的基本原理并没有改变。以下分析了在FT技术的未来发展中需要考虑的一些重要因素。

16.6.1 中断效应(Hiatus Effect)

工艺的连续性需要良好的引导时间，以及后续良好的表现，这是一个重要的挑战。尽管人们一致认为，未来会需要更多的FT装置，但由于缺少有效和可持续的基础研究，阻碍了FT在各领域的发展。从历史的发展来看，研究和开发活动的“爆炸式”增长推动了当地商业的迅速发展；而反过来，随着最初推动商业发展的有利经济因素的消失，研究和开发活动也随之逐渐消退。其结果是导致在“好”的时代发展起来的绝大部分研究方法和专业技能，会随经济形势的变化而消失。而且，过早的商业化给公众和投资者造成了不好的印象。Crow等[13]对合成液体的发展进行了总结，并对其长期持续地研发进行了呼吁：“对合成燃料的终极需求，似乎是肯定的。……然而，在未来的20~25年的时间内石油供应很可能会长期中断，我们可以很合理地得出这样的结论：低效率的液化方案将是我们满足需求的唯一途径。……因此，我们选择面对现实，在低成本合成燃料的出现之前或继续使用过时的技术之前，推出时长20~25年的长期研发计划……”

在美国的一项评估煤炭液化技术故障的研究中发现，工艺技术的成功发展最关键的因素是在一段时间内对研发项目的持续不间断支持。研究和发展过程中的任何中断都会严重破坏成功的可能性，这被称为“中断效应(Hiatus Effect)”。人与人之间的知识转移被认为是成功的关键因素，而且一旦团队被解散，即使人员仍被保留，知识流失的速度也会很快。即使对信息进行适当的存档整理，也会存在相当严重的重复和延迟，这就是“中断效应”造成的[13]。换句话说，知识可以保存在书中，但理解是发生在人体内部的。如果没有持续的兴趣，知识虽然会被保存，但是理解就会消失。为了重新获得这种理解，一些重现性研究必不可少的。

进一步的研究发现，需要大约20年的持续不间断的研究和发展，一种新技术的成本和技术风险才会显著下降。在此之前，化学新工艺的商业化会带来过早和过快的风险，并且可能会让人们误认为这种潜在的有用技术在技术上和经济上都是不可行的。因此，如何保持对合成液体(XTL)产业持续不间断的支持和投资，仍然是摆在我们面前的现实挑战。

16.6.2 现实的约束

在实施FT合成的大规模工业化的进程中也存在挑战。目前，全球合成原油的生产能力还不到运输燃料原油和石化生产能力的1%。合成油的生产力将在与其他产业竞争资源和劳动力的同时，不断提高。对阻碍FT基础装置建设的主要潜在的现实约束是可以进行评估的[27]。

16.6.2.1 关键材料的获得

1992年，《美国能源安全法案(US Energy Securities Act)》中规定，镍是所有关键建筑材料中最重要的资源。因此，值得注意的是，在2006~2007年间镍价达到50美元/kg，这造成了大部分建筑成本的上涨。Pearl GTL和Escravos GTL等项目设建造成本也迅速超过了最初的预算。

16.6.2.2 设备的制约

全球制造能力有限，某些特种设备的采购可能会成为建造FT项目的制约因素。

16.6.2.3 员工培训

在FT技术大规模推广的计划实施之前，工程建设和运营岗位的技术工人必须提前接受培训。一套6×10^4bbl/d的FT装置，在施工期间最多需要2000名建筑工人[28]。由于劳动力资源有限，从其他行业抽走经验丰富的劳动力可能会造成可怕的后果。据估计，如果要建成相当于全球原油炼制能力的十分之一规模的合成燃料工业，大约能提供25万个就业岗位[27]，而关键技术人员流失会导致后续的生产问题[29]。

16.6.2.4 水资源的约束

这是一个基于地理位置的约束，在第15章已讨论过。

16.6.2.5 环境标准和许可的约束

与原油炼厂和电厂的环境影响相比，我们对FT装置的环境影响知之甚少。但总体来说，在那些管制较严格的国家中，FT装置可能无法提供足够的细节来满足环境许可要求。

16.6.2.6 社会经济学影响

在人口稀少的地区，大型FT建设项目周边城镇的快速发展，可能会造成一些社会经济问题。这些问题往往与住房、娱乐设施和社会保障体系等周边服务的不足有关[27, 28]。

16.6.3 政治、利润和眼界

国家利益与政治、经济利益和环保观点之间的潜在冲突也是我们需要面临的挑战。战略、经济和环境这三个主题都被认为是发展FT装置的重要动机(参见第16.2节)，但实际上它们不一定是一致的。

尽管我们知道，在未来的某个时刻，原油供需将会出现严重失衡，而且其波及范围将会非常广，但只要目前石油还在相对容易地开采，人们就很难相信危机到来的可能。针对这种情况，下文给出了一些“可预见”的“意外”事件[30]。可预见的事件是指可以预先根据可用信息提前预测的事件，即使事件的确切时间和范围可能是不确定的。意外是指意想不到的事。尽管可预测的意外这一命题看起来像一个矛盾命题，但它描述的是可预测的但被低估的事件。以下是会引起事故发生的可预测意外的一些特征[30]：

① 领导者知道问题存在，但未能及时回应。

② 政府知道问题的存在，但没有采取行动。

③ 解决这个问题需要资金，而收益只会在将来获得。

④ 解决问题的成本是真实的，但是回报是不确定的。

⑤ 维持现状往往是最顺利的途径。

⑥ 从不作为中获益的少数人，往往会自私地破坏决策者采取的用来解决问题的行动。

由于资源、人力和财力有限，除了FT项目以外，还有一些项目似乎也能带来更好的短期回报。由于单凭自由市场的激励机理无法完全解决问题[25]，政府需要及时并持续大力地支持FT的基础研究和发展，以改进合成原油生产技术。第16.6.1节和第16.6.2节所提出的挑战需要及时采取行动，尽管行动带来的利益会有所延迟。

16.7 结论

在过去的150年中，制造业商品和运输工具的种类和重要性均发生了显著的变化，伴随而来的是原油逐渐成为了大多数运输燃料和石化产品的原材料。这种主导地位在一定程度上是由于原油价格低廉和可获得性，但原油炼制的便利性和效率也有所贡献。尽管合成原油不太可能很快取代原油，成为许多运输燃料和石化产品的主要原料，但指望原油能以目前的全球消费水平满足长远需求是不可能的。因此，我们需要多样化的原材料来生产运输燃料和石化产品。

以合成气作为中间产物的间接液化技术，其最具吸引力的特性之一是它从原料中分离出了合成过程。FT合成的间接液化技术将在未来扮演越来越重要的角色，因为它有能力生产与全球运输和基础装置制造相兼容的运输燃料和石化产品。

尽管仍有一些挑战需要克服，但也有许多机会来改进FT合成原油生产中的各项技术。与任何转换过程一样，必须考虑由于热力学第二定律而产生的能量损失。基于FT的装置的碳效率与发电过程的碳效率十分接近。尽管有些建议要求我们应该把研究重点放在清洁无碳技术的发展上，以取代以石油为基础的工艺，这种设想也许是环保的，但能源基础装置不太可能在一夜之间迅速改变。石化产品永远都不可能是无碳的，而且从碳基能源载体上迅速而彻底的转变也是不现实的。费–托(FT)合成和合成液体(XTL)技术在未来会扮演至关重要的角色。

参考文献

[1] MacRae, K.M. (1991) New Coal Technology and Electric Power Development, Canadian Energy Research Institute, Calgary, p. 200.

[2] Higman, C. and van der Burgt, M. (2008) Gasification, 2nd edn, Elsevier, Amsterdam.

[3] Hogue, C. (2007) Chem. Eng. News, 85 (41), 11.

[4] Hanson, D.J. (2011) Chem. Eng. News, 89 (43), 28-31.

[5] Hanson, D.J. (2011) Chem. Eng. News, 89 (49), 33-34.

[6] Anderson, L.L. and Tillman, D.A. (1979) Synthetic Fuels from Coal: Overview and Assessment, John Wiley & Sons, Inc., New York.

[7] Gary, J.H., Handwerk, G.E., and Kaiser, M.J. (2007) Petroleum Refining: Technology and Economics, 5th edn, CRC Press, Boca Raton, FL.

[8] Dry, M.E. and Steynberg, A.P. (2004) Stud. Surf. Sci. Catal., 152, 406-481.

[9] De Klerk, A. (2011) ACS Symp. Ser., 1084, 215-235.

[10] Nicholls, T (ed.) (2003) Fundamentals of Gas to Liquids, 1st edn, Petroleum Economist, London.

[11] De Klerk, A. (2011) Fischer-Tropsch Refining, Wiley-VCH Verlag GmbH, Weinheim.

[12] (2008) Petrol. Econ., 75 (6), 36-38.

[13] Crow, M., Bozeman, B., Meyer, W., and Shangraw, R., Jr. (1988) Synthetic Fuel Technology Development in the United States: A Retrospective Assessment, Praeger, New York.

[14] Sie, S.T. (1991) Rev.I. Fr. Petrol., 46 (4), 501-515.

[15] Donati, G. and Paludetto, R. (1997) Catal. Today, 34, 483-533.

[16] Krishna, R. (2000) Rev.I. Fr. Petrol., 55 (4), 359-393.

[17] Zwart, R.W.R., Boerrigter, H., and Van der Drift, A. (2006) Energy Fuels, 20, 2192-2197.

[18] Lerou, J.J., Tonkovich, A.L., Silva, L., Perry, S., and McDaniel, J. (2010) Chem. Eng. Sci., 65, 380-385.

[19] Liu, K., Song, C., and Subramani, V. (eds) (2010) Hydrogen and Syngas Production and Purification Technologies, John Wiley & Sons, Inc., New York.

[20] van der Merwe, W. (2010) Environ. Sci. Technol., 44, 1806-1812.

[21] Torres Galvis, H.M., Bitter, J.H., and De Jong, K.P. (2012) Patent Appl. WO 2011/049456.

[22] Storch, H.H. (1954) The Chemistry of Petroleum Hydrocarbons, vol. 1 (eds B.T. Brooks, C.E. Boord, S.S. Kurtz, and L. Schmerling), Reinhold, New York, pp. 631-646.

[23] De Klerk, A. (2008) Green Chem., 10, 1249-1279.

[24] Thumann, A. (ed.) (1981) The Emerging Synthetic Fuel Industry, Fairmont Press, Atlanta.

[25] Harlan, J.K. (1982) Starting with Synfuels: Benefits, Costs, and Program Design Assessments, Ballinger Publishing Co., Cambridge, MA.

[26] Hoffman, E.J. (1982) Synfuels: The Problems and the Promise, Energon Co., Laramie.

[27] Hunt, V.D. (1983) Synfuels Handbook, Industrial Press, New York.

[28] Mako, P.F. and Samuel, W.A. (1984) Handbook of Synfuels Technology (ed. R.A. Meyers), McGraw-Hill, New York, pp. 21-243.

[29] Wessels, P. (1990) Crescendo tot sukses. Sasol 1975-1987 (English trans. Crescendo to Success: Sasol 1975-1987), Human & Rousseau, Cape Town.

[30] Bazerman, M.H. andWatkins, M.D. (2004) Predictable Surprises: The Disasters You Should Have Seen Coming and How to Prevent Them, Harvard Business School Press, Boston.

[31] Ertl, G. (2008) From atoms to complexity. Nobel Prize Lecture, December 8, 2007.